中 国 国 家 标 准 汇 编

570

GB 29399～29434

（2012 年制定）

中国标准出版社　编

中国标准出版社

北　京

图书在版编目(CIP)数据

中国国家标准汇编:2012年制定.570:
GB 29399~29434/中国标准出版社编.—北京:
中国标准出版社,2013.11
ISBN 978-7-5066-7300-6

Ⅰ.①中… Ⅱ.①中… Ⅲ.①国家标准-
汇编-中国-2012 Ⅳ.①T-652.1

中国版本图书馆CIP数据核字(2013)第183719号

中国标准出版社出版发行
北京市朝阳区和平里西街甲2号(100013)
北京市西城区三里河北街16号(100045)

网址 www.spc.net.cn
总编室:(010)64275323 发行中心:(010)51780235
读者服务部:(010)68523946

中国标准出版社秦皇岛印刷厂印刷
各地新华书店经销

*

开本 880×1230 1/16 印张 36 字数 1 100 千字
2013年11月第一版 2013年11月第一次印刷

*

定价 220.00 元

出 版 说 明

1.《中国国家标准汇编》是一部大型综合性国家标准全集。自1983年起，按国家标准顺序号以精装本、平装本两种装帧形式陆续分册汇编出版。它在一定程度上反映了我国建国以来标准化事业发展的基本情况和主要成就，是各级标准化管理机构，工矿企事业单位，农林牧副渔系统，科研、设计、教学等部门必不可少的工具书。

2.《中国国家标准汇编》收入我国每年正式发布的全部国家标准，分为"制定"卷和"修订"卷两种编辑版本。

"制定"卷收入上一年度我国发布的、新制定的国家标准，顺延前年度标准编号分成若干分册，封面和书脊上注明"20××年制定"字样及分册号，分册号一直连续。各分册中的标准是按照标准编号顺序连续排列的，如有标准顺序号缺号的，除特殊情况注明外，暂为空号。

"修订"卷收入上一年度我国发布的、被修订的国家标准，视篇幅分设若干分册，但与"制定"卷分册号无关联，仅在封面和书脊上注明"20××年修订-1,-2,-3,……"字样。"修订"卷各分册中的标准，仍按标准编号顺序排列(但不连续)；如有遗漏的，均在当年最后一分册中补齐。需提请读者注意的是，个别非顺延前年度标准编号的新制定的国家标准没有收入在"制定"卷中，而是收入在"修订"卷中。

读者配套购买《中国国家标准汇编》"制定"卷和"修订"卷则可收齐由我社出版的上一年度我国制定和修订的全部国家标准。

3.由于读者需求的变化，自1996年起，《中国国家标准汇编》仅出版精装本。

4.2012年我国制修订国家标准共2 101项。本分册为"2012年制定"卷第570分册，收入国家标准GB 29399～29434的最新版本。

中国标准出版社

2013年8月

出版说明

目　　录

ICS 79
B 71

GB

中华人民共和国国家标准

GB/T 29399—2012

木材防虫(蚁)技术规范

Technology specification for wood resistance to termites and beetles

2012-12-31 发布

2013-07-01 实施

中华人民共和国国家质量监督检验检疫总局
中国国家标准化管理委员会 发布

前　言

本标准由中华人民共和国商务部提出并归口。

本标准起草单位：木材节约发展中心、广东省昆虫研究所。

本标准主要起草人：钟登庆、钟俊鸿、施振华、喻迺秋、马守华、陶以明、张少芳。

木材防虫(蚁)技术规范

1 范围

本标准规定了木材的害虫分类、危害级别划分,防虫(蚁)木材的使用环境,木材防虫(蚁)剂,木材防虫(蚁)剂处理,设计与施工,木材防虫(蚁)效果确认的要求等。

本标准适用于防虫(蚁)处理木材及药剂的生产、销售、使用及管理。

2 规范性引用文件

下列文件对于本文件的应用是必不可少的。凡是注日期的引用文件,仅注日期的版本适用于本文件。凡是不注日期的引用文件,其最新版本(包括所有的修改单)适用于本文件。

GB/T 18260 木材防腐剂 对白蚁毒效实验室试验方法

GB 50005 木结构设计规范

3 木材害虫的分类

木材害虫主要分为甲虫、白蚁、钻孔动物。其中:

——甲虫主要包括家天牛、星天牛、中华粉蠹、鳞毛粉蠹、竹长蠹、双钩异翅长蠹、梳角窃蠹;

——白蚁主要包括家白蚁、散白蚁、堆砂白蚁;

——钻孔动物主要包括船蛆、蛀木水虱。

具体危害木材树种及特征、环境条件(危害性)参见附录A。

4 危害级别

按照不同地区甲虫、白蚁的危害程度和危害特征,将我国各省(区)划分为五个危害级别,各危害级别特征见表1。

表1 各危害级别特征

危害级别	特 征
Ⅰ级	无白蚁分布,但不排除木结构受甲虫危害,危害程度较轻
Ⅱ级	有白蚁分布,种类少,危害呈零星分布状况,亦有部分甲虫危害
Ⅲ级	有白蚁分布,种类较少,危害较明显、普遍,甲虫活动较多
Ⅳ级	有较多白蚁分布,但因环境稍逊,危害不甚严重,甲虫活动较多
Ⅴ级	白蚁种类较多,因环境适合,白蚁活动猖獗,甲虫活动亦活跃

5 防虫(蚁)木材的使用环境

防虫(蚁)木材的使用环境分类要求见表2。

表 2　防虫(蚁)木材的使用环境分类要求

使用环境分类	使用条件	应用环境	主要生物危害因子	典型用途
C1	户内,且不接触土壤	在室内干燥环境中使用,不遭受气候和水分的影响	蛀虫	建筑内部及装饰、家具
C2	户内,且不接触土壤	在室内环境中使用,有时受潮湿和水分的影响,但不受气候的影响	蛀虫、白蚁、木腐菌	建筑内部及装饰、家具、地下室、卫生间
C3	户外,且不接触土壤	在室外环境中使用,暴露在各种气候中,包括淋湿,但避免长期浸泡在水中	蛀虫、白蚁、木腐菌	平台、步道、栈道的甲板;户外家具;(建筑)外门窗
C4A	户外,且接触土壤或浸在淡水中	在室外环境中使用,暴露在各种气候中,且与地面接触或长期浸泡在淡水中	蛀虫、白蚁、木腐菌	围栏支柱、支架、木屋基础、冷却水塔、电杆、矿柱(坑木)
C4B	户外,且接触土壤或浸在淡水中	在室外环境中使用,暴露在各种气候中,且与地面接触或长期浸泡在淡水中。难于更换关键结构部件	蛀虫、白蚁、木腐菌	(淡水)码头护木、桩木、矿柱(坑木)
C5	浸在海水(咸水)中	长期浸泡在海水(咸水)中使用	海生钻孔动物	海水(咸水)码头护木、桩木、木质船舶

6　木材防虫(蚁)剂

6.1　木材防虫(蚁)剂主要有:

a)　油质防虫(蚁)剂,如杂酚油等;

b)　有机溶剂防虫(蚁)剂,如联苯菊酯、氰戊菊酯、氟虫腈等;

c)　水载型防虫(蚁)剂,如 CCA、ACQ、CBA-A、CA-B 等;

d)　熏蒸剂,如溴甲烷、硫酰氟、磷化铝、磷化镁等。

6.2　应根据防虫(蚁)木材不同用途选用质量合格的木材防虫(蚁)剂,木材防虫(蚁)剂产品应有明确的使用说明书,应标明活性成分名称、浓度、毒性、用途、使用方法、使用期限等,供顾客选择使用。

6.3　防虫(蚁)剂应分类单独存放,不可与其他物品混放。防虫(蚁)剂仓库应封闭上锁,建立进出库制度,落实防火、防水、防潮、通风等措施。

7　木材防虫(蚁)处理

7.1　木材防虫(蚁)处理可采用喷淋、涂刷、浸泡、熏蒸和加压浸注等方法。

7.2　防虫(蚁)处理木材及制品的防虫(蚁)剂保持量和透入度要求见表 3。

表 3　防虫(蚁)处理木材及制品的防虫(蚁)剂保持量和透入度要求

使用环境	防虫剂	最低保持量 kg/m³	透入度	处理方法	备注
C1	硼化合物(SBX)	2.8	1. 边材 85%； 2. 心材透入深度≥8 mm	加压浸渍	
	ACQ	4.0		加压浸渍	
	CBA-A	3.3		加压浸渍	
	CA-B	1.7		加压浸渍	
	联苯菊酯 *	0.02		泡浸或加压浸渍	
	氯菊酯 *	0.10		泡浸或加压浸渍	
	氯氰菊酯 *	0.10		泡浸或加压浸渍	
	溴氰菊酯 *	0.015		泡浸或加压浸渍	
C2	硼化合物(SBX)	4.5	1. 边材 85%； 2. 心材透入深度≥8 mm	加压浸渍	
	ACQ	4.0		加压浸渍	
	CBA-A	3.3		加压浸渍	
	CA-B	1.7		加压浸渍	
	联苯菊酯 *	0.03		泡浸或加压浸渍	
	氯菊酯 *	0.15		泡浸或加压浸渍	
	氯氰菊酯 *	0.15		泡浸或加压浸渍	
	溴氰菊酯 *	0.02		泡浸或加压浸渍	
C3	CCA	4.00	1. 边材 90%； 2. 心材透入深度≥10 mm	加压浸渍	
	ACQ	4.00		加压浸渍	
	CBA-A	3.3		加压浸渍	
	CA-B	1.7		加压浸渍	
	联苯菊酯 *	0.03		泡浸或加压浸渍	加 Azole
	氯菊酯 *	0.15		泡浸或加压浸渍	加 Azole
	氯氰菊酯 *	0.15		泡浸或加压浸渍	加 Azole
	溴氰菊酯 *	0.02		泡浸或加压浸渍	加 Azole
	有机锡[a](TBTO、TBTN) 水平结构	0.60		泡浸或加压浸渍	
	有机锡[a](TBTO、TBTN) 垂直结构	1.10		泡浸或加压浸渍	
	环烷酸铜 *	0.60		加压浸渍	
	苯扎氯胺	75.00		泡浸或加压浸渍	加杀虫剂
C4A	CCA	6.40	1. 边材 90%； 2. 心材透入深度≥10 mm	加压浸渍	
	ACQ	6.40		加压浸渍	
	CBA-A	6.50		加压浸渍	
	CA-B	3.30		加压浸渍	
	杂酚油	80.0		加压浸渍	

表 3（续）

使用环境	防虫剂	最低保持量 kg/m³	透入度	处理方法	备注
C4B	CCA	9.60	1. 边材 95%； 2. 心材透入深度≥12 mm	加压浸渍	
	ACQ	9.60		加压浸渍	
	CBA-A	9.80		加压浸渍	
	CA-B	5.00		加压浸渍	
	杂酚油	110.00		加压浸渍	
C5	CCA	24.00	1. 边材 95%； 2. 心材透入深度≥12 mm	加压浸渍	
	杂酚油	150.00		加压浸渍	

注 1：部分木材防虫(蚁)剂的活性成分如下：

——硼化合物：硼酸、四硼酸钠、八硼酸钠、五硼酸钠等及其混合物，保持量以三氧化二硼表示；

——CCA：氧化铜＋氧化铬＋五氧化二砷；

——ACQ：氧化铜＋DDAC 或 BAC；

——CBA-A：铜(44%～54%)＋硼类化合物(以三氧化二硼计)(44%～54%)＋唑类化合物(以戊唑醇计)(1.8%～2.8%)；

——CA-B：铜(95.4%～96.8%)＋唑类化合物(以戊唑醇计)(3.2%～4.6%)。

注 2："*"表示以轻质矿物油作溶剂。

[a] 有机锡木材防虫(蚁)剂活性成分的保持量以锡的化合物表示。

7.3　防虫(蚁)处理胶合板及刨花板防虫(蚁)剂保持量及处理方法见表 4、表 5。

表 4　防虫(蚁)处理胶合板防虫(蚁)剂保持量及处理方法

防虫(蚁)剂	胶合板单板厚度 mm	防虫剂活性成分最低保持量 kg/m³	处理方法
联苯菊酯	2.5	0.075	将防虫(蚁)剂均匀地加入胶粘剂中
	1.8～1.6	0.060	
高效氯氰菊酯	1.6～1.8	0.220	
溴虫腈	1.8	0.075	
	1.6	0.060	
吡虫啉	1.8	0.110	
	1.6	0.080	
辛硫磷	1.6	1.50	

单板厚度＞2.5 mm 时，需将单板用喷淋或涂刷方法作防虫(蚁)处理。

表 5　防虫(蚁)处理刨花板防虫(蚁)剂保持量及处理方法

防虫剂	防虫剂活性成分最低保持量 kg/m^3	处理方法
联苯菊酯	0.075	将防虫(蚁)剂均匀地加入胶粘剂中
高效氯氰菊酯	0.220	
溴虫腈	0.075	
吡虫啉	0.110	
辛硫磷	1.50	

7.4　防虫(蚁)处理木材及其他木质材料应按照本标准的要求进行防虫(蚁)处理并检验合格后,方可作为防虫(蚁)处理木材在市场上流通和进行进出口贸易。

7.5　防虫(蚁)处理木材产品应有明显的防虫(蚁)标志,包括使用环境等级。

8　设计与施工

8.1　木质构件设计应按 GB 50005 有关规定执行。

8.2　根据使用环境等级选用处理药剂与处理方法。

8.3　在木材害虫的危害级别Ⅱ级以上地区,新建、改建建筑物需进行地基土壤防白蚁处理,预防白蚁进入破坏木材。已有建筑应定期在室外及园林内设置毒饵以诱杀白蚁,同时防止建筑物周围园林树木中的白蚁侵入建筑物内为害。毒饵中选用几丁质合成抑制剂,如除虫脲或氟铃脲。

毒土屏障使用的杀虫剂,应符合环保要求,可从拟除虫菊酯中选择,禁止使用氯丹等有机氯杀虫剂。为防止污染水源,距水源 6 m 以内区域、地下水位以下区域及经常有水浸地区,禁止设置毒土屏障。

8.4　各种经防腐剂处理的木材如确认其已具备防虫(蚁)效力,无须进行另外防虫(蚁)处理。

8.5　从业人员与管理人员应进行防虫(蚁)的专业知识培训。

9　木材防虫(蚁)效果确认

9.1　防白蚁效果的评价

防白蚁效果的评价方法依照 GB/T 18260 的有关规定执行。

9.2　防甲虫效果的评价

9.2.1　试块处理

选含水率 10%～15%的边材,制成 20 mm (径向)×30 mm(弦向)×50 mm(纵向)试块,经 60 ℃恒温干燥箱干燥 72 h,称量,用不同浓度的防虫剂及采用真空浸注法对试块进行处理,用滤纸轻轻吸干木块表面药液,称量并计算各试块的防虫剂吸药量。每个吸药量及空白对照最少设三个重复。

9.2.2　试虫接种

当试块完全干燥后,在其中一面钻十个直径 3 mm、深 3 mm～4 mm 的小孔,每孔放入经准确称量、重量在 3 mg～6 mg 的家具窃蠹(*Anobium punctatum*)幼虫一头,放置幼虫时头朝孔底部,然后盖上玻璃片,边缘用石蜡密封。

9.2.3 效果评价

将接种家具窃蠹幼虫试块置于温度 27 ℃、相对湿度 85%的人工气候箱中，在第一周，每天定期观察幼虫穿透、蛀食试块及蛀屑排泄情况，以后每周检查一次，至三个月时试验结束，解剖试块，检查幼虫穿透、蛀食试块及幼虫重量。当对照试验幼虫存活率高于 80%时，全部试验有效。在所有试块中，木材得到保护的最低防虫剂保持量，是在该浓度下的 3 个试块中幼虫存活率低于 10%，且没有出现幼虫体重增加的情况。

9.3 防海生钻孔动物效果的评价

9.3.1 试块处理

选含水率 10%～15%的边材，制成 25 mm(径向)×25 mm(弦向)×300 mm(纵向)试块，经 60 ℃恒温干燥箱干燥 72 h，称量，用不同浓度的防虫剂加压处理(对照用去离子水处理)，处理后称量并计算各试块的防虫剂吸药量。每个浓度及空白对照最少设六个重复。

9.3.2 试块安放

将试块按一定间隔随机地固定在抗腐蚀的框架上并悬吊于海岸边低潮位以下位置。

9.3.3 蛀蚀等级

每年对每个试块进行检查，记录试块受海生钻孔动物蛀蚀情况及海生钻孔动物种类，并按表 6 特征评估被蛀等级。

表 6 海生钻孔动物蛀蚀等级及其特征

被蛀等级	蛀蚀特征
4.0	没受蛀蚀，试块可以使用
3.5	轻微蛀蚀，即：受蛀木水虱(*Limnoria*)蛀蚀，形成若干 3 mm 深小孔，或 1～6 个由马特海笋(*Martesia*)和团水虱(*Sphaeroma*)小孔，或船蛆总长 1 mm～80 mm，试块尚可继续使用
3.0	轻微～中度蛀蚀，尚可继续使用
2.5	中度蛀蚀，尚可继续使用
2.0	中度～严重蛀蚀。蛀木水虱(*Limnoria*)蛀孔 6 mm 深，或者试块为团水虱(*Sphaeroma*)或马特海笋(*Martesia*)船蛆孔包围，试块容易折断，需要物理保护
1.5	严重蛀蚀，需要维修
1.0	严重～极度严重蛀蚀，不能使用
0.5	极度严重蛀蚀，不能使用
0.0	完全破坏或消失；不能使用

10 防虫(蚁)剂含量检测

10.1 批次规定

防虫(蚁)处理木材质量检验应以一罐产品或每次调配的药剂处理的产品为一检验批次，进行抽样检测。

10.2 检查时间

防虫(蚁)剂保持量检测应在出罐后或处理后进行,其他项目的检测应在当天进行。

10.3 防虫(蚁)剂保持量(以活性成分计)检测

防虫(蚁)处理木材的防虫(蚁)剂保持量应以罐或立方米为单位,用重量法检测。任一批次产品保持量应达到标准规定。

10.4 透入度检测

每批产品应从上、中、下位置各钻取一个样品,取样应距木材端头 30 cm 以上处锯切或钻孔,钻孔取样深度≥25 mm 用显色法检查防虫(蚁)剂浸入木材的深度。钻取木芯后,洞孔应用相同种类的防虫(蚁)剂木栓填堵。

附 录 A
（资料性附录）
木、竹材害虫危害木材树种及特征、环境条件（危害性）

木、竹材害虫危害木材树种及特征、环境条件（危害性）参见表 A.1。

表 A.1 木、竹材害虫及海生钻孔动物

名称	危害木材树种及特征	环境条件（危害性）
家白蚁 *Coptotermes formasanus*	针阔叶材均危害，被害木材外表无症状，内部蛀虫成条沟状	C4
散白蚁 *Reticutitermes* spp.	针阔叶材均危害，内部成不规则的坑道，表面有圆形小孔	C3 C4
堆砂白蚁 *Crypotermes* spp.	危害热带阔叶材，在木材内部蛀食，有大量的蛀屑，成沙粒状	C2
家天牛 *Stromatium longicorne*	多种阔叶林边材幼虫期木材，外表无症状，内部虫道中有大量粉末，羽化后木材表面有羽化孔	C2
星天牛 *Anoplophora* spp.	危害杨木等多种湿材，外面无症状，内部有蛀屑，对生产运输用的包装箱危害性较大	C2
中华粉蠹 *Lytus sinensis*	危害多种阔叶林边材及竹材，被害材内部呈粉末状，羽化后表面有小孔，有粉末排出	C1
鳞毛粉蠹 *Minthea rugicollis*	危害南亚热带阔叶材边材及竹材，症状同中华粉蠹	C1
竹长蠹 *Dinoderus minutus*	危害竹材、竹制品，竹材内部几乎全成粉末状，并有粉末排出，生长发育快，长江以南一年发生 3 代，危害严重	C1 C2
双钩异翅长蠹 *Heterobostrychus aegualis*	危害热带，亚热带阔叶材木制品及胶合板，幼虫坑道中充满粉状蠹屑	C2
梳角窃蠹 *Ptilinus fuscus*	分布于西北、华北地区，危害杨木、柳、榆及云杉建筑用材，木材外面可见许多蛀孔孔径 2 mm～3 mm，内部有粉末状蛀屑	C1
船蛆 *Teredo navalis* （海生钻孔动物，软体动物船蛆科）	危害海水中的桩木、码头护木、木船及渔民用的网桩，木材表面有很小的空洞，木材内部千疮百孔	C5
蛀木水虱 *Limnoria japonica* （甲壳纲等足目）	同船蛆，受害木材表面凿孔直径只有 1 mm～2 mm，使木材外部成海绵状，易打碎剥落，同时继续内向蛀蚀	C5

参 考 文 献

[1] GB/T 22102 防腐木材

ICS 65.080
G 20

中华人民共和国国家标准

GB/T 29400—2012

化肥中微量阴离子的测定　离子色谱法

Determination of microamount of inorganic anions in fertilizers by ion chromatography

2012-12-31 发布　　　　2013-06-01 实施

中华人民共和国国家质量监督检验检疫总局
中国国家标准化管理委员会　发布

前　言

本标准按照 GB/T 1.1—2009 给出的规则起草。

请注意本文件的某些内容可能涉及专利。本文件的发布机构不承担识别这些专利的责任。

本标准由中国石油和化学工业联合会提出。

本标准由全国肥料和土壤调理剂标准化技术委员会(SAC/TC 105)归口。

本标准起草单位:上海出入境检验检疫局、国家化肥质量监督检验中心(上海)、上海师范大学。

本标准主要起草人:孙明星、段路路、屠虹、薛晓康、闵红、王芳、李宁、吴勤、高运川、杨一。

化肥中微量阴离子的测定　离子色谱法

1　范围

本标准规定了用离子色谱法测定化肥中微量水溶性氟离子(F^-)、氯离子(Cl^-)、溴离子(Br^-)、碘离子(I^-)、亚硝酸根离子(NO_2^-)、硫氰酸根离子(SCN^-)的含量。

本标准适用于氮肥、磷肥、钾肥、复混肥料(复合肥料)、掺混肥料(BB 肥)、有机-无机肥料中的微量水溶性氟离子、氯离子、溴离子、碘离子、亚硝酸根离子、硫氰酸根离子的测定。

2　规范性引用文件

下列文件对于本文件的应用是必不可少的。凡是注日期的引用文件,仅注日期的版本适用于本文件。凡是不注日期的引用文件,其最新版本(包括所有的修改单)适用于本文件。

GB/T 8571　复混肥料　实验室样品制备

GB/T 9008—2007　液相色谱法术语　柱色谱法和平面色谱法

GB/T 14642—2009　工业循环冷却水及锅炉水中氟、氯、磷酸根、亚硝酸根、硝酸根和硫酸根的测定　离子色谱法

3　术语与定义

GB/T 9008—2007 和 GB/T 14642—2009 界定的术语和定义适用于本文件。为了便于使用,以下重复列出了 GB/T 9008—2007 和 GB/T 14642—2009 中的某些术语和定义。

3.1

离子色谱法　ion chromatography

根据离子性化合物与固定相表面离子性功能基团之间的电荷作用来进行离子性化合物分离和分析的色谱法。是高效液相色谱法的一个分支。

[GB/T 9008—2007 中 3.6.5.1]

3.2

保护柱　guard column

放置在进样品和分离柱之间的防护柱。

[GB/T 9008—2007 中 4.8.1]

3.3

分离柱　separator column (separating column)

根据待测离子保留特性,在检测前将被测离子分离的交换柱。

[GB/T 14642—2009 中 3.3]

3.4

分析柱　analytical columns

在保护柱后连接一支或多支分离柱组成一系列用以分离待测离子的分析系统。系列中所有柱子对分析柱的总柱容量均有贡献。

[GB/T 14642—2009 中 3.4]

3.5

抑制器　suppressor device

安装在分析柱和检测器之间，用来降低淋洗液中离子组分的检测响应，增加被测离子的检测响应，进而提高信噪比的一种专用装置。

［GB/T 14642—2009 中 3.5］

3.6

淋洗液；洗脱剂　eluant

在柱液相色谱法中用作流动相的液体。

［GB/T 9008—2007 中的 5.6.1］

4　分析原理及流程

用水超声提取试料中的水溶性阴离子，或经离心、C18 柱、Ba 柱和 0.22 μm 水性滤膜过滤，用离子色谱法测定。

本标准离子色谱流路图如图 1 所示(图中虚线框为可选部件)。样品阀处于装样位置时，一定体积的试样测定溶液(测试液，如 25 μL)被注入样品定量环，当样品阀切换到进样位置时，淋洗液将样品定量环中的测试液(或将富集于浓缩柱上的被测离子洗脱下来)带入分析柱，被测阴离子根据其在分析柱上的保留特性不同实现分离。淋洗液携带试样溶液通过抑制器时，所有阳离子被交换成氢离子，氢氧根型淋洗液转换成水，碳酸根型淋洗液转换为碳酸，背景电导率降低；与此同时，被测阴离子被转化成相应的酸，电导率升高。由电导检测器检测响应信号，数据处理系统记录并显示离子色谱图。以保留时间对被测阴离子定性，以峰高或峰面积进行定量。

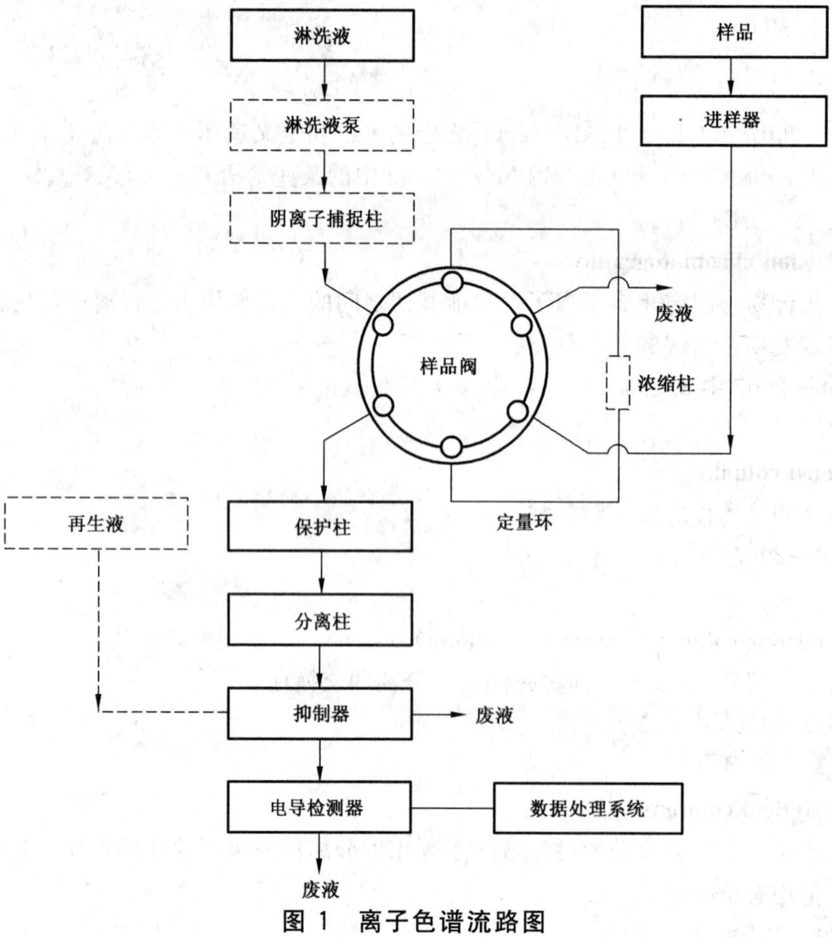

图 1　离子色谱流路图

5 试剂

除另有说明外，所用试剂均为分析纯，水为超纯水：电阻率大于或等于 18.2 MΩ·cm。

5.1 氢氧化钾：优级纯。

5.2 碳酸钠：优级纯。

5.3 碳酸氢钠：优级纯。

5.4 丙酮：色谱纯。

5.5 氢氧化钾溶液 $c(KOH)=100$ mmol/L：称取 5.611 g 氢氧化钾(5.1)，加水至 1 000 mL，混匀。也可使用自动淋洗液发生器 OH^- 型制备(梯度色谱条件用)。

5.6 碳酸盐淋洗液(5.0 mmol/L Na_2CO_3 + 2.0 mmol/L $NaHCO_3$ + 4% 丙酮)：称取 0.530 g 碳酸钠(5.2)，0.168 g 碳酸氢钠(5.3)，移取 40 mL 丙酮(5.4)，加水至 1 000 mL，超声混匀(等度色谱条件用)。

5.7 氟化物(F)标准溶液(1 000 μg/mL)：准确称取 2.210 0 g 氟化钠(NaF，115 ℃干燥 2 h)，溶于水，移入 1 000 mL 容量瓶中，稀释至刻度，混匀。贮存于聚乙烯瓶中。

5.8 氯化物(Cl)标准溶液(1 000 μg/mL)：准确称取 1.648 0 g 氯化钠(NaCl，105 ℃干燥 2 h)，溶于水，移入 1 000 mL 容量瓶中，稀释至刻度，混匀。

5.9 溴化物(Br)标准溶液(1 000 μg/mL)：准确称取 1.490 0 g 溴化钾(KBr，105 ℃干燥 2 h)，溶于水，移入 1 000 mL 容量瓶中，稀释至刻度，混匀。贮存于棕色瓶中。

5.10 碘化物(I)标准溶液(1 000 μg/mL)：准确称取 1.308 0 g 碘化钾(KI，105 ℃干燥 2 h)，溶于水，移入 1 000 mL 容量瓶中，稀释至刻度，混匀。贮存于棕色瓶中。

5.11 亚硝酸盐(NO_2)标准溶液(1 000 μg/mL)：准确称取 1.489 0 g 亚硝酸钠($NaNO_2$，105 ℃干燥 2 h)，溶于水，移入 1 000 mL 容量瓶中，稀释至刻度，混匀。

5.12 硫氰酸盐(SCN)标准溶液(1 000 μg/mL)：准确称取 1.673 0 g 硫氰酸钾(KSCN，105 ℃烘 2 h)，溶于水，移入 1 000 mL 容量瓶中，稀释至刻度，混匀。

5.13 氟、氯、溴、碘化物、亚硝酸盐、硫氰酸盐混合标准工作溶液：按表 1 中离子浓度，配制混合标准工作液(也可根据试样溶液中的离子浓度范围进行适当调整)。或直接使用市售有标准物质证书的、有效期内的元素标准水溶液。浓度为 1 000 μg/mL，再经水稀释至 100 μg/mL、20 μg/mL 等。

表 1 混合离子标准溶液浓度　　单位为微克每毫升

项目	F^-	Cl^-	Br^-	I^-	NO_2^-	SCN^-
标 0	0	0	0	0	0	0
标 1	0.1	0.1	0.2	0.2	0.1	0.5
标 2	1.0	1.0	1.0	1.0	1.0	1.0
标 3	5.0	10.0	5.0	5.0	5.0	5.0
标 4	20.0	50.0	10.0	10.0	10.0	20.0

6 仪器和设备

6.1 离子色谱仪：配电导检测器。

6.2 超声波清洗器。

6.3 离心机:转速为 4 000 r/min。

6.4 小型高速粉碎机。

6.5 分析天平:感量 0.1 mg。

6.6 水性滤膜针头滤器:0.22 μm。

6.7 钡(Ba)离子过滤柱(简称 Ba 柱):1 mL。

6.8 SPE-C18 柱(简称 C18 柱):1 mL。

6.9 银/氢(Ag/H)离子过滤柱(简称 Ag/H 柱):1 mL。

注:使用 Ag/H 柱目的是在试液中 Cl^- 含量较高时,避免 Cl^- 对 NO_2^- 的干扰。

7 分析步骤

做两份试料的平行测定。

7.1 试样的制备

按 GB/T 8571 规定制备样品。

7.2 色谱柱的活化

Ba 柱的活化:使用前用 10 mL 水冲洗 Ba 柱,控制液体流出速度不超过 3 mL/min,活化后待用。

C18 柱的活化:先用 5 mL 甲醇通过 C18 小柱,控制液体流出的速度不超过 3 mL/min。再用 15 mL 二次去离子水冲洗 C18 柱,控制液体流出的速度不超过 3 mL/min,平放静置活化 20 min,待用。

Ag/H 柱:使用前用 10 mL 水冲洗 Ag/H 柱,控制液体流出速度不超过 3 mL/min,活化后待用。

7.3 提取

称取适量试料,置于 100 mL 容量瓶中,加水至近 100 mL,使其中的各待测离子浓度范围分别为:F^-(0.1 μg/mL～20 μg/mL),Cl^-(0.1 μg/mL～200 μg/mL),Br^-(0.2 μg/mL～20 μg/mL),I^-(0.2 μg/mL～20 μg/mL),NO_2^-(0.1 μg/mL～20 μg/mL),SCN^-(0.4 μg/mL～20 μg/mL)。在室温下水浴超声 30 min,放置片刻,用水定容至刻度,摇匀。取部分溶液离心 5 min～10 min。

取上述离心清液 5 mL,通过水性滤膜针头滤器后,再缓慢推入分别或串联的活化后的 C18 柱、Ba 柱或 Ag/H 柱,控制液体流出的速度不超过 3 mL/min,弃去最初的 3 mL,剩余 1 mL～2 mL 液体进样检测。

注:C18 柱用于去除试液中的有机物,Ba 柱用于去除试液中过量的硫酸根和磷酸根,Ag/H 柱用于除去试液中高含量的氯根,以便准确定量测定亚硝酸根。可根据样品的情况选取其中的一种或几种,或几种都不用。

7.4 参考离子色谱条件 1(梯度色谱条件)

7.4.1 色谱柱:氢氧化物选择性,可兼容梯度洗脱的高容量阴离子交换柱。

7.4.2 柱温箱温度:30 ℃。

7.4.3 抑制器:连续自动再生膜阴离子抑制器,或等效抑制装置。

7.4.4 检测器:电导检测器,检测池温度 35 ℃。

7.4.5 淋洗液:氢氧化钾溶液(5.5),梯度淋洗。淋洗液 OH^- 浓度变化梯度程序见表 2:

表 2 淋洗梯度程序

时间/min	OH^- 浓度/(mmol/L)
0.00	8
12.50	8
14.50	70
34.50	70
41.00	8

7.4.6 淋洗液流速:1.0 mL/min。

7.4.7 进样体积:25 μL,可根据测试溶液中被测离子含量进行调整。

7.5 参考离子色谱条件 2(等度色谱条件)

7.5.1 色谱柱:碳酸盐选择性,阴离子交换柱。

7.5.2 柱温箱温度:40 ℃。

7.5.3 抑制器:自动再生阴离子抑制器,或等效抑制装置。

7.5.4 检测器:电导检测器,检测池温度 35 ℃。

7.5.5 淋洗液:碳酸盐淋洗液(5.6),等度淋洗。

7.5.6 淋洗液流速:0.7 mL/min。

7.5.7 进样体积:20 μL,可根据样品中被测离子含量进行调整。

7.6 测定

7.6.1 标准曲线

分别移取氟化物、氯化物、溴化物、碘化物、亚硝酸盐、硫氰酸盐标准溶液,按表 1 配制混合离子标准溶液系列,用作标准曲线(必要时标准溶液进样应与所测定试液一样,通过 C18 柱和 Ba 柱处理)。

7.6.2 试液测定

用 1.0 mL 注射器分别吸取空白和试样溶液,在相同工作条件下,依次注入离子色谱仪中,记录色谱图。根据保留时间定性,分别测定空白和样品的峰高(μS)或峰面积。典型离子色谱图参见附录 A(梯度色谱条件)和附录 B(等度色谱条件)。

空白溶液除不加试料外按相同步骤进行处理。

试液中待测离子的响应值应在标准线性范围之内。

8 分析结果的表述

氟离子、氯离子、溴离子、碘离子、亚硝酸根离子和硫氰酸根离子的含量 w,数值以 mg/kg 表示,按式(1)计算:

$$w=\frac{(\rho-\rho_0)\times V\times f\times 1\ 000}{m\times 1\ 000}=\frac{(c-c_0)\times V\times f}{m} \qquad \cdots\cdots(1)$$

式中:

ρ ——试液中的氟离子、氯离子、溴离子、碘离子、亚硝酸根离子或硫氰酸根离子质量浓度,单位为毫克每升(mg/L);

ρ_0——空白溶液中氟离子、氯离子、溴离子、碘离子、亚硝酸根离子或硫氰酸根离子质量浓度，单位为毫克每升(mg/L)；

V——试样溶液体积，单位为毫升(mL)；

f——试样溶液稀释倍数；

m——试料质量的数值，单位为克(g)。

计算结果保留三位有效数字。

9 精密度

在重复性条件下获得的两次独立测定结果的绝对差值不大于算术平均值的10%。

在再现性条件下获得的两次独立测定结果的绝对差值不大于算术平均值的15%。

附 录 A
（资料性附录）
典型离子色谱分离图（梯度色谱条件）

典型离子色谱分离图（梯度色谱条件）见图 A.1。

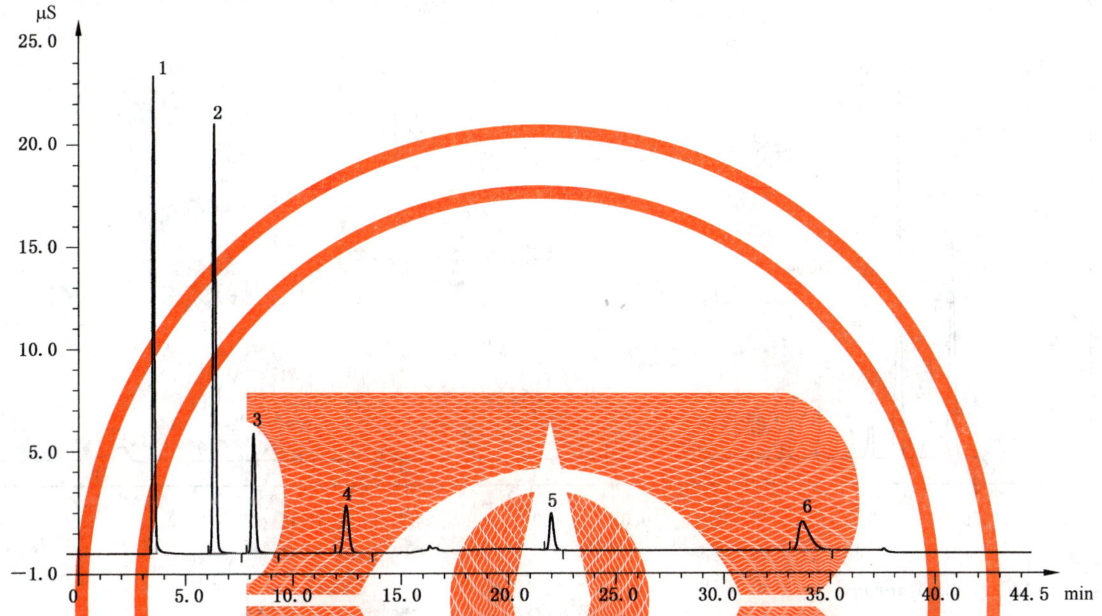

1——氟离子(3.500 min)；
2——氯离子(6.353 min)；
3——亚硝酸根离子(8.177 min)；
4——溴离子(12.467 min)；
5——碘离子(21.983 min)；
6——硫氰根离子(33.670 min)。

图 A.1 氟离子、氯离子、亚硝酸根离子、溴离子、碘离子和硫氰根离子在 Dionex IonPac®AS18 柱上的标准图谱

附　录　B
（资料性附录）
典型离子色谱分离图（等度色谱条件）

典型离子色谱分离图（等度色谱条件）见图 B.1。

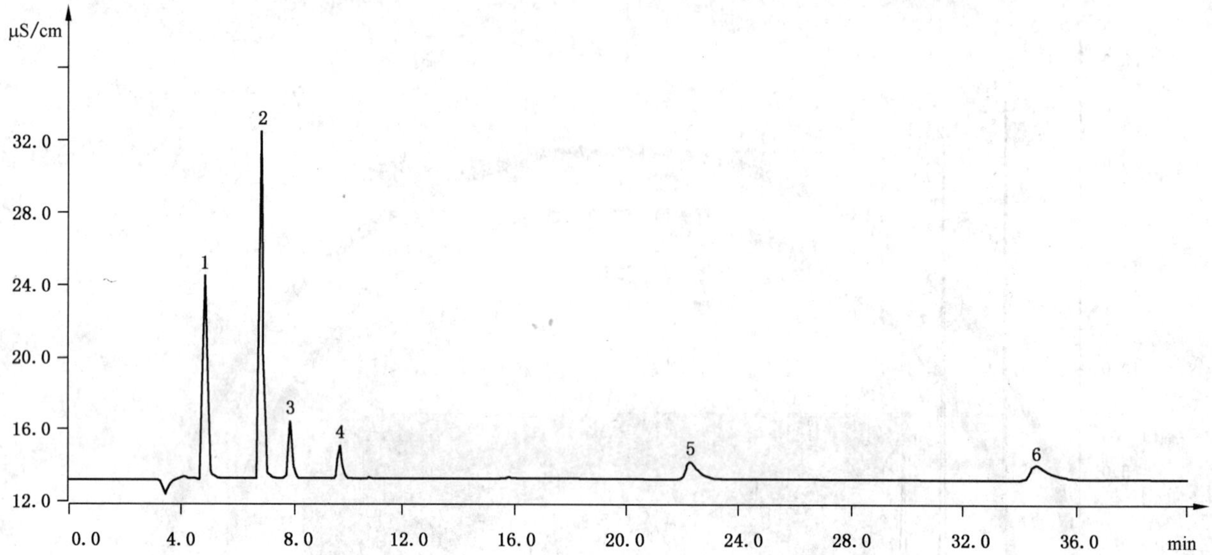

1——氟离子（4.86 min）；
2——氯离子（6.85 min）；
3——亚硝酸根离子（7.87 min）；
4——溴离子（9.63 min）；
5——碘离子（22.22 min）；
6——硫氰根离子（34.53 min）。

图 B.1　氟离子、氯离子、亚硝酸根离子、溴离子、碘离子和硫氰根离子在 Metrosep A Supp5-250 分析柱上的标准图谱

ICS 65.080
G 21

中华人民共和国国家标准

GB 29401—2012

硫包衣尿素

Sulfur coated urea(SCU)

2012-12-31 发布　　　　2013-12-01 实施

中华人民共和国国家质量监督检验检疫总局
中国国家标准化管理委员会　发布

前 言

本标准第4章、第6章、第7章和第8章中8.1、8.2为强制性条款，其余为推荐性条款。

本标准按照GB/T 1.1—2009给出的规则起草。

请注意本文件的某些内容可能涉及专利。本文件的发布机构不承担识别这些专利的责任。

本标准由中国石油和化学工业联合会提出。

本标准由全国肥料和土壤调理剂标准化技术委员会新型肥料分技术委员会(SAC/TC 105/SC 5)归口。

本标准负责起草单位：国家化肥质量监督检验中心(上海)、汉枫缓释肥料有限公司。

本标准主要起草人：刘刚、于薪铎、吕云峰、范宾、齐云峰、段路路、李金凯。

硫包衣尿素

1 范围

本标准规定了硫包衣尿素以及硫包衣缓释氮肥、硫包衣缓释复混肥料、硫包衣缓释掺混肥料的要求、试验方法、检验规则、标识、包装、运输和贮存。

本标准适用于使用硫磺为主要包裹材料对颗粒尿素进行包裹,实现对氮的缓慢释放的冠以各种名称的硫包衣尿素缓释肥料,包括但不限于硫包衣尿素、硫衣尿素、硫包尿素、涂硫尿素、包硫尿素等。也适用于硫包衣缓释氮肥、硫包衣缓释复混肥料和含有部分硫包衣尿素的缓释掺混肥料。

2 规范性引用文件

下列文件对于本文件的应用是必不可少的。凡是注日期的引用文件,仅注日期的版本适用于本文件。凡是不注日期的引用文件,其最新版本(包括所有的修改单)适用于本文件。

GB/T 2441.3 尿素的测定方法 第3部分:水分 卡尔·费休法

GB/T 6679 固体化工产品采样通则

GB/T 8170—2008 数值修约规则与极限数值的表示和判定

GB 8569 固体化学肥料包装

GB/T 8572 复混肥料中总氮含量测定 蒸馏后滴定法

GB/T 14540 复混肥料中铜、铁、锰、锌、硼、钼含量的测定

GB 18382 肥料标识 内容和要求

GB/T 19203 复混肥料中钙、镁、硫含量的测定

GB 21633—2008 掺混肥料(BB肥)

GB/T 22924 复混肥料(复合肥料)中缩二脲含量的测定

GB/T 24891 复混肥料粒度的测定

HG/T 2843 化肥产品 化学分析常用标准滴定溶液、标准溶液、试剂溶液和指示剂溶液

3 术语和定义

下列术语和定义适用于本文件。

3.1

硫包衣尿素 sulfur coated urea(SCU)

由硫磺包裹颗粒尿素制成的一种包衣缓释肥料。

3.2

缓释肥料 slow release fertilizers

养分所呈的化合物或物理状态,能在一段时间内缓慢释放供植物持续吸收利用的肥料。

3.3

控释肥料 controlled release fertilizers

能按照设定的释放率(%)和释放期(d)来控制养分释放的肥料。

3.4

初期养分释放率　initial release of a nutrient

硫包衣尿素在38 ℃的静水中浸泡24 h，氮养分的溶出量占总氮的百分率。

3.5

静态氮溶出率　seven day dissolution rate(SDDR)

硫包衣尿素在38 ℃的静水中浸泡7 d，氮养分的溶出量占总氮的百分率。

3.6

缓释氮养分量　slow release nitrogen nutrient content

硫包衣缓释氮肥、缓释复混肥料、缓释掺混肥料中，通过硫包衣实现缓释的氮养分占肥料总质量的质量分数，以在25 ℃ 静水中浸泡24 h后未释放出的氮养分的质量分数来表示。

4　要求

4.1　外观：颗粒状，无机械杂质。

4.2　硫包衣尿素产品应符合表1和包装标明值的要求。

表1　硫包衣尿素的要求　　%

项目		指标			
		Ⅰ型	Ⅱ型	Ⅲ型	Ⅳ型
总氮(N)的质量分数	≥	39.0	37.0	34.0	31.0
初期养分释放率	≤	40	27	15	10
静态氮溶出率	≤	60	45	30	20
硫(S)的质量分数	≥	8.0	10.0	15.0	20.0
缩二脲的质量分数	≤	1.2			
水分(H_2O)的质量分数	≤	1.0			
粒度(1.00 mm～4.75 mm或3.35 mm～5.60 mm)	≥	90			

4.3　硫包衣缓释氮肥、缓释复混肥料和含有部分硫包衣尿素的缓释掺混肥料应符合表2的要求，同时应符合包装标明值和相应国家标准或行业标准的要求。

表2　硫包衣缓释氮肥、缓释复混肥料、含有部分硫包衣尿素的缓释掺混肥料的要求　　%

项目		指标
缓释氮养分量[a]	≥	标明值
中量元素单一养分的质量分数(以单质计)[b]	≥	2.0
微量元素单一养分的质量分数(以单质计)[c]	≥	0.02

[a] 肥料为单一氮养分时，其缓释氮养分量应不小于8.0%；养分为两种或两种以上时，其缓释氮养分量应不小于4.0%。

[b] 包装容器标明含有钙、镁、硫时检测该项指标。

[c] 包装容器标明含有铜、铁、锰、锌、硼、钼时检测该项指标。

5 试验方法

本标准中所用试剂、水和溶液的配制，在未注明规格和配制方法时，均应按 HG/T 2843 的规定。

5.1 外观

目视法测定。

5.2 总氮含量的测定

按 GB/T 8572 中的规定进行。

5.3 初期养分释放率、静态氮溶出率

5.3.1 原理

用水静置浸泡试料，在 38 ℃±1 ℃恒温、在规定时间内，试料中的氮养分从包衣中溶出到水中，测定溶出的氮含量，溶出的氮含量占总氮含量的百分数即为样品的初期养分释放率或静态氮溶出率。

5.3.2 试剂和材料

同 GB/T 8572。

5.3.3 仪器

5.3.3.1 通常实验室用仪器；
5.3.3.2 GB/T 8572 所列仪器；
5.3.3.3 恒温箱，温度可以控制在 38 ℃±1 ℃。

5.3.4 分析步骤

做两份试料的平行测定。

称取未粉碎的试样 20 g(精确至 0.01 g)，放入 0.15 mm(100 目)尼龙纱网做成的小袋中，封口后，将小袋放入 250 mL 具塞广口瓶中，准确加入 200 mL 水，加盖密封。将试剂瓶置于已预热到 38 ℃的恒温箱中，保持此温度分别静置 24 h 和 7 d。取出试剂瓶，轻轻地将试剂瓶上下颠倒三次，使瓶内的液体浓度一致，干过滤，冷却。

吸取 5.0 mL 干过滤后的滤液，用 GB/T 8572 的蒸馏后滴定法或附录 A 中规定的方法进行 24 h 及 7 d 总氮溶出量的测定。仲裁时按 GB/T 8572 中规定的方法进行。

5.3.5 分析结果的表述

5.3.5.1 24 h 总氮溶出量的质量分数 w_1，以%表示，按式(1)计算：

$$w_1=\frac{c(V_2-V_1)\times 0.014\,01}{m_1\times V_0/V}\times 100 \qquad \cdots\cdots(1)$$

式中：

c ——测定及空白试验时，使用氢氧化钠标准滴定溶液的浓度的准确数值，单位为摩尔每升(mol/L)；

V_2 ——空白试验时，使用氢氧化钠标准滴定溶液的体积的数值，单位为毫升(mL)；

V_1 ——测定时，使用氢氧化钠标准滴定溶液的体积的数值，单位为毫升(mL)；

0.014 01——氮的毫摩尔质量的数值，单位为克每毫摩尔(g/mmol)；

m_1 ——试料质量的数值，单位为克(g)；

V_0 ——测定时,吸取试样溶液的体积的数值,单位为毫升(mL);

V ——加入水的总体积的数值,单位为毫升(mL)。

计算结果表示到小数点后两位,取平行测定结果的算术平均值作为测定结果。

5.3.5.2 初期养分释放率 x_1,以%表示,按式(2)计算:

$$x_1=\frac{w_1}{w_0}\times 100 \qquad (2)$$

式中:

w_1 ——24 h 总氮溶出量的数值,以%表示;

w_0 ——按 5.2 规定测得的总氮含量的数值,以%表示。

5.3.5.3 7 d 总氮溶出量 w_2,以"%"表示,按式(1)计算。

计算结果表示到小数点后两位,取平行测定结果的算术平均值作为测定结果。

5.3.5.4 静态氮溶出率 x_2,以"%"表示,按式(3)计算:

$$x_2=\frac{w_2}{w_0}\times 100 \qquad (3)$$

式中:

w_2——7 d 总氮溶出量的数值,以%表示。

5.4 硫含量的测定

5.4.1 原理

根据硫的溶解特性,分别用水和硫饱和的丙酮溶液溶出水溶物和丙酮溶物,再用二硫化碳溶出全部的硫,通过减量法计算出硫的含量。

5.4.2 试剂和材料

5.4.2.1 丙酮;

5.4.2.2 硫磺:固态;

5.4.2.3 二硫化碳;

5.4.2.4 硫饱和的丙酮溶液:将一定量的硫磺加入丙酮中,不断搅拌,溶解后再加入适量硫磺并搅拌,直至丙酮中有硫磺析出。

5.4.3 仪器

5.4.3.1 通常实验室用仪器;

5.4.3.2 玻璃坩埚式滤器:4 号,容积 30 mL;

5.4.3.3 干燥箱:温度可控制在 100 ℃±2 ℃。

5.4.4 分析步骤

5.4.4.1 硫含量测定

警告——二硫化碳有毒易燃,相关操作应在通风橱内进行。本标准并未指出所有可能的安全问题,使用者有责任采取适当的安全和健康措施,并保证符合国家有关法规规定的条件。

做两份试料的平行测定。

准确称取一定量(含硫为 200 mg~300 mg)已制备的试样(称准至 0.000 1 g)置于 125 mL 具塞三

角瓶中，加入 50 mL 水，盖好塞子，激烈振荡 30 s，使尿素全部溶解。将三角烧瓶中的内容物全部转移至洁净的玻璃坩埚式滤器中，再用水洗涤 5～6 次。

用 10 mL 硫饱和的丙酮清液洗涤玻璃坩埚式滤器及其内容物，抽干，重复同样操作 4 次，然后在 100 ℃±2 ℃的干燥箱内干燥 1 h，取出移入干燥器内，冷却至室温，称量。再用 10 mL 二硫化碳洗涤玻璃坩埚式滤器及其内容物，抽干，重复同样操作 3～5 次，直至肥料中的硫冲洗干净。然后在 100 ℃±2 ℃的干燥箱内干燥 1 h，取出移入干燥器内，冷却至室温，称量。两次质量差为硫的质量。

5.4.4.2 空白试验

用不含硫磺的其他惰性物质（如普通尿素）代替试样，应与试样测定采用完全相同的试剂、用量和分析步骤，进行空白试验。

5.4.5 分析结果的表述

硫（以 S 计）含量 w_3，以质量分数（%）表示，按式（4）计算：

$$w_3 = \frac{m_3 - m_4 - m_5}{m_2} \times 100 \qquad \cdots\cdots(4)$$

式中：

m_3——测定时用硫饱和的丙酮清液洗涤后称得的试料质量的数值，单位为克(g)；

m_4——测定时用二硫化碳洗涤后称得的试料质量的数值，单位为克(g)；

m_5——空白试验中硫的质量的数值，单位为克(g)；

m_2——试料质量的数值，单位为克(g)。

计算结果表示到小数点后两位，取平行测定结果的算术平均值作为测定结果。

5.4.6 允许差

平行测定结果的绝对差值不大于 0.30%；

不同实验室测定结果的绝对差值不大于 0.50%。

5.5 缩二脲含量的测定

按 GB/T 22924 进行。

5.6 水分的测定

按 GB/T 2441.3 中的规定进行。

5.7 粒度的测定

按 GB/T 24891 的规定进行。

5.8 硫包衣缓释氮肥、缓释复混肥料和含有部分硫包衣尿素的缓释掺混肥料中养分含量的测定

5.8.1 缓释氮养分量的测定

5.8.1.1 原理

用水静置浸泡试料，在规定的温度和时间内，试料中的速效氮养分溶出到水中，用蒸馏后滴定法测定溶出的氮含量，肥料中总氮含量减去溶出的氮含量即为样品中缓释氮养分量。

5.8.1.2 试剂和材料

同 5.3.2。

5.8.1.3 仪器

5.8.1.3.1 通常实验室用仪器；

5.8.1.3.2 GB/T 8572 所列仪器；

5.8.1.3.3 恒温箱，温度可以控制在 25 ℃±1 ℃。

5.8.1.4 分析步骤

5.8.1.4.1 硫包衣缓释氮肥、缓释复混肥料和含有部分硫包衣尿素的缓释掺混肥料中缓释氮养分量的测定

做两份试料的平行测定。

称取未粉碎的试样 30 g(精确至 0.01 g)置于 250 mL 量瓶中，准确加入 200 mL 水，将量瓶轻轻摇动使漂浮在水面上的试料完全浸入水中，加塞密封，置于 25 ℃的恒温箱中，保持此温度静置 24 h，取出量瓶定容至刻度，摇匀后静置干过滤，弃去最初滤液。吸取 5.0 mL 滤液按 GB/T 8572 中的规定进行氮养分初期释放量 w_4 的测定。

5.8.1.4.2 总氮含量的测定

按 GB/T 8572 中的规定进行。

5.8.1.5 分析结果的表述

5.8.1.5.1 氮养分初期释放量 w_4 按 5.3.5.1 中的式(1)计算，计算结果保留到小数点后两位。取平行测定结果的算术平均值作为测定结果。

5.8.1.5.2 硫包衣缓释氮肥、缓释复混肥料和含有部分硫包衣尿素的缓释掺混肥料中缓释氮养分量 w_6 以氮养分的质量分数(%)表示，按式(5)计算：

$$w_6 = w_5 - w_4 \qquad \cdots\cdots(5)$$

式中：

w_5 ——按 5.8.1.4.2 规定测得的试料中的总氮含量的质量分数(%)；

w_4 ——试料中氮养分的初期释放量的质量分数(%)。

5.8.2 钙、镁、硫含量的测定

5.8.2.1 钙、镁含量的测定

按 GB/T 19203 的规定进行。

5.8.2.2 硫含量的测定

5.8.2.2.1 原理

试样在酸性溶液中，硫酸根和钡离子生成难溶的 $BaSO_4$ 沉淀，经过滤、洗涤、灼烧或烘干、称重，计算出硫酸根硫含量。根据元素硫的溶解特性，分别用水和硫饱和的丙酮溶液溶出水溶物和丙酮溶物，再用二硫化碳溶出全部的硫，通过减量法计算出元素硫的含量。

5.8.2.2.2 试剂及材料

按 5.4.2 及 GB/T 19203—2003 中 3.5.2 准备。

5.8.2.2.3 分析步骤

准确称取含有(100～150) mg 硫的试料，放入到 400 mL 的烧杯中，加入 100 mL 水、15 mL 盐酸溶液(1+1)，加热至沸点，小火沸腾约 10 min。用玻璃坩埚式滤器过滤，用热水冲洗。

定量转移滤液至 250 mL 容量瓶中，用水稀释至刻度，混匀。干过滤，弃去最初几毫升滤液。按 GB/T 19203—2003 中 3.5 中规定进行测定硫酸根中硫，硫酸根中硫的质量分数(%)用 $w(S_1)$表示。

元素硫的质量分数用 $w(S_0)$表示，按 5.4 规定进行。

5.8.2.2.4 分析结果表述

硫包衣缓释氮肥、缓释复混肥料和含有部分硫包衣尿素的缓释掺混肥料中硫含量 $w(S)$，以质量分数(%)表示，按式(6)计算：

$$w(S)=w(S_0)+w(S_1) \qquad (6)$$

式中：

$w(S_0)$ ——元素形态的硫含量，以%表示；

$w(S_1)$ ——硫酸根形态的硫含量，以%表示。

5.8.3 铜、铁、锰、锌、硼、钼含量的测定

按 GB/T 14540 的规定进行。

6 检验规则

6.1 检验类别及检验项目

产品检验分为出厂检验和型式检验。硫包衣尿素产品的外观和表 1 中除静态氮溶出率、硫含量以外的项目为出厂检验项目；硫包衣缓释氮肥、缓释复混肥料和含有部分硫包衣尿素的缓释掺混肥料的外观和缓释氮养分量为出厂检验项目。型式检验包括全部检验项目，有下列情况之一时进行：

a) 新产品投产或产品鉴定时；
b) 正式生产时，原料、工艺或设备发生变化时；
c) 正式生产时，定期或积累到一定量后，至少每半年进行一次；
d) 出厂检验结果与上次型式检验结果有较大差异时；
e) 停产 6 个月以上恢复生产时；
f) 国家质量监督机构提出型式检验的要求时。

6.2 组批

产品按批检验，出厂检验以一次加工处理的产品为一批，最大批量为 500 t。

6.3 采样方案

6.3.1 袋装产品

不超过 512 袋时，按表 3 确定采样袋数；超过 512 袋时，按式(7)计算结果确定采样袋数，计算结果如遇小数，则进为整数。

$$n=3\times\sqrt[3]{N} \qquad (7)$$

式中：

n ——采样袋数；

N ——每批产品总袋数。

表 3　采样袋数的确定

总袋数	最少采样袋数	总袋数	最少采样袋数
1～10	全部袋数	182～216	18
11～49	11	217～254	19
50～64	12	255～296	20
65～81	13	297～343	21
82～101	14	344～394	22
102～125	15	395～450	23
126～151	16	451～512	24
152～181	17		

按表 3 或式(7)计算结果，随机抽取一定袋数，用采样器从每袋最长对角线插入至袋的三分之二处，取出不少于 100 g 样品，每批采取总样品量不得少于 2 kg。

含有部分硫包衣尿素的缓释掺混肥料按 GB 21633—2008 中的 6.3.1 规定进行。

6.3.2　散装产品

按 GB/T 6679 规定进行。

6.4　样品缩分和试样制备

6.4.1　样品缩分

将采取的样品迅速混匀，用缩分器或四分法将样品缩分至约 1 kg，再缩分成两份，分装于两个洁净、干燥的 1 000 mL 具有磨口塞的广口瓶或塑料瓶中，密封并贴上标签，注明生产企业名称、产品名称、产品型号或类型、批号或生产日期、批量、采样日期、采样人姓名，一瓶作产品质量分析，一瓶保存到 6 个月，以备查用。

含有部分硫包衣尿素的缓释掺混肥料按 GB 21633—2008 中的 6.4.1 规定进行。

6.4.2　试样制备

由 6.4.1 中取一瓶样品，经多次缩分后取出约 100 g 样品，迅速研磨至全部通过 0.50 mm 孔径筛，混合均匀，置于洁净、干燥瓶中，作总氮、硫、缩二脲、水分、中量元素、微量元素、固体物含量的测定。余下实验室样品供初期养分释放率、静态氮溶出率及粒度测定用。

6.5　结果判定

6.5.1　本标准中产品质量指标合格判断，采用 GB/T 8170—2008 中"修约值比较法"。

6.5.2　型式检验项目全部符合要求时，判该批产品合格。

6.5.3　生产企业出厂检验时：出厂检验项目全部符合本标准要求时判该批产品合格。如果有一项指标不符合本标准的要求，应重新自 2 倍量的包装袋中采取样品进行检验，重新检验结果中，即使有一项指标不符合标准要求时，则整批产品为不合格；如果有两项及两项以上指标不符合本标准的要求，判该批产品不合格。

6.5.4　每批经检验合格的出厂产品应附有质量证明书，其内容包括：生产企业名称、地址、产品名称、批号或生产日期、产品净含量、各指标标明值以及执行标准编号。

7 标识

7.1 应在包装袋正面标明总氮含量、硫含量、型号、净含量，其余应符合 GB 18382 的规定。当产品包装为吨包装时，只需标明总氮含量、硫含量、型号、净含量、生产企业名称、地址。

7.2 产品使用说明书应印刷在包装袋背面，其内容包括：产品名称、养分含量、适用作物、建议用量、使用方法、贮存、使用注意事项等。

7.3 产品的每种中量元素（钙、镁、硫）的含量≥2%、每种微量元素（钼、硼、锰、锌、铜、铁）含量≥0.02% 时，可以在包装袋上标出其含量。

7.4 硫包衣缓释氮肥、缓释复混肥料和含有部分硫包衣尿素的缓释掺混肥料且在包装容器上肥料名称中标有缓释字样或标称缓释氮肥、缓释复混肥料、缓释掺混肥料的产品，应标明缓释氮养分来源及缓释氮养分量，实行工业产品生产许可证管理的产品要同时标注生产许可证号和相应的标准号。

7.5 每袋净含量应标明单一数值，如 50 kg。

7.6 其余应符合 GB 18382 的规定。

8 包装、运输和贮存

8.1 产品包装材料应按 GB 8569 中对复混肥料产品的规定进行。每袋净含量分别为(1 000±10)kg、(50±0.5)kg、(40±0.4)kg、(25±0.2)kg、(10±0.1)kg 和(5±0.05)kg，平均每袋净含量不得低于 1 000 kg、50.0 kg、40.0 kg、25.0 kg、10.0 kg、5.0 kg。当用户对每袋净含量有特殊要求时，可由供需双方协商解决，以双方合同规定为准。

8.2 在标明的每袋净含量范围内的产品中有添加物时，必须与原物料混合均匀，不得以小包装形式放入包装袋中。

8.3 运输中应轻装轻卸，运输工具和装卸工具应干净、平整、无突出的尖锐物，以免刺穿、刮破包装件。运输过程中防潮、防晒、防破裂。

8.4 产品应贮存于阴凉干燥的场所，防止日晒、防潮。堆放高度应小于 5 m。

附 录 A
（规范性附录）
初期养分释放率、静态氮溶出率的快速测定 折射仪法

A.1 范围

本方法适用于硫包衣尿素产品。

A.2 方法提要

首先测定硫包衣尿素产品中总的固体物含量，继而计算出样品中尿素的质量。根据在一定的温度下，溶液中尿素的百分比与溶液折射率成相关性的特性，由测定出溶液的折射率计算出溶液中尿素的含量。

A.3 试剂

尿素溶液：200 g/L。

称取 200 g 尿素（国家标准样品）溶解于 500 mL 水中，溶解后定容至 1 L，混匀。

A.4 设备

A.4.1 通常实验室用仪器。

A.4.2 磁力搅拌器。

A.4.3 温控折射仪，读数精度为 0.000 01，温度精度为 0.01 ℃。

A.4.4 恒温箱，温度可控制在 38 ℃±1 ℃。

A.5 测定

A.5.1 标准曲线的绘制

A.5.1.1 标准溶液的配制

按表 A.1 所示，分别移取 0.00 mL（为补偿溶液）、2.50 mL、5.00 mL、10.00 mL、20.00 mL、30.00 mL、40.00 mL、50.00 mL 尿素标准溶液，置于 8 个 100 mL 容量瓶中，稀释至刻度，摇匀。

表 A.1

尿素标准溶液体积/mL	对应的尿素浓度/(g/L)
0.00	0.00
2.50	5.00
5.00	10.0
10.00	20.0
20.00	40.0

表 A.1 （续）

尿素标准溶液体积/mL	对应的尿素浓度/(g/L)
30.00	60.0
40.00	80.0
50.00	100.0

A.5.1.2 标准曲线的绘制

进行测定前，参照折射仪使用说明书，选择最佳工作参数。

分别取配制好的尿素标准溶液2～3滴直接滴在折射仪的测量盘上，等待3 min～4 min，待溶液温度稳定在30 ℃±0.1 ℃时，测量并记录各标准溶液折射率读数。

以尿素标准溶液的折射率为纵坐标，以相对应的标准溶液中尿素的浓度(g/L)为横坐标，绘制标准曲线或求得线性回归方程。

A.5.2 样品中固体物含量的测定

做两份试料的平行测定。

将10.0 g(精确至0.01 g)已制备的粉碎试样放入500 mL高型烧杯中，加入300 mL水。在搅拌器中搅拌至少2 min，将试样打成浆状。所有颗粒必须完全粉碎，尿素溶解完全。将事先称重过的滤纸放入布氏漏斗，浸湿在漏斗中形成杯状。将试样浆状物倒入带有滤纸的布氏漏斗中。用水冲洗搅拌器上的残留物至滤纸上。将不溶物放入103 ℃～105 ℃的干燥箱加热45 min，然后将其在干燥器中冷却30 min。称量不溶物和滤纸的质量并记录。

固体物含量 w，以质量分数(%)表示，按式(A.1)计算：

$$w=\frac{m_6-m_7}{m_8}\times 100 \qquad \cdots\cdots(A.1)$$

式中：

m_6 ——不溶物质量的数值，单位为克(g)；

m_7 ——滤纸质量的数值，单位为克(g)；

m_8 ——试料质量的数值，单位为克(g)。

取平行测定结果的算术平均值作为测定结果。

A.5.3 溶液中尿素含量的测定

按照本标准5.3.4中“称取未粉碎……”到“……使瓶内的溶液浓度一致，干过滤，冷却。”操作，取过滤后的溶液2～3滴直接滴在折射仪的测量盘上。等待3 min～4 min，待溶液温度稳定在30 ℃±0.1 ℃时，测量并记录折射仪的折射率读数。

A.6 分析结果的表述

A.6.1 样品中尿素的质量计算

样品中尿素的质量 m_9 以克(g)表示，按式(A.2)计算：

$$m_9=\frac{(100-w)\times m_1}{100} \qquad \cdots\cdots(A.2)$$

式中

m_1 ——试料质量的数值，单位为克(g)。

A.6.2 初期养分释放率、静态氮溶出率的计算

初期养分释放率、静态氮溶出率 X,以(%)表示,按式(A.3)计算:

$$X=\frac{(\rho-\rho_0)\times V}{m_9\times 1\,000}\times 100 \qquad \text{(A.3)}$$

式中:

ρ ——放置 24 h、7 d 试样溶液折射率相对应的由标准曲线查出或线性回归方程计算出的尿素的浓度的数值,单位为克每升(g/L);

ρ_0 ——与空白折射率相对应的由标准曲线查出或线性回归方程计算出的尿素的浓度的数值,单位为克每升(g/L);

V ——加入水的总体积的数值,单位为毫升(mL)。

取平行测定结果的算术平均值作为测定结果。

附 录 B
（资料性附录）
静态氮溶出率与养分释放时间对照

硫包衣尿素是成熟的缓释肥料品种，对于其缓释效果为大家所熟知，为便于用户正确使用硫包衣尿素产品，根据不同作物生育期长短及需肥情况，选择合适的硫包衣尿素型号产品，企业可以在产品的说明书中说明产品的施用条件及养分释放时间。这里的养分释放时间是指硫包衣尿素累积释放到土壤中至少 80%养分的时间，剩余部分养分将在后续时间陆续释放完毕。

硫包衣尿素的养分释放期是由肥料的初期养分释放率和静态氮溶出率来共同决定的，根据大量的实验室及田间测试数据，一般情况，在 38 ℃静水中静态氮溶出率对应的在田间条件下（约 25 ℃）的养分释放时间如表 B.1 供用户使用时参考。

表 B.1

型号	静态氮溶出率/%	养分释放时间/月
Ⅰ型	≤60	1～2
Ⅱ型	≤45	3～4
Ⅲ型	≤30	5～6
Ⅳ型	≤20	9～10

由于硫包衣尿素养分释放期受温度、水分、土壤微生物及干湿交替等影响，不同地区、不同气候条件及不同栽培方式，释放时间会有所浮动，可根据合同双方对释放时间进行约定。

ICS 67.060
B 20

中华人民共和国国家标准

GB/T 29402.1—2012/ISO 6322-1:1996

谷物和豆类储存 第1部分:谷物储存的一般建议

Storage of cereals and pulses—Part 1:General recommendations for the keeping of cereals

(ISO 6322-1:1996,IDT)

2012-12-31 发布　　2013-06-20 实施

中华人民共和国国家质量监督检验检疫总局
中国国家标准化管理委员会　发布

前 言

GB/T 29402《谷物和豆类储存》分为三个部分:

——第1部分:谷物储存的一般建议;

——第2部分:实用建议;

——第3部分:有害生物的控制。

本部分为GB/T 29402的第1部分。

本部分依据GB/T 1.1—2009、GB/T 20000.2—2009给出的规则起草。

本部分使用翻译法等同采用ISO 6322-1:1996《谷物和豆类储存——第1部分:谷物储存的一般建议》(英文版)。

本部分做了下列编辑性修改:

——将“ISO 6322的本部分”改为“本部分”;

——将英文的小数点“,”改为“.”;

——将“国家”“发展中国家”等改为“地区”“欠发达地区”等;

——删除了个别不适合我国国情的注释类词语,如“例如南美洲和中东”“例如欧洲”等;

——删除了原标准的引言。

本部分由国家粮食局提出。

本部分由全国粮油标准化技术委员会(SAC/TC 270)归口。

本部分起草单位:国家粮食局标准质量中心、河南工业大学粮油食品学院。

本部分主要起草人:谢华民、吴存荣、唐怀建、张浩。

谷物和豆类储存
第1部分:谷物储存的一般建议

1 范围

GB/T 29402的本部分给出了谷物储存的一般性指导建议。

本部分适用于谷物的储存。

2 规范性引用文件

下列文件对于本文件的应用是必不可少的。凡是注日期的引用文件,仅注日期的版本适用于本文件。凡是不注日期的引用文件,其最新版本(包括所有的修改单)适用于本文件。

ISO 5527:1995 谷物 词汇

GB/T 29402.2 谷物和豆类储存 第2部分:实用建议

GB/T 29402.3 谷物和豆类储存 第3部分:有害生物的控制

3 术语和定义

ISO 5527:1995界定的以及下列术语和定义适用于本文件。

3.1

相对湿度 relative humidity

在相同温度下,样品空气的水蒸气压和饱和水蒸气压的比率。

4 影响谷物储存的因素

4.1 技术因素

谷物储存中的问题通常出现在两个不同的阶段,见4.1.1和4.1.2。

4.1.1 刚收获的谷物,有时其水分含量保持较高状态的时间可以从数小时至数月不等,此时谷物性状很不稳定,一般储存在农场或小型的、没有足够设备、储存条件不够完善的筒仓或储藏室内,等待适当的处理。

4.1.2 到市场贸易阶段,谷物可在不高于安全水分的状况下储藏数月至数年,各个地区每一种谷物的安全水分含量可以是不变的。谷物可由拥有现代化的装备齐全的立筒库的大型仓储企业进行储存,或由其他散装储存设施储存。由于储藏方式、条件、地理位置和预计储存期不同,储存期间可能出现的问题也会不同。

4.2 环境和社会经济因素

在谷物储存方面,不同地理区域有各自独特的问题。这些独特问题产生的原因见4.2.1~4.2.3。

4.2.1 气候条件

从田间生长到最终利用,整个过程中气候条件是影响谷物质量的最重要的因素之一。

地理区域可大致划分如下：

a) 高温潮湿热带气候区：本区域内谷物会很快霉烂变质；

b) 高温干燥气候区：本区域内谷物收获时已经自然干燥，问题比较简单，但谷物收获后若长时间保持高温，则加剧了害虫侵蚀问题；

c) 温带气候区：本区域内收获的部分谷物水分含量可能较高；

d) 高寒气候区：本区域会出现很特殊的问题，例如一段时间内谷物会被埋在雪下。

经常出现的情形是，一些地区气候较差，不利于防止谷物霉烂变质。

4.2.2 国家的进出口活动

所有生产谷物的国家都面临在农场如何储存谷物的问题，有进出口活动的国家还有其他问题，尤其是出口国，为了输送谷物应使用储存设施。出口谷物通常应符合本国或进口国官方机构制定的非常严格的标准（特别是有关微生物和昆虫的指标）。应注意的是，对许多出口国而言保持储存设施、设备的低成本是非常重要的。

4.2.3 技术管理状况

一些欠发达地区对许多问题没有足够的认识，也没有能力来处理这些问题。随着现代收获技术的发展（例如联合收割机的使用），高水分谷物的初始储存（4.1.1）状况得到了显著改善。

由于储存设施的规模不同，储存系统的组织管理就显得非常重要。大量谷物的存在可能引起现实的和后勤上的问题。

目前，在同一个区域，各种不同类型的、不同技术水平的储存系统（散装或包装）同时存在。

理想的状况是，根据谷物含水量的不同分别存放，避免干燥谷物和高水分谷物混合储存。

4.3 质量因素

应根据最终用途（如：供人消费或作为饲料，原粮还是成品粮，或是非食用的工业用粮）判定谷物是否处于良好状态。

国家通常会规定质量要求和质量标准。如，谷物本身的质量和外来物质（异种粮粒、来源于昆虫或鼠类的污秽物、农药残留或毒素）的限量标准等。

进口国制定的强制性标准对出口国的储存有明显的影响，储存设施较简陋的地区达到这些标准的要求可能会有一定的困难。

虽然每个地区有各自的问题，但由于商品贸易有很强的共性，并且许多问题在科技层面上是相似的，所以，根据现有的知识可以制定出谷物安全储存的指导原则。

5 谷物的储存特性

5.1 谷物籽粒为活的生物体

休眠的谷物籽粒是活的颖果。它的胚和糊粉层有缓慢的新陈代谢活动，这种新陈代谢活动在环境合适时会迅速加快。胚乳细胞基本上由储存物质（碳水化合物、蛋白质和少量的脂类）组成，为新陈代谢提供能量。

谷物的基本代谢活动分为两类，即呼吸作用和萌芽。

5.1.1 呼吸作用，主要影响碳水化合物和脂类。在有氧环境中，如果谷物的水分含量和温度都很高，就会发生呼吸代谢。谷物的呼吸代谢产生二氧化碳、水气和大量的热（每摩尔葡萄糖的氧化产生2 830 kJ）。

在无氧状况下，发生发酵代谢过程，产生较少的热量（每摩尔葡萄糖产生 92 kJ）。发酵后的谷物有典型的酸甜酒精味并且还伴有其他变化，不再适合人食用，但仍可以做动物饲料。

氧化现象在储存谷物中普遍发生，在干燥的谷物中氧化速度很缓慢。应警惕氧化速度的明显加快，一旦氧化加速就意味着谷物不适宜再储存了。

5.1.2 萌芽，谷物籽粒萌芽是其代谢活动的正常表现。在有氧环境中，如果水分和温度适宜，谷物籽粒就会发芽。发芽有几个连贯的阶段：吸水膨胀、酶的活动、细胞增殖、细胞生长并且很快长出幼芽。仅最后的阶段为表观特征。

对于正在储存的谷物或将要储存的谷物，即便发芽仅处于最初阶段，也是很严重的问题。在气候潮湿的年份，庄稼在田间时发芽现象也经常发生。发芽导致两个后果：

a) 储存物质的化学变化；

b) 酶活性的增加：小麦在气候潮湿季节收获时其 α-淀粉酶含量高就是一个典型的例子。

发芽的谷物通常不适宜供人消费。

用于制芽或用作种子的谷物，应保护其发芽的潜力。

5.2 微生物区系

谷物籽粒是大量微生物的永恒寄主。这些微生物的大多数广泛分布在世界各地并且是无害的。但是，有些种类的微生物会产生有害物质。新收获谷物中存在的微生物区系包括多种细菌、霉菌和酵母菌。

谷物成熟的时候，水分含量降低，以细菌为主的田间微生物数目减少。谷物收获后，储存微生物入侵，田间微生物逐渐消亡。如果水分含量(湿基，下同)低于 14%，微生物不繁殖。水分含量超过 14%，其繁殖迅速加快。并且水分含量的限值是随温度而变化的(见 7.3)。

收获时，组成微生物区系的数量和种类更多地取决于生态环境，与谷物的种类相关性较小。

运输和储存的过程会增加微生物的数量。

5.3 杂草种子和其他外来物质

多数未经过筛理或风选的商品谷物包含一定量的异种粮粒、草籽、谷壳、秸秆、石块和沙子等。这些物质的物理和生物特性与谷物不同，可能给谷物的储存带来不利影响。

5.4 影响储存的重要物理特性

最重要的影响储存的物理特性是谷物的水分和温度。

5.4.1 一个散装谷仓内，除了粮粒之外，谷物籽粒间存在较大的空隙度，如小麦堆的孔隙度可达 40%。利用散装谷物的流动特性可以将料斗或管道置入粮堆中，以便及时通过吹入(或吸出)干燥空气对谷物进行干燥或冷却。

5.4.2 由于谷物的导热系数很低[0.125 W/(m·K)～0.167 W/(m·K)]，在没有通风的情况下，代谢活动产生的热积聚在局部，使得粮堆局部温度大幅升高。尤其是谷物的热容量较低[水分含量 15% 的小麦大约 1.88 kJ/(kg·K)]，热容量随着谷物水分的增加而升高。在谷物自身代谢活动产热的基础上，微生物和昆虫的活动也产生热量。

5.4.3 谷物具有吸湿特性，它通过吸附和解吸水分与其周围空气的湿度保持平衡。谷物的吸附等温线可用曲线表示，在相对湿度为 20%～80% 的储存环境内，它几乎是直线。随着温度的变化，谷物水分含量(通常以湿基百分数表示)与空气水分含量(通常以相对湿度表示)的关系有所变化。对于一个固定的相对湿度值，随着温度升高，水分含量降低。正在吸附和正在释放水分的谷物也有不同。谷物的水分含量与粮堆空气相对湿度的变化不完全同步，谷物的水分有滞后现象。有关谷物的吸附-解吸等温线参见附录 A。

空气相对湿度的周期性变化仅影响粮堆的表层。表层以下的谷物，其谷粒间隙中空气的相对湿度取决于初始的水分含量和温度。由于粮堆外部温度的变化或粮堆内部的发热,粮堆表层和内部的温度总是不同的。所以,在相对湿度和水分含量之间建立了一种平衡梯度。水分向温度最低的位置转移,使得该位置的水分含量增加。

5.4.4 术语"干"、"湿"和"安全"可应用于谷物储存中。

"干"或"安全"是指谷物水分含量达到安全水分,在储存和运输过程中经受可能发生的温度变化,既没有代谢活动加速的风险,也没有被霉菌和其他微生物侵害的风险。"湿"是指谷物水分含量高于安全水分。安全水分随粮食种类、温度(包括人工降温措施)和储存时间的长短而变化。一般情况下,安全水分是与65%的空气相对湿度相平衡的粮食水分。

5.5 谷物品质的保护

供人类或动物食用以及作为制芽或种子用是谷物的基本品质。应保护谷物的这些基本品质。

a) 制面包的谷物要保持一定的酶活性,尤其是α-淀粉酶的活性。

b) 蛋白质结构的自然状态。蛋白质结构决定了面团的流变学特性。

c) 发芽率和发芽势。种用谷物和制芽用大麦的发芽率和发芽势应保持在很高的水平。

若保持以上品质,就不得使用任何热处理(例如使蛋白质变性的热灭菌),并且限制使用高温干燥系统。

对于供人类或动物食用的谷物,一定要尽可能地保持其食用价值(风味、营养元素、营养效价)。同时应保持谷物的卫生安全,防范任何可能的有毒物质(毒素)和农药残留对谷物的污染。

6 谷物的品质劣变

引起储存谷物品质劣变的原因可以分为两类:

a) 劣变的直接原因;

b) 影响劣变的环境因素。

6.1 劣变的直接原因

6.1.1 酶促反应

谷物酶促反应有很多方式。这些反应涉及储存谷物的蛋白质、碳水化合物和脂类。经过干燥的谷物酶促反应不明显。

然而某些酶,如脂肪酶,可以长时间存活在干燥谷物中。

6.1.2 生物化学和化学方面的其他变化

谷物的生化反应和化学反应是各种各样的,这些反应通常在较高的温度条件下发生。较高的温度可能来自在烘干时遇到的高温或是由昆虫、霉菌和其他微生物活动所引起的"发热":

a) 美拉德(Maillard)反应,产生许多中间化合物,最终导致非酶促褐变。

b) 淀粉颗粒结构的改变,这是最根本的变化。例如,干燥时淀粉颗粒破损并形成糊精。

c) 蛋白质变性,导致某些特性的丧失。如溶解性、水合状态下的流变学特性和酶活性等。

d) 可利用赖氨酸含量的降低。

e) 维生素(B_1、E类胡萝卜素)的破坏。

某些反应,尤其是脂类的非酶促氧化反应,可能会在储藏温度正常的范围内发生。

6.1.3 外部因素:活的生物

劣变可以由活的生物引起。例如脊椎动物、无脊椎动物和微生物等。虽然活的生物侵蚀的直接影响很严重,但非直接影响可能更严重。尤其是昆虫和微生物活动引起的发热以及微生物活动产生的有毒物质。

入侵生物产生二氧化碳和水并释放酶,从而加速谷物的劣变。霉菌和动物仅在有氧环境中活动。

6.1.3.1 有害动物:鼠类、鸟类、昆虫和螨类

动物以储存谷物为食料,动物侵害不仅消耗和损害谷物,而且可能造成谷物腐烂和遭到污染。在散装谷物中昆虫活动所产生的热导致温差的梯度变化,温差引起水分转移,从而使得微生物滋生。特殊情况下甚至引起谷物发芽(通常在散装粮的表面或包装粮的表层)。

6.1.3.2 微生物:霉菌、酵母菌和细菌

由微生物引起损害的类别取决于微生物区系中优势种的活动;常常不容易分辨微生物的侵害和谷物自身的变化,因为两者所需要的外部条件相似。

微生物侵害的主要后果是破坏谷物的成分、发热和发热带来的危害、产生毒素、生活力衰弱或消失,某些特定微生物的侵害还产生能引起人畜接触性过敏的物质。

6.1.4 储存前的外部因素

谷物在收获、运输和储存过程中易破损或擦伤。

大型联合收割机比小型收割机更容易使谷物破损,破损粒的比例是谷物一个品质特性指标。

对于所有谷物来说,破损粒,包括裂纹粒,相对于完善粒更容易受到霉菌、其他微生物、多种害虫和螨类的侵蚀。

人们不希望出现破损粒,因为破损粒易于发生酶类变化和化学变化。

稻谷、大麦和燕麦,脱壳之后失去了保护,燕麦更容易变质,烘干时更容易受到热损伤,更容易受到害虫的侵蚀。

异品种粮粒、草籽和其他植物性的有机杂质也比主体谷物的完善粒更容易受侵蚀。

6.2 导致劣变的环境因素

温度、相对湿度和大气成分这些环境因素主导了储存谷物的化学变化和生物学变化。它们影响的强度依据储存期和储存条件而有所不同。储运和运输中的问题参见 GB/T 29402.2。

6.2.1 动态因素

6.2.1.1 储存期

为了确定大致的安全储存期,应了解反应速度和导致劣变的各种因素的影响,并将各种动态因素考虑在内。

在评估温度和湿度的影响时,由于散装谷物的物理特性,温度和水分含量的变化通常是缓慢的。但害虫和微生物的侵蚀能迅速引起局部温度和水分含量的升高,所以测量粮堆的实际状况非常重要。

6.2.1.2 温度

根据基本的指数定律,温度几乎影响所有化学和生物化学反应。昆虫、螨类和微生物等生物的活动严格受限于特定的温度范围。昆虫活动产生的热很难达到 40 ℃以上,微生物活动产生的热很难达到 65 ℃以上。在某些货物中,氧化反应能将温度升到燃点。但是,没有证据表明谷物会整体自燃。

6.2.1.3 相对湿度

相对湿度是应考虑的最重要的因素。在确定的温度下,过高或过低的相对湿度均能引起谷物劣变。

产生劣变的相对湿度与温度直接相关。

6.2.1.4 大气成分

籽粒间空气中的氧和二氧化碳的比例影响所有微生物、有害动物和谷物活细胞的新陈代谢，同时也影响非酶促氧化的水平和特定的酶促反应。

6.2.2 各种环境因素及其变化产生的协同作用

虽然在理论上容易区分各种环境因素的作用，但在实际中这些因素相互依存、紧密联系，使得研究它们较为复杂。在6.2.2.1～6.2.2.8给出了一些例子，说明这些导致劣变的有关要素。

6.2.2.1 脊椎动物

储存谷物中，鸟雀类和鼠类在正常的有氧环境下就能生存并繁殖。谷物水分含量对它们生存没有什么影响。

6.2.2.2 无脊椎动物

在温度低于10 ℃或高于35 ℃时，储存谷物中的大多数无脊椎动物不能完成它们的生命周期。有严重危害的大多数无脊椎动物，其最低存活温度大约为15 ℃，20 ℃以下时它们生长缓慢。谷物水分含量低于9%时，通常没有被侵蚀的危险。但不包括谷斑皮蠹(khapra beetle)和赤拟谷盗(rust-red flour beetle)，它们在谷物水分含量在3%～5%时仍能繁殖。每种昆虫和螨类有最适宜的温度范围和最适宜的相对湿度(谷物水分含量)范围，例如粉螨(*Acarus siro* L.)在3℃时繁殖，但需要相对湿度＞65%(相当于小麦14%的水分含量)的环境。

脊椎动物和无脊椎动物侵害的问题参见GB/T 29402.3。

6.2.2.3 微生物：有氧状况

一般情况下，在相对湿度低于65%时，即相当于25℃时小麦14%的水分含量(湿基)时，微生物尤其是霉菌不会生长[1]。水分含量与相对湿度的关系随温度而变化：对于一定的水分含量，温度越高，相对湿度越高。若相对湿度高于65%，甚至在低温时霉菌也可以繁殖，这也造成了高水分玉米的特殊问题。

与昆虫相比，霉菌随着温度升高而迅速生长，并且谷物的水分含量和周围空气的相对湿度均升高，霉菌也能引起谷物发热，能将谷物温度升到大约65 ℃。此过程是由一系列不同种类的微生物参与的。

由于所有谷物均会招致霉菌孢子的侵害，因此，安全储存依赖于防止或延缓这些孢子的萌发和生长。

对于未确定期限的储存和安全运输，谷物入仓时或开始运输时，其任何部位不应超过与相对湿度为65%时相平衡的水分含量。

如果谷物的温度较低，其水分含量可以稍高。通过通风或制冷，使得温度在储存或运输期间保持在霉菌不能生长的水平。

6.2.2.4 微生物：密闭储存

一般规律是储存期间细菌总量减少，但高水分谷物除外。高水分谷物储存期间首先是细菌总量增加，然后才是减少。增加的细菌主要是乳酸杆菌。

密闭储存可以防止高水分谷物的霉菌生长，但是某些酵母菌仍可以生长。含水量在18%(湿基)以

---

1) 某些重要的霉菌，如曲霉属的某些种，可能会在较低的相对湿度环境中生长。

上的谷物,其质量劣变后则不适合人类消费。

通常,微生物的活动造成一个低氧环境。这种低氧环境也可以人工制造。例如抽真空、充二氧化碳或充氮气。

6.2.2.5 酶促反应

谷物中大多数的酶促反应要求液态水的存在,这种状况通常表明谷物开始发芽。

谷物烘干时也可能发生某些酶促反应。这些反应的性质取决于烘干过程达到的最高温度和烘干过程持续的时间。

6.2.2.6 蛋白质变性

热空气干燥时蛋白质变性的临界温度取决于谷物水分含量、干燥持续时间和热空气的温度。

6.2.2.7 美拉德反应

通常美拉德反应要求相当高的温度。但在长期储存中,在稍高于20 ℃时也能够发生。水分含量的高和低都可以抑制反应的发生。但在低湿度的情况下,反应发生很迅速。在平衡相对湿度60%~70%之间,反应的速率会达到最高点。

6.2.2.8 非酶氧化

氧化反应主要发生在平衡相对湿度低于20%时,水分的存在会限制氧化反应的发生。

7 评估谷物状况的检测设计

由于可能发生众多变化,设置一些检测来揭示和评估储存谷物的卫生状况是很重要的。这些检测结果可被用来预测与储藏技术相协调的储存期和粮食的营养价值。

7.1 宜存性的确定

储存谷物的基本状况有两个主要方面。

7.1.1 当前状况

当前状况取决于已经发生的变化。它代表了对于一个给定的目的直接使用这批谷物的潜在价值。

7.1.2 今后状况

代表了谷物发生变化的潜在风险。这种风险由给定的储存期和未来的用途所决定,风险取决于谷物当前的状况和今后的变化因素。

7.2 接受的标准

7.2.1 与工业用途、营养用途、制芽或种用直接相关的测定

这些测定将回答被测谷物是否适合既定的用途,也可能给出被测谷物宜储存时限的信息。

7.2.2 与最终用途非直接相关的测定

这些测定通过综合多种变化因素的影响,揭示谷物的总体状况。可分为以下两类测定方法:

——评价谷物生命力的方法。这些方法包括发芽率和发芽势的测定。

——评估真菌总量或细菌微生物区系的方法。

7.2.3 揭示某些特定方面变化的测定

7.2.3.1 水分含量测定

水分含量是表示谷物储存潜力或需立即使用的最重要最直接的指标。对每批谷物的水分含量进行快速而准确的测定是十分重要的。

7.2.3.2 特殊的生物学方法

谷物中微生物优势种的确认和计数、微生物毒素的特征和测定，这些测定对于决定谷物是否适合人类或动物消费是很重要的。

7.2.3.3 谷物中酶活性的测定

包括谷氨酸脱羧酶活性和核糖核酸酶活性的测定。

7.2.3.4 酶活动结果的测定

这些包括：

——脂肪酸的含量；

——多元脂类的降解；

——挥发性有机物的含量；

——蛋白质的降解；

——碳水化合物的降解。

7.2.3.5 害虫和螨类明显侵蚀和隐蔽性侵蚀的测定

害虫和螨类的数量（尤其是隐蔽在谷物籽粒中的幼虫数量）可能使谷物变得不适宜某些用途，并且使得谷物储存不安全。

注：测定隐蔽性害虫的方法参见 GB/T 24534.3 和 GB/T 24534.4。这些方法包括“饲育法”、X 射线法、二氧化碳测定法、茚三酮反应法和漂浮法。

7.2.3.6 机械损伤

涉及谷物机械损伤程度的测定（破损粒等）。

7.3 谷物的储存潜力

为了在足够安全的状况下正确地储存谷物，有必要计算谷物可以储存的最长期限。该期限的计算应考虑以下因素：

——可达到的储存条件；

——谷物的当前状况；

——谷物的最终用途和质量要求。

由于储存条件的可变性较大，以及预测害虫侵蚀较困难（尤其在炎热地区），以现有的科学知识来精确地预测可储存期是困难的。

根据 6.2.2.2 和 6.2.2.3，储存的谷物（不包括刚刚收获的谷物）如果水分均不高于 14%，在平均温度 18 ℃的条件下，可以基本稳定地储存 12 个月以上；如果平均温度为 27 ℃，则容许的水分含量为不高于 13%，可储存期为不超过 12 个月；如果平均温度为 9 ℃，则容许的水分含量可增加两个百分点，可储存期仍为不超过 12 个月。但是，在这些条件下，害虫和螨类未必会得到控制。

散装谷物表面(气调储存除外)是与周围大气相平衡的。这就意味着,在潮湿的热带地区,即使谷物经过干燥(水分低于14%),数厘米深的粮层水分可能仍会超过16%。

8 可行的储存方法

虽然某些方法因为费用太高不能被采用,还是有各种各样的措施可以被采用。通常需要将有关的技术措施结合使用。

8.1 保持稳定的技术

通过调控储粮环境因素,保持稳定的技术能够减缓或阻止谷物劣变。一些技术能够阻止害虫和微生物的生长,但不可能完全阻止化学的或酶类的变化。

可采用的保持储粮稳定的技术包括以下方面:

a) 干燥。将谷物的水分含量降到安全水分,使得微生物不能生长。

b) 冷却。不经过干燥,直接将谷物冷却到5 ℃~7 ℃。如果谷物的水分含量为18%左右,这种技术仅可用于短期储存。如果长期(取决于水分含量)储存,可能受到霉菌和螨类的侵蚀。

c) 自然通风。该项措施能降低温度、减少水分梯度、排出呼吸作用产生的热和水蒸气。在其他条件相同的情况下,气流也能减缓某些喜好静风环境的螨类和微生物的生长。如果水分含量较高,自然通风不能阻止霉菌和螨类的生长。

d) 非干燥气调储存。充填二氧化碳或氮气或抽真空可以减缓有氧呼吸,但不能消除发酵。发酵会影响谷物的品质。如果谷物的水分含量高于18%,这种技术仅可用于短期储存。

e) 水分含量不高于14%的受侵蚀谷物的气调储存。害虫的呼吸使得二氧化碳增加、氧气减少并最终导致它们的死亡。但在实践中,充入二氧化碳是必需的。因为害虫产生二氧化碳的速度较慢(见8.3.2.3)。

8.2 害虫、螨类或微生物的防治技术

控制害虫和螨类的方法参见GB/T 29402.3。

在实践中,防止微生物生长的化学物质不可用于供人类消费的谷物。这是由其固有的危害性和在有效剂量下对哺乳动物的毒性所决定的。对于作为动物饲料的谷物,可以使用特定的可代谢抗菌物质,例如丙酸或其他类似的酸。

因为有破坏蛋白质的风险,不应采用加热杀死微生物的方法;采用加热杀死害虫和螨类时,也应谨慎操作;使用伽玛射线辐照以延长潮湿谷物安全储存期的可能性正在探索。

将污染谷物与非污染谷物混合在一起是一种不良行为。

要杀死用于制粉的小麦和其他供人类消费的谷物中的害虫和螨类,仅某些特定的处理方式可采用。

8.3 各种处理方法的结合

一般来说,为与储存条件相适应,谷物需要进行一定的整理。

8.3.1 初步处理

8.3.1.1 筛理

应对谷物进行筛理或风选,以除去所有秸秆、壳类和其他多叶的植物性物质。并且应除去异种粮粒、草籽、颗粒碎屑和无机物质等。

8.3.1.2 干燥

谷物可以批量干燥或使用连续烘干机进行干燥。也可以"就仓干燥"。

根据空气的温度和相对湿度以及谷物的具体情况,确定干燥使用非加热空气还是加热空气。

如果使用加热空气进行干燥,最后应经过冷却过程。实际上,最有效的是"就仓干燥"方法。

8.3.2 储存

8.3.2.1 常规储存

包括散装和包装储存。采用这种储存方式,应定期检测或监测温度、水分含量的变化、无脊椎动物和微生物的活动情况。

8.3.2.2 密闭储存

在密闭的粮仓中,由于昆虫或微生物的活动,二氧化碳增加、氧含量减少,直到呼吸作用停止。但在高水分状况下,可能会产生厌氧性的活动。

储藏技术参见 GB/T 29402.2。

8.3.2.3 气调储存

这种储粮方式,粮堆籽粒间的自然气体被人工充入的二氧化碳或氮气所代替,形成了对无脊椎害虫致命的缺氧环境。

附 录 A
（资料性附录）
吸附-解吸等温线

图 A.1～图 A.7 给出了谷物水分含量和空气相对湿度的关系图。

注 1：图 A.1～图 A.7 由法国巴黎谷物和饲料技术协会（ITCF）提供。

注 2：图 A.1～图 A.7 中，谷物的水分含量为湿基。

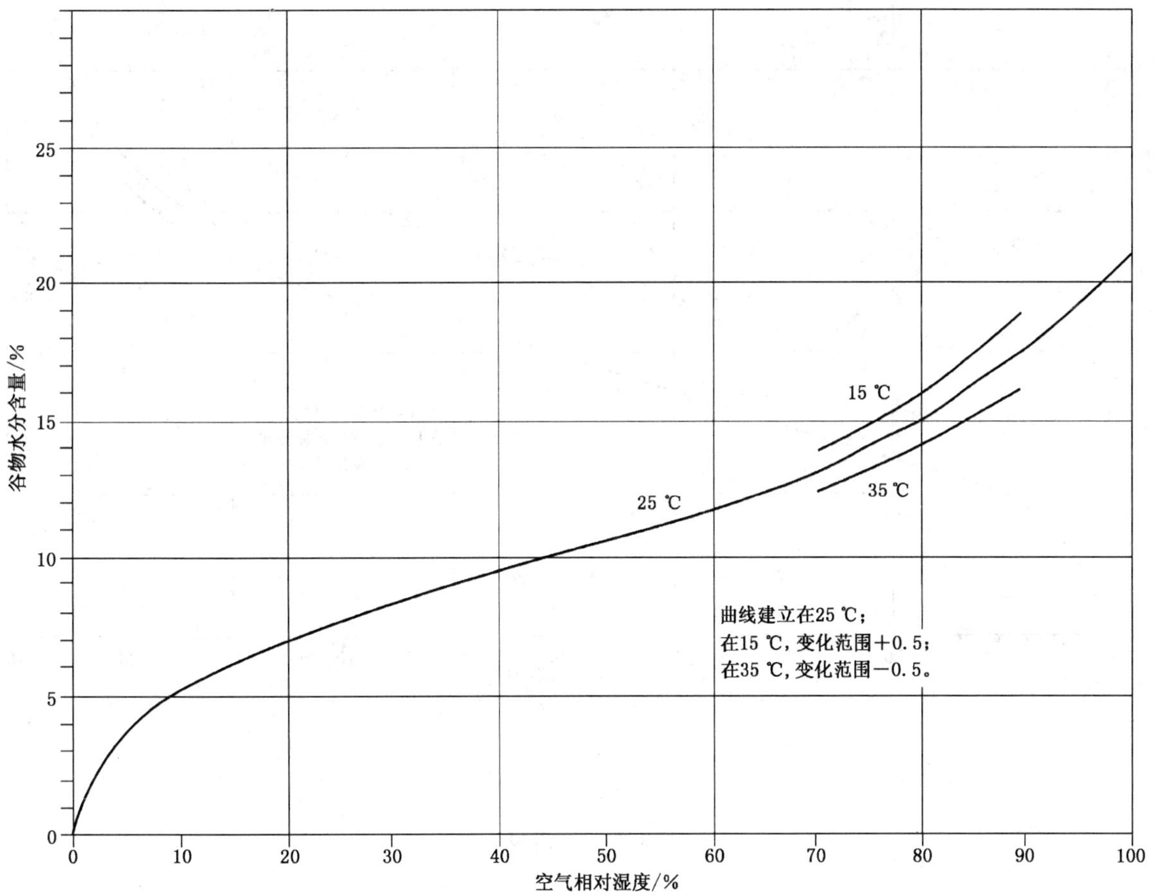

图 A.1 小麦

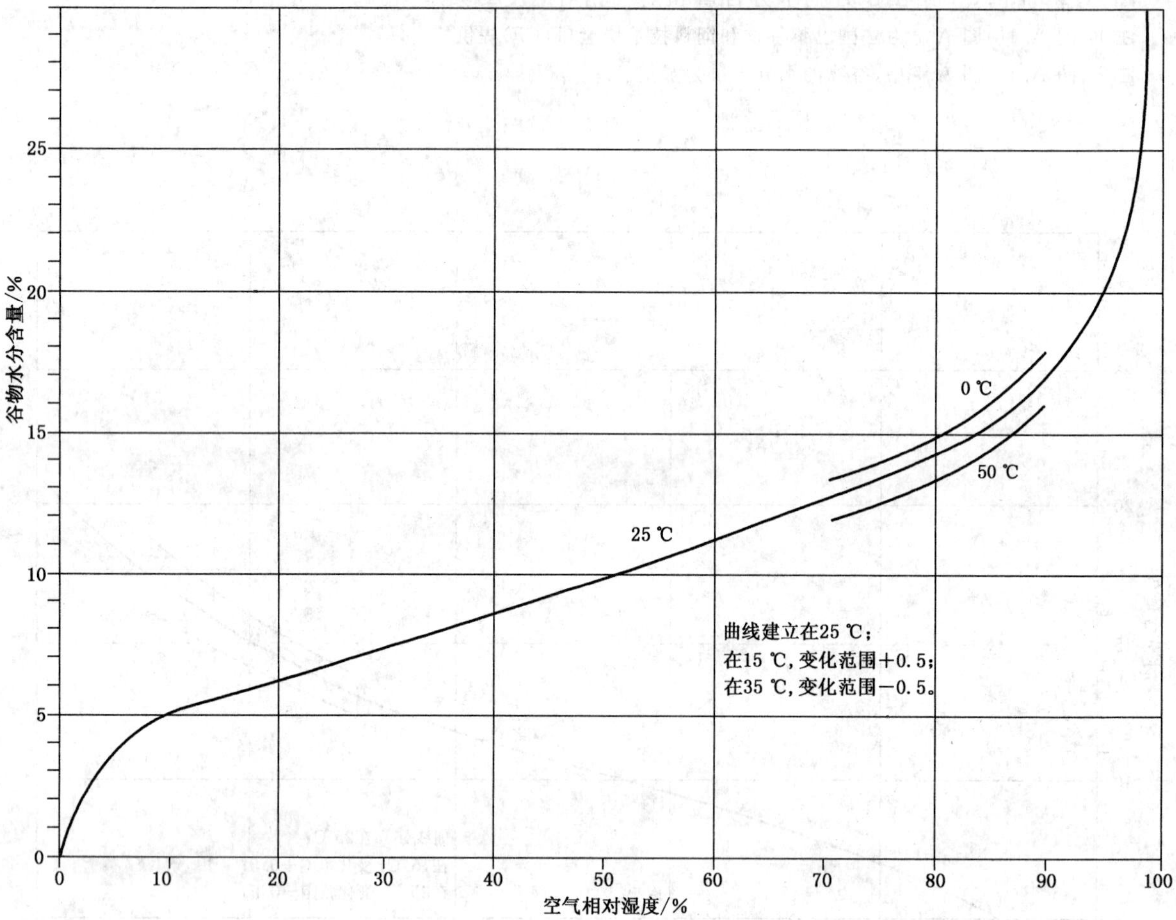
谷物水分含量/%
0
5
10
15
20
25
0
10
20
30
40
50
60
70
80
90
100
空气相对湿度/%
0 ℃
50 ℃
25 ℃
曲线建立在25 ℃;
在15 ℃,变化范围+0.5;
在35 ℃,变化范围−0.5。

图 A.2　大麦

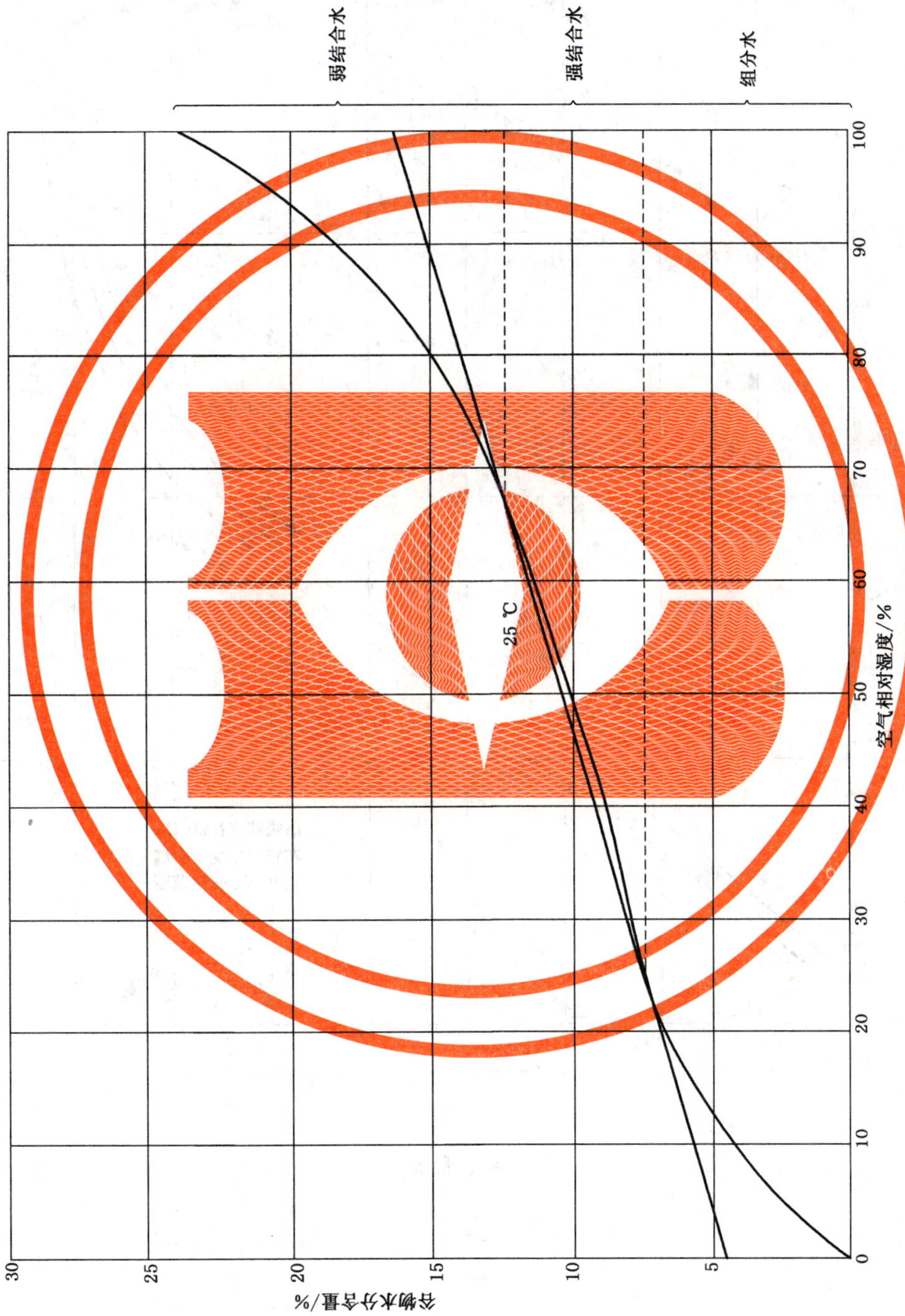
弱结合水
强结合水
组分水
25 ℃
空气相对湿度/%
谷物水分含量/%
0
10
20
30
40
50
60
70
80
90
100
5
10
15
20
25
30

图 A.3 燕麦

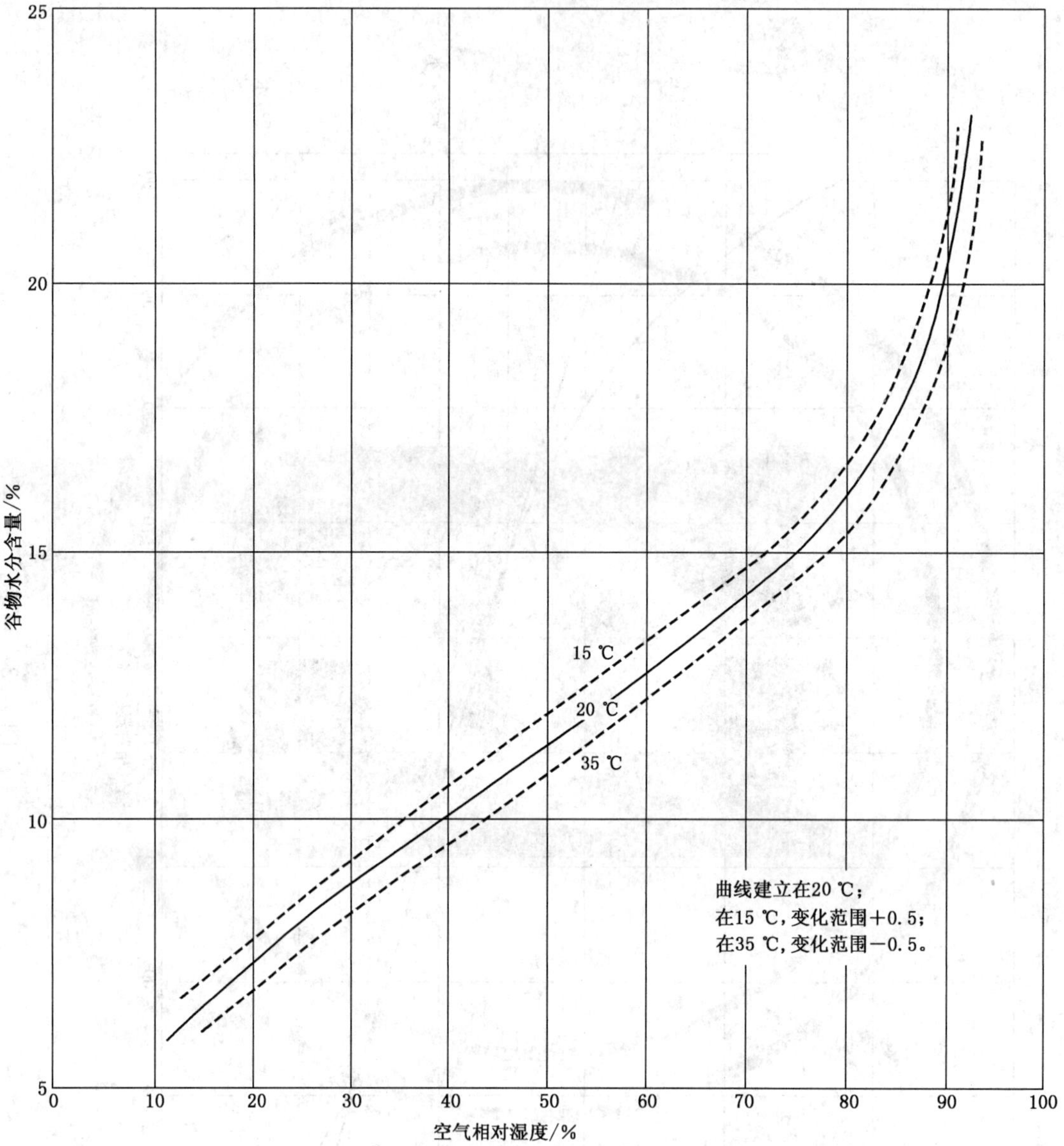
25
20
15
10
5
0
10
20
30
40
50
60
70
80
90
100
谷物水分含量/%
空气相对湿度/%
15 ℃
20 ℃
35 ℃
曲线建立在20 ℃；
在15 ℃，变化范围+0.5；
在35 ℃，变化范围－0.5。

图 A.4 玉米

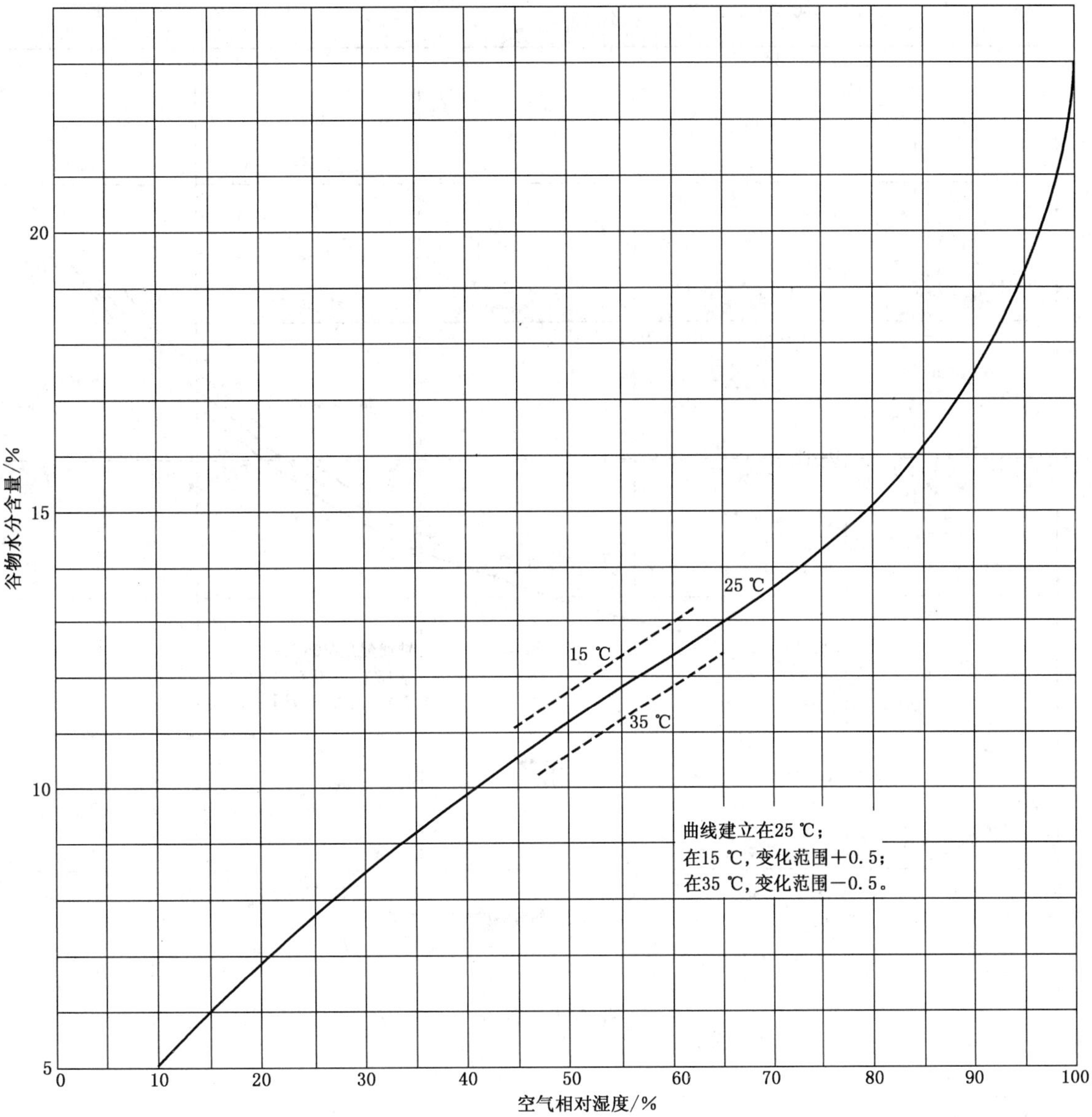
谷物水分含量/%
5
10
15
20
0
10
20
30
40
50
60
70
80
90
100
空气相对湿度/%
15 ℃
25 ℃
35 ℃
曲线建立在25 ℃;
在15 ℃,变化范围+0.5;
在35 ℃,变化范围−0.5。

图 A.5 大米

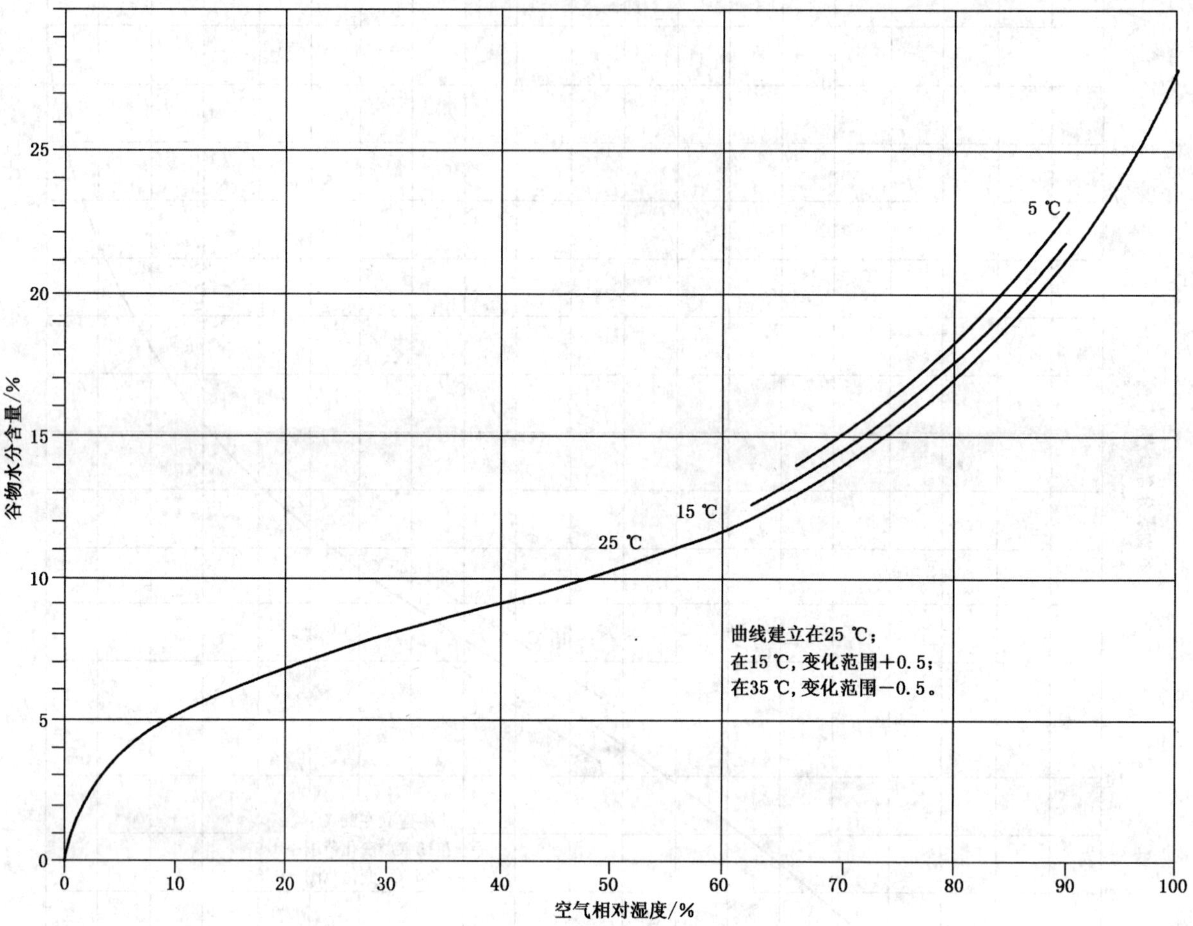
谷物水分含量/%
0
5
10
15
20
25
0
10
20
30
40
50
60
70
80
90
100
空气相对湿度/%
5 ℃
15 ℃
25 ℃
曲线建立在25 ℃；
在15 ℃，变化范围+0.5；
在35 ℃，变化范围−0.5。

图 A.6 豌豆

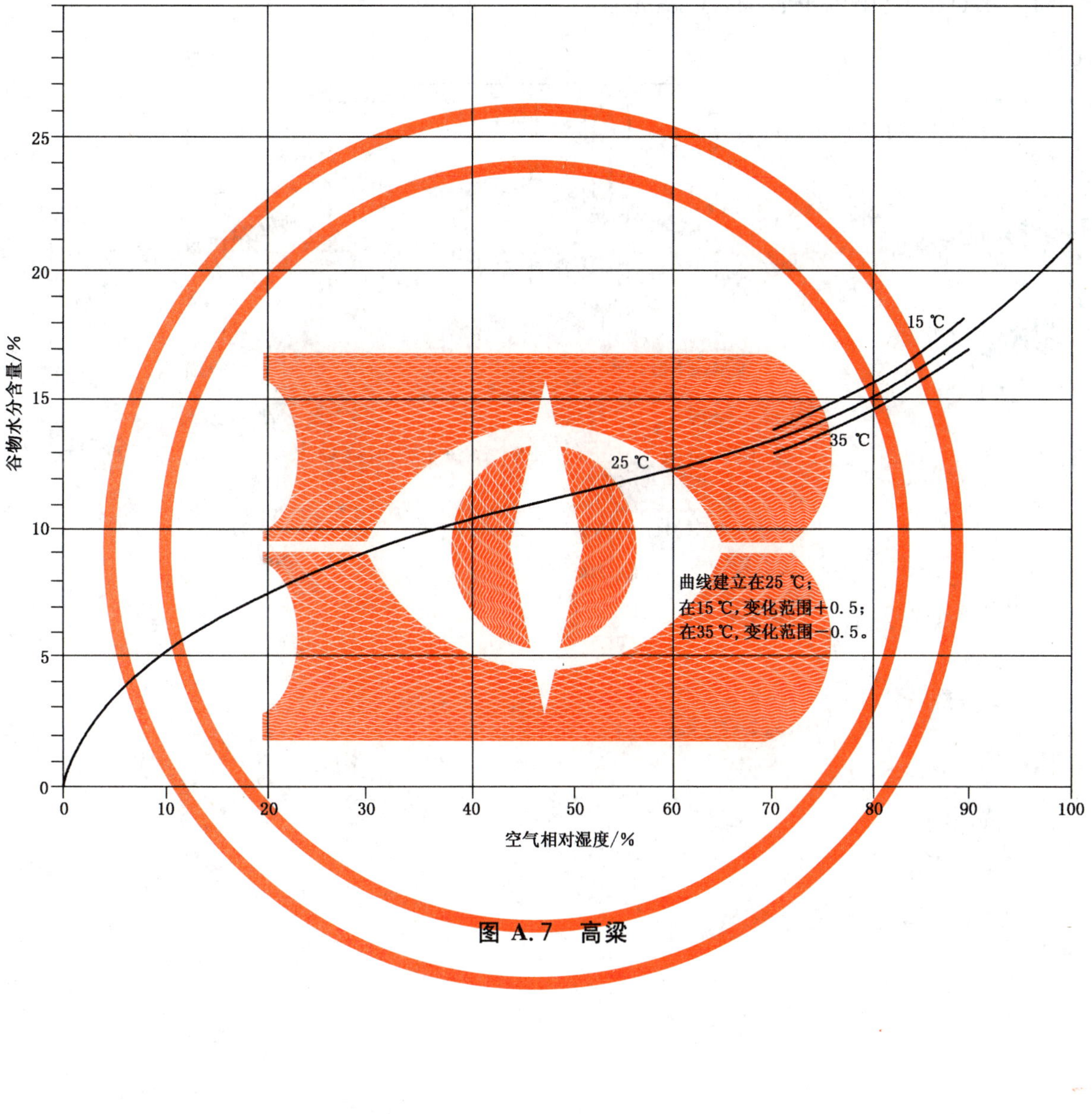
谷物水分含量/%
0
5
10
15
20
25
0
10
20
30
40
50
60
70
80
90
100
空气相对湿度/%
15 ℃
25 ℃
35 ℃
曲线建立在25 ℃;
在15 ℃,变化范围+0.5;
在35 ℃,变化范围−0.5。

图 A.7 高粱

参 考 文 献

[1] GB/T 21305—2007 谷物及谷物制品水分的测定 常规法
[2] GB/T 24534.3—2009 谷物与豆类隐蔽性昆虫感染的测定 第3部分:基准方法
[3] GB/T 24534.4—2009 谷物与豆类隐蔽性昆虫感染的测定 第4部分:快速方法
[4] ISO 5527:1995 Cereal—Vocabulary

ICS 67.060
B 20

中华人民共和国国家标准

GB/T 29402.2—2012/ISO 6322-2:2000

谷物和豆类储存　第2部分:实用建议

Storage of cereals and pulses—Part 2:Practical recommendations

(ISO 6322-2:2000,IDT)

2012-12-31 发布　　2013-06-20 实施

中华人民共和国国家质量监督检验检疫总局
中国国家标准化管理委员会　发布

前　言

GB/T 29402《谷物和豆类储存》分为三个部分：

——第1部分：谷物储存的一般建议；

——第2部分：实用建议；

——第3部分：有害生物的控制。

本部分为GB/T 29402的第2部分。

本部分依据GB/T 1.1—2009、GB/T 20000.2—2009给出的规则起草。

本部分使用翻译法等同采用ISO 6322-2:2000《谷物和豆类储存——第2部分：实用建议》（英文版）。

为了便于使用，本部分做了下列编辑性修改：

——将“ISO 6322的本部分”改为“本部分”；

——将“国家”改为“地区”。

本部分由国家粮食局提出。

本部分由全国粮油标准化技术委员会（SAC/TC 270）归口。

本部分起草单位：国家粮食局标准质量中心、河南工业大学粮油食品学院。

本部分主要起草人：谢华民、吴存荣、唐怀建、张浩。

引　言

影响粮食储存的最重要因素是：

a） 粮食的原始温度和水分含量；

b） 周围空气状况（温度和相对湿度的每日变化和季节变化）；

c） 有害动物的侵蚀（鸟类、啮齿动物、昆虫和螨类）；

d） 微生物的危害（主要是霉菌）；

e） 储存建筑物的状况和装卸方法。

一般情况下，储存期间粮食的状况变化缓慢。变化的程度取决于收获时的环境状况。如果储存期不太长，粮食也没有进行通风，则粮食水分和温度的变化局限于散装粮堆的边缘或袋装粮垛的外层。昆虫的严重侵蚀可能引起温度的上升，但温度上升的主要原因是霉菌的生长。温度梯度的形成可能引起水分转移从而造成损害，例如发芽和酶损害以及化学反应。

应将完好、干燥、清洁、无虫害的粮食储存在完善、清洁、无虫害的容器中。保持粮食尽可能低温、干燥可以防止变质。

粮食可以储存在露天、专门建造的仓房或其他容器中。储存方式的选择由以下因素决定：粮食收获时的状态；运输、人力和物料消耗费用；储存时间的长短以及其他技术和经济因素。

储存时应将袋装粮食和散装粮食分开。散装粮食储存还可进一步分为建筑物（平房）内堆存和立筒仓储存。相对于粮食体积来说，建筑物内堆存暴露面积较大，而立筒仓储存则暴露面积较小。

谷物和豆类储存　第2部分:实用建议

1　范围

GB/T 29402的本部分给出了如何选择谷物和豆类储存方法的指导,以及应用选定的方法进行安全储存的实用建议。谷物和豆类储存的其他方面见GB/T 29402.1《谷物和豆类储存　第1部分:谷物储存的一般建议》和GB/T 29402.3《谷物和豆类储存　第3部分:有害生物的控制》。

本部分适用于谷物和豆类的储存。

2　规范性引用文件

下列文件对于本文件的应用是必不可少的。凡是注日期的引用文件,仅注日期的版本适用于本文件。凡是不注日期的引用文件,其最新版本(包括所有的修改单)适用于本文件。

GB/T 29402.1　谷物和豆类储存　第1部分:谷物储存的一般建议

GB/T 29402.3　谷物和豆类储存　第3部分:有害生物的控制

3　进出仓

任何储存系统应有货物进出的措施,选择的装卸措施应尽可能地降低对粮食和储存容器的损害,并应控制灰尘从建筑物或它周围的环境中逸出。

4　露天储存

4.1　总则

露天储存是最廉价也是最不完善的储存方法,易受鸟类、啮齿动物、昆虫和螨类的侵蚀(见GB/T 29402.3),并且易遭受真菌繁殖、恶劣气候的损害、偷盗和其他灾难。该方法仅适合于短期储存,可用于丰收年景其他储存设施暴满之后。应选择阴凉、干燥的场地储存。

4.2　无盖储存

无盖储存在干燥地区较为可行。短时阵雨仅影响粮堆表面(大约5 cm深,)随后的阳光会使粮食干燥,如此暴露会使粮食脱色。雪下储存或在寒冷处储存也是可行的,因为低温限制昆虫和霉菌的生长。尽管如此,仍有少数几种产毒真菌能在近冰冻的温度下在被雪打湿的粮食上生长。所以,如果采用这种方法储存要多加小心。

如果可能,应建一个"硬底"或其他经过处理的坚固、光滑地基,最好高出地面0.5 m,更好地形成一个防御系统,保护粮食免遭流水和从地面上升的水蒸汽的侵害,并且可以倒垛。

对于散装储存的粮食,有时可能无法进行机械通风。

4.3　覆盖储存

可为袋装粮垛或散装粮堆建一个"临时屋顶",它可用木架子覆盖波纹铁板做成。也可用麻袋或篷帆布做成的"围墙"来进一步保护谷物。

可选择用防水帆布苫盖粮堆(散装或包装)以防晒并防止结露,在干燥的天气里可揭掉这些苫盖物以便凝结的水汽蒸发。为防风,应使用重物(轮胎、沙袋、水泥块等)在堆底压紧这些苫盖物,苫盖物重叠处应重叠 50 cm 以上。

未脱粒的玉米通常储存在围囤中(例如铁丝网围囤),以便于气候好的时候自然干燥。玉米穗相对来说较易储存,安全性也较高,因为其未遭受脱粒时的机械损伤。围囤应进行苫盖,以防止雨水进入引起霉变。应注意防范鸟类和啮齿动物对玉米的破坏(见 GB/T 29402.3)。

5 除筒仓之外的建筑物储存(平房仓储存)

5.1 总则

把粮食存入仓房建筑物的目的是避免气候的危害,防止有害生物进入和防盗窃。理想情况下,该储存方式应可以进行温湿度控制,尽可能地保持粮食低温、干燥、温度均衡一致。仓房建筑物的结构应能提供良好的储存条件,方便进出,操作安全,并且使有害生物不易生存。

5.2 建筑结构

5.2.1 地址和地基

仓房朝向的选择应以接受太阳辐射热最少为原则。例如,在温带地区仓房长轴应呈南北走向;在热带地区仓房长轴应呈东西走向。地基应足够坚固以支持建筑物和所装满粮食的重量。如果需要,仓房还应能防白蚁。周围应无杂草、垃圾、流水或水坑等。应有适当的运输方式的直接接驳口。

5.2.2 地面

仓房地面应坚固、光滑、坚硬并防水,不宜采用夯土地面。带有缝隙的木地板会隐藏垃圾、昆虫和螨类。光滑坚硬的地面通常由高质量的混凝土加入硬化剂做成,以防产生尘土。墙与地面连接处应做成光滑的弧形,易于清扫。墙内的防水层应能够隔湿,防水层通常夹在混凝土中。

仓房地基应高出地面,如果处于水流向的下游,则应高于最高水位,以防被水浸泡。

5.2.3 墙体

墙壁应坚固、光滑,如果当地的规定允许,外墙面应刷成浅色(通常是白色),以减少吸热。在炎热地区,需要设置隔热层。建筑应避免“死角”,墙面粉刷层应无裂缝。

建筑物的墙体可以根据各地的不同情况选用各种材料,木料(不提倡)、黏土坯、砖或石块等。使用以上物料,内部应有覆盖层。也可以用镀锌铁板、铝板、现浇混凝土或高强混凝土。空心混凝土砌块(除非予以填充)因为能藏匿鼠类和害虫,通常不提倡使用。

墙体应足够坚固以承受粮食的压力。

5.2.4 仓顶

仓顶应坚固、防水,如果当地的规定允许,外面应刷成浅色(通常是白色)。尽可能避免使用梁和立柱,在仓房内设立柱是允许的,但柱子对粮食入仓和出仓会造成阻碍,还会引起粮食分层并减少储粮空间。由于熏蒸时可能出现问题,不应将粮食围绕立柱堆放。如果是平顶仓房,应有坡度以利于雨水下泄。在炎热地区,倾斜的屋顶可带有宽大的屋檐,帮助隔热。仓顶应是一个很好的隔热体,遇冷不收缩,能抵御有害生物和霉菌的侵蚀,并且不为昆虫和螨类提供庇护所。这就要求密封墙和顶之间的缝隙,用细密的网架封住所有可能的开口。内部不宜设天花板,因其可能为鸟雀类提供庇护。仓顶的材料包括瓦、石板、油毛毡、镀锌铁板或铝板等。

从仓顶下来的所有排水管均应设在仓库外面。排水管设在仓内可能成为昆虫和螨类的庇护所，也可能成为鼠类的逃生之路。如果排水管有缺陷，雨水还可能损坏粮食。所有外部的水管和排水管应装有防鼠罩，防止鼠类到达仓房屋檐，在管子的低端开口应有防护网嵌入管内。

5.2.5 门和窗

通风应是可以控制的。在一个几乎装满粮食的仓库里，粮食在很大程度上控制了仓库的环境。经常自然通风并不总是理想的方法，因为潮湿空气可能随之而入。当然，在一天的某段特定时间，可以通过理想的通风降低仓温。降温还可以借助树荫、百叶窗、大屋檐等。

通风口是空气循环的关键。通风口应该较小但与仓房的规模相匹配，并位于墙的上半部。通风口外部应有防鸟架，内部应有防止鼠、鸟进仓的防护网。

每个山墙上都应有通风口，以便排出聚集在屋顶下的热空气。

天窗和窗户应尽可能小或不设。开启的程度应尽可能小，窗户上应安装防鸟网架，防止开窗时鸟进入。

仓房门应能严密关闭。如果可能，应使用金属制作。如果是木门，门和门框下部应以铁皮包裹以防鼠。在某些地区，还应建防雨棚将仓门罩住。

仓门的数量取决于储存粮食进出的频繁程度。门的尺寸取决于入仓、出仓作业要求(例如，卡车是否需要进入仓内)。仓门的设计应采用防鼠措施。

5.2.6 防护

应采取一切可能的措施防止昆虫、鼠类、鸟类和蝙蝠进入仓房内。

必须进行熏蒸时，仓房应密封，仓房密封应在装满粮食之前完成。如果粮仓不能被密封，熏蒸应在气密性强的薄膜中进行。

5.3 袋装粮食仓房内储存

5.3.1 清洁

保持仓房清洁和良好的卫生是储存的基本要求。仓房应相当完善，在任何储存活动之前应清扫和处理。在储存期间经常清扫也是很重要的。

5.3.2 铺垫物的使用

铺垫物的使用可以避免粮包直接与地面接触。如果地面的防潮性能不太好，应使用铺垫物。作为一种预防措施，在潮湿地区提倡使用铺垫物。铺垫物的主要功能是使空气能流通，避免局部低温，防止地面的湿气凝结或上升。铺垫物最好做成标准的货盘，尺寸适中，容易提升。闲置不用的时候码堆整齐，并用杀虫剂处理。

如果在干燥地区，正确进行储存，可以不使用铺垫物。

5.3.3 码垛

垛应码成几何形状，整齐而牢靠，便于进行杀虫处理和装卸。使用规则的码垛盘则粮包的计数较容易。

应避免围柱码垛或靠墙码垛。因为那样会给抽样检测和熏蒸造成困难，并且可能损害建筑物。

应设置足够宽(至少 1 m)的通道以便于检查和取样，检查通道应在包垛和仓墙之间。

熏蒸之后保留密封薄膜虽可防止重新感染害虫，但并非明智之举，因为可能造成膜内水汽凝结。

5.4 平房仓散装储存

5.4.1 清洁

仓房及其附属建筑内部和它们的周围，以及所有装卸机械设备均应做杀虫处理并彻底清扫。

5.4.2 设备

平房仓散装储存是一种较经济的办法，但是装卸和虫害控制较困难。为保证安全储存和质量控制，应配置的设备包括：合适的装卸系统，熏蒸设备，取样设备，粮食温度监测设备。

在散装储存粮食中，有发生温度梯度的危险，从而导致水分转移和霉菌生长。最可能发生的部位是距粮面 5 cm～20 cm 的粮层和靠墙、靠地板的位置。可以用人工通风来解决(见 7.2)。

5.4.3 粮食的放置

在一些仓房中，粮食靠墙堆放。墙应足够坚固，以承受粮食的侧压力。

为了弥补墙的强度不足，也便于把不同的粮食分别存放，可以设置隔板。隔板可以是混凝土的、木材的或金属的，但有了隔板给粮食的进出增加了困难。

粮堆的顶部和仓房顶之间应预留一定的空间，便于检测人员通行。

有通风系统的情况下，散粮堆表面应做成平面，以改善空气流通。

6 筒仓储存

各地区可以根据自己的技术发展水平选择不同的储存容器。

储存容器可以有不同的尺寸，从装几千克的小箱子到多个立筒仓组成的可装数千吨的大型设施。这些大型立筒仓虽然方便，但造价昂贵。港口的大型终端仓是转运设施，若做为长期储存则不经济。对于储存来说，主要的要求是简单，使用最少的机械。建议多个单元系统组合在一起使用。

材料的选用应适应立筒仓的尺寸，例如：

a) 在炎热地区，可以使用当地的黏土、编织物等可得到的材料制做储存箱。也可将旧油桶彻底清理后加以利用。
b) 较大的储存箱(10 t 以上)可由以下材料制做：木材(木板或胶合板)，砖或混凝土(板或铸件)，铁皮(钢板、波纹板、铝板)或金属网(连接物使用打包麻布、油毛毡、聚乙烯、丁基橡胶)等。
c) 很大的立筒仓使用波纹钢或浇筑混凝土。

相对于其他建筑，立筒仓应被设计得足够坚固，并且建筑上应无裂缝或缝隙。

设备的计划应包括熏蒸设备、清理设备、取样设备、温度控制和监测设备以及通风系统。10 t 以上的大储存箱不能进行熏蒸，要熏蒸时需用不透气的薄膜完全覆盖。

自动化机械输送设备适用于大型立筒仓，小型仓则不是必须的。

7 特殊储存系统

7.1 密闭储存

7.1.1 总则

密闭储存可用来控制和预防害虫和螨类在干燥粮食中的为害，并能防止好气霉菌在潮湿粮食中的繁殖。该方法的原理主要是通过粮食或其他生物的呼吸作用，减消昆虫或霉菌生存所需要的氧气，达到安全储存的效果。充填氮气、二氧化碳或其他惰性气体能加速这个过程，但不是必需的，并且实际操作较困难。

注：在粮堆内杀死昆虫取决于使用的二氧化碳(CO_2)的浓度。维持35%的CO_2的浓度超过10天，能取得99%的昆虫死亡率。

在实践中，经过数日至3周的储存，粮食的呼吸作用将使密闭容器中的氧含量降至2%左右，从而杀死原有的昆虫。如果每天通过泄漏进入容器的氧，少于粮食上面的自由空间加上颗粒间的空气体积的0.5%，任何第二代昆虫将不能存活，侵蚀将终止。如果泄露大于上述数值，昆虫可以生长并造成轻微危害。

在干燥粮食中，密闭储存可以理想地控制昆虫和螨类的生长，不需要杀虫剂。该技术尤其适用于温暖地区长期储存的储备粮，水分含量上限应为13.5%(湿基)。在密闭储存中粮食的品质变化很小，适合于储存各种用途的粮食，包括人类食用的。但是，如果把种用粮食储存在一个密闭容器中，时间不要超过一个耕作周期。

7.1.2 密闭储存防止霉菌生长

密闭储存能防止霉菌在潮湿的粮食中生产，很适合于温带地区。

密闭储存水分含量16%(湿基)以上的粮食时，酶活力可能发生变化，有些半厌氧微生物可能仍有活动。粮食发生了一定的变化，这些变化影响其制粉和烘焙性能，从而使其不适合于这些商业用途。

如果潮湿粮食被储存在一个人工调节的气密仓房中，粮食的理想水分含量应为18%～20%(湿基)。若超过这个值，就会出现粮食的结露和结块等问题。若水分含量超过25%(湿基)，就需要一个特殊的卸货系统了。

如果气密不完善，有害微生物就会生长。尤其是不能将进入的氧含量降至最低点时，更是如此。

7.1.3 密闭储存的种类

7.1.3.1 地下储存

这种方式的优点是保持相对稳定的温度，避免水分转移。

选址应谨慎，地下水位应低于仓底，并使地表水和雨水不能进入仓内，仓顶和墙壁都应做防水处理，混凝土应覆盖有防水层。

7.1.3.2 地上建筑

地上筒仓也可以用来储存高水分粮食。筒仓可以是钢板制造，外层涂漆、电镀或搪瓷的。钢板通常用一种特殊的胶粘水泥连在一起。分散压力并最大限度地排空进入仓中的空气是非常必要的。出仓应以设计的速度进行，最大限度地减少粮食表面有毒微生物的生长繁殖。

一般气调立筒仓的容量在500 t以上，粮面的密闭层由金属网支撑罩子构成。罩子通常由异丁橡胶制成，也可以用足够厚的聚乙烯或其他类似材料的膜制成。

7.2 低温储存

7.2.1 总则

用通风系统使粮食温度足够低，从而使昆虫和霉菌不能生长。为避免白天的升温，仓房应有良好的隔热性能。

7.2.2 使用大气冷却通风

若将温度降至12 ℃以下，可以防止绝大多数昆虫的侵蚀。例如，在温带地区利用大气通风，按每立方米粮食，控制空气流速在1.66 L/s～5.0 L/s(0.1 m^3/min～0.3 m^3/min)，总通风时间达50 h～

200 h,持续几周就可满足需要。气温比粮温低 5 ℃～7 ℃时通风最好。在温带地区,用大气通风冷却粮食处理 5 万吨散装储存粮食曾有过成功的实践。

当水分含量超过安全值时,冷却通风降低粮食温度,可抑制霉菌生长。若水分含量超过 18%(湿基),根据温度情况,2 个月～6 个月之后因霉菌生长将出现霉味。

注:在这种情况下,连续大流量通风(风量大约是冷却通风的 10 倍)可以缓慢干燥。在夜间和雨天可以采用加热空气通风,将进入粮堆的空气增温 4 ℃～5 ℃,这种技术对于粮堆不太高、储粮较少时比较经济。

7.2.3 用冷空气降温

应迅速将粮食温度降至符合要求,才能防止昆虫和霉菌的生长。粮食的温度取决于水分含量,对于水分含量 15%(湿基)的粮食,要求的温度应不高于 10 ℃,人工制冷空气通风能使粮食迅速冷却从而限制昆虫的发展,甚至可以杀死昆虫,尤其还能够很好地保持粮食的品质。但能量消耗比自然大气通风有显著增加。

8 运输时粮食的储存

8.1 短途运输

短途运输通常使用公路、铁路、小船或驳船,粮食可能直接装在车辆中或装在可运输的容器中,运输单元的粮食量相对较少。车辆和容器应清洁、干燥、无异味、无虫害,应防止任何形式的降水造成的潮湿。

如果粮食被留在车辆或容器中较长时间,昆虫的侵蚀将成为问题。如果超过安全水分,微生物的活动会很显著。

8.2 长途运输

长途运输通常是海运。一般来说,运输时间持续 4 周～6 周,但可能因引擎故障等原因而延长。另外,航程结束之后,卸货可能因港口拥挤而推迟。在某些港口,推迟数周是普遍现象,甚至发生过推迟 6 个月的事例,这种推迟在温热地区的港口尤其危险。许多海运活动跨越不同的气候区,由于运输过程中的加热和冷却,船中粮食有发生水分转移的危险。

粮食和豆类可以散运或包装运输。目前粮食的船运主要是采用散运方式,豆类主要采用包装运输。许多包装货物和一些散装粮食被装在干燥的船舱内运输。

在一般情况下,一条船可以被看做一个仓房或一个筒仓,前面所述的储存原则同样适用。装船前的粮食应清洁、干燥、无害虫。使用的任何袋子(例如用于稳定粮食的袋子)也应是清洁、无害虫和螨类感染的。没有粮食虫害发生本身应可以检测,除非在运输中进行熏蒸。不同区域对可接受的虫害采用不同的标准,有规定的按规定执行;无规定的,每千克粮食两头活成虫是最高限(见 GB/T 29402.3)。隐蔽性害虫的检验方法同样适用。

在装船时的温度条件下,粮食的水分含量应足够低,以防止在卸货之前微生物大量繁殖孳生。为保证这种状况,应考虑采用 GB/T 29402.1 中的推荐做法。对于粮食和豆类的短途运输,在水分含量稍高于最大允许值的情况下,也可以安全运达目的地。上述最大允许值,是对长期储存而言的。可接受的数量偏差取决于运输状况和每个船舱的装载量等。船运粮食的水分含量可以根据买方的规定或者根据商业合同条款确定。

8.3 船运的特殊问题

8.3.1 温度变化和水分转移

装船时,不仅要考虑保护粮食不受损坏,而且要考虑航行中船的安全,安全是首要的。如果改变装载量或装载方法可以避免某些特定情况下的危险,就应首先考虑安全。例如,一些港口坚持《国际海上生命安全公约》的规定,散装粮食要装至舱口栏板(这里同时也是进口),这是为了防止粮食在运输中移动。但是,这样做可能导致临近栏板的粮食受潮,而受潮是因水分转移和栏板内面水气凝结。这是从一个气候区到另一个气候区航行中出现的特殊问题,外部温度的变化会导致水分转移。

装船规定严格来说是航海事项并且是复杂的。一些港口要求装船符合其规定,同时有些港口要求装船符合船只注册国的规定。一般来说,所有海事规定与《国际海上生命安全公约》或者相似或者完全相同。该公约是由国际海事组织(IMO)发布的。船运粮食通常在装船时检验,检验由港口所在地检验检疫部门或海上监督人员进行,以保证货物质量或保证装载完毕的船只适于航海。

8.3.2 运输途中熏蒸

警示:熏蒸必须由获得资格认证的公司进行,因为熏蒸气体对所有动物有剧毒。

不带有通风装置的散运或容器运输是最经常使用的运输方式。

通风系统的设计应同时作为出粮时使用和到达目的地之前清除粮食中的熏蒸气体使用。

为了使熏蒸成为可能,气体应被送到不同的部位,尤其是分层储存时。设计的坚硬管道应能经受住粮食的压力,这些管道可以被布置在粮堆的底部。这些管道带有抽出管,靠墙布置,连接到气体的抽出系统。船舱在途(海上)熏蒸应符合国际海事组织的规定。

参 考 文 献

[1] GB/T 24534.1—2009 谷物与豆类隐蔽性昆虫感染的测定 第1部分:总则
[2] GB/T 24534.2—2009 谷物与豆类隐蔽性昆虫感染的测定 第2部分:取样
[3] GB/T 24534.3—2009 谷物与豆类隐蔽性昆虫感染的测定 第3部分:基准方法
[4] GB/T 24534.4—2009 谷物与豆类隐蔽性昆虫感染的测定 第4部分:快速方法

ICS 67.060
B 20

中华人民共和国国家标准

GB/T 29402.3—2012/ISO 6322-3:1989

谷物和豆类储存 第3部分:有害生物的控制

Storage of cereals and pulses—Part 3:Control of attack by pests

(ISO 6322-3:1989,IDT)

2012-12-31 发布 2013-06-20 实施

中华人民共和国国家质量监督检验检疫总局
中国国家标准化管理委员会 发布

前　言

GB/T 29402《谷物和豆类储存》分为三个部分：

——第1部分：谷物储存的一般建议；

——第2部分：实用建议；

——第3部分：有害生物的控制。

本部分为GB/T 29402的第3部分。

本部分按照GB/T 1.1—2009、GB/T 20000.2—2009给出的规则起草。

本部分等同采用ISO 6322-3:1989《谷物和豆类储存——第3部分：有害生物的控制》(英文版)。

本部分做了下列编辑性修改：

——将“ISO 6322的本部分”改为“本部分”；

——将“国家”改为“地区”。

本部分由国家粮食局提出。

本部分由全国粮油标准化技术委员会(SAC/TC 270)归口。

本部分起草单位：国家粮食局标准质量中心、河南工业大学粮油食品学院。

本部分主要起草人：谢华民、吴存荣、唐怀建、张浩。

谷物和豆类储存
第3部分:有害生物的控制

1 范围

GB/T 29402的本部分给出了谷物和豆类储存中有害生物控制的指导原则。

本部分适用于谷物和豆类的储存。

注:有关谷物和豆类储存中其他方面问题的处理参见GB/T 29402.1和GB/T 29402.2,虫害的测定方法参见GB/T 24534.1～24534.4。

2 脊椎动物

2.1 总则

鸟类、鼠类和其他啮齿动物对谷物的侵害能力不受谷物质量或状况的限制,仅仅取决于它们对谷物的可接近性。

鸟类、鼠类和其他啮齿动物对谷物的侵害后果是污染、散落、重量损失和质量下降。例如,污染可能会影响小麦的制粉质量,许多啮齿动物的毛可能会在面粉中出现。

虽然可以用诱杀剂来控制鼠害,但注重卫生和将仓房密闭使其不能进入是基本的预防措施。如果鼠群对诱杀剂产生抗药性,可以使用毒杀剂。

可以用防鸟网来防止鸟类对储存谷物的危害。

2.2 控制

控制老鼠可以使用诱捕的方法,可以使用混合有食用后数分钟内起作用的毒药(剧毒)或食用后一定时间内起作用的毒药(慢性毒药)的鼠饵进行诱捕。或使用气体熏蒸,熏蒸通常作为整个控制系统的一部分。

熏蒸杀鼠比起杀虫来剂量较低、暴露时间较短。杀虫熏蒸也可以杀鼠。熏蒸操作和剧毒药剂的投放均应由受过专门训练的人员按照国家规定的程序进行。

3 无脊椎动物

3.1 总则

影响昆虫和螨类侵害的因素除了谷物的易接近性之外,还与谷物的种类和状况有关。

侵害不仅造成重量损失和污染,还导致谷物状况的改变和质量变劣。

储存时的仓库害虫和田间害虫,例如缨尾目或鳞翅目[如:麦穗夜蛾 *Apamea sordens*(Hufn.)],对谷物的侵害均可能造成虫尸碎片对加工品产生污染。

3.2 侵害的发生

3.2.1 豆类

豆类在生长期内易被各种蛾类和豆甲虫(鳞翅类和鞘翅类)[如:豌豆象 *Bruchus pisorum*(L.)]侵

害。它们把卵产在生长着的豆荚中，幼虫钻入种子并在干种子收获后继续生长，豆甲虫成虫飞入田间开始下一轮循环。某些种类的害虫[如：四纹豆象 *Callosobruchus maculatus*（F.）和豆象 *Acanthoscelides obtectus*（Say.）]能在干豌豆和干蚕豆中繁殖。含有蛹或即将羽化的成虫的豆子可以被识别，其皮很薄，或有"窗户"。豆甲虫已经羽化飞走的种子上留有圆洞。

入仓储存的豆类应假设已经被侵害过，风险的大小取决于当地的环境（气候、田间控制等）。在气候炎热地区（热带）风险最大，那里的状况适合害虫生存并快速繁殖。

3.2.2 谷物

储粮害虫的田间感染通常发生在热带、亚热带地区，也发生在较温暖的温带地区。通常是由从粮仓中飞出的害虫在成熟的庄稼上产卵所引起。一些改良品种的杂交玉米，其穗的包叶较短，更易发生这种侵害。导致大量蔓延的害虫主要是麦蛾 *Sitotroge cerealella*（Oliv.）和玉米象 *Sitophilus zea-mais*（Motsch）。

在温带的大部分地区，储粮害虫对谷物的侵害通常发生在谷物入仓之后。但如果收割机或麻袋里藏有害虫，则侵害会立即发生。在储粮害虫可能在田间侵害谷物的地区，应重视这一问题。在大多数温带地区，可以认为新收获的谷物是无害虫的，某些螨类除外。

某些田间的螨类附着在谷物上，可以继续在粮仓中繁殖（如：长食酪螨 *Tyrophagus longior* Gerv.）。但是，通常情况下，仓库内占首位的螨类是真正的储粮类螨（如：粉螨 *Acarus siro* L.）。

在大气相对湿度较高或谷物的水分含量超过15%的情况下（甚至气温低到昆虫不能生长），对于储存谷物来说，螨类仍是个严重的问题。

3.3 影响昆虫和螨类生长的因素

有几种害虫能侵害谷物的完善粒[例如，谷象 *Sitophilus granarius*（L.）]。但是，收获和运输传送过程中造成的种皮擦伤和破损以及混入的尘土，有助于许多其他种类的害虫和螨类[例如，锯谷盗 *Oryzaephilus surinamensis*（L.）和粉螨 *Acarus siro* L.]对谷物的侵害。

储存谷物中的害虫和螨类包括以下类型：

a） 蛀食胚乳的[如：谷象 *Sitophilus granarius*（L.）和米象 *Sitophilus oryzae*（L.）]；

b） 采食胚部的[如：锈赤扁谷盗 *Cryptolestes ferrugineus*（Steph.），印度谷蛾 *Plodia interpunctella*（Hübn.）和粉螨 *Acarus siro* L.]；

c） 侵害破碎粒和粉尘的[如：赤拟谷盗 *Tribolium castaneum*（Herbst.）和普通毛螨 *Glycyphagus destructor*（Schr.）]；

d） 靠霉菌生存的[如：菌甲虫（隐食甲科 Cryptophagidae 和小蕈甲科 Mycetophagidae）]；

e） 寄生于或捕食其他害虫和螨类的（如：小茧蜂科 Braconidae 和肉食螨科 Cheyletidae）；

f） 以其他害虫的尸体为食的（如：皮蠹科 Dermestidae）。

许多种类能扮演不止一种角色。如大谷盗 *Tenebroides mauritanicus*（L.）就是一个既捕食其他昆虫又偶尔采食谷物胚部的种类。

影响昆虫和螨类繁育和活动的基本因素如下：

a） 温度；

b） 谷物水分含量；

c） 周围空气的相对湿度；

d） 谷物的特性。

大多数储存谷物害虫不能完成从卵到成虫的整个生命周期，在低于 10 ℃或高于 35 ℃的环境中不能交配和产卵。大多数危害严重的害虫繁殖的最低温度要求是大约 15 ℃，最适范围的低端是 20 ℃。螨类的限制条件和最适温度通常比昆虫低 5 ℃。

由于害虫从其食物中吸收水，并且非直接地控制籽粒间的相对湿度，谷物的水分含量直接影响昆虫和螨类。对于每个种类的害虫，都有对相对湿度的最低要求，低于此要求则不能生长甚至是致命的。虽然谷斑皮蠹(*Trogoderma granarium* Everts)在水分含量2%时仍能繁殖，但一般而言，谷物水分含量低于9%(平衡相对湿度大约是30%)是安全的，不会被害虫和螨类侵害。

对于每个种类的害虫，有一个最佳的温度、湿度结合。在此条件下，种群数量增加最快。这意味着，不同的种类会发生在最适合它们生长的气候区内。

大多数常见害虫的限制条件和最佳条件参见附录A。

3.4 害虫和螨类引起的谷物发热

大量散存或包装储存的谷物和豆类使得它们周围的温度和湿度稳定。这种谷物和豆类造成的温度和湿度条件直接影响害虫，而仓库内自由空间里温度和湿度的每日波动不对害虫构成影响。害虫和螨类利用温度和湿度的变化，通过自由移动，找到它们喜好的繁殖场所。如果场所的条件在附录A所列的最低限度之上，害虫将繁殖。随着它们的生长，它们会产热，它们产热的速度比热散发的速度要快。温度上升，害虫生长加速。最终温度上升到对它们不适宜的水平，通常不高于42 ℃。那些能移动到粮堆表面的害虫都移动到了表面，那些不能移动到表面的(例如籽粒中的幼虫)，最终死亡了。因此，活的害虫最终往往集中在了粮堆表面。

粮堆中建起了温度梯度，水分从热的内部向冷的外围转移。如果表面的温度低于来自内部的潮湿空气的结露点，将发生水滴凝结并最终导致谷物发芽。在局部，水分含量和平衡相对湿度可能上升到导致霉菌发生的水平。原来长期储存安全的谷物，会由害虫导致"干燥谷物发热"的谷物，可能变为由微生物引起的"潮湿谷物发热"。"潮湿谷物发热"的温度很少高于62 ℃，通常保持在52 ℃左右。

3.5 预防和控制昆虫和螨类的侵害

3.5.1 预防

可以通过杜绝昆虫和螨类接近谷物、保持一个对它们不适宜的环境或者对谷物进行处理来预防侵害。预防侵害的基本技术是良好的卫生状况(移走所有能繁殖昆虫和螨类的谷物和灰尘)，对空仓进行处理和控制环境。以下措施可供采用：

a) 将谷物的温度和湿度保持在一定低的水平，使害虫的数量不能增加(例如通过烘干、通风储存和冷却储存)；

b) 密闭或充惰性气体储存；

c) 将无害虫的谷物密封在防虫容器中；

d) 使用杀虫剂防止或杀死入侵的害虫。

3.5.2 控制

3.5.2.1 总则

通常一个总体战略包括数种方法。

控制可以包括杀死或驱逐昆虫和螨类。

a) 在空仓内；

b) 在空的运输工具内；

c) 在空的容器内；

d) 在谷物本身。

3.5.2.2 机械和物理方法

谷物可用以下方法处理：

a) 筛理以去除活虫和螨类；

b) 用惰性粉剂处理；

c) 加热(应谨慎，因为杀死害虫所需温度与引起谷物损伤的温度相差很少)；

d) 用伽玛射线、其他高频电磁波或加速电子束处理；

e) 放入密闭仓中，当害虫的活动将氧气含量降至低于2%时，害虫就会死亡；

f) 放入人工调控空气的气调仓；

g) 通风以降低谷物的温度和(或)湿度。

3.5.2.3 生物方法

只有很少的情况下生物控制(例如，使用捕食者、寄生者或致病菌)可能会对害虫起作用，因为通常情况下谷物中害虫的稳定数量不容许太多。苏云金杆菌已广泛用来控制小麦、玉米、高粱、糙米和大豆储存中的蠹虫。

3.5.2.4 化学方法

化学药剂有两种主要类型：接触性杀虫剂和熏蒸剂。

3.5.2.4.1 接触性杀虫剂

长效的接触性杀昆虫剂和杀螨剂，以粉剂、水与油乳化液、水性分散喷雾剂、气雾剂或烟的形式施用，使空仓、交通工具、船、船上容器和传送设备的表面对于昆虫和螨类有毒。昆虫和螨类爬过这些表面时，沾带了足够杀死它们的毒性物质，在它们到达被保护的货物之前被杀死。这项技术对于爬行的昆虫和螨类是有效的。昆虫能存活的期限取决于表面的特性、温度、空气的水分含量和对光暴露的程度。飞行中的昆虫可以被气雾剂或烟杀死，也可能在降落到处理过的表面时被杀死。性质介于接触性杀虫剂和熏蒸剂之间的挥发性杀虫剂媒介物也可以控制飞行中的昆虫和货物表面的昆虫。

某些杀虫剂和杀螨剂可以粉剂或喷雾的形式添加到谷物中。但由于其对健康的危害，可以这样使用的药剂数量是有限的(见3.5.2.4.3)。

3.5.2.4.2 熏蒸剂

要控制仓房、运输工具、空袋子中和谷物本身的害虫数量，无论是散装或包装，只有使用熏蒸剂进行熏蒸。熏蒸剂可以是气体，也可以是固体或液体。熏蒸剂消散后，对昆虫和螨类没有后期影响。

熏蒸气体对人有毒，应由经过专业训练的人员使用。

3.5.2.4.3 杀虫剂残留

国家对杀虫剂的销售和使用有相关规定，这些规定要求人们重视杀虫剂污染谷物的可能性。联合国粮农组织与世界卫生组织(FAO/WHO)食品法典委员会(CAC)提出了在食品中杀虫剂残留的限值。只有经批准的杀虫剂才能用于储存谷物或混合于谷物和豆类中，使用过程应严格按照生产商的说明和政府规定的有关安全要求进行。

应重视国际海事组织(IMO)关于在船运中使用杀虫剂的规定。

杀虫剂的使用也应重视谷物购买方的要求(例如，某些麦芽制造商要求大麦中不得含有马拉硫磷)。

附 录 A
（资料性附录）
储存谷物和豆类中某些昆虫和螨类种群数量增加的限制条件和最佳条件

表 A.1

拉丁学名	中文名	最低		最佳		月最大繁殖率	易受到侵害的产品					
		温度 ℃	相对湿度 %	温度 ℃	相对湿度 %	(x)	C	C*	C**	c	P	p
Acanthoscelides obtectus(Say.)	豆象	17	30	27～31	65	25					•	
Acarus siro L.	粉螨	2.5	65	21～27	80	2 500		•		•	•	•
Callosobruchus chinensis(L.)	绿豆象	19	30	28～32	60	30					•	
Callosobruchus maculatus(F.)	四纹豆象	22	30	30～35	50	50					•	
Corcyra cephalonica(Staint.)	米蛾	18	30	28～32	30	10		•		•		
Cryptolestes ferrugineus(Steph.)	锈赤扁谷盗	23	10	32～35	65	60		•		•		
Cryptolestes pusillus(Schon.)	长角谷盗	22	60	28～33	70	10		•		•		
Ephestia cautella(Wlk.)	粉斑螟蛾	17	25	28～32	60	50		•		•		
Ephestia elutella(Hubn.)	烟草粉螟	10	30	25	70	15		•		•		•
Ephestia kuehniella Zeller	地中海螟	10	1	24～27	65	50		•		•		
Lasioderma serricorne(F.)	烟草甲	22	30	32～35	55	20				•	•	
Latheticus oryzae Waterh.	长头谷盗	26	30	33～37	—	10			•	•		
Oryzaephilus surinamensis(L.)	锯谷盗	21	10	31～34	65	50		•		•		
Plodia interpunctella(Hub.)	印度谷螟	18	40	28～32	—	30		•		•		
Ptinus tectus Boield.	澳珠甲	10	50	23～25	70	4		•		•	•	•
Rhizopertha dominica(F.)	谷蠹	23	30	32～35	50	20	•				•	
Sitophilus granaries(L.)	谷象	15	50	26～30	70	15	•					
Sitophilus oryzae(L.)	米象	17	60	27～31	70	25	•					
Sitotroga cerealella(Oliv.)	麦蛾	16	30	26～30	—	50	•					
Tribolium castaneum(Herbst.)	赤拟谷盗	22	1	32～35	65	70			•			•
Tribolium confusum Duv.	杂拟谷盗	21	1	30～33	50	60			•	•		•
Trogoderma granarium Evert	谷斑皮蠹	24	1	33～37	45	12.5	•			•	•	•
Zabrotes subfasciatus(Boh.)	巴西豆象	22	30	29～33	50	20					•	

注：C ——完好谷物；
C* ——发芽谷物；
C** ——机械或者被其他害虫破损谷物；
c ——谷物制品；
P ——完好的豆类；
p ——豆类制品。

参考文献

[1] GB/T 15666—1995 豆类试验方法
[2] GB/T 24534.1—2009 谷物与豆类隐蔽性昆虫感染的测定 第1部分:总则
[3] GB/T 24534.2—2009 谷物与豆类隐蔽性昆虫感染的测定 第2部分:取样
[4] GB/T 24534.3—2009 谷物与豆类隐蔽性昆虫感染的测定 第3部分:基准方法
[5] GB/T 24534.4—2009 谷物与豆类隐蔽性昆虫感染的测定 第4部分:快速方法
[6] GB/T 29402.1 谷物和豆类储存 第1部分:谷物储存的一般建议
[7] GB/T 29402.2 谷物和豆类储存 第2部分:实用建议

ICS 27.140
K 55

中华人民共和国国家标准

GB/T 29403—2012

反击式水轮机泥沙磨损技术导则

Technique guide for dealing with sand abrasive erosion in reaction hydraulic turbine

2012-12-31 发布 2013-06-01 实施

中华人民共和国国家质量监督检验检疫总局
中国国家标准化管理委员会 发布

前言

本标准按照 GB/T 1.1—2009 给出的规则起草。

本标准由中华人民共和国水利部提出。

本标准由水利部水利水电规划设计总院归口。

本标准负责起草单位：中国水利水电科学研究院。

本标准参加起草单位：中国长江三峡集团公司、哈尔滨大电机研究所、东方电机有限公司、中水北方勘测设计研究有限责任公司。

本标准主要起草人：陆力、吴培豪、余江成、吴剑、徐洪泉、戴江、马素萍、石清华、刘洁、吴喜东、顾四行、刘娟、窦以松。

引　言

我国许多河流的泥沙含量较高，水轮机泥沙磨损问题十分突出。为了有效地减轻泥沙对水轮机的危害，保障水电站经济与安全运行，应在水电站设计和水轮机选型、设计、制造、安装、运行、维护与检修等各个环节考虑磨损问题并采取相应措施，有必要制定本标准。

我国开展水轮机泥沙磨损的研究已有50多年的历史，特别是近30年来有关科研、设计、制造、运行及检修等单位，对水轮机泥沙磨损机理、两相流理论、机型选择、抗磨措施、运行维护、试验技术等各个方面，进行了大量的试验研究工作与实践，获得了丰富的研究成果与实践经验，为本标准的编制打下了良好的基础。

反击式水轮机泥沙磨损技术导则

1 范围

本标准规定了反击式水轮机的选型、设计、制造、安装、运行、维护和检修中涉及泥沙磨损的技术要求。

本标准适用于装设反击式水轮机的水电站。

注：对于水中含有腐蚀质或酸碱度较大等水质条件的水轮机防护与注意事项需另行考虑。

2 规范性引用文件

下列文件对于本文件的应用是必不可少的。凡是注日期的引用文件，仅注日期的版本适用于本文件。凡是不注日期的引用文件，其最新版本(包括所有的修改单)适用于本文件。

GB/T 2900.45 电工术语 水电站水力机械设备

GB/T 8564 水轮发电机组安装技术规范

GB/T 10969 水轮机、蓄能泵和水泵水轮机通流部件技术条件

GB/T 15468 水轮机基本技术条件

GB/T 15469.1 水轮机、蓄能泵和水泵水轮机空蚀评定 第1部分：反击式水轮机的空蚀评定

SL 142 水轮机模型浑水验收试验规程(附条文说明)

DL/T 838—2003 发电企业设备检修导则

IEC 60193 水轮机、蓄能泵、水泵水轮机模型验收试验规程(Hydraulic turbines, storage pumps and pump-turbines—Model acceptance tests)

3 术语和定义

GB/T 2900.45、GB/T 15468 和 GB/T 15469.1 界定的以及下列术语和定义适用于本文件。

3.1

反击式水轮机 reaction hydraulic turbine

通过转轮叶片与水流的相互作用将水流的势能与动能转换成机械能输出的水轮机。

注：反击式水轮机类型主要有混流式水轮机、轴流式水轮机、斜流式水轮机和贯流式水轮机等。

3.2

空化 cavitation

在流道中的水流局部压力下降到临界压力(一般接近汽化压力)时，水中气核发展成长为气泡，气泡的积聚、流动、分裂和溃灭的过程的总称。

3.3

吸出高度 static suction head

H_s

水轮机规定的空化基准面与尾水位的高程差。

注：吸出高度单位用 m 表示。

3.4

空化系数　cavitation coefficient

σ

表征水轮机流道某特定点的空化条件和性能的无量纲系数。

3.5

电站空化系数　plant cavitation coefficient

σ_p

相应于电站的某个下游水位时的空化系数。由下式计算：

$$\sigma_p = (H_b - H_v - H_s)/H$$

式中：

H_b ——大气压力水头；

H_v ——汽化压力水头；

H_s ——吸出高度；

H ——工作水头。

3.6

初生空化系数　incipient cavitation coefficient

σ_i

在水轮机转轮叶片表面开始发生空泡时的空化系数。

3.7

空蚀　cavitation erosion

空化形成的空泡溃灭时打击流道表面所造成的材料破坏和流失。

3.8

泥沙磨损　sand abrasion

因水流携带泥沙引起的对流道表面所造成的材料破坏和流失。

3.9

磨蚀　combined erosion by sand and cavitation

磨损与空化(空蚀)联合作用对流道表面所造成的材料破坏和流失。

3.10

腐蚀　corrosion

因水中含有某种元素对流道表面所造成的材料破坏。在水轮机中某些特定部位因电位(极)产生的电化学腐蚀,也可归于此类。

3.11

普遍磨损　surface abrasion

外貌类似于波纹、鱼鳞状相对较均匀的大面积破坏。

3.12

局部磨损　local abrasion

流道表面出现局部的沟槽、突体与缺陷等的破坏形态。

注：通常产生在水流急剧改变,发生冲击、汇流或脱流等处,如叶片头部、间隙、弯道、表面不平整以及材质缺陷等处。

3.13

磨损量　amount of abrasion

水流携带泥沙对流道表面所造成的材料流失量。

注：磨损量可用磨损深度 ΔH、磨损面积 A、质量损失 G、体积损失 V 等表示。

3.14

含沙量　sand content

S

单位水体体积中所含泥沙颗粒的质量。

注：含沙量单位用 kg/m^3 表示。

3.15

过机含沙量　sand content passing through turbine

通过水轮机单位水体体积中所携带的泥沙质量。

3.16

悬移质　suspended load

悬浮于水中随水流移动的泥沙。

3.17

磨损率　abrasion rate

单位时间内的磨损量。

3.18

单位磨损率　unit abrasion rate

设定含沙量为 $1\ kg/m^3$ 时的磨损率。

3.19

粒径　grain size

d

泥沙颗粒的大小。

注：粒径单位用 mm 表示。

3.20

中值粒径　median grain size

d_{50}

在全部沙样中，小于和大于此粒径的泥沙重量各为 50%。

注：中值粒径单位用 mm 表示。

3.21

平均粒径　mean grain size

d_{pj}

将一组泥沙按粒径大小分成若干组，各粒径组的粒径重量百分比的加权平均值。

平均粒径由下式计算：

$$d_{pj} = \sum_{i=1}^{n} \Delta p_i d_i / \sum_{i=1}^{n} \Delta p_i$$

$$d_i = (d_{max} + d_{min})/2$$

$$\text{或 } d_i = (d_{max} + d_{min} + \sqrt{d_{max} \times d_{min}})/3$$

式中：

d_i ——某一粒径组的粒径；

Δp_i ——某一粒径组泥沙在全部沙样中所占重量百分比；

d_{max}、d_{min}——某一粒径组泥沙上限与下限粒径值。

注：平均粒径单位用 mm 表示。

3.22

水轮机大修　major overhaul of hydraulic turbine

为保持、恢复或提高设备性能，对水轮发电机组进行整体的或针对机组存在问题的部分设备进行解体的检查和修理。

注：相当于 DL/T 838—2003 中规定的 A 级或 B 级检修。

3.23

水轮机大修周期　major overhaul life of hydraulic turbine

从机组上一次大修后投运时至下一次大修开始时的时间间隔。

3.24

磨损保证期　period of abrasion guarantee

技术协议所规定的评价水轮机泥沙磨损程度的运行时间。

4　总则

4.1　为了减轻水轮机的磨损而采取的措施，应根据各个电站的具体情况与要求进行技术经济论证。

4.2　当对水轮机产品的抗磨性能、结构、运行等方面有其他特殊要求时，可在有关技术文件中规定。

4.3　积极采用有利于减轻泥沙磨损的新技术、新材料和新工艺。

5　过机泥沙分析及水电站防排沙措施

5.1　过机泥沙及水轮机磨损的预测分析

5.1.1　在水电站规划设计中，为预测泥沙对水轮机的磨损程度，应开展如下工作：

a)　收集河流历年的水文、泥沙资料，并进行泥沙特性（泥沙粒径、泥沙矿物成分及含量、泥沙颗粒形貌等）分析；泥沙特性的分析结果应分别按汛期与非汛期给出，其中矿物成分及含量应按不同粒径组给出；

b)　对大型水轮机的电站，当已有的泥沙资料不够全面，应在汛期在拟建水电站坝址处或其上下游的附近（区间内应无含沙量较大的支流汇入）直接从河水中取水样（悬移质），对汛期水流含沙量进行预测分析；

c)　应对水电站建成后的河流泥沙变化以及过机泥沙的情况进行预测与分析，包括泥沙粒径、泥沙矿物成分与含量等的变化。

5.1.2　可采用模拟试验的方式对拟建水电站水轮机的磨损程度进行预测与分析。对大型水轮机，在选择试验方法时，试验条件宜与水轮机的磨损条件相近。试验用沙宜采用拟建水电站处河流的泥沙，试件宜采用水轮机拟用的材料。有关试验装置与试验方法可参考附录 A。

5.1.3　对拟建水电站的水轮机进行磨损预测分析时，可以借鉴该水电站所在流域及周边流域内已建水电站水轮机运行的磨损资料和经验，也可以借鉴其他河流同类型或相近水轮机运行的磨损资料和经验，对拟建电站水轮机可能遭受的泥沙磨损程度做出较明确的定性判断，例如可将磨损程度定性为轻微、中等和严重，并据此采取恰当而经济合理的抗磨措施。

5.2　水电站的防排沙措施

5.2.1　在水电站的水工设计中，可根据河流泥沙、河流地势与枢纽布置等情况，采取以下措施减少泥沙进入引水系统：

a)　在规划范围内选择较大的水库库容；

b) 修建沉沙池；

c) 对河流上游山区沙砾众多的径流式水电站，修建沉砾池；

d) 枢纽布置中机组段取水口的位置与底槛高程等的设计应有利于减少泥沙、特别要防止推移质和颗粒较粗的泥沙进入引水系统；

e) 可利用河流弯道环流作用，凹岸取水，减少粗泥沙或砾卵石推移质进入引水口。

5.2.2 在进水口前以及引水系统中宜设置拦沙、排沙和冲沙等设施。冲排沙设施位置不宜离进水口过远。河床式水电站冲沙底孔宜直接布置在机组进水口下方或侧旁，并有足够的深度，在进水口前形成漏斗状喇叭口。有多台机组多个进水口的电站，可在每个进水口下设置一个排沙底孔。

5.2.3 水力测量管路的布置，其走向应平顺以避免引起泥沙淤堵等，并宜设置可冲淤堵的水源或气源。

6 水轮机选型与设计

6.1 水轮机选型

6.1.1 水轮机型式的选择应根据水电站的运行水头范围、运行特点和过机泥沙特性，提出可供选择的水轮机机型方案。当水电站的水头段有两种及以上机型可以选择时，应从经济指标、设计制造经验、运行可靠性、抗泥沙磨损特性和维护检修等方面，经技术经济比较后选定。

6.1.2 在选定一种机型或转轮型号时，应对采用不同参数(容量、直径、转速等)的方案与磨损的关系进行比较与论证。有磨损的水轮机不宜追求高参数(效率、功率、比转速等)，应根据泥沙条件与运行要求选择合适的参数。

6.1.3 水轮机的吸出高度应较在清水条件下运行的水轮机有更大的安全裕度。

6.1.4 水轮机台数应结合水轮机大修周期与电力系统对水轮机运行方式的要求等进行选择。

6.1.5 高水头混流式水轮机宜设置进水阀或圆筒阀。

6.1.6 对于预期磨损严重的水电站，设计时应根据水电站和水轮机的特点采用下列措施：

a) 转轮的拆卸方式可考虑采用中拆或下拆方案，即不拆发电机，直接将转轮从水轮机室或尾水管位置处拆出；

b) 顶盖宜考虑冲淤设施并设置备用的排水泵。

6.2 水轮机水力设计

6.2.1 水轮机流道的设计应符合下列要求：

a) 应采用计算流体动力学(CFD)方法进行设计计算。水轮机通流部件应符合 GB/T 10969 的要求，并宜通过模型试验对流道中的流态进行检验。模型试验应符合 IEC 60193 的要求。

b) 在水轮机规定的运行范围内，水轮机流道内应避免产生旋涡、脱流等流态。

c) 流道内的水流速度分布应均匀，避免出现局部过高的流速，特别对汛期运行工况。

d) 应避免流道有急剧的变化，叶片的曲率变化宜较小。

e) 流道内的流速不宜过高。混流式水轮机转轮宜选择较小的出口直径，降低转轮出口的圆周速度，转轮叶片出水边的相对流速不宜大于 40 m/s。对于预期磨损严重的水轮机可适当降低转轮叶片出水边的流速。

6.2.2 在水轮机规定的运行(特别在汛期)工况范围内，应保证水轮机不发生叶型空化和各种局部空化等。电站空化系数应大于初生空化系数，以避免发生空蚀与磨损的联合作用而加速水轮机破坏。

6.2.3 对于预计磨损严重的大型水轮机，除按通常的办法进行清水模型试验检验外，宜采用两相流计算与浑水模型试验等方法对浑水条件下的流动状况进行检验。浑水模型试验可按照 SL 142 的要求进行。在浑水模型试验中，除检验浑水条件下水轮机的水力性能外，还可用油迹法、易损涂层等方法检验水流流态、易磨损部位与相对磨损强度等。

6.2.4　高水头混流式水轮机的导叶高度与导叶分布圆直径宜适当增大，降低导叶区的流速及改善转轮前的流态。导叶叶型应选择有利于减小两侧压差的形式，减轻导叶端面与抗磨板间的磨损。导叶的轴颈不宜过粗或局部凸出，并应设计成与来流呈流线型结构，以避免局部流态急剧变化或脱流，产生局部磨损。

6.3　水轮机结构设计

6.3.1　水轮机流道设计应符合下列要求：

a) 应避免流道内特别是在流速较高的部位，出现各种接缝、凸台、台阶等不平整现象。

b) 混流式水轮机的导叶限位块宜设置在顶盖上。

c) 轴流式水轮机的叶片宜取消吊装孔，改用与主轴、轴承、支撑盖整体起吊的安装方式。

d) 尾水管内表面应避免出现吊钩等物体。进人门与管壁的连接应平整。应避免螺孔、螺栓裸露于流道表面。

e) 在易磨损部位不宜出现过多的焊缝。焊缝应选择有良好耐磨蚀的焊接材料焊接，焊接后应打磨平整，保证焊缝的磨损不引起部件的破坏与脱落。

6.3.2　易磨损部件的结构强度设计应有足够的裕度，保证在一个大修周期内不因磨损而导致停机检修或部件更换。

6.3.3　易磨损部件的结构应易于装拆，并具有良好的互换性。易损部件应有足够的备件。

6.3.4　对各种接触式主轴密封，宜选择清洁水源。主轴密封的结构应保证能够快速更换。

6.3.5　在不影响其他性能的条件下，转轮叶片出水边与抗磨板的厚度应取较大值，保证在一个大修周期内不致磨穿。

6.3.6　水轮机、特别是高水头混流式水轮机其顶盖与底环应有足够的刚度，避免水轮机充水后因水压作用导致变形，造成导叶端面间隙的增大。顶盖内腔的设计应避免采用易于造成泥沙淤积的结构。水轮机顶盖与底环应设有可更换的抗磨板，宜采用塞焊不锈钢板或带板焊不锈钢，其表面应平整，不宜采用螺钉联接，拼缝应严密平整。

6.3.7　止漏环的结构设计应便于拆卸与更换。止漏环的间隙宜取较小值，对于直缝式与台阶式止漏环，间隙应有足够的长度，防止进出口等遭到磨损后导致间隙过早扩大与失效。对于中比速的中小型水轮机下止漏环推荐采用压盖式结构。密封梳齿根部厚度不宜过薄，头部尖角应适当修圆。

6.3.8　大中型转桨式水轮机叶片背面外缘宜设置裙边，减轻间隙空化引起的叶片背面外缘区和转轮室的磨损。裙边的尺寸与形式宜通过模型试验或有关经验来确定。

6.3.9　导叶立面宜采用硬止水方式，导叶端面不宜采用弹性止水密封结构。导叶端面间隙宜取较小值。导叶轴径密封应采用有利于阻止泥沙进入的密封结构。

7　水轮机材料选择与制造

7.1　水轮机材料选择

7.1.1　水轮机过流部件的材料（简称母材）应采用抗磨损材料制作，一般应采用抗磨损性能较好的不锈钢，母材表面应有较高的硬度。对预期磨损严重部件或部位还可采用表面防护材料保护，防护材料应根据部件或部位的特点与磨损强度加以选择。在选择母材与防护材料时，还应考虑磨损后在现场进行修复的可能性。有关水轮机常用抗磨损材料与防护材料等使用情况参见附录 B。

7.1.2　对于中低比速水轮机，导叶端面、顶盖和底环抗磨板的材料应采用具有优良抗磨性的材料或涂层材料。

7.1.3　在选用新材料或新工艺时，宜先在试验室或现场进行试验检验。在试验室试验时，可参照 5.1.2 的规定。

7.2 水轮机加工制造

7.2.1 对于水轮机过流部件所用的材料，在加工前应采用无损检测方法进行检查，并对缺陷进行修复。

7.2.2 水轮机转轮叶片型线宜采用数控加工。

7.2.3 水轮机过流部件的表面型线应有良好的光洁度。易磨损部位的表面粗糙度不应大于 $Ra1.6$；其他磨损部位不应大于 $Ra3.2$。

7.2.4 轴流式水轮机转轮室与叶片外缘间的间隙(双边之和)不应大于转轮名义直径 D_1 的 0.1%～0.2%，大中型水轮机转轮的间隙应小于 D_1 的 0.1%。小型水轮机转轮的间隙可适当放宽。

7.2.5 对预期磨损严重的水轮机，应提供比通常更长的水轮机转轮进出口型线样板。对大中型水轮机，应增加转轮不同断面进出口型线样板个数。

8 水轮机安装

8.1 水轮机安装应按 GB/T 8564 的规定执行，涉及水轮机过流部件的安装质量应从严控制。

8.2 对于高水头混流式水轮机，安装时应严格控制转轮各部位(包括上冠与下环外缘、上梳齿止漏环与下止漏环等)间隙与导叶端面间隙，对于导叶端面间隙还应考虑蜗壳充水后顶盖与底环的变形量。

8.3 对于轴流式水轮机，安装时应按 7.2.4 的规定控制转轮室与叶片外缘间的间隙。

9 水轮机运行与检修

9.1 水轮机运行

9.1.1 水轮机应在技术协议中规定的工况范围内运行。

9.1.2 对于转桨式水轮机，应保持在协联工况下运行，宜用相对效率试验等方法修正其协联关系。

9.1.3 水轮机应避免在不压水情况下作调相运行。汛期不宜以空载备用方式运行。

9.1.4 高水头水轮机停机时应关闭进水阀或圆筒阀。

9.1.5 汛期运行时宜打开冲排沙设施进行排沙。

9.1.6 修建在山区河流上的水电站，若过机泥沙呈陡涨陡落的形式变化，可在沙峰期内短期停机避沙。

9.1.7 汛期运行时应注意观察顶盖漏水量与压力的变化，以判断止漏环的磨损情况。

9.1.8 水力测量管路应定期进行检查与冲洗，防止因管路堵塞造成测量失效或失真。

9.1.9 对大型水轮机的过机泥沙情况应定期进行观测。观测时的采样与分析方法可参考附录 C.3。

9.1.10 从机组试运行起，遵循以下规定：

a) 应对每台水轮机的运行情况与工况参数(包括上下游水位、水头、转速、导叶开度、流量、出力、各项表计读数等)进行详细记录。

b) 宜定期对水轮机能量性能进行检查。对大型水轮机，可分别在汛期前后在相同的水头条件下对机组的出力、效率等进行试验来检验其变化。出力、效率的检验可采用相对效率法进行。

c) 应定期对水轮机磨损情况进行检查。宜在每个汛期前后各停机一次进行观察检查，特别是初期投入运行的水轮机。检查时应详细观察和测量记录运行后表面破坏的情况(如部位、外貌形态、深度、面积等)，间隙的变化等。观测方法参见附录 C.2。

9.2 水轮机检修

9.2.1 水轮机检修可按照 DL/T 838 的规定执行。如发现问题应及时停机处理。

9.2.2 水轮机检修时应对各个部件的破坏进行检查和记录(包括拍照)，并将检查结果与上一次记录的结果进行对比，分析其原因并进行处理。

10 水轮机泥沙磨损的保证值

10.1 磨损保证条件

10.1.1 在保证期内水电站与水轮机运行过程中，实际的过机泥沙条件不超过设计所给定的条件。

10.1.2 在保证期内水轮机的运行条件应基本符合 GB/T 15468 的要求。

10.2 磨损的保证值

10.2.1 水轮机泥沙磨损保证期不宜短于 4 年。对预期磨损情况轻微和中等的大型水轮机，其保证期可延长；对预期磨损情况严重的小型水轮机，保证期可缩短。

10.2.2 在保证期内水轮机能量指标应达到下列要求：

a) 因磨蚀导致的水轮机效率降低，对大型水轮机不应超过 2%，对小型水轮机不应超过 4%；

b) 在运行参数相同的条件下，因磨蚀导致的水轮机功率降低，对大型水轮机不应超过 2%；对小型水轮机不应超过 4%。

10.2.3 在保证期内水轮机磨损量指标应达到下列要求：

a) 水轮机叶片出水边不应磨穿。对大型水轮机叶片，磨损最大厚度不应超过叶片出水边厚度的 2/3。

b) 普遍磨损的最大深度不应超过 4 mm。抗磨板的局部磨损不应超过 10 mm 或不应磨穿，其他部位的局部磨损的最大深度不应超过 8 mm。各个过流部件允许的磨损深度不应危及水轮机安全运行。磨损深度的测量方法可参见附录 C.2。

c) 各类止漏装置的间隙的扩大不应超过设计间隙的一倍。

d) 对采用涂层的部件，涂层破坏面积不应超过全部涂覆面积的 5%～10%，小型水轮机可取较大值。涂层脱落或破坏处的母材不应发生严重的磨蚀。

附 录 A
（资料性附录）
磨损试验装置与试验方法

A.1 磨损试验的分类

磨损试验按试验的不同目的可分成以下4类：

a） 材料抗磨性能对比与评价试验；

b） 磨损特性与规律试验；

c） 水轮机抗泥沙磨损能力试验；

d） 工程问题的技术论证试验。

A.2 材料磨损试验应满足的试验条件

为使试验室材料磨损试验结果更符合水轮机实际，所选择的材料磨损试验装置与试验方法应满足以下条件：

a） 试验装置的磨损状态与性质应与水轮机磨损部件（或部位）相似；

b） 试验磨损参数应与水轮机运行条件相近；如速度、泥沙磨粒特性与含沙量等；

c） 试验试件材质应与水轮机部件拟采用的材料相同或相近；

d） 试验水质应与水轮机内水质相同或相近。

A.3 材料磨损试验装置与试验方法

A.3.1 圆盘式绕流磨损试验方法

A.3.1.1 方法简述

圆盘式绕流磨损试验装置为圆盘在有含沙水与设有阻流栅的圆盘室中旋转，形成圆盘盘面与水流的相对流动，使得盘面（或试件）磨损。

圆盘盘面上的试件有两种布置方式：一种为6或8块扇形试件拼成圆盘；另一种为6或8块圆形试件镶嵌在圆盘上。采用扇形试件的试验装置简介如下：

试验装置中的试验段见图A.1a）。圆盘盘面可由6或8块扇形试件（通常对称的2块试件为同一种试验材料）拼接而成，见图A.1b）。

a） 试验段　　　　　　b） 圆盘盘面

图 A.1　圆盘式绕流磨损试验装置试验段与圆盘

试验后试验材料的磨损量采用测量磨损深度的方法确定，即在选定的圆盘半径及测量点测量磨损深度。由于沿圆盘半径方向不同半径各点的圆周速度不同，因而对应各半径点的磨损量也不同，通过试验可得到试验材料的磨损率（或单位磨损率 E_s）与圆周速度 U 的关系曲线。该结果中的圆周速度可以修正换算成相对流速，可用于平面绕流磨损的预估。如试验材料为 3 种（分别用材料 A、材料 B 和材料 C 表示），则得到 3 条关系曲线，见图 A.2。磨损率小的曲线位于图形的下方（如图中的材料 C），其抗磨性好，越靠上的曲线其抗磨损性越差（如图中的材料 A）。从图 A.2 可直接看出不同材料的抗磨性强弱。通过换算也可以用抗磨倍数表示各种材料的抗磨性。

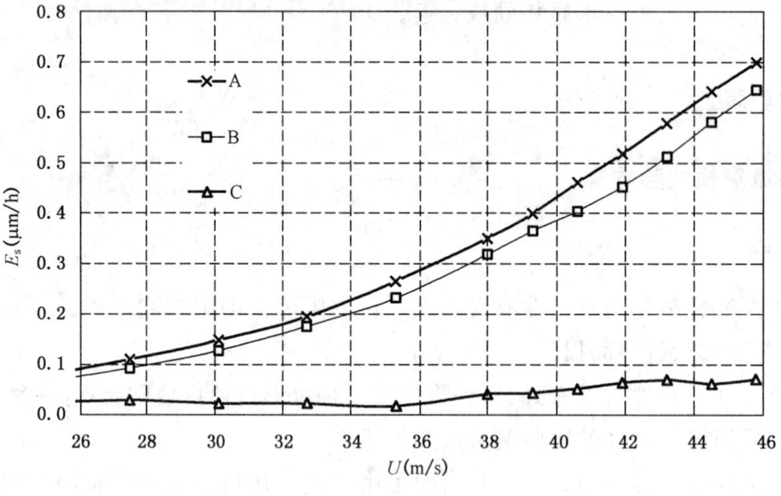

图 A.2　单位磨损率与圆周速度的关系曲线

A.3.1.2　主要参数

圆盘式绕流磨损试验的主要参数包括：

——圆盘直径：360 mm 左右；

——圆盘与阻流栅的间隙：8 mm～10 mm；

——圆盘旋转速度：2 500 r/min～3 000 r/min；

——圆盘室内压力：0.05 MPa～0.1 MPa；

——试验时圆盘室内水温：15 ℃～40 ℃。

A.3.1.3 主要特点

圆盘式绕流磨损试验方法的主要特点如下：

——本方法的磨损属于小角度平顺绕流磨损，材料破坏机理与叶片流道等的磨损较为相近；

——磨损量采用磨损深度或失重测量，可得到磨损量（或单位磨损率 E_s）与圆周速度（可换算成相对速度）的对应关系；

——试验较为方便，并可得到多种材料抗磨性的相对比较。

A.3.2 旋转喷射磨损试验方法

A.3.2.1 方法简述

图 A.3 旋转喷射磨损试验装置试验段

旋转喷射磨损试验装置试验段见图 A.3，旋转圆盘由若干块（图中为 18 块）梯形试件沿分布圆（图中为 ϕ300 mm）拼接而组成圆环面，含沙水流从对称的 4 个喷嘴射向试件，造成试件表面磨损破坏。作用在试件上的水流相对速度 $\vec{W}$ 为作用点处的圆周速度 $\vec{U}$ [illegible]嘴射流速度 $\vec{V}$ 之矢量和，即 $\vec{W}=\vec{U}+\vec{V}$。若改变圆盘转速、喷嘴射流速度的大小或方向，可改变 $\vec{W}$ 的[illegible]冲角。通过测量各个试件磨损量（失重或破坏深度），可得到不同试件（试验材料）的磨损破坏大小。

为比较不同材料的相对抗磨性，可取某种材料为基准材料（如 0Cr13Ni5 不锈钢），其磨损量用 G_1 表示，其他材料的磨损量用 G_i 表示，材料的抗磨倍数用 ε_i 表示。则按下式可得到不同材料的抗磨倍数。

$$\varepsilon_i = G_1/G_i$$

即基准材料的抗磨倍数为 1，若其他材料的抗磨倍数大于 1，表明该材料抗磨性优于基准材料。反之，表明该材料抗磨性比基准材料差。

A.3.2.2 主要参数

旋转喷射磨损试验的主要参数包括：

——喷嘴对圆盘上试件的作用点分布直径：300 mm 左右；

——圆盘旋转速度：2 500 r/min～3 000 r/min。

A.3.2.3 主要特点

旋转喷射磨损试验方法的主要特点如下：

——磨损的属性为冲击式磨损；

——磨损量采用失重法、破坏深度或破坏面积测量，试验速度为单一值，可用于定性分析；

——试验较为方便，并可得到更多种材料的抗磨性的相对比较。

A.3.3 收缩断面式小水洞磨损试验方法

A.3.3.1 方法简述

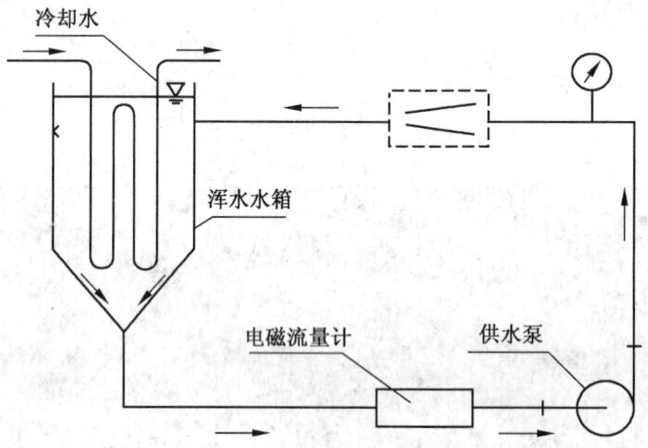

图 A.4 小水洞试验装置系统示意图

图 A.4 为小水洞磨损试验装置系统示意图。试验段为矩形收缩流道(从进口到出口上、下两面高差逐渐变小，两侧面宽不变)，上、下两面为试件，侧面为高抗磨性材料。循环水系统由高扬程泵供水，试验过程保持流量不变。因试验段为收缩流道，从进口到出口各断面水流流速是逐渐增加的，对应的磨损量也逐渐增加。通过测量试验前后试验段各断面轮廓线得出各断面磨损深度，可得到磨损量与流速的关系。

A.3.3.2 主要参数

小水洞试验段的流速范围为 25 m/s～45 m/s。

A.3.3.3 主要特点

小水洞磨损试验方法的主要特点[illegible]

——水力磨损条件接近于水轮[illegible]绕流磨损；

——磨损量采用磨损深度测量，[illegible]磨损量与速度的对应关系，可用于绕流磨损的定量分析；

——水洞试验一次只能得到一种[illegible]试验结果。

A.3.4 其他类型的磨损试验装置与试验方法

在使用其他类型的磨损试验装置与试验方法时，需注意区分试验结果中不同类型磨损的影响，以及参数对试验结果的影响。

A.4 磨损试验中的参数与测量

A.4.1 试验时间

试验时间大致以试件被磨损后的破坏量便于测量来确定。试验时间的长短除了主要与被试材料的抗磨性能及其他磨损参数有关外，也与所选择的试验方法有关。

由于试验用沙是循环使用的，为保证试验沙的磨损特性不发生明显变化，应定期更换一次试验用沙。对同一种试验方法，试验时段应保持一致。

A.4.2 试验流速

不同试验方法中的试验流速的定义各不相同。

圆盘式绕流磨损试验中的试验流速主要取决于圆盘的旋转速度，各测点的圆周速度与对应点的相对流速存在一定的差异，在用于水轮机的定量分析时，应将各测点的圆周速度通过修正换算成相对流速。

旋转喷射磨损试验中的试验流速为单一值。其大小取决于圆盘的旋转速度与喷嘴射流的速度及冲角。

小水洞磨损试验的速度主要由试验断面的尺寸(包括磨损后的变化)与过流量来决定，故对断面尺寸与流量的测量应注意保证测验的精度。速度的范围取决于断面的收缩率，由于试验段尺寸较小，故收缩率不宜过大。

A.4.3 含沙量及其测量

试验含沙量最好应与实际水轮机过机含沙量相近，但受试验时间的限制，试验含沙量可以加大，对于重要试验，应进行含沙量与磨损的关系试验。

含沙量的测量可采用定时取水样的方法进行测量。用标准量筒取水样、通过滤纸对水样过滤烘干后进行称重，即可得到含沙量。对同一种试验方法，定时取水样的时间间隔应一致。

在一个试验时段内的取水样次数应不少于3次。各次取水样得到的含沙量的均值即为本次试验的含沙量。

A.4.4 泥沙特性分析

泥沙特性分析包括泥沙粒径、泥沙矿物成分与含量，以及泥沙形貌分析等。

泥沙粒径分析应给出泥沙粒径级配、中值粒径与平均粒径等数值；泥沙矿物成分及含量分析应按不同泥沙粒径分别给出矿物成分及含量；泥沙形貌分析应提出泥沙颗粒的形貌特征。

A.5 磨损试验中的注意事项

A.5.1 在选择试验方法时，应尽可能满足A.2中的4个试验条件，特别是其中第一个条件。当所采用的试验装置与试验方法的水力磨损条件与实际水轮机有差异时，应对这种差异对试验结果的影响进行分析，包括对实际应用后可能造成的后果进行评价。当使用条件与试验条件的差异很大时，其试验结果不宜直接用于实际应用。还应注意不同试验装置与试验方法所得出的材料相对抗磨倍数不宜进行直接比较。

A.5.2 试件的表面加工要求应与水轮机相同或相近，试件的装配应平整。磨损的水力条件与试件的形式宜做成能反映单一磨损性质的破坏，而不宜是多种破坏(例如平面绕流加冲击磨损)的综合结果。

A.5.3 在对材料的抗磨性评价时，往往涉及材料的抗空蚀性。由于目前还无法确切了解与模拟水轮机发生磨损与空蚀联合作用时的磨损强度与空蚀强度，故不宜将磨损与空蚀两种破坏形式在同一试验中进行。为满足工程实用的需要，可分别进行材料的磨损与空蚀试验，根据两项试验的结果进行综合评价，如材料的抗磨性与抗空蚀性均良好，则预期该材料具有良好的抗磨蚀性能。

A.5.4 所有试验室的试验都无法模拟实际水质长期作用(如电化学腐蚀等)的影响。因此在评价材料的耐磨性能时，优先推荐使用耐腐蚀性能较好的材料，如不锈钢等。

A.5.5 试验室试验可作为鉴定材料性能的初步筛选之用。在大规模推广应用于水轮机前，应在实际水轮机上或磨损条件相近的中间机组上进行较长时间的试验检验。

附 录 B
（资料性附录）
水轮机常用材料与防护材料的应用情况

B.1 概述

水轮机常用母材和防护材料包括金属材料、金属防护材料与非金属防护材料。以下是国内常用的一些母材与防护材料的抗磨性能及应用情况：

a) 金属材料：包括不锈钢、低合金钢、碳钢等。其应用情况与抗磨性能见表 B.1。

b) 金属防护材料：包括 WC 喷涂涂层、喷焊材料、焊材等。其应用情况与抗磨性能见表 B.2。

c) 非金属防护材料：包括环氧金刚砂涂层、聚氨酯涂层、超高分子量聚乙烯材料等。其应用情况与抗磨性能见表 B.3。

表 B.1 金属材料的应用情况与抗磨蚀性能

材料	应用情况	抗磨蚀性能
碳钢	可用于易磨损部位以外的部位	抗磨蚀性差，但较铸铁好
20SiMn 低合金钢	20 世纪七八十年代应用较多	抗磨蚀性稍强于碳钢
0Cr13Ni4Mo 不锈钢	目前普遍应用	抗磨蚀性较好
0Cr13Ni5Mo 不锈钢	部分替代 0Cr13Ni4Mo 应用	抗磨蚀性较好
0Cr16Ni5Mo 不锈钢	多用于高水头混流式水轮机	抗磨蚀性较好
1Cr18Ni9Ti 不锈钢	20 世纪七八十年代应用较多	抗磨蚀性比 0Cr13Ni5Mo、0Cr16Ni5Mo 等稍差

表 B.2 金属防护材料的应用情况与抗磨蚀性能

材料及工艺	使用情况（修复或防护）	抗磨蚀性能
氧乙炔喷焊	小水轮机上应用	抗磨蚀性较好，但易变形与开裂
耐磨 I 号焊条	较多用于磨损部件的修复	抗磨蚀性较好，易裂不易打磨
奥 102 焊条	较多用于磨损部件的修复	抗磨蚀性较好
WC 涂层（HVOF）	应用较多，不适用空化较强区域	抗磨蚀性好，工艺要求高

表 B.3 非金属防护材料的应用情况与抗磨蚀性能

材料	使用情况	抗磨蚀性能
聚氨酯涂层	部分机组应用	不适于空化区域
环氧金刚砂涂层	部分机组应用，涂层厚度不易控制，型线很难保证	抗磨能力好，不适于空化区域
超高分子量聚乙烯	用于抗磨板等，部分机组应用	抗磨蚀性好

B.2 注意事项

使用材料应注意的事项如下：

a) 对于易磨损部位，宜采用不锈钢材料或防护材料；

b) 一般说来，硬度较高的材料的抗磨性比硬度较低的材料好，如 0Cr13Ni4Mo 不锈钢的抗磨性比 1Cr18Ni9Ti 不锈钢好；

c) 采用异种钢焊接的转轮，需注意焊缝处有促进电化学腐蚀而加剧局部磨蚀的可能；

d) 采用金属与非金属防护材料时，都要严格注意材料的成分与质量。各种涂层在敷设前应注意母材表面的处理与施工工艺，特别是在现场施工时还要注意施工环境条件(包括温度、湿度等)，不然将影响涂层的黏结强度与性能，而易于脱落。

附　录　C
（资料性附录）
水轮机磨损的观测

C.1　基础资料记录与存档

C.1.1　一般要求

为掌握水轮机的磨损情况，应记录与保存水电站与水轮机设计、制造、安装、运行等方面的资料。

C.1.2　水电站和水轮机的原始资料

C.1.2.1　水电站与水轮机基本资料，包括：

a）水电站概况；

b）水文、水质和泥沙资料；

c）水轮机基本参数：型号、最高水头、最低水头、额定水头、额定转速、额定流量、额定功率、最大功率、吸出高度等；

d）水轮机性能曲线：模型综合特性曲线和运转特性曲线。

C.1.2.2　水轮机制造资料，包括：

a）水轮机设计图纸，包括水轮机结构和主要部件尺寸；

b）主要部件的材质和采用的表面防护材料；

c）主要部件材料的检验记录，如化学成分、机械性能、主要缺陷和处理情况等；

d）出厂检验记录，包括各部件尺寸、叶片型线、厚度、开口、表面粗糙度等。

C.1.2.3　水轮机安装资料，包括：

a）易磨损部件安装调试记录与原始尺寸，如叶片出水边厚度，止漏环、导叶端面间隙的初始数据等；

b）安装过程中发现和处理过的问题（主要是与磨损有关或有可能造成影响的问题）。

C.1.3　水轮机运行与检修资料

C.1.3.1　水轮机试运行资料。包括水轮机试运行以及试运行后的检查记录。

C.1.3.2　水轮机运行资料，包括：

a）水轮机运行工况参数的记录，特别是特殊工况（如开停机、甩负荷、补气等）的参数（如噪音、振动、补气等）记录。要注意观察不同工况尾水管出口的水流情况，如含气等；

b）水库运行情况（如泄洪、排沙等）记录；

c）水轮机过机泥沙资料。如无实测的过机泥沙资料，可采用上下游水文站或进出库的水文泥沙资料。

C.1.3.3　水轮机检修资料。检修记录中应包括水轮机破坏部位修复前的原始状况、检修方案（含修复材料和工艺等）、修复后状况等。

C.1.4　水轮机试验资料

水轮机历次试验的记录，包括试验内容、方法、结果及分析等。在电站进行的水轮机试验包括：效率试验（含相对效率试验）、补气试验，空化试验、噪声测试、压力脉动及振动试验，抗磨材料试验等。

C.2 水轮机磨损的观测

C.2.1 水轮机易磨损部位

C.2.1.1 轴流式水轮机

轴流式水轮机磨损的主要部位为叶片与转轮室。

叶片正面大面积的破坏主要是磨损。叶片磨损的特点为从进口到出口逐渐加重,外缘区磨损最为严重。叶片头部常在含沙水流冲击下形成沟槽,特别是靠外缘处。有时还夹杂有局部脱流与空蚀。叶片背面常夹杂有空蚀,特别是背面外缘区常受到间隙空化的影响而形成较严重的磨蚀区。在出水边外缘处甚至被磨穿而形成缺口。

在叶片轴线以及轴线以下的转轮室中环区,常因夹杂间隙空蚀而成为磨蚀联合作用区。

C.2.1.2 混流式水轮机

主要磨损部位为转轮、导水机构和止漏装置。随着水轮机运行水头升高,导水机构和止漏装置的磨损将超过转轮。

转轮的磨损主要发生在叶片及下环内侧面等处。叶片磨损从进口到出口,从上冠到下环愈来愈重。在叶片正面靠下环区常导致局部磨穿而形成缺口。

导水机构的磨损包括抗磨板和导叶的磨损。抗磨板的磨损主要表现为在抗磨板上形成导叶轮廓状的深沟状磨损。导叶的磨损主要发生在端面与立面出水边等处。

C.2.2 磨损分类

在进行磨损的观测时应注意观察与记录磨损的特征与形态,并据此区分磨损类型。一般说来,磨损的外貌大致可分成普遍磨损与局部磨损两大类。

普遍磨损是大面积的相对较均匀的磨损。其外貌特征主要为材料表面出现大面积的相对较浅较均匀的波纹、鱼鳞或沟条状痕迹。这些磨痕大多具有与水流方向相一致的方向性。普遍磨损主要发生在平顺的表面上,如叶片表面等。

局部磨损则表现为局部出现面积不大但磨损较深,并与周围磨损有明显差别的深沟或深坑等。局部磨损的产生大多产生于流态发生急剧变化(如水流有较大冲角、急剧拐弯、旋涡脱流等区域)以及材质有缺陷等的部位上。如叶片头部、间隙进口、抗磨板等。

C.2.3 磨损量的测量

C.2.3.1 概述

磨损量的测定通常是近似的。磨损量的测定包括对磨损的面积与深度等的测定,可采用目测观察与直接测量等方法。

目测观察即对磨损部位及其严重状况进行目测、观察与记录。

直接测量即采用测量工具对磨损量进行测定与记录。

C.2.3.2 磨损面积的测定

局部磨损的面积较小,相对较易确定,可采用测量工具直接测量。而普遍磨损的面积较大,由于波纹状、鱼鳞状或沟条状痕迹较浅,通常较难准确确定磨损的边界与面积,可采用目测观察与直接测量等方法近似确定磨损面积。

C.2.3.3 磨损深度的测定

磨损深度的测定按磨损的分类分别测量，即分别对普遍磨损的深度与局部磨损的深度（包含普遍磨损的深度）进行测量。普遍磨损的深度可采用近似的方法测量，局部磨损的深度可采用测量工具直接测量。具体测量时可按下列步骤进行：

a) 磨损深度的计算，其原始值应以水轮机出厂检验记录及安装后的测定为准；如缺乏上述资料，可用水轮机设计尺寸代替。

b) 对于不同的部位（磨损保证所考查的部位），应根据各自的特点而采用不同的测量方式：

——水轮机叶片出水边。应测量叶片磨损后的厚度，与原始数据比较后得到叶片减薄量。叶片厚度测量视现场环境采用直接测量的方法。

——水轮机抗磨板与导叶端面。可采用直接测量方法测量局部磨损的深度以及间隙值。

——水轮机各类止漏装置。主要应测量其间隙变化量。

C.2.3.4 测量记录时应绘制草图

对所有的破坏应绘制草图，注明测量的位置和破坏的外貌特征、磨损深度和面积等。有条件时最好能进行拍照。

C.2.4 磨损观测资料的整理与分析

具体要求如下：

a) 磨损观测后应对资料进行整理与保存；

b) 应结合原始资料对磨损观测的结果以及对引起磨损破坏的原因进行分析，提出改进措施。

C.3 过机泥沙的测定

C.3.1 取样位置

取样位置宜选择在水轮机进出水管道中及进出水口前后合适的位置，包括进水口前、压力管道、蜗壳、尾水管锥管与出水口后等处。选择取样位置时应注意以下几点：

a) 取样位置宜选择在水流扰动充分、泥沙分布相对较为均匀的部位，如尾水管，其次是压力钢管或尾水管出口等处；

b) 在不具备从水轮机流道中取样的条件下，也可从进水口或河道取样。从河道取样所得到的结果可能存在一定的偏差，可供近似参考。

C.3.2 取样间隔及取样方式

非汛期泥沙较少，可每隔一个月或更长时间取样一次。汛期则视泥沙含量变化情况确定不同的取样间隔。可按每周、每天取样一次，在泥沙含量高峰期，可按几小时取样一次。

有条件时可在尾水管或其他合适部位装设自动连续测量的含沙量测定仪。

取样时，应先放出管道内的残留水再取样，以保证所取水样和流道内水体一致。

C.3.3 含沙量的测定

将取得的水样倒入标准量筒中，确定其体积，再通过滤纸对水样过滤，对残留的固体物进行烘干后称重，即可得泥沙含量。

也可将沙水直接进行称重，然后与同体积的清水相比，即可计算得出含沙水的比重，进而换算出含沙量。此法适用于泥沙含量较高时。

也可采用其他适宜的方法。

C.3.4 泥沙特性分析

泥沙特性分析可参见 A.4.4。

C.3.5 注意事项

过机泥沙测定中的注意事项如下：

a) 过机泥沙测定中应注意各台机组的过机泥沙可能会有差异，应对不同机组分别进行取样测定。当电站的机组台数较多时，可选择其中几台进行取样测定；

b) 过机泥沙的测定应和水轮机磨损的观测同步进行；

c) 过机泥沙的测定应长期坚持进行，不宜以某一时段所获得的过机泥沙数据来代表机组长期运行的过机泥沙数据。

ICS 13.060.25
P 40

中华人民共和国国家标准

GB/T 29404—2012

灌溉用水定额编制导则

Guide to draw up irrigation water quota

2012-12-31 发布 2013-06-01 实施

中华人民共和国国家质量监督检验检疫总局
中国国家标准化管理委员会 发布

前 言

本标准按照 GB/T 1.1—2009 给出的规则起草。

本标准由水利部提出并归口。

本标准起草单位：水利部农村水利司、中国灌溉排水发展中心、中国水利水电科学研究院、水利部农田灌溉研究所、山东省水利科学研究院、浙江省余姚市水利局、黑龙江省水利科学研究院。

本标准主要起草人：赵竞成、王晓玲、吴玉芹、刘钰、李英能、刘建强、奕永庆、张玉欣、龙海游、李铁男。

灌溉用水定额编制导则

1 范围

本标准规定了灌溉用水定额编制流程、编制方法及成果报告的编制。

本标准适用于指导各省(自治区、直辖市)编制灌溉用水定额,省以下各级机构编制灌溉用水定额时可参考。

2 术语

下列术语和定义适用于本文件。

2.1

灌溉用水定额 irrigation water quota

在规定位置和规定水文年型下核定的某种作物在一个生育期内单位面积的灌溉用水量。

注 1:灌溉用水定额的规定位置既不是田间,也不一定是灌区渠首,而是以便于灌溉用水计量和实施管理的位置作为规定位置。

注 2:灌溉用水定额是水资源配置和灌溉用水管理的主要控制指标,其内涵不同于灌溉设计时采用的"净灌溉定额"和"毛灌溉定额"。一方面灌溉用水定额应针对灌溉水的使用者和管理者,且便于量测;另一方面灌溉用水定额不仅需要在一定程度上满足作物需水要求,而且必须考虑实现灌溉用水供需平衡,故需要在规定水文年型下编制。

2.2

基本用水定额 reference quota of irrigation water

某种作物在参照灌溉条件下的单位面积灌溉用水量。参照灌溉条件宜确定为:灌溉工程类型为土渠输水地面灌溉、取水方式为自流引水、灌区规模为小型、无附加用水。各地也可根据实际情况合理确定参照灌溉条件,但在本省(自治区、直辖市)范围内应统一。

2.3

附加用水定额 additional quota of irrigation water

为满足作物生育期需水量以外的灌溉用水而增加的单位面积用水量。附加用水包括用于播前土壤储水、淋洗土壤盐分用水、水田泡田用水等;确定附加用水定额应采用与确定基本用水定额相同的参照灌溉条件。

2.4

调节系数 adjustment coefficient

反映工程类型、取水方式、灌区规模等对参照灌溉条件下灌溉用水定额影响程度的系数。

2.5

作物灌溉用水综合定额 comprehensive quota of irrigation used water

某区域内某种作物在各种实际灌溉条件(工程类型、取水方式、灌区规模、附加用水等)下的灌溉用水定额按灌溉面积的加权平均值。

3 总则

3.1 灌溉用水定额编制工作,应以促进灌溉水高效利用,实行"总量控制、定额管理"为基本目标。

3.2 编制灌溉用水定额应客观、科学、系统、实用，遵循因地制宜、突出重点、现实可行、逐步完善的原则，在满足农业生产要求和厉行节约用水的基础上，力求做到灌溉用水供需平衡。

3.3 编制灌溉用水定额应重视灌溉试验、已有资料收集、观测和现场调查等基础工作，使用的数据应具有可靠性、合理性和一致性。

4 编制流程

4.1 组织要求

4.1.1 灌溉用水定额编制过程中应成立编制组。编制组由灌溉、水资源、农业、林业等有关方面专家，以及组织实施部门、灌区管理单位等代表组成。

4.1.2 选定的典型县应成立工作组，在组织实施部门和省级编制组织的指导下负责本地区的数据收集、典型调查、数据整理、数据校核等项工作。

4.2 编制工作流程

4.2.1 编制工作流程宜按以下步骤进行：

a) 制定工作计划，明确编制任务和要求；
b) 确定省级分区和典型县，确定水文年型和灌溉用水定额规定位置；
c) 确定县级分区，选择典型灌溉单元，确定主要作物；
d) 收集有关数据，进行现场调查和专项测定，整理、分析资料；
e) 拟定作物单位面积基本用水量和附加用水量，根据典型灌溉单元的单位面积实际灌溉用水量进行校核，提出灌溉用水数据样本；
f) 分析并初步确定省级分区主要作物灌溉用水定额，进行省级分区灌溉用水供需平衡分析；
g) 合理调整并确定省级分区主要作物灌溉用水定额；
h) 编写灌溉用水定额编制报告。

4.2.2 根据编制工作需要，可在编制过程中适当调整典型县、典型灌溉单元的布局和数量，补充收集有关资料等。

4.3 审批和修订

4.3.1 灌溉用水定额编制初步成果完成后，应由组织实施部门发函征求有关江河流域管理机构，地(市)、县(市、区)水行政主管部门，灌区管理单位，用水者代表和有关专家意见；编制组织应根据征集到的意见进行修改完善。灌溉用水定额编制初步成果修改后，应召开专家评审会进行评审，编制组织应根据评审意见进一步进行修改完善。

4.3.2 灌溉用水定额成果通过评审后，应按有关规定报送主管部门审批。

4.3.3 灌溉用水定额编制成果宜3～5年修订一次，当灌溉用水条件发生较大变化时应及时修订。

5 基本规定

5.1 灌溉用水定额应采用基本用水定额、附加用水定额、调节系数、作物灌溉用水综合定额、灌溉用水定额规定位置以上渠系水利用系数等指标表示。

5.2 基本用水定额、附加用水定额、调节系数、作物灌溉用水综合定额应在规定位置核定。宜选择斗渠进水口、井口、小型泵站出水口等作为规定位置；实行支渠口量水的地区也可选择支渠进水口、井口、小型泵站出水口作为规定位置。省(自治区、直辖市)内各省级分区的规定位置应一致。

5.3 灌溉用水定额应在规定水文年型下核定，且应按该水文年型进行灌溉用水供需平衡分析。以地下水为主要灌溉水源的地区，规定水文年型宜取50%年降水概率[1)]，进行供需平衡分析时，应以维持地下水多年采补平衡为目标；以地表水为主要灌溉水源的地区，规定水文年型宜与设计灌溉保证率一致，进行供需平衡分析时，应在设计灌溉保证率下实现灌溉用水供需平衡。各省级分区的规定水文年型可根据实际情况选取不同频率，但一个省级分区只能选定一个水文年型。

5.4 灌溉用水定额应区分不同省级分区和不同主要作物进行核定。

6 分区和主要作物

6.1 分区

6.1.1 省级分区应依据自然条件、流域特点、农业分区以及影响灌溉用水的其他因素，并结合水资源综合利用、节水灌溉、农业发展、环境保护等现行或在编规划综合考虑确定。

6.1.2 每个省级分区宜选择不少于4个具有代表性的县作为典型县。典型县的自然条件、水资源特点、作物种植、灌溉工程类型、取水方式、灌区规模、附加用水等应在该省级分区中具有代表性，灌溉管理、农业技术等方面应在该省级分区中处于中等以上水平。

6.1.3 每个典型县应根据水资源特点、作物种植、灌溉工程类型、取水方式等进行县级分区，并在县级分区中合理选择典型灌溉单元，作为调查、计算、校核单位面积基本用水量和附加用水量等数据的采样点。

6.1.4 不同水源类型的典型灌溉单元选择应符合下列规定：

a) 渠灌区以一条斗渠的灌溉范围作为一个典型灌溉单元；

b) 井灌区以一眼井的灌溉范围作为一个典型灌溉单元；

c) 井渠结合灌区以一条斗渠以及与之联合运行的若干眼井的灌溉范围作为一个典型灌溉单元；

d) 小型扬水灌区以一个泵站的灌溉范围作为一个典型灌溉单元。

6.1.5 各典型灌溉单元应能代表不同作物，不同灌溉工程类型、取水方式、灌区规模，有无附加用水等不同组合。每一种组合在一个典型县中应有2～4个样本，以减少片面性，提高作物灌溉用水数据样本的代表性。

6.2 主要作物

6.2.1 应以典型县为单位，选择合计灌溉面积占总灌溉面积80%以上(或合计灌溉用水量占总灌溉用水量80%以上)的若干种作物作为主要作物；其他作物可视同为一种组合作物，并为其核定灌溉用水定额。

6.2.2 作物种类过多时，可以典型县为单位对灌溉作物的种植面积排序，自大而小选取主要作物(包括粮食作物、经济作物、蔬菜、林果、牧草等)，直至累计的灌溉面积或累计的灌溉用水量达到要求。

6.2.3 套种、间作的作物可作为一种组合作物，并为其核定灌溉用水定额。

7 数据收集、分析和校核

7.1 数据收集

7.1.1 应以典型灌溉单元为对象，现场调查收集作物种植、灌溉工程类型、取水方式、灌区规模、各种作物灌溉面积、规定水文年型的实际灌溉用水量等数据。

---

1) 井灌的设计灌溉保证率一般较高，如按设计灌溉保证率选定水文年型将明显降低地下水可利用量，不利于发挥地下水具有的多年调节特性，为此本标准规定井灌区可以按照50%降水概率选择水文年型，使灌溉用水定额符合地下水多年采补平衡的要求。

7.1.2 应按照选择的作物单位面积灌溉基本用水量和附加用水量计算方法，收集有关的灌溉制度、灌溉试验成果、气象资料，以及斗、农渠渠道水利用系数和田间水利用系数等。

7.1.3 应收集省级分区和典型县的以下数据：

a) 各种作物的灌溉面积；

b) 代表性灌区的渠首引水量、斗渠口配水量、总干渠、干渠、分干渠、支渠等骨干渠道的渠道水利用系数等数据；

c) 现状灌溉用水量和有关规划确定的灌溉用水量等数据。

7.2 数据分析

7.2.1 对收集的各典型灌溉单元和典型县数据进行整理和分析，以拟定各省级分区内不同作物的单位面积基本用水量和附加用水量。

7.2.2 作物单位面积基本用水量可依据现行灌溉制度、灌溉试验成果等拟定，缺少资料时也可通过计算拟定；作物单位面积附加用水量可依据现行灌溉制度、灌溉试验成果等拟定，缺少资料时也可通过计算或依据经验合理拟定。

7.2.3 依据现行灌溉制度或灌溉试验成果拟定作物单位面积灌溉基本用水量和附加用水量时，应采用接近规定水文年型的数据；依据节水灌溉等有关规划采用的灌溉定额时，应按照典型灌溉单元现状与规划要求的差异进行合理调整。

7.2.4 计算拟定作物单位面积灌溉基本用水量时，作物需水量和净灌溉定额可分别参照附录A和附录B计算。将计算的作物净灌溉定额转换为规定位置的作物单位面积基本用水量时，需考虑规定位置以下的渠系水利用系数和田间水利用系数的影响。

7.2.5 田间水利用系数和斗、农渠渠系水利用系数可通过实测确定，也可根据以往实测成果和典型灌溉单元工程状况、管理状况等合理估算。

7.2.6 拟定的作物单位面积基本用水量和附加用水量应折算到规定水文年型，并根据典型灌溉单元的工程类型、取水方式、灌区规模等影响因素折算到各典型灌溉单元，形成能代表典型灌溉单元灌溉实际用水状况的作物灌溉用水数据样本。

7.2.7 拟定的作物单位面积基本用水量对应的降水概率与规定水文年型不同时，可采用公式(1)进行调整：

$$I_{调整后}=I_{调整前}+(P_{e调整前}-P_{e调整后}) \quad \cdots\cdots(1)$$

式中：

$I_{调整后}$ ——调整后的作物单位面积灌溉基本用水量，单位为立方米每公顷(m^3/hm^2)；

$I_{调整前}$ ——拟定作物单位面积灌溉用水量，单位为立方米每公顷(m^3/hm^2)；

$P_{e调整前}$——拟定作物单位面积灌溉用水量对应降水概率的有效降雨量，单位为立方米每公顷(m^3/hm^2)；

$P_{e调整后}$——规定水文年型的有效降雨量，单位为立方米每公顷(m^3/hm^2)。

7.2.8 依据灌溉制度、灌溉试验成果以及通过公式计算等方法得到的作物单位面积基本用水量和附加用水量一般为田间净灌溉水量，需要根据斗、农渠渠道水利用系数和田间水利用系数折算到灌溉用水定额规定位置。同时，拟定的作物单位面积基本用水量和附加用水量的灌溉条件与各典型灌溉单元的实际灌溉条件一般并不完全一致，需要按照各典型灌溉单元的实际灌溉条件进行折算，使形成的作物灌溉用水数据样本能代表各典型灌溉单元的实际用水状况。

7.2.9 作物灌溉用水数据样本，应由作物单位面积基本用水量和附加用水量的折算值，以及省级分区名称、典型县名称、典型灌溉单元名称、作物名称、灌溉面积、工程类型、取水方式、灌区规模等数据构成。数据样本的大小和代表性应满足编制灌溉用水定额的要求。

7.3 数据校核

7.3.1 作物单位面积基本用水量和附加用水量的折算值应由典型灌溉单元的单位面积实际灌溉用水量进行校核。单位面积实际灌溉用水量为单一作物的灌溉用水数据时，可直接进行比较；否则应根据典型灌溉单元种植结构和作物单位面积基本用水量和附加用水量的折算值计算单位面积综合灌溉用水量，并与单位面积实际灌溉用水量进行比较。

7.3.2 作物单位面积基本用水量和附加用水量的折算值之和或单位面积综合灌溉用水量大于单位面积实际灌溉用水量时，应根据后者合理调整前者；作物单位面积基本用水量和附加用水量的折算值之和或单位面积综合灌溉用水量小于单位面积实际灌溉用水量时，应根据典型灌溉单元工程状况、管理状况等综合分析作物单位面积基本用水量和附加用水量的折算值是否合理，并进行相应调整。

7.3.3 应按调整后的作物单位面积基本用水量和附加用水量的折算值计算典型县在规定水文年型下的总灌溉用水量，进行典型县灌溉用水供需平衡分析。灌溉用水存在缺口时，应满足计算的总灌溉用水量不大于现状总灌溉用水量的要求，否则应进一步调整作物单位面积基本用水量和附加用水量的折算值。

8 灌溉用水定额的确定

8.1 灌溉用水定额的计算

省级分区各种作物在实际灌溉条件下的灌溉用水定额，应依据该作物的基本用水定额、附加用水定额以及调节系数按公式(2)计算得到。

$$m=(m_{基本}+m_{附加})\cdot K_1\cdot K_2\cdot\cdots\cdot K_n \qquad (2)$$

式中：

m ——某省级分区某种作物的灌溉用水定额，单位为立方米每公顷(m^3/hm^2)；

$m_{基本}$ ——某省级分区某种作物的基本用水定额，单位为立方米每公顷(m^3/hm^2)；

$m_{附加}$ ——某省级分区某种作物的附加用水定额，单位为立方米每公顷(m^3/hm^2)；

K_1、K_2、…、K_n——分别为工程类型、取水方式、灌区规模等影响因素的调节系数。

8.2 基本用水定额、附加用水定额、调节系数

8.2.1 基本用水定额、附加用水定额和调节系数的取值，应使得按照公式(2)计算的各种作物的灌溉用水定额与作物灌溉用水数据样本基本一致。

8.2.2 基本用水定额和调节系数可按照最小二乘法原理，以剩余误差平方和最小为目标通过数值拟合得出，参见附录C；也可采用对比、试算等其他方法。

8.2.3 基本用水定额应按不同省级分区、不同作物加以区分，调节系数可在不同省级分区、不同作物之间不做区分。

8.2.4 应根据作物灌溉用水数据样本涵盖的主要影响因素合理选择调节系数，一般可采用工程类型、取水方式、灌区规模三个调节系数。

8.2.5 工程类型调节系数可按土渠输水地面灌、渠道防渗(衬砌)地面灌、管道输水地面灌、喷灌、微灌等细分；取水方式调节系数可按机井提水、泵站扬水、自流引水等细分；灌区规模调节系数可按大型灌区、中型灌区、小型灌区等细分。作物灌溉用水数据样本不涵盖的调节系数细分项应予以剔除。

8.2.6 应计算单位面积基本用水量折算值的标准差，检验并剔除误差过大数据；如果剔除后数据量不足，应补充调查数据，并重新确定基本用水定额、附加用水定额和调节系数。

8.2.7 对影响不显著的调节系数应分析原因，确认无误后予以剔除，并重新确定基本用水定额、附加用

水定额和调节系数。

8.2.8 需要调减基本用水定额和调节系数时，宜参照附录D的二次平均法进行先进化处理。

8.2.9 需要考虑附加用水的作物，其附加用水定额可根据已经确定的基本用水定额和作物灌溉用水数据样本中单位面积附加用水量与单位面积基本用水量的平均比例合理确定。

8.3 作物综合灌溉用水定额

省级分区作物灌溉用水综合定额可用公式(3)计算确定：

$$m_{综合}=\frac{\sum_{i=1}^{N_U}(m_i\cdot A_i)}{\sum_{i=1}^{N_U}A_i} \qquad \cdots\cdots(3)$$

式中：

$m_{综合}$——省级分区内某作物的综合灌溉用水定额，单位为每平方公顷立方米(m^3/hm^2)；

i ——省级分区内与某种作物对应且实际存在的灌溉条件组合序号；

N_U ——省级分区内与某种作物对应且实际存在的灌溉条件组合数；

m_i ——省级分区内某种作物在第i种灌溉条件组合下的灌溉用水定额，单位为每平方公顷立方米(m^3/hm^2)；

A_i ——省级分区内某种作物对应的第i种灌溉条件组合的灌溉面积，单位为平方公顷(hm^2)。

8.4 灌溉用水定额规定位置以上的渠系水利用系数

8.4.1 灌溉用水定额规定位置以上渠系水利用系数应符合以下规定：

a) 灌溉用水定额规定位置以上有输配水渠道时，灌溉用水定额规定位置以上的渠系水利用系数按公式(4)计算确定：

$$\eta_t=\frac{\sum_{i=1}^{N_L}V_i}{V_0} \qquad \cdots\cdots(4)$$

式中：

η_t ——灌区灌溉用水定额规定位置以上的渠系水利用系数；

i ——灌区灌溉用水定额规定位置序号；

N_L ——灌区灌溉用水定额规定位置总数(个)；

V_i ——灌区灌溉用水定额规定位置i的年度实际配水量，单位为立方米(m^3)；

V_0 ——灌区渠首的年度灌溉引水总量，单位为立方米(m^3)。

b) 灌溉用水定额规定位置以上无输配水渠道时(如井灌区、小型扬水灌区)，$\eta_t=1$。

8.4.2 灌溉用水定额规定位置的年度实际配水量和渠首年度灌溉引水总量，可根据灌区运行记录合理确定。灌区承担其他供水任务时应从引水总量中扣除相应水量。

8.4.3 省级分区的灌溉用水定额规定位置以上渠系水利用系数宜按大、中、小型灌区以及井灌区分别确定，省级分区的灌溉用水定额规定位置以上渠系水利用系数的平均值可按各类型灌区的灌溉用水量加权平均计算。

8.5 灌溉用水供需平衡分析

8.5.1 应以省级分区为单位进行灌溉用水供需平衡分析。省级分区灌溉需水量按公式(5)计算确定：

$$W_{\mathrm{I}}=\frac{\sum_{i=1}^{N_{\mathrm{C}}}(m_{综合i}\times A_i)}{\eta_{\mathrm{t}}} \qquad (5)$$

式中：

W_{I} ——省级分区灌溉需水量，单位为立方米(m^3)；

i ——该省级分区的作物种类序号；

N_{C} ——该省级分区的作物种类数；

$m_{综合i}$——该省级分区第 i 种作物的综合灌溉用水定额，单位为立方米每公顷(m^3/hm^2)；

A_i ——该省级分区第 i 种作物的灌溉面积，单位为公顷(hm^2)；

η_{t} ——该省级分区灌溉用水定额规定位置以上渠系水利用系数的按水量加权平均值。

8.5.2 灌溉用水供需平衡不满足时，如果省级分区灌溉需水量不大于现状灌溉用水量，可认同作物灌溉用水定额的核定结果；否则应在保证主要作物达到一定产量水平的基础上，合理进行调整。调整宜按以下顺序进行：

a) 合理调整作物灌溉用水基本用水定额、附加用水定额以及调节系数；

b) 合理调整灌溉用水定额规定位置以上渠系水利用系数；

c) 合理调整作物种植结构，调减高耗水作物种植面积；

d) 合理调整灌溉规模。

9 成果报告

9.1 灌溉用水定额编制报告包括编制工作概述、基本情况、编制依据和原则及技术路线、编制方法、编制成果、问题和建议、附表和附图等部分。

9.2 编制工作概述可包括以下内容：

a) 编制工作的组织单位、承担单位、协作单位；

b) 编制的目的、任务、要求；

c) 编制工作过程；

d) 主要成果。

9.3 基本情况可包括以下内容：

a) 自然、地理、水资源和利用现状以及行政区划等；

b) 农业概况、灌溉概况；

c) 编制灌溉用水定额的必要性。

9.4 编制依据、原则及技术路线可包括以下内容：

a) 依据的法律、法规、规定以及相关标准等；

b) 编制原则；

c) 采用的技术路线。

9.5 编制方法可包括以下内容：

a) 灌溉用水定额主要影响因素分析；

b) 省级分区原则和分区结果、典型县和典型灌溉单元选择情况；

c) 主要作物确定情况；

d) 规定水文年型和灌溉用水定额规定位置确定情况；

e) 收集作物灌溉用水资料的途径和主要成果；

f) 拟定作物单位面积灌溉用水量的方法和数据校核结果；

g) 确定灌溉用水定额的方法和计算分析结果；

h) 灌溉用水供需平衡分析及灌溉用水定额调整。

9.6 编制成果可包括以下内容：

a) 灌溉用水定额计算公式；

b) 省级分区主要作物灌溉用水基本用水定额和附加用水定额；

c) 灌溉用水定额调节系数；

d) 省级分区主要作物灌溉用水综合定额；

e) 省级分区各类灌区灌溉用水定额规定位置以上渠系水利用系数，省级分区灌溉用水定额规定位置以上平均渠系水利用系数；

f) 灌溉用水供需平衡分析结果；

g) 灌溉用水定额结果。

9.7 评价和建议可包括以下内容：

a) 对编制成果的评价；

b) 编制工作存在的主要遗留问题及对策建议；

c) 保证灌溉用水定额顺利实施的措施和建议。

9.8 附表、附图应包括以下内容：

a) 省级分区和典型县位置图；

b) 省级分区主要作物灌溉用水基本用水定额、附加用水定额、综合定额汇总表；

c) 调节系数汇总表；

d) 其他有关图、表。

附　录　A
（资料性附录）
作物需水量计算方法

A.1　作物需水量可采用作物系数法计算，计算公式按式（A.1）：

$$ET_C = K_C \cdot ET_0 \qquad \cdots\cdots(A.1)$$

式中：

ET_C ——作物需水量，单位为毫米（mm）；

K_C ——作物系数；

ET_0 ——参照腾发量，单位为毫米（mm）。

A.2　参照腾发量 ET_0 可采用联合国粮农组织（FAO）推荐的彭曼-蒙蒂斯（Penman-Monteith）方法计算，计算公式按式（A.2）：

$$ET_0 = \frac{0.408\Delta(R_n - G) + \gamma \dfrac{900}{T+273} U_2 (e_s - e_a)}{\Delta + \gamma(1 + 0.34U_2)} \qquad \cdots\cdots(A.2)$$

式中：

R_n ——冠层表面净辐射，单位为兆焦每平方米天［$MJ/(m^2 \cdot d)$］；

G ——土壤热通量，单位为兆焦每平方米天［$MJ/(m^2 \cdot d)$］；

γ ——湿度计常数，单位为千帕每摄氏度（kPa/℃）；

T ——平均气温，单位为摄氏度（℃）；

U_2 ——2 m 高处的风速，单位为米每秒（m/s）；

e_s ——饱和水汽压，单位为千帕（kPa）；

e_a ——实际水汽压，单位为千帕（kPa）；

Δ ——饱和水汽压-气温关系曲线在 T 处的切线斜率，单位为千帕每摄氏度（kPa/℃）。

A.3　不同作物的作物系数 K_C 应根据当地的灌溉试验成果合理确定。对没有试验资料或试验资料不足的作物和地区，可以按照联合国粮农组织（FAO）推荐的不同作物、不同生育阶段的标准作物系数，根据当地气候、土壤、作物和灌溉等条件进行修正，修正方法采用 FAO 推荐的分段单值平均作物系数法。

附 录 B
（资料性附录）
净灌溉定额计算方法

B.1 收集整理降雨系列资料（近 20～30 年），采用经验频率法计算不同频率水文年的降水量，经验频率按公式（B.1）计算：

$$p=\frac{i}{n+1} \qquad \cdots\cdots\cdots\cdots\cdots\cdots\cdots\cdots\cdots\cdots(\text{B.1})$$

式中：

p ——经验频率；

i ——样本数据序列号；

n ——选取的样本个数。

B.2 选择年降雨量符合规定水文年型的年作为典型年，典型年内各旬的降水量分配依照与典型年降水量接近的 3～4 年各旬的平均降水量确定，并逐旬计算有效降水量。

B.3 作物生育期有效降雨量可采用时段水量平衡法计算。

对旱地作物，计算时段可取 1～10 日，按公式（B.2）计算：

$$P_e=\begin{cases}P & 当\ P\leqslant W_{fc}-W_{i-1}+ET_{ci}时\\ W_{fc}-W_{i-1}+ET_{ci} & 当\ P>W_{fc}-W_{i-1}+ET_{ci}时\end{cases} \qquad \cdots\cdots\cdots\cdots\cdots\cdots(\text{B.2})$$

式中：

P ——计算时段内总降雨量，单位为毫米（mm）；

P_e ——计算时段内有效降雨量，单位为毫米（mm）；

W_{fc} ——根区最大储水深度，单位为毫米（mm），一般为田间持水量时的根区储水量；

W_{i-1} ——计算时段初的土壤储水量，单位为毫米（mm）；

ET_{ci} ——计算时段内作物需水量，单位为毫米（mm）。

对水田作物，计算时段可取 1～5 日，按公式（B.3）计算：

$$P_e=\begin{cases}P & 当\ P\leqslant H_{max}-H_{i-1}+ET_{ci}+D_i\ 时\\ H_{max}-H_{i-1}+ET_{ci}+D_i & 当\ P>H_{max}-W_{i-1}+ET_{ci}+D_i\ 时\end{cases} \qquad \cdots\cdots\cdots\cdots(\text{B.3})$$

式中：

H_{max} ——计算时段最大适宜水深，单位为毫米（mm）；

H_{i-1} ——计算时段初的田面水深，单位为毫米（mm）；

D_i ——有效渗漏量，单位为毫米（mm）。

其余符号意义同前。

在没有土壤储水量实测数据的地区，可采用简化方法按公式（B.4）计算 10～20 日内的累积有效降雨量：

$$P_e=\begin{cases}P & 当\ P\leqslant ET_c\ 时\\ ET_c & 当\ P>ET_c\ 时\end{cases} \qquad \cdots\cdots\cdots\cdots\cdots\cdots\cdots\cdots\cdots(\text{B.4})$$

式中：

P_e ——计算时段内有效降雨量，单位为毫米（mm）；

P ——计算时段内总降雨量，单位为毫米（mm）；

ET_c ——作物需水量，单位为立方米每公顷（m^3/hm^2）。

用公式（B.4）计算有效降雨量时，降雨强度较小的地区或季节应采用较长的计算时段（20 天），降雨强度较大的地区或季节应采用较短的计算时段（10 天）。

B.4 作物净灌溉定额可根据作物需水量与作物生育期的有效降水量计算，在地下水浅埋区（埋深小于3 m），还应考虑地下水对作物根区土壤的补给量，按公式(B.5)计算：

$$I_{净} = ET_c - P_e - G \quad \cdots\cdots (B.5)$$

式中：

$I_{净}$ ——作物的净灌溉定额，单位为立方米每公顷(m^3/hm^2)；

ET_c——作物需水量，单位为立方米每公顷(m^3/hm^2)；

P_e ——作物生育期的有效降水量，单位为立方米每公顷(m^3/hm^2)；

G ——作物生育期地下水对作物根区土壤的补给量，单位为立方米每公顷(m^3/hm^2)，可根据当地有关试验数据确定。

附 录 C
（资料性附录）
基本用水定额和调节系数的数值拟合计算公式

C.1 作物灌溉用水数据样本中的灌溉面积不具有代表性时，可按公式(C.1)进行数值拟合；具有代表性时，也可按公式(C.2)进行数值拟合。

$$\min D=\sum_{i=1}^{N}[(m_i-m'_i)]^2 \qquad \cdots\cdots(C.1)$$

$$\min D=\sum_{i=1}^{N}[(m_i-m'_i)\cdot A_i]^2 \qquad \cdots\cdots(C.2)$$

式中：

D ——剩余误差；

i ——作物灌溉用水数据样本中的数据序号；

N ——作物灌溉用水数据样本的数据数量；

m'_i——作物灌溉用水数据样本中第 i 个数据对应的作物单位面积基本用水量的折算值，单位为立方米每公顷(m^3/hm^2)；

m_i ——作物灌溉用水数据样本中第 i 个数据的对应作物，在对应工程类型、取水方式、灌区规模条件下的灌溉用水定额，单位为立方米每公顷(m^3/hm^2)；

A_i ——作物灌溉用水量数据样本中第 i 个数据对应的灌溉面积，单位为公顷(hm^2)。

C.2 选择工程类型、取水方式、灌区规模作为主要影响因素时，作物灌溉用水量数据样本中第 i 个数据的对应作物，在对应工程类型、取水方式、灌区规模条件下的灌溉用水定额由公式(C.3)表示。

$$m_i=m_{基本c}\cdot K_{1e}\cdot K_{2s}\cdot K_{3d} \qquad \cdots\cdots(C.3)$$

式中：

m_i ——作物灌溉用水数据样本中第 i 个数据的对应作物，在对应工程类型、取水方式、灌区规模条件下的灌溉用水定额，单位为立方米每公顷(m^3/hm^2)；

c ——作物灌溉用水数据样本中第 i 个数据对应作物的序号；

$m_{基本c}$——作物灌溉用水数据样本中第 i 个数据对应作物的基本用水定额，单位为立方米每公顷(m^3/hm^2)，待定参数；

e ——作物灌溉用水数据样本中第 i 个数据对应工程类型的序号，$e=1,2,\cdots,5$ 分别表示渠道防渗地面灌、管道输水地面灌、喷灌、微灌和土渠输水地面灌；

K_{1e} ——作物灌溉用水数据样本中第 i 个数据对应工程类型的调节系数，其中 $K_{15}=1$，K_{11}、K_{12}、K_{13}、K_{14} 为待定参数。

s ——作物灌溉用水数据样本中第 i 个数据对应取水方式的序号，$s=1,2,3$ 分别表示机井提水、泵站扬水、自流引水；

K_{2s} ——作物灌溉用水数据样本中第 i 个数据对应取水方式的调节系数，其中 $K_{23}=1$，K_{21}、K_{22} 为待定参数；

d ——作物灌溉用水数据样本中第 i 个数据对应灌区规模的序号，$d=1,2,3$ 分别表示大型灌区、中型灌区、小型灌区；

K_{3d} ——作物灌溉用水数据样本中第 i 个数据对应灌区规模的调节系数，其中 $K_{33}=1$，K_{31}、K_{32} 为待定参数。

C.3 待定参数可采用解析法或逐次逼近法等方法求解。采用逐次逼近法求解时，作物基本用水定额的初始值可参考作物灌溉用水数据样本中的对应数据合理取值，待定的调节系数的初始值可参考表 C.1 取值。

表 C.1 调节系数参考数值

范围	工程类型 K_1					取水方式 K_2			灌区规模 K_3		
	渠道防渗 K_{11}	管道输水 K_{12}	喷灌 K_{13}	微灌 K_{14}	土渠输水 K_{15}	机井提水 K_{21}	泵站扬水 K_{22}	自流引水 K_{23}	大型 K_{31}	中型 K_{32}	小型 K_{33}
全国	0.92	0.84	0.67	0.58	1.00	0.94	0.95	1.00	1.07	1.04	1.00
北方	0.91	0.83	0.65	0.55	1.00	0.93	0.94	1.00	1.08	1.05	1.00
南方	0.93	0.86	0.70	0.64	1.00	0.96	0.96	1.00	1.06	1.04	1.00

附　录　D
（资料性附录）
基本用水定额和调节系数的先进化处理方法

D.1　以典型县为单位，按照二次平均法对作物灌溉用水数据样本进行处理，并使用处理后的作物灌溉用水数据样本重新确定基本用水定额和调节系数，实现对基本用水定额和调节系数的先进化处理。

D.2　具体步骤如下：

a）利用初步确定的调节系数将作物灌溉用水数据样本中的作物单位面积基本用水量换算为参照灌溉条件下的对应数据；

b）计算典型县各种作物在参照灌溉条件下单位面积基本用水量的平均值；

c）判断由步骤a）计算得到的作物单位面积基本用水量是否大于由步骤b）计算得到的该作物的单位面积基本用水量的平均值，如是则以后者替代前者；

d）利用初步确定的调节系数将调整后的作物单位面积基本用水量还原回实际灌溉条件下的对应数据；

e）使用各典型县经二次平均法处理后的作物灌溉用水数据样本，重新确定基本用水定额和调节系数。

ICS 67.060
X 11

中华人民共和国国家标准

GB/T 29405—2012

粮油检验　谷物及制品脂肪酸值测定　仪器法

Inspection of grain and oils—Determination of fat acidity of cereal and cereal products—Instrumental analysis method

2012-12-31 发布　　2013-06-20 实施

中华人民共和国国家质量监督检验检疫总局
中国国家标准化管理委员会　发布

前　言

本标准按照 GB/T 1.1—2009 给出的规则起草。

本文件的某些内容可能涉及专利。本文件的发布机构不承担识别这些专利的责任。

本标准由国家粮食局提出。

本标准由全国粮油标准化技术委员会(SAC/TC 270)归口。

本标准光度滴定仪法起草单位：中国储备粮管理总公司成都粮食储藏科学研究所、中国储备粮管理总公司。

本标准光度滴定仪法主要起草人：何学超、高素芬、汪喜波、石恒、董德良、肖学彬、杨军、毛根武、郭道林、杨健、兰盛斌、丁建武、张华昌。

本标准智能电位滴定仪法起草单位：北京粮油食品检验所、北京先驱威锋技术开发公司。

本标准智能电位滴定仪法主要起草人：周光俊、范飞、王彩琴、夏吉安、呙琴、刘志刚、王海滨、张明政、尹相龙。

粮油检验 谷物及制品脂肪酸值测定 仪器法

1 范围

本标准规定了光度滴定仪法和智能电位滴定仪法测定谷物及制品脂肪酸值的术语和定义、原理、试剂与材料、仪器和设备、操作步骤、结果计算与表示。

本标准光度滴定仪法适用于稻谷、糙米、大米脂肪酸值的测定,智能电位滴定仪法适用于玉米、稻谷、糙米、大米、小麦粉脂肪酸值的测定。

2 规范性引用文件

下列文件对于本文件的应用是必不可少的。凡是注日期的引用文件,仅注日期的版本适用于本文件。凡是不注日期的引用文件,其最新版本(包括所有的修改单)适用于本文件。

GB/T 601 化学试剂 标准滴定溶液的制备

GB 5491 粮食、油料检验 扦样、分样法

GB/T 5497 粮食、油料检验 水分测定法

GB/T 6682—2008 分析实验室用水规格和试验方法

3 术语和定义

下列术语和定义适用于本文件。

3.1

脂肪酸值 fat acidity

试样中游离脂肪酸的含量。以中和 100 g 试样干物质中游离脂肪酸所需氢氧化钾的毫克数表示,即以干基 KOH 计单位为 mg/100 g。

4 光度滴定仪法

4.1 原理

在一定温度条件下,用无水乙醇提取试样中的游离脂肪酸,以百里香酚蓝指示液做指示剂,用氢氧化钾标准溶液滴定。采用光学传感器检测透过滴定体系溶液的光能量变化,自动判定滴定终点,人工读数或自动记录提取液消耗氢氧化钾标准溶液的体积。同时,通过微处理器系统,利用内置模式识别系统来控制滴定过程和处理滴定结果。

4.2 试剂与材料

除非另有规定,所有试剂均为分析纯,实验用水应符合 GB/T 6682—2008 中三级水的规格。

4.2.1 无水乙醇。

4.2.2 95%乙醇。

4.2.3 N,N-二甲基甲酰胺。

4.2.4 百里香酚蓝。

4.2.5 中性乙醇:量取 20 mL 95%的乙醇(4.2.2),滴加5滴酚酞指示剂(4.2.8),用氢氧化钾标准滴定溶液(4.2.7)滴定至微红色,并于30 s内不褪色,记下所耗氢氧化钾标准滴定溶液毫升数(V_a);量取500 mL 95%的乙醇,准确加入V_b mL($V_b=25\times V_a$)氢氧化钾标准滴定溶液,混合均匀备用。

4.2.6 氢氧化钾标准储备液:0.5 mol/L。按GB/T 601配制和标定,储于聚乙烯塑料瓶中。

注:氢氧化钾标准储备液在常温(15 ℃~25 ℃)下保存时间一般不超过2个月。当溶液出现浑浊、沉淀、颜色变化等现象时,应重新配制。

4.2.7 氢氧化钾标准滴定溶液:0.01 mol/L。准确移取10.0 mL氢氧化钾标准储备液(4.2.6)于500 mL容量瓶中,用中性乙醇(4.2.5)定容,混匀后置于聚乙烯塑料瓶中。临用前配制。

4.2.8 10 g/L酚酞指示剂:称取1.0 g酚酞溶于100 mL 95%的乙醇(4.2.2)。

4.2.9 0.02 g/L百里香酚蓝指示液:称取百里香酚蓝(4.2.4)0.02 g(精确至0.000 1 g),用333 mL N,N-二甲基甲酰胺(4.2.3)溶解,再用无水乙醇(4.2.1)定容到1 000 mL,混匀,置于棕色瓶中保存。

4.2.10 滤纸:快速定性滤纸,预先折叠。

4.3 仪器和设备

4.3.1 光度滴定仪:配75 mL测量杯和加液装置。加液装置体积精度0.01 mL。光度滴定仪分为全自动光度滴定仪和半自动光度滴定仪,其原理、技术参数和评价指标参见附录A。

4.3.2 天平:感量0.01 g。

4.3.3 振荡器:往返式,振荡频率为100次/min。

4.3.4 实验砻谷机。

4.3.5 粉碎机:带0.8 mm圆孔筛片的锤式磨,粉碎时应保持样品不发热。

4.3.6 具塞磨口锥形瓶:250 mL。

4.3.7 玻璃短颈漏斗。

4.3.8 移液管:50 mL、25 mL、10 mL。

4.3.9 具塞试管(大于25 mL)或具塞锥形瓶(50 mL)。

4.4 操作步骤

4.4.1 扦样和分样

按GB 5491执行。

4.4.2 试样的制备

4.4.2.1 稻谷试样制备:分取稻谷试样100 g以上,用砻谷机(4.3.4)脱壳。再取脱壳后的糙米约80 g,用粉碎机(4.3.5)粉碎,收集全部粉碎样品,充分混合均匀后装入磨口瓶中备用。

4.4.2.2 糙米、大米试样制备:分取糙米、大米试样约80 g,同4.4.2.1粉碎、装瓶备用。

注:试样制备后,应在2 h内进行游离脂肪酸提取,以避免试样中脂肪酶的水解作用。

4.4.3 试样含水量测定

按GB/T 5497定温定时烘干法执行。

4.4.4 提取

称取试样(4.4.2)10 g± 0.01 g于250 mL具塞磨口锥形瓶(4.3.6)中,用50 mL移液管(4.3.8)准确加入50 mL无水乙醇(4.2.1),摇匀,置振荡器(4.3.3)上振摇10 min。

4.4.5 过滤

振荡后静置 1 min～2 min，用玻璃短颈漏斗(4.3.7)和滤纸(4.2.10)过滤，弃去最初几滴滤液，用具塞试管或具塞锥形瓶(4.3.9)收集滤液 25 mL 以上。

4.4.6 滴定

光度滴定仪(4.3.1)的滴定管加满氢氧化钾标准滴定溶液(4.2.7)，并自动校正零点。用 25 mL 移液管(4.3.8)准确移取 25.0 mL 滤液至测量杯中，再用另一支移液管准确移取 25.0 mL 百里香酚蓝指示液(4.2.9)至测量杯中，加入搅拌子。将测量杯放入仪器测量池中并盖上盖，启动"滴定"按钮，当"终点"指示灯亮时即为滴定终点，光度滴定仪自动停止滴定。

采用半自动光度滴定仪滴定，人工记下所耗用的氢氧化钾标准滴定溶液体积(V_1)。采用全自动光度滴定仪滴定，仪器自动记存所耗用的氢氧化钾标准滴定溶液体积(V_1)。

4.4.7 空白试验

用 25.0 mL 无水乙醇(4.2.1)代替滤液，其余操作同 4.4.6。采用半自动光度滴定仪滴定，人工记下所耗用的氢氧化钾标准滴定溶液体积(V_0)。采用全自动光度滴定仪滴定，仪器自动记存所耗用的氢氧化钾标准滴定溶液体积(V_0)。

4.4.8 平行试验

取两份平行试样，按 4.4.4～4.4.6 分别进行测定。

4.5 结果计算

4.5.1 采用半自动光度滴定仪滴定，试样脂肪酸值(A_K)按式(1)计算：

$$A_K = \frac{11\,220(V_1 - V_0)c}{m} \times \frac{100}{100 - \omega} \qquad \cdots\cdots(1)$$

式中：

A_K ——试样脂肪酸值(以 KOH 计)，单位为毫克每百克(mg/100 g)；

11 220——换算成氢氧化钾毫克数的常数，即 56.1×2×100；

V_1 ——滴定 25 mL 试样提取液所耗氢氧化钾标准滴定溶液体积，单位为毫升(mL)；

V_0 ——滴定空白液所耗氢氧化钾标准滴定溶液体积，单位为毫升(mL)；

c ——氢氧化钾标准滴定溶液的浓度，单位为摩尔每升(mol/L)；

m ——试样质量，单位为克(g)；

ω ——试样水分质量分数，即 100 g 试样中含水的质量，单位为克(g)。

4.5.2 采用全自动光度滴定仪滴定，输入试样含水量(4.4.3)和试样质量(4.4.4)后，仪器自动计算出试样脂肪酸值(以 KOH 计)，以毫克每百克表示(mg/100 g)。

5 智能电位滴定仪法

5.1 原理

在一定温度条件下，用无水乙醇提取稻谷、糙米、大米、玉米中的游离脂肪酸，以苯提取小麦粉中的游离脂肪酸，用氢氧化钾标准溶液滴定，以电极作为指示终点的传感器，在滴定终点附近，被测离子的浓度发生突变，引起电极电位的突跃，采用模糊逻辑控制算法(灰度模型)与反向传播算法(BP 神经网络)控制滴定过程，采集电极的动态信号，根据拟和曲线确定滴定终点，仪器自动计量并计算试样脂肪酸值。

5.2 试剂与材料

除非另有规定，所有试剂均为分析纯，实验用水应符合 GB/T 6682—2008 中三级水的规格。

5.2.1 无水乙醇。

5.2.2 95%的乙醇。

5.2.3 中性乙醇：同 4.2.5。

5.2.4 氢氧化钾标准储备溶液：同 4.2.6。

5.2.5 氢氧化钾标准滴定溶液：同 4.2.7。

5.2.6 酚酞指示剂：同 4.2.8。

5.2.7 滤纸：同 4.2.10。

5.2.8 苯

5.3 仪器和设备

除 4.3.2～4.3.9 规定的外，还包括以下仪器设备：

5.3.1 智能电位滴定仪或电位滴定仪：配 150 mL 测量杯（杯口可加橡胶密封圈）和馈液装置，最小馈液量 0.000 5 mL，体积精度 0.01 mL。电位滴定仪原理、技术参数和评价指标参见附录 B。

5.3.2 pH 复合电极：电极斜率应保证在 90%～105%。

5.3.3 磁力搅拌台：搅拌速度可连续调节。

5.4 操作步骤

5.4.1 扦样和分样

按 GB 5491 执行。

5.4.2 试样制备

5.4.2.1 稻谷同 4.4.4.1，糙米和大米同 4.4.4.2。

5.4.2.2 玉米：分取试样约 80 g，用粉碎机（4.3.5）粉碎，收集全部粉碎样品，充分混合均匀后装入磨口瓶中备用。

5.4.2.3 小麦粉：分取试样约 80 g，装入磨口瓶中备用。

注：试样制备后，应在 2 h 内进行游离脂肪酸提取，以避免试样中脂肪酶的水解作用。

5.4.3 试样含水量测定

同 4.4.3。

5.4.4 称样、提取和过滤

5.4.4.1 稻米试样：同 4.4.4～4.4.5。

5.4.4.2 玉米试样：玉米试样提取时间为 30 min，其他操作同 4.4.4～4.4.5。

5.4.4.3 小麦试样：称取小麦粉试样 20 g±0.01 g[脂肪酸值（以 KOH 计）高于 60 mg/100 g 时称试样 10 g]于 250 mL 锥形瓶中，加入 50 mL 苯，加塞摇动几秒钟后，打开塞子放气，再盖紧瓶塞置振荡器振荡 30 min（或用手振荡 45 min），振荡频率为 100 次/min。其他操作同 4.4.5。

5.4.5 滴定

5.4.5.1 仪器准备

按仪器操作说明书进行。

5.4.5.2 滴定

5.4.5.2.1 玉米粉、糙米粉、大米粉试样：用 25 mL 移液管精确移取 25.0 mL 滤液至测量杯中，加入 50 mL 无二氧化碳蒸馏水，放入搅拌子，将测量杯放在磁力搅拌台上，将滴定支架落下，电极与进液管浸入液面下。

5.4.5.2.2 小麦粉试样：用 25 mL 移液管精确移取 25.0 mL 滤液至测量杯(带有橡胶密封圈)中，再用另一支 25 mL 移液管移取 25.0 mL 95%乙醇(5.2.2)至测量杯(带有橡胶密封圈)中，加入搅拌子。将测量杯(带有橡胶密封圈)放在磁力搅拌台上，将带有密闭上盖的滴定支架落下，电极与进液管浸入液面下。

5.4.5.2.3 根据被测试样选择“玉米”、“稻谷”(稻谷、糙米、大米样品均选择“稻谷”)、“小麦”按键后，按“启动”键开始测定，仪器自动判断终点并停止滴定。仪器自动记存所耗用的氢氧化钾标准滴定溶液体积(V_1)。

5.4.6 空白试验

测定玉米粉、大米粉试样时用 25.0 mL 无水乙醇(4.2.1)、测定小麦粉试样时用苯(5.2.8)代替滤液，其余操作同 5.4.5.2。仪器自动记存所耗用的氢氧化钾标准滴定溶液体积(V_0)。

5.4.7 结果计算

输入试样含水量(5.4.3)和试样质量(5.4.4)，仪器自动计算出试样脂肪酸值(以 KOH 计)，以毫克每百克表示(mg/100 g)。

6 结果表示

两个平行测定结果之差的绝对值符合重复性(见第 7 章)要求时，以其平均值为测定结果。计算结果保留到小数点后一位。

7 重复性

在同一实验室，由同一操作者使用相同的设备，按相同的测试方法，在短时间内对同一份被测样品进行两次测定获得的两个独立的测定结果(以 KOH 计)的绝对差值不大于 2 mg/100 g。

附　录　A
（资料性附录）
光度滴定仪

A.1　原理

运用光度滴定原理，利用滴定体系的颜色变化，通过光学传感器检测到透过滴定体系溶液的光能量变化，反应滴定体系溶液的颜色变化，再经过微处理器系统，利用内置模式识别系统来控制滴定过程并处理滴定结果。

A.2　一般说明

光度滴定仪由光电检测装置、滴定液馈液系统、信号采集系统、滴定控制、数据处理与分析系统、显示与查询系统、数据网络接口系统和打印系统等组成，基本结构见图 A.1。

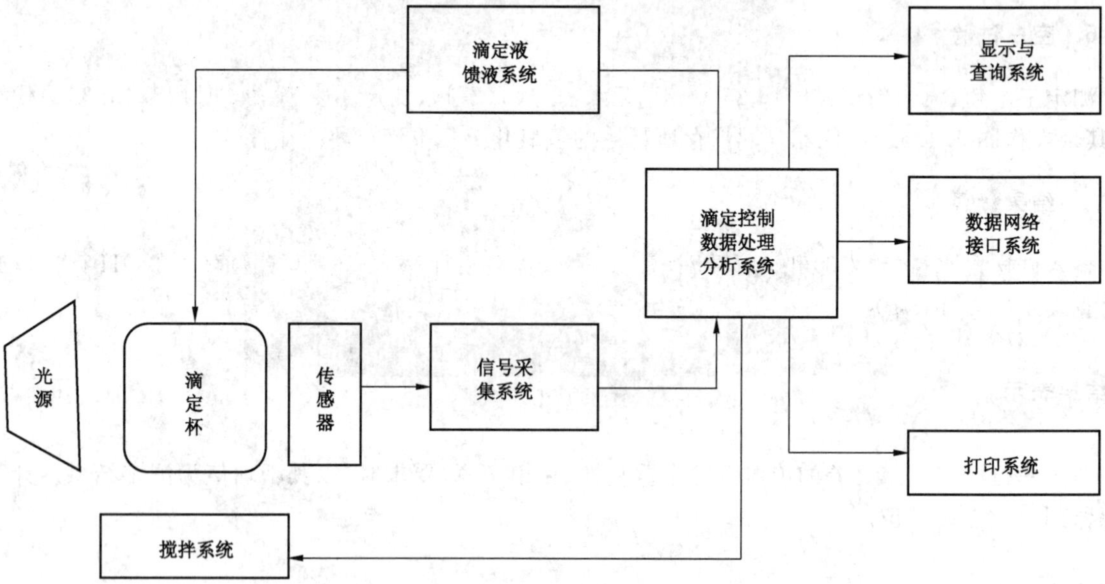

图 A.1　光度滴定仪结构图

A.3　工作条件

A.3.1　温度：15 ℃～25 ℃。

A.3.1　相对湿度：20％～80％。

A.3.3　电源：220 V±22 V。

A.3.4　频率：50 Hz±1 Hz。

A.4 性能参数及评价指标

A.4.1 单色光源峰值波长:620 nm±10 nm。

A.4.2 加液装置:体积精度 0.01 mL。

A.4.3 仪器能连续工作时间:大于 24 h。

A.4.4 适用于稻谷、糙米、大米脂肪酸值的测定。

A.4.5 到达滴定终点时能自动停止滴定。

A.4.6 测定结果准确度:与 GB/T 15684—1995 测定值比较,绝对差值(以 KOH 计)不超过 2 mg/100 g。

A.4.7 测定结果重复性:平行测定同一样品,绝对差值(以 KOH 计)不超过 2 mg/100 g。

附　录　B
（资料性附录）
智能电位滴定仪

B.1　原理

运用电位滴定原理，以电极作指示终点的传感器，在滴定终点附近，被测离子的浓度发生突变，引起电极电位的突跃，通过准确测定滴定体系中的电位，利用模糊逻辑控制算法（灰度模型）与反向传播算法（BP神经网络）控制滴定过程并处理滴定结果，根据拟和曲线确定滴定终点并处理滴定结果。

B.2　一般说明

智能电位滴定仪由滴定控制系统、馈液装置、搅拌装置和打印装置组成，基本结构见图B.1。

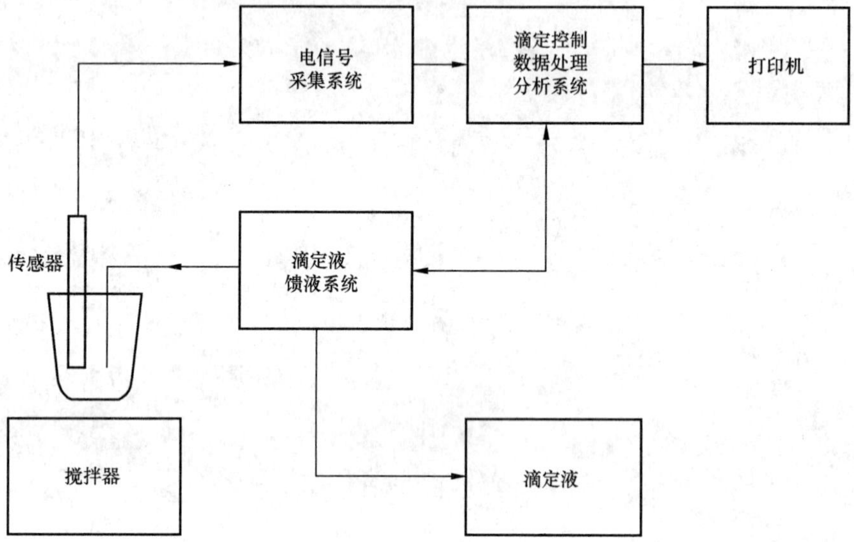

图B.1　智能电位滴定仪结构示意图

B.3　工作条件

B.3.1　温度：15 ℃～25 ℃。

B.3.2　相对湿度：20%～80%。

B.3.3　电源：220 V±22 V。

B.3.4　频率：50 Hz±1 Hz。

B.4　性能参数及评价指标

B.4.1　适用于稻谷、糙米、大米、玉米、小麦粉脂肪酸值的测定。

B.4.2 测量范围：pH：0～+20.00；电位：0～±2 000 mV。

B.4.3 分辨率：pH：0.01；电位：0.1 mV。

B.4.4 输入阻抗：10^{15} Ω。

B.4.5 有效精度：±0.5 mV。

B.4.6 体积精度：0.01 mL，最小馈液 0.000 5 mL。

B.4.7 外围接口：打印机接口；RS232C 接口。

B.4.8 仪器能连续工作时间：大于 24 h。

B.4.9 到达滴定终点时能自动停止滴定。

B.4.10 测定结果准确度：与 GB/T 15684—1995 和 GB/T 5510—1985 测定值比较，绝对差值不超过 2 mg/100 g(以 KOH 计)。

B.4.11 测定结果重复性：平行测定同一样品，绝对差值不超过 2 mg/100 g(以 KOH 计)。

参 考 文 献

[1] GB/T 5510—1985 粮食、油料检验 脂肪酸测定法
[2] GB/T 15684—1995 谷物制品脂肪酸值测定法

ICS 79
B 71

中华人民共和国国家标准

GB/T 29406.1—2012

木材防腐工厂安全规范 第1部分：工厂设计

**Safety code for wood preservation plant—
Part 1：Plant design**

2012-12-31 发布　　2013-07-01 实施

中华人民共和国国家质量监督检验检疫总局
中国国家标准化管理委员会　发布

前　言

GB/T 29406《木材防腐工厂安全规范》分为以下两个部分：

——第1部分：工厂设计；

——第2部分：操作。

本部分为GB/T 29406的第1部分。

本部分按照GB/T 1.1—2009给出的规则起草。

本部分非等效采用澳大利亚/新西兰标准AS/NZS 2843.1:2000《木材防腐工厂安全规范　第1部分：工厂设计》。

本部分与AS/NZS 2843.1:2000相比主要差异如下：

——将标准中的引用标准改为引用我国相关标准；

——考虑我国国情，将标准中设备及设施中要求自动化程度较高的(如安全自动关闭装置等)内容，相应改为人工控制内容。

本部分由中华人民共和国商务部提出并归口。

本部分起草单位：木材节约发展中心、广东省林业科学研究院。

本部分主要起草人：苏海涛、喻迺秋、刘磊、梁林庆、张燕君、马守华、陶以明。

木材防腐工厂安全规范 第1部分:工厂设计

1 范围

GB/T 29406 的本部分规定了木材防腐工厂(以下称工厂)的基本要求、选址、工厂规划和设备的要求。

本部分适用于木材防腐工厂及设备的设计和管理。木材防腐工厂的审批亦可参照使用。

2 规范性引用文件

下列文件对于本文件的应用是必不可少的。凡是注日期的引用文件,仅注日期的版本适用于本文件。凡是不注日期的引用文件,其最新版本(包括所有的修改单)适用于本文件。

GB/T 12801—2008 生产过程安全卫生要求总则

GB/T 14019 木材防腐术语

GB 15603 常用化学危险品贮存通则

GB 22280 防腐木材生产规范

GB 50009 建筑结构荷载规范

GB 50016 建筑设计防火规范

GB 50010 混凝土结构设计规范标准

SB/T 10440 真空和(或)压力浸注(处理)用木材防腐设备机组

3 术语和定义

GB/T 14019、GB 22280 和 SB/T 10440 界定的以及下列术语和定义适用于本文件。

3.1

木材防腐工厂 timber treatment plant

包括木材防腐处理车间和楞场。

3.2

处理车间 treatment plant site

木材处理的场所,包括防腐处理区、装卸区和滴液区。

3.3

楞场 treatment plant yard

工厂内用来运转和存放防腐木材的场地。

3.4

挡水墙 waterproof wall

处理车间内防止防腐剂工作液外流的、与地面连接的钢筋混凝土结构。

3.5

集液池 liquid-collected pool

收集处理车间内泄漏液体的设施,一般为钢筋混凝土结构或钢结构。

4 基本要求

4.1 新建工厂

工厂的选址、土建、消防和环保等应由相关行政主管部门批准。

4.2 已建工厂

已建工厂应按本部分进行改造。

4.3 仓库

4.3.1 防腐剂及其原料仓库应与生活区、行政区分开，并按 GB 15603 的要求建造。

4.3.2 防腐木材仓库应与生活区、行政区分开；仓库应按防潮、防火、通风等要求建造。

5 选址

5.1 地势

自然坡度应小于 1∶10。

5.2 土壤

土壤应含有超过 15%的粘土，且土层的整个纵断面应是一致的。如果处理车间建在浅蓄水层上面的渗透土壤上时，设计应包括经相关环保部门批准的附加保护措施的内容。

5.3 水体

5.3.1 处理车间的选址应根据相应法规考虑水体的情况，包括表面水和地下水。

5.3.2 当工厂在任何蓄水层上建设时，应保证蓄水层不受污染。

5.3.3 离河道、供水源的距离应分别为 100 m 和 800 m。

5.3.4 工厂的最低点应高于地下水位最高季节的水位，并留有充分余地，不允许发生因工厂的操作而引起污染水层情况。

5.4 自然灾害

应按照 GB/T 12801—2008 中 5.2.1 的有关规定执行。

6 工厂规划

6.1 雨水排放要求

6.1.1 从车间屋顶上流下的雨水可直接排入工厂外部的排水渠。

6.1.2 落在无遮盖区域以及从楞场流出的雨水，符合排放标准要求的可直接排入工厂外部的排水渠，否则应进入污水池。

6.1.3 落在车间地面的雨水应用水池收集进行循环使用或在排放前接受污染检验。

6.2 处理车间

6.2.1 防泄漏要求

6.2.1.1 挡水墙和集液池

所有处理车间应建立挡水墙和集液池。

处理车间应设有高度不低于200 mm的挡水墙，挡水墙应与地面完整连接。挡水墙应距处理罐、贮液罐有适当距离，确保当处理罐、贮液罐发生泄漏时，防腐剂不会溢过挡水墙流到外面。

集液池容积应为贮液罐总容积的120%。

6.2.1.2 处理车间地面

处理车间地面应铺设平整的防渗透的混凝土并可使污染水流入集液池，所有结构应达到防水、防化学腐蚀要求。所有混凝土施工应符合GB 50010中特殊危险范畴要求。

6.2.1.3 防腐剂卸载区

防腐剂卸载区应建在有防渗漏结构的区域内，并可将污水排入集液池。

6.2.1.4 运输设施

处理车间内的运输工具应保证不会将车间内的污物带到车间之外。

6.2.1.5 滴液区

滴液区的建设应使刚出处理罐的防腐木材所滴出的防腐剂处理液能被收集并循环利用。

6.2.2 厂房荷载

厂房的荷载能力应符合GB 50009的规定和要求。

6.3 楞场

应建在地势较高、场地干燥、远离居民区、远离明火点处，且应备有消防器材，具有2‰～5‰排水坡度，楞场周围要有排水沟，以利排水。

贮存已干燥防腐木材的楞场应通风良好、有遮盖，或在已干燥防腐木材垛顶上加盖顶盖，防止漏雨。

6.4 更衣室和盥洗室

应设有专用的更衣室、冲洗及淋浴设施和厕所，供有关人员使用。更衣室应设干净区和工作区，分别存放便服和防护服。

6.5 紧急淋浴装置和洗眼器

应在处理车间内合适的位置设置紧急淋浴装置和洗眼器，供人员发生意外事故时应急使用。

6.6 餐饮区

应设置专用的餐饮区。

6.7 通风设施

处理车间应有良好的通风设施。

7 设备要求

7.1 设备的选型与使用应符合 SB/T 10440 的要求。

7.2 工厂应根据合适的噪声标准进行设计。

7.3 工厂应按 GB 50016 的要求配置消防设施。

7.4 当配制防腐剂工作溶液时，进水管应安装止回阀，防止逆流。

7.5 无盖集液池应加保护的格栅盖，保证操作人员安全。

7.6 非压力处理设备，如浸泡扩散和防蓝变中使用的设备，应根据本部分的相应条款进行设计。

ICS 79
B 71

中华人民共和国国家标准

GB/T 29406.2—2012

木材防腐工厂安全规范
第2部分:操作

Safety code for wood preservation plant—
Part 2:Operation

2012-12-31 发布 2013-07-01 实施

中华人民共和国国家质量监督检验检疫总局
中国国家标准化管理委员会 发布

前 言

GB/T 29406《木材防腐工厂安全规范》分为以下两个部分：

——第1部分：工厂设计；

——第2部分：操作。

本部分为 GB/T 29406 的第2部分。

本部分按照 GB/T 1.1—2009 给出的规则起草。

本部分非等效采用澳大利亚/新西兰标准 AS/NZS 2843.2:2000《木材防腐工厂安全规范　第2部分：操作》。

本部分与 AS/NZS 2843.2:2000 相比主要差异如下：

——将标准中的引用标准改为引用我国相关标准；

——考虑我国国情，将标准中设备及设施中要求自动化程度较高的（如安全自动关闭装置等）内容，相应改为人工控制内容；

——标准中涉及的与当地急救服务机构的关联互动，因目前在国内暂时无法实现，故本标准没有提出要求。

本部分由中华人民共和国商务部提出并归口。

本部分起草单位：木材节约发展中心、广东省林业科学研究院。

本部分主要起草人：苏海涛、喻迺秋、刘磊、梁林庆、张燕君、马守华、陶以明。

木材防腐工厂安全规范
第2部分:操作

1 范围

GB/T 29406的本部分规定了木材防腐工厂(以下简称工厂)防腐剂的运输和贮存、应急预案、防腐剂泄露的处理、人员安全、操作以及废弃物处置等要求。

本部分适用于工厂的生产操作人员及相关的管理人员。

2 规范性引用文件

下列文件对于本文件的应用是必不可少的。凡是注日期的引用文件,仅注日期的版本适用于本文件。凡是不注日期的引用文件,其最新版本(包括所有的修改单)适用于本文件。

GB/T 29406.1 木材防腐工厂安全规范 第1部分:工厂设计

JT 617 汽车运输危险货物规则

压力容器定期检验规则(TSG R7001—2004)

固定式压力容器安全技术监察规程(TSG R0004—2009)

铁路危险货物运输管理规则(铁运[2008]174号)

水路危险货物运输规则(交通部令1996年第10号)

3 术语和定义

GB/T 29406.1界定的以及下列术语和定义适用于本文件。

3.1

化学淤泥 chemical sludge

木材防腐药剂贮藏和使用过程中因化学反应产生的沉淀或因与沙、脏物、木屑等混合生成的沉积物。

4 防腐剂的运输和贮存

4.1 防腐剂的运输应符合JT 617、《铁路危险货物运输管理规则》和《水路危险货物运输规则》的规定。

4.2 防腐剂的装卸应在防腐剂仓库或卸载区作业。

4.3 存放防腐剂的容器应有显著标识。

4.4 防腐剂入库时需检查对照商品名称、规格、数量、生产厂家和批号,需与发货单符合,包装完好无损,并贮存在阴凉、干燥和通风的仓库中,不应与食物、饲料等混合存放。

5 应急预案

5.1 对于可能发生的火灾、防腐剂泄漏等紧急情况,工厂应有应急预案。

5.2 所有的员工都应经过相应培训,员工和(或)部门应被授权在紧急情况下做紧急处理。

5.3 应准备急救电话、使用的或贮存的物料的技术资料[包括:物料安全技术说明书(MSDS)和技术资料单]、厂区图,并应在工厂内设立明显标志。

5.4 厂区图应包括以下内容:

a) 入口;

b) 道路;

c) 化学药品与危险物质存贮区,包括化学药品类型和数量;

d) 员工工作位置;

e) 建筑物入口;

f) 电闸;

g) 水管;

h) 疏散口;

i) 急救、清洁和安全设施贮藏处;

j) 消防设施和水源。

5.5 标志包括以下内容:

a) 危险化学品使用区。

b) 所使用的防腐剂及其主要组分。

c) 适用于中和和吸收所使用特殊物料的材料清单。

d) 紧急情况下的求救电话,应包括:

  1) 大量泄漏:当地政府;

  2) 中毒:当地急救中心或医院;

  3) 火灾:当地消防部门。

e) 在中毒时应采取的急救措施。

f) 禁烟和禁食标志。

5.6 发生紧急情况时,应根据应急预案采取应急措施。泄漏防腐剂的收集与清理应向供应商咨询应对措施。

6 防腐剂泄漏的处理

6.1 防腐剂泄漏到车间外,应尽快设立警示标志,禁止非授权的人员进入污染区,并尽快向有关部门报告,同时向防腐剂供应商通报。

6.2 任何泄漏物都不应流入排污渠及河道。在必要时应用沙袋或泥土修筑临时挡水墙。

6.3 泄漏的防腐剂应尽可能回收,不能回收的可按如下方法处理:

a) 用90%石灰和10%焦亚硫酸钠的混合物中和酸性防腐剂;

b) 用锯屑、砂子、石灰、水泥或泥土等来吸收和覆盖。

6.4 产生的废弃物应装桶并清晰标明其内容物,按第9章规定的方法处理。

6.5 盛装泄漏物的容器和(或)相关的运输工具应清洗处理,其清洗液应尽量回收,或者按第9章的规定处理。

6.6 清理工作结束后,参与人员应立即彻底清洗,并单独洗涤防护用品。

7 人员安全

7.1 应对工厂操作员工进行培训和教育,其内容应包括:防腐剂的化学性质及其可能产生的危害,安全操作规程等。

7.2 安全操作规程应张贴在工厂厂区的显要位置。

7.3 未经授权的人员不应进入防腐剂卸载、混合和处理区。

7.4 操作员工应穿戴防护服等劳动保护用品。

8 操作

8.1 应按《固定式压力容器安全技术监察规程》和《压力容器定期检验规则》的规定，对压力浸注(处理)罐及安全附件(安全阀、压力表等)进行定期检验、检定，保证其在安全状况下运行，并建立档案。

8.2 真空泵应安装气液分离器，分离并收集在抽真空过程中产生的有害气体。真空泵抽出的含有防腐剂的水，应循环利用。应在真空系统出来的空气管道出口处安装一个去雾器。去雾器的排出点应在远离员工工作区的位置。

8.3 灭火器材及设施应根据有关消防规定配置，并定期检查其有效性。

8.4 处理木材应在完全没有滴液现象后，才能从滴液区移到楞场。

9 废弃物处置

9.1 废弃化学物质(包括化学淤泥及防腐剂污染物)，如果可能，应重新利用，否则应装桶并按相关行政部门的规定处置。

9.2 应对废弃物的性质、数量和处理地点做好记录并存档。

9.3 具有腐蚀性的化学淤泥，应贮存在防腐蚀的容器中，放置在建有挡水墙的区域内。

9.4 使用过的空容器应清洗干净，保存在一个独立的区域，应回收使用，但不应用于存放生活用水或食物。无法回收使用的应按有关规定处理。

ICS 79
B 71

中华人民共和国国家标准

GB/T 29407—2012

阻燃木材及阻燃人造板生产技术规范

Technology specification for production of fire-retardant treated lumber and wood composite panel products

2012-12-31 发布 2013-07-01 实施

中华人民共和国国家质量监督检验检疫总局
中国国家标准化管理委员会 发布

前　言

本标准按照 GB/T 1.1—2009 给出的规则起草。

本标准由中华人民共和国商务部提出并归口。

本标准负责起草单位:木材节约发展中心、东北林业大学。

本标准参加起草单位:永港伟方(北京)科技股份有限公司、佛山市顺德区沃德人造板制造有限公司、佛山市沃德森板业有限公司、上海大不同木业科技有限公司。

本标准主要起草人:王清文、喻迺秋、王奉强、隋淑娟、许民、程瑞香、张志军、吉发、浦强、李惠明、雷得定、马守华、陶以明。

阻燃木材及阻燃人造板
生产技术规范

1 范围

本标准规定了阻燃木材和阻燃人造板及其制品的素材、阻燃处理设备、木材阻燃剂、阻燃处理、质量、质量检验、产品质量档案、贮存和运输、标识和包装、安全卫生和环境保护的要求。

本标准适用于阻燃木材及阻燃人造板的生产、贸易和管理。

2 规范性引用文件

下列文件对于本文件的应用是必不可少的。凡是注日期的引用文件，仅注日期的版本适用于本文件。凡是不注日期的引用文件，其最新版本(包括所有的修改单)适用于本文件。

GB/T 144 原木检验
GB 3096 声环境质量标准
GB/T 4822 锯材检验
GB/T 4897(所有部分) 刨花板
GB/T 5849 细木工板
GB 8624—2006 建筑材料及制品燃烧性能分级
GB/T 9846(所有部分) 胶合板
GB/T 11718 中密度纤维板
GB/T 12801 生产过程安全卫生要求总则
GB 18580 室内装饰装修材料 人造板及其制品中甲醛释放限量
GB 18583 室内装饰装修材料 胶黏剂中有害物质限量
GB 18584 室内装饰装修材料 木家具中有害物质限量
GB 20286 公共场所阻燃制品及组件燃烧性能要求和标识
LY/T 1068 锯材窑干工艺规程
LY/T 1069 锯材气干工艺规程
SB/T 10383 商用木材及其制品标志
SB/T 10440 真空和(或)压力浸注(处理)用木材防腐设备机组
GA 159 水基型阻燃处理剂通用技术条件

3 术语和定义

下列术语和定义适用于本文件。

3.1

木材阻燃剂 fire retardant for wood

能赋予木材及人造板以难燃性能的化学物质。

3.2

阻燃木材 fire-retardant treated wood

经阻燃处理后,阻燃性能达到相应的阻燃等级要求的木材。

3.3

阻燃人造板 fire-retardant treated wood composite panel products

经阻燃处理后,阻燃性能达到相应的阻燃等级要求的以木材或其他木质纤维材料为原料生产的人造板的统称。典型品种如阻燃胶合板、阻燃中密度纤维板和阻燃刨花板等。

3.4

木材阻燃处理设备 fire-retardant treating equipment for wood

用于木材及人造板阻燃处理的成套设备。采用真空加压浸注法所用的木材阻燃处理设备主要包括压力浸注(处理)罐、真空系统、加压系统、配液系统、贮液系统、电控系统及木材运送系统等。

3.5

载药量 chemical loading/retention

单位体积木材所保持阻燃剂的干物质质量,单位为千克每立方米(kg/m^3)。

3.6

木材吸液量 liquid/chemical uptake

单位体积木材吸收阻燃剂处理液的质量,单位为千克每立方米(kg/m^3)。

3.7

素材 untreated lumber

未经阻燃处理的木材。

3.8

素板 untreated composite panel products

未经阻燃处理的人造板。

4 素材要求

4.1 素材应按 GB/T 144 或 GB/T 4822 或供货合同对其进行质量检验。

4.2 对于难以浸注的木材,在符合相关使用或处理要求时可进行刻痕或打孔。

4.3 真空加压浸注处理前的木材含水率应控制在 20%以下,若未达到要求,则应按 LY/T 1068 或 LY/T 1069 的规定进行干燥。

4.4 当采用浸注处理法生产阻燃胶合板时,应使用Ⅰ类胶合板。

5 阻燃处理设备

木材阻燃处理设备的有关要求见 SB/T 10440 的有关规定。

6 木材阻燃剂

6.1 应根据阻燃木材及阻燃人造板的性能要求选用木材阻燃剂,由供应商提供产品质量检测报告,注明有效活性成分的含量。

6.2 木材阻燃剂应具有低吸湿性的特点,不危害环境。宜选择一剂多效的木材阻燃剂。

6.3 应根据木材阻燃剂吸收量及所需的阻燃剂载药量确定其配制浓度。

6.4 在使用木材阻燃剂处理液过程中，应对阻燃剂处理液的浓度及成分比例进行检测。当浓度及成分比例低于或高于规定要求时，应调整浓度及成分比例至规定要求范围内。

6.5 常用木材阻燃剂及其质量要求

6.5.1 磷酸胍基脲(GUP)硼酸(H_3BO_3)复合阻燃剂：

a) 活性成分含量范围：
   GUP：67%～73%；
   H_3BO_3：27%～33%。

b) 阻燃剂溶液 pH 值范围：3.5～5.0。

c) 25 ℃，质量分数为10%的阻燃剂水溶液应无色澄清，硫酸盐和卤化物含量应小于0.1%。

d) 阻燃木材的吸湿增重率应不大于22%［测试条件：载药量 100 kg/m^3，温度(27±2.5)℃，相对湿度92%，平衡时间72 h，试件尺寸20 mm×20 mm×材料实际厚度］。

e) 抗白蚁有效使用剂量应不高于4%。

6.5.2 磷酸铵盐硼酸复合阻燃剂：

a) 活性成分含量范围：
   P_2O_5：54%～61%；
   H_3BO_3：15%～21%；
   NH_3：21%～27%。

b) 阻燃剂溶液 pH 值范围：6.0～7.4。

c) 阻燃剂处理液中硫酸盐和卤化物含量应小于0.1%。

6.6 木材阻燃剂应分类单独存放，不可与其他物品混放。木材阻燃剂仓库应封闭上锁，建立进出库制度，落实防火、防水、防潮、通风等措施。

7 阻燃处理

7.1 阻燃处理工艺

7.1.1 实木应采用刨光的规格材，并应根据木材渗透性、工厂条件和使用要求制定适当的阻燃处理工艺，宜采用真空加压浸注处理法(满细胞法)；对于渗透性好、厚度较小的木材单板，也可以采用常压浸渍法。

7.1.2 胶合板、纤维板和刨花板等人造板材，宜采用原料木材单板、纤维、刨花及其他形态的木质纤维原料进行阻燃处理，然后进行胶合、压制成板的阻燃处理工艺。

7.1.3 采用防水胶粘剂生产的人造板，也可以采用类似实木阻燃处理的方法进行成品人造板的阻燃处理。

7.2 阻燃处理技术要求

7.2.1 生产企业应制定详细的木材阻燃处理操作规程。

7.2.2 应根据素材材种及规格、含水率、阻燃剂的特点、阻燃处理设备以及目标产品阻燃等级等情况，确定具体的工艺参数，用于具体指导阻燃处理作业，确保产品符合标准要求。

7.2.3 阻燃木材及阻燃人造板应具有符合阻燃要求的阻燃剂载药量。

7.2.4 阻燃剂应均匀分布在阻燃木材、阻燃人造板中，或者透入阻燃木材、阻燃人造板的最小深度不低于5 mm。

7.2.5 生产企业应对生产操作人员进行必要的岗前培训。

7.2.6 应按照木材或人造板阻燃处理工艺操作规程和具体的工艺参数进行阻燃木材或阻燃人造板的生产，并做好生产记录。

8 质量要求

8.1 外观

阻燃木材的颜色应与阻燃处理前素材的颜色相当或符合订货合同规定的要求；阻燃人造板的颜色应与阻燃处理前素板的颜色相当或符合订货合同规定的要求。阻燃木材或阻燃人造板应不产生明显的开裂或翘曲。

8.2 吸湿性

用于家具和室内装饰的阻燃木材及阻燃人造板的吸潮率应参照 GA 159 的有关规定执行。

8.3 力学性能损失

阻燃木材的抗弯强度损失率应不大于 35%；作为承重结构的阻燃木材及阻燃人造板的力学性能损失率应达到供需双方的合同规定。

8.4 最终含水率

阻燃木材及阻燃人造板的最终含水率应处于产品目标使用地的平衡含水率范围之内，或满足供需双方订货要求中的规定。

8.5 阻燃性能

阻燃木材及阻燃人造板的燃烧性能，根据其不同的应用场合，应不低于 GB 8624—2006 第 4 章中“非铺地建筑材料”的 C 级和“铺地材料”的 C_{fl} 级的规定。

8.6 环保性能

阻燃木材及阻燃人造板应是环境友好材料，阻燃人造板所用胶粘剂以及阻燃人造板制品挥发性有害物质限量应符合 GB 18583 和 GB 18580 的规定，用于室内装饰装修材料的阻燃木材或阻燃人造板及其制品应符合 GB 18584 的规定。

8.7 其他物理力学性能

阻燃胶合板的物理力学性能应符合 GB/T 9846 的规定；阻燃中密度纤维板的物理力学性能应符合 GB/T 11718 的规定；阻燃刨花板的物理力学性能应符合 GB/T 4897 的规定；阻燃细木工板的物理力学性能应符合 GB/T 5849 的规定。

9 质量检验

9.1 阻燃性能的检验

燃烧性能应按照 GB 8624 及其引用的相关标准方法、GB 20286 中涉及的检验方法进行检验。

9.2 抽检批次的规定

阻燃木材和采用成品人造板浸注处理法生产的阻燃人造板应进行抽样检测，以一罐产品为一检验批次；采用木质纤维原料阻燃处理法生产的阻燃人造板，抽检批次为每一作业班抽检一次。

9.3 出厂检验与型式检验

9.3.1 出厂检验

阻燃木材及阻燃人造板产品出厂检验内容应包括载药量、透入深度和外观，并符合 7.2.3、7.2.4 和 8.1 的要求。

9.3.2 型式检验

在正常生产情况下，生产企业应每两年进行一次型式检验，检验内容应包括第 8 章内容。

出现下列情况之一时，均应进行型式检验：

a） 生产工艺或原材料有较大改变，可能会影响到产品性能时；

b） 企业车间停产时间超过半年后恢复生产时；

c） 出厂检验结果与上次型式检验结果有较大差异时；

d） 国家质量监督机构提出型式检验要求时。

10 产品质量档案

生产企业应对当月产品质量及存在的问题进行简要分析，归档备查。如发生重大产品质量事故，应附专题报告，并将不合格产品妥善处理。

11 贮存和运输

11.1 阻燃木材及阻燃人造板应在干燥平衡至目标含水率后，经检验合格再入库保存或投入使用，在干燥平衡期间应防火、防潮、防晒和防雨。

11.2 阻燃木材及阻燃人造板产品入库保存应堆码整齐，易于搬运，保证通风，严格落实防火、防潮、防晒、防雨等措施。

11.3 对长期存库的阻燃木材及阻燃人造板应定期巡回抽样检查，对于出现异常的产品应立即妥善处理，并填写检查报告单存档，严格防止不合格产品出厂。

11.4 阻燃木材及阻燃人造板产品运输时的堆放应符合 11.2 的规定，运输过程中应防止产品雨淋、日晒和受潮。

12 标识和包装

12.1 产品标识

阻燃木材及阻燃人造板的产品标识宜参照 SB/T 10383 和 GB 20286 的有关规定。

12.2 产品包装

阻燃木材及阻燃人造板产品包装除供需双方另有协议或订货合同要求外，其包装应经济、美观、实用，做到防水、防潮、防晒。

12.3 质量合格证

阻燃木材或阻燃人造板产品应附产品质量合格证和详细的产品说明书，合格证上应注明生产企业名称、产品名称、商标、规格、阻燃等级、生产日期及检验员印章。

13 安全卫生和环境保护

13.1 生产车间和人员的安全卫生要求

13.1.1 生产企业，应按照 GB/T 12801 的要求进行生产车间的安全、卫生等设施的建设。

13.1.2 凡接触阻燃木材、阻燃人造板或木材阻燃剂的生产人员，应穿戴好工作服、手套、口罩等必要的个人防护用品，避免皮肤直接接触和吸入有害粉尘、液滴等，下班时应洗浴、更衣、换鞋。

13.2 生产企业环境保护

13.2.1 生产车间滴液区的地面应进行防渗漏处理，并设立阻燃剂溶液收集装置，保证对其回收使用。生产过程中产生的废液应循环使用。

13.2.2 生产企业，对阻燃木质碎料应采取安全可靠的处理措施。

13.2.3 生产和加工企业，其机械设备必要时宜安装消音装置，厂区机械噪声参照 GB 3096 的要求。

13.2.4 利用阻燃木材或阻燃木质人造板进行机械加工的企业，应按环保要求对加工粉尘集中收集，进行无公害处理。

ICS 65.020
B 04

中华人民共和国国家标准

GB/T 29408—2012

废弃木质材料分类

Classification of discarded wooden materials

2012-12-31 发布　　2013-07-01 实施

中华人民共和国国家质量监督检验检疫总局
中国国家标准化管理委员会　发布

前　言

本标准按照GB/T 1.1—2009给出的规则起草。

本标准由中华人民共和国商务部提出并归口。

本标准负责起草单位：木材节约发展中心。

本标准参加起草单位：佛山市沃德森板业有限公司、佛山市顺德区沃德人造板制造有限公司、佛山市金脚印废旧物资回收有限公司、浙江丽人木业集团有限公司。

本标准主要起草人：马守华、喻迺秋、陶以明、吉发、浦强、程明华、杨小军、徐伟民、刘平、林耀强、莫文坤、唐镇忠、张少芳。

废弃木质材料分类

1 范围

本标准规定了废弃木质材料的分类原则和分类方法，并给出了各类废弃木质材料包含的有害生物及化学物质。

本标准适用于废弃木质材料的管理、回收利用及安全处理。

2 规范性引用文件

下列文件对于本文件的应用是必不可少的。凡是注日期的引用文件，仅注日期的版本适用于本文件。凡是不注日期的引用文件，其最新版本(包括所有的修改单)适用于本文件。

GB/T 22529 废弃木质材料回收利用管理规范

3 术语和定义

GB/T 22529 界定的术语和定义适用于本文件。

4 总则

4.1 废弃木质材料按下列分类原则进行分类：

a) 按产生来源；

b) 按产生方式；

c) 按基本形态；

d) 按含有有害生物和化学物质的种类；

e) 按利用或处理途径。

4.2 按产生来源、产生方式、基本形态不同分类，有利于指导废弃木质材料产生者及回收单位的作业，便于分类管理。

4.3 按含有有害生物和化学物质的种类不同分类，便于指导废弃木质材料的安全利用和处置，避免污染环境。

4.4 按利用或处理途径不同分类，可以指导优先考虑资源再利用，再作为废弃物处置。

5 废弃木质材料的分类

5.1 废弃木质材料按产生来源分为十类。具体见表1。

表1　废弃木质材料按来源分类

分类	来源	主要包括
1	林木采伐和树木修剪	林木采伐剩余物，树木修剪所产生的枝桠材，因病虫害、自然灾害（冰雹、霜冻、风灾等）产生的树木和枝桠材等
2	原木生产	原木生产过程中产生的造材剩余物
3	木材加工	人造板生产、加工过程中产生的木芯、碎单板、废板条、纤维、碎料、锯末、砂光粉和其他剩余物等； 制材和木制品生产过程中产生的板皮、板条、端头、边条、刨花、锯末、木粉等
4	建筑、装修和拆迁	建筑施工、装修过程中产生的各种木质模板以及木脚手架、木龙骨、端头、碎板、刨花等； 拆迁过程中产生的废旧檩条、椽子、门窗、梁、柱、地板、天花板以及线条等
5	工农业生产	废弃木质矿用支护、农用支护、电力通信设施等
6	家居、办公等日常生活	在家居、办公等日常生活中废弃的各类木质家具及部件，包括橱柜、沙发、桌椅、床、木筷、牙签、冰棒芯材、木质包装、木质游乐设施和玩具等
7	交通工具及设施	在汽车维修和报废过程中产生的车厢底板、顶棚板、车门板等； 列车维修过程中产生的车厢侧板、底板及座位用板等； 船舶制造和维修过程中产生的木质废弃物等； 交通设施维修和报废过程中产生的枕木、桥梁支柱等
8	军工和文体	军工产品的包装、废旧木质军事设施和用品等； 报废的各类木质文体用品，包括场馆废弃物、课桌椅、乐器等
9	物流	废弃木质包装材料、木托盘、集装箱底板等
10	景观和广告	公园及各类公共场合报废的木质亭台、木栅栏、木道板、木扶手等木质景观，木质揭示板及会议展板等

5.2　废弃木质材料按产生的基本方式分为四类。具体见表2。

表2　废弃木质材料按产生方式分类

分类	产生方式	主要包括
1	原木和锯材生产、加工	林木采伐产生的废弃木质材料； 木材在锯、铣、刨、车、钻、削等机械加工过程中产生的废弃木质材料
2	林果培育和园林作业	林木和果树修剪、因各种灾害产生的木材
3	木质复合材料生产、加工	人造板及木质复合材料生产企业本身生产加工过程中产生的废弃木质材料； 人造板及木质复合材料作为原料或材料，在生产或加工过程中产生的废弃木质材料
4	木质产品直接废弃	木质产品为终端使用者直接废弃所产生的废弃木质材料

5.3　废弃木质材料按基本形态分为七类。具体见表3。

表 3 废弃木质材料按基本形态分类

分类	基本形态	主要包括
1	条柱状	木材、人造板生产、加工过程中产生的废弃板皮、板条、板边； 建筑施工、装修过程中产生的木脚手架、木龙骨等； 拆迁过程中产生的废旧檩条、椽子、门窗条、梁、柱、线条等； 废弃木质矿用支护、农用支护、电力通信设施等； 在家居、办公等日常生活中产生的木筷、牙签、冰棒芯材等； 交通设施维修和报废过程中产生的枕木、桥梁支柱等； 公园及各类公共场合报废的木扶手等
2	板状	木材、人造板生产、加工过程中产生的废弃木板、碎单板等； 建筑施工、装修过程中产生的木质模板、碎板等； 拆迁过程中产生的废旧地板、天花板等； 汽车维修和报废过程中产生的车厢底板、顶棚板、车门板等； 列车维修过程中产生的车厢侧板、底板及座位用板等； 在家居、办公等日常生活中产生的食品木质包装等； 废弃木质包装材料、木托盘、集装箱底板等； 公园及各类公共场合报废的木栅栏、木道板、木质揭示牌、会议展板等
3	块状	木材、人造板生产、加工过程中产生的废弃碎料等； 制材和木制品生产过程中产生的端头等； 旧木质器具拆卸产生的废弃端头、木块等
4	纤维状	纤维板、造纸生产和加工等过程中产生的废弃纤维
5	颗粒状	木材、人造板生产、加工过程中产生的废弃刨花、锯末、碎料、颗粒等
6	粉末状	人造板、木材及复合材料加工过程中产生的废弃木粉、砂光粉等
7	复杂形状	林木采伐剩余物、树木修剪所产生的枝桠材、因各种灾害产生的树木和枝桠材； 原木生产过程中产生的造材剩余物等； 木材、人造板生产、加工过程中产生的复杂形状废弃木质材料； 废弃的木质产品或器具包括：废家具、木质包装箱、木质体育设施和用品、木质游乐设施和玩具等； 船舶制造和维修过程中产生的木质废弃物等

5.4 废弃木质材料按照含有有害生物及化学物质的种类分为五类。具体见表 4。

表 4 废弃木质材料按含有有害生物及化学物质的种类分类方法及代码

分类代码	含有有害生物及化学物质种类	主要包括
A	不含胶、油漆、镀层以及其他化学物质	林木采伐剩余物、树木修剪所产生的枝桠材、因各种灾害产生的树木和枝桠材；原木生产过程中产生的造材剩余物；制材和木制品生产过程中产生的板皮、板条、端头、边条、刨花、锯末、木粉
B	含有胶、油漆、镀层，不含有机卤化金属、木材防腐剂	经过不含有机卤化金属的胶、油漆、镀层处理，但未经过防腐处理的人造板生产、加工过程中产生的木芯、碎单板、废板条、纤维、碎料、锯末、砂光粉和其他剩余物； 表 1 中 4、5、6、7、8、9、10 分类中产生的经过不含有机卤化金属的胶、油漆、镀层处理，但未经过防腐处理的废弃木质材料

表 4（续）

分类代码	含有有害生物及化学物质种类	主要包括
C	含有机卤化金属，不含木材防腐剂	经过含有机卤化金属的胶、油漆、镀层处理，但未经过防腐处理的人造板生产、加工过程中产生的木芯、碎单板、废板条、纤维、碎料、锯末、砂光粉和其他剩余物； 表 1 中 4、5、6、7、8、9、10 分类中产生的经过含有机卤化金属的胶、油漆、镀层处理，但未经过防腐处理的废弃木质材料
D	含有木材防腐剂以及其他化学类杂质，不含国家危险废物名录所列物质	表 1 中 3、4、5、7、8、9、10 分类中产生的经过防腐、防霉、阻燃等处理，但不含国家危险废物名录所列物质的废弃木质材料
E	含有国家危险废物名录所列物质	表 1 中 3、4、5、7、8、9、10 分类中含有国家危险废物名录所列物质的废弃木质材料

5.5 废弃木质材料按照利用或处理途径分为六类。具体见表 5。

表 5 废弃木质材料按利用或处理途径分类

分类	利用/处理途径	主要包括
1	复用	应为表 4 所列 A 类、B 类、C 类和 D 类废弃木质材料。一般包括使用过的木质包装物、建筑木模板、木脚手架、木质托盘、木质地板、木质家具等
2	循环利用	应为表 4 所列 A 类和 B 类废弃木质材料。一般包括木质包装物、建筑木模板、木脚手架、木质托盘、木质地板、木质家具等，还包括森林采伐和城市行道树修剪、木材生产和加工、建筑和装修等过程中产生的废弃木质材料
3	再生利用	应为表 4 所列 A 类废弃木质材料。一般包括木质包装物、建筑木模板、木脚手架、木质托盘、木质地板、木质家具，以及森林采伐和城市行道树修剪、原木生产、木材加工、建筑和装修等过程中产生的废弃木质材料
4	能源利用	应为表 4 所列 C 类和 D 类废弃木质材料，也包括不能被复用、循环利用和再生利用的 A 类和 B 类废弃木质材料
5	特殊利用	应为表 4 所列 A 类废弃木质材料
6	特殊处理	应为表 4 所列 E 类废弃木质材料

ICS 79.010
B 69

中华人民共和国国家标准

GB/T 29409—2012

木材储存保管技术规范

Technology specification for wood protection in storage

2012-12-31 发布 2013-07-01 实施

中华人民共和国国家质量监督检验检疫总局
中国国家标准化管理委员会 发布

前　言

本标准按照 GB/T 1.1—2009 给出的规则起草。

本标准由中华人民共和国商务部提出并归口。

本标准起草单位：木材节约发展中心、中南林业科技大学、上海大不同木业科技有限公司。

本标准主要起草人：吴义强、喻迺秋、刘元、彭万喜、李贤军、李新功、李惠明、马守华、陶以明、张少芳。

木材储存保管技术规范

1 范围

本标准规定了木材储存保管的总则、分类以及未保护处理木材、保护处理木材、废弃木材的储存保管、储存场地规划、储存保管人员等的要求。

本标准适用于木材(包括原木、锯材、单板、人造板)生产、加工、使用、流通及消费领域中的储存保管。

2 规范性引用文件

下列文件对于本文件的应用是必不可少的。凡是注日期的引用文件,仅注日期的版本适用于本文件。凡是不注日期的引用文件,其最新版本(包括所有的修改单)适用于本文件。

GB 3095 环境空气质量标准

GB 3838 地表水环境质量标准

GB 8978 污水综合排放标准

GB/T 14019 木材防腐术语

GB/T 15035 木材干燥术语

GB 16297 大气污染物综合排放标准

GB/T 18259 人造板及其表面装饰术语

GB/T 18959 木材保管规程

GB 22280 防腐木材生产规范

GB/T 22529 废弃木质材料回收利用管理规范

GB/T 29407 阻燃木材及阻燃人造板生产技术规范

GB/T 29563 木材保护管理规范

GB 50016 建筑设计防火规范

GB 50354 建筑内部装修防火施工及验收规范

LY/T 1068 锯材窑干工艺规程

LY/T 1069 锯材气干工艺规程

LY/T 1371 原木归楞

3 术语和定义

GB/T 14019、GB/T 15035、GB/T 18959、GB/T 18259及GB/T 29563界定的术语和定义适用于本文件。

4 总则

4.1 应符合国家或地方法规和相关标准中对人身安全和环境保护方面的要求。

4.2 储存保管的木材应符合检验检疫相关标准要求。

4.3 储存保管场所内应严禁烟火。

4.4 木材储存保管应以防止变质、不降低使用性能等为目的。

4.5 选择与规划的储存保管场所和堆放方式应有利于防止火灾、水灾及其他灾害的发生。

4.6 应根据木材保存期限、树种、材质和气候条件等的不同，采取适当的储存保管方法，可采用物理保管方法、化学保管方法、物理保管和化学保管相结合的方法等。

4.7 应遵守“先进先出”的原则。

4.8 在储存保管期间，应定期检查并记录木材的质量。对不适宜继续储存保管的木材，应采取相应的措施。

5 分类

按照木材特点，将木材储存保管分为以下三类：未保护处理木材的储存保管、保护处理木材的储存保管、废弃木材的储存保管。

6 未保护处理木材的储存保管

6.1 原木

6.1.1 按 GB/T 18959 的规定，选择合适的储存保管方法。

6.1.2 原木归楞应按照 LY/T 1371 和 GB/T 18959 的要求执行。

6.2 锯材

6.2.1 有条件的应优先进行人工干燥。

6.2.2 湿锯材的保管应主要采用气干储存法，对于特别容易发生变色、腐朽且来不及快速干燥的湿锯材，可采用化学储存保管。

6.2.3 湿锯材气干储存和窑干储存应分别按照 LY/T 1069 和 LY/T 1068 要求执行。

6.2.4 湿锯材的化学保管法，应按照 GB/T 18959 的要求执行。

6.2.5 对于已经干燥到终含水率的锯材，应根据木材使用目的地平衡含水率的差异，采用封闭料棚、平衡库内进行保管，以防止锯材回潮，甚至被淋湿，发生变色、发霉和腐朽现象。

6.3 单板

6.3.1 干法储存保管

6.3.1.1 长期储存，单板含水率应控制在 6%～15%。

6.3.1.2 单板干燥时，应采用机械干燥法、自然晾晒法或这两种相结合的方法进行，同时应采用有效措施以减轻或避免单板的翘曲变形。

6.3.2 湿法储存保管

6.3.2.1 对于厚度小于 0.4 mm 的单板，或容易在干燥时产生开裂、卷曲和起皱等现象的单板应采用湿法储存。

6.3.2.2 单板含水率应在 30%以上。

6.3.2.3 未经干燥的薄木在保存期间应注意不让水分逸散，并注意防止发霉变质。

6.3.2.4 可以采用单板端部胶带增强、制成成卷薄木等措施进行储存保管。

6.4 人造板

6.4.1 应按品种、规格、等级分类贮存,并应防潮、防雨淋、防晒和防火。

6.4.2 应根据尺寸和等级,按照相关标准分别储存保管。

7 保护处理木材的储存保管

7.1 经防腐、防变色、防虫等保护处理的木材储存保管应按 GB 22280 中的规定执行。

7.2 阻燃处理的木材的储存保管应符合 GB/T 29407 的有关规定。

7.3 接触保护处理木材的人员,应符合 GB 22280 的有关规定。

8 废弃木材的储存保管

废弃木材应符合 GB/T 22529 的有关规定。

9 木材储存保管场所规划与设计要求

9.1 污染排放、收集和处理应符合 GB 8978、GB 3838、GB 3095 和 GB 16297 规定。

9.2 储存保管场所的防火规划与设计应满足 GB 50016 和 GB 50354 的有关要求。

10 储存保管人员基本条件

木材储存保管人员应经过岗前培训,掌握木材储存保管基本知识和技能。

ICS 97.040.20
P 45

中华人民共和国国家标准

GB 29410—2012

家用二甲醚燃气灶

Domestic dimethy ether gas cooking appliances

2012-12-31 发布　　2013-12-01 实施

中华人民共和国国家质量监督检验检疫总局
中国国家标准化管理委员会　发布

前　言

本标准第 5.2.1.5 条，第 5.2.1.8 条，第 5.2.1.9 条，第 5.2.2.6 a)条，第 5.2.2.6 b)条，第 5.2.2.7 f)条，第 5.2.2.8 c)条，第 5.2.2.11 a)条，第 5.2.3 条，第 5.3.2 条，第 5.3.3.1 条，第 5.4.1 条，第 5.4.2 a)条，第 5.4.2 c)条，第 5.4.5 条，第 5.4.6 条，第 5.4.7.1 b)条，第 5.4.7.2 条，第 5.4.9 条，第 5.4.10 条，第 8.1 条[除 8.1.1 f)外]，第 8.2.1 条，表 1、表 2、表 4 中的黑体字部分为强制性的，其余为推荐性的。

本标准按照 GB/T 1.1—2009 给出的规则起草。

附录 A 给出了本标准支持 GB 16914—2012 基本要求的条款对应表。

本标准由中华人民共和国住房和城乡建设部提出。

本标准由住房和城乡建设部城镇燃气标准技术归口单位归口。

本标准起草单位：中国市政工程华北设计研究总院、中山华帝燃具股份有限公司、久泰能源科技有限公司、迅达科技集团股份有限公司、浙江新涛电子机械股份有限公司、国家燃气用具质量监督检验中心。

本标准主要起草人：张金环、陈津蕊、易洪斌、李奇、武斌强、何明辉、渠艳红、严荣松。

家用二甲醚燃气灶

1 范围

本标准规定了家用二甲醚燃气灶(以下简称燃气灶)的分类和型号、要求、试验方法、检验规则、标识、包装、运输和贮存。

本标准适用于以 GB 25035 规定的二甲醚为气源、单个燃烧器额定热负荷不大于 5.23 kW 的家用二甲醚燃气灶。

本标准不适用于在移动的运输交通工具中使用的燃气灶。

本标准不适用于气电两用灶。

2 规范性引用文件

下列文件对于本文件的应用是必不可少的。凡是注日期的引用文件,仅注日期的版本适用于本文件。凡是不注日期的引用文件,其最新版本(包括所有的修改单)适用于本文件。

GB/T 191 包装储运图示标志

GB/T 1019—2008 家用和类似用途电器包装通则

GB/T 5013.4 额定电压 450/750 V 及以下橡皮绝缘电缆 第 4 部分:软线和软电缆

GB/T 5023.3 额定电压 450/750 V 及以下聚氯乙烯绝缘电缆 第 3 部分:固定布线用无护套电缆

GB/T 7306(所有部分) 55°密封管螺纹

GB/T 7307 55°非密封管螺纹

GB 16410—2007 家用燃气灶具

GB/T 16411—2008 家用燃气用具通用试验方法

GB 16914—2012 燃气燃烧器具安全技术条件

GB 25035 城镇燃气用二甲醚

CJ/T 157—2002 家用燃气灶具用涂层钢化玻璃面板

CJ/T 305—2009 家用燃气灶具陶瓷面板

3 术语和定义

下列术语和定义适用于本文件。

3.1

额定热负荷 rated heat input

额定热流量 nominal heat flow rate

在额定燃气压力下,燃具使用基准气在单位时间内放出的热量。

[CJ/T 3085—1999,定义 7.2.15]

4 分类和型号

4.1 分类

4.1.1 按灶眼数分为:单眼灶、双眼灶、多眼灶。

4.1.2 按结构形式分为:台式、嵌入式。

4.2 型号

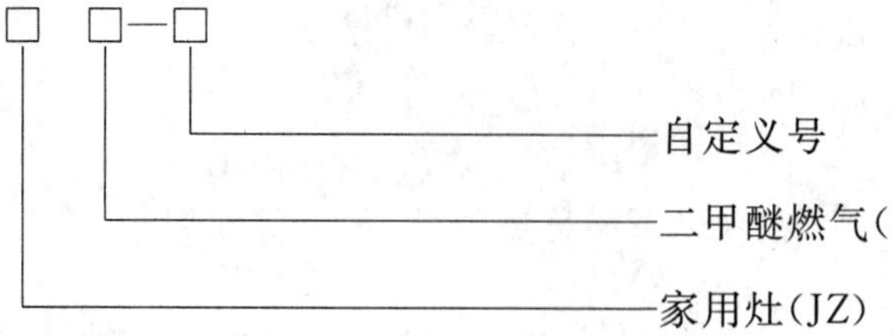

示例:

968型家用二甲醚燃气灶表示为:“JZM-968”。

5 要求

5.1 基本设计参数

5.1.1 燃气灶的额定燃气压力应为2.0 kPa。

5.1.2 使用交流电源的燃气灶,单相额定电压不应大于250 V。

5.1.3 在高原地区使用的燃气灶,应考虑海拔高度对实测热负荷的影响。

5.2 结构

5.2.1 一般要求

5.2.1.1 燃气灶的零部件应安全耐用,在正常操作中不应发生破坏和产生影响使用的变形。

5.2.1.2 燃气灶在正常使用过程中应有足够的稳定性,不应产生滑动和倾倒现象。

5.2.1.3 燃气灶整体结构向任何方向倾斜15°时不应翻倒,零部件不应脱落。

5.2.1.4 燃气灶的结构及包装应能承受贮存运输中的堆码、振动和跌落。

5.2.1.5 燃气灶的结构用材不应使用石棉。

5.2.1.6 双眼灶和多眼灶灶眼中心距应按锅形尺寸确定。

5.2.1.7 双眼灶和多眼灶应至少有一个灶眼及其支架适用于尖底锅,在正常操作中应坐锅平稳,不妨碍使用。

5.2.1.8 燃气灶的每个燃烧器均应设有熄火保护装置。

5.2.1.9 燃气灶的燃烧器应设置不少于二道独立的燃气阀门,见图1、图2。

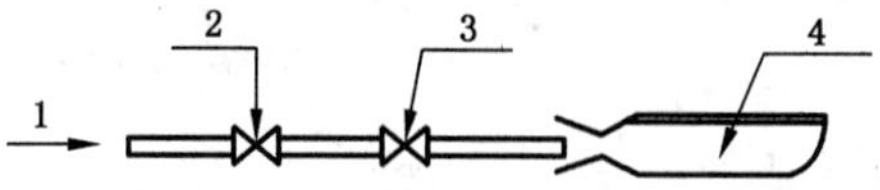

说明:

1——燃气入口;

2——阀门A;

3——阀门B;

4——主燃烧器。

注:阀门A与阀门B功能是互为独立的。

图1 燃气通路串联方式示意图

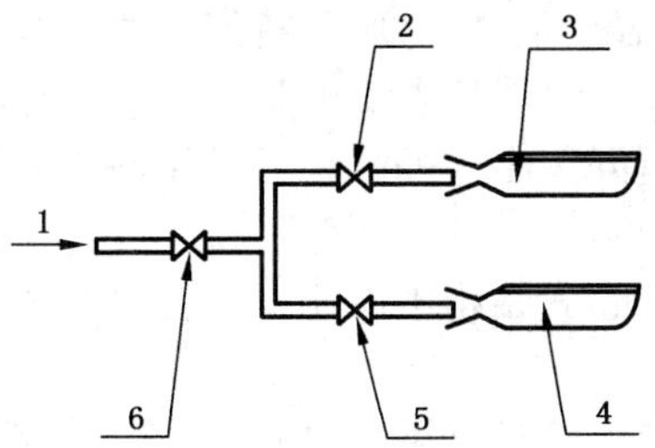

说明：

1——燃气入口；

2——阀门 B；

3——主燃烧器 A；

4——主燃烧器 B；

5——阀门 C；

6——阀门 A。

注：阀门 A 与阀门 B、阀门 A 与阀门 C 的功能是互为独立的。

图 2 燃气通路串联与并联结合方式示意图

5.2.1.10 嵌入式燃气灶：

a) 底壳应使用易清洁的结构(使用常用工具)；

b) 底壳应使用防腐材料或采取防腐措施；

c) 嵌入部位与台面的结合处宜使用封闭式结构；

d) 火盖、盛液盘等部件宜使用防溢液结构，溢液不易流入底壳；

e) 应有助燃用空气的供给口，空气供给口的设置及结构形式不应影响燃烧性能；

f) 面板应使用耐高温和抗挠度材料，任何部位的热变形挠度不应大于 5 mm。

5.2.2 零部件结构

5.2.2.1 在使用和清扫时，手有可能触及的零部件端部应光滑。

5.2.2.2 燃气灶零部件的连接应使用标准紧固件，连接应牢固可靠，便于拆卸。

5.2.2.3 零部件清扫、检修时，使用常用工具应能方便地拆装。

5.2.2.4 燃烧器：

a) 燃烧状态应便于观察；

b) 铆焊接部位及其他连接部位不应有影响使用的缺陷；

c) 火孔加工精确，不应出现影响燃烧的缺陷或变形；

d) 铸造件不应有影响外观和使用的缺陷；

e) 由两个以上头部组成的燃烧器，相互间位置应准确；

f) 与喷嘴、电点火装置、安全装置等其他有关部件的相互位置应准确，在使用过程中不应移动或脱落；

g) 火焰不应使无关部分过热或损坏；

h) 应易于清扫和装拆；

i) 喷嘴出口至燃烧器火孔，所有零部件使用的材料，按燃烧器耐回火试验后，燃烧器不应有影响性能的变形；

j) 喷嘴应能使用一般工具方便地拆卸、安装；

k) 喷嘴应设在不易被外界尘土异物堵塞的位置，或使用不易被堵塞、易清扫的喷嘴。

5.2.2.5 阀体总成：

a) 燃气灶的阀门及旋钮在室温或最高温度下进行开、关操作时，应灵活自如；
b) 经耐热性能试验后，气密性应符合5.4.1的要求并不妨碍使用；
c) 阀门应有限位和自锁装置(开关主体外露者可不加自锁装置)，旋钮开、关位置和方向应有明显的标识；
d) 在正常使用中被抓握的旋钮，其结构不应使操作者的手触及到温升过高的部件。

5.2.2.6 熄火保护装置：
a) **燃烧器未点燃、意外熄火或火焰检测器失效时，应能关闭燃烧器的燃气通路；**
b) **熄火保护装置动作后，应经手动复位后方可使用；**
c) 在正常使用状态下，火焰检测器与燃烧器的相对位置应保持不变。

5.2.2.7 电点火装置：
a) 电极与点火火孔之间的位置及电极的间隙应适当，并加以固定；
b) 高压配线的带电部分应采取有效的绝缘措施；
c) 对于其他手可触及的高压配线，应进行有效的绝缘；
d) 使用干电池作为电源时，干电池应易于更换；
e) 经耐热性能试验后，点火性能应符合5.4.8要求；
f) **电点火装置出现故障时，不应影响安全。**

5.2.2.8 燃气导管：
a) 燃气导管应设在不过热和不受腐蚀的位置；
b) 燃气导管采用焊接、法兰、螺纹等方式连接时，其结构应保证其密封性能；
c) **燃气灶的进气接头应使用管螺纹，管螺纹应符合GB/T 7306、GB/T 7307的要求。**

5.2.2.9 调风装置：
a) 空气量应易于调节，调节后位置不应自行滑动；
b) 设有调节旋钮或手柄的应设置在便于操作的位置。

5.2.2.10 锅支架和盛液盘：
a) 使用不同类型的锅时，锅支架应稳固牢靠，其中应有一个灶眼能够适应直径100 mm的平底锅。当使用活动锅支架时，应能方便调节和更换。使用尖底锅时，应不影响正常燃烧；
b) 锅支架应具有不影响正常使用的强度，进行荷载试验后，不应产生变形或损坏；
c) 盛液盘应有适当的容积承接煮溢液。

5.2.2.11 面板：
a) **非金属面板破碎时碎片不应飞溅，烹调器皿不应倾倒；**
b) 面板荷载试验时，灶面任何部位的挠度不应大于5 mm。

5.2.3 使用交流电源用于点火装置的燃气灶结构

5.2.3.1 燃气灶的外壳应设计成必需使用工具才能打开的结构，并使其对意外触及带电部件有足够的防护。

5.2.3.2 电源软线应通过Y型连接到燃气灶上。

5.2.3.3 电源软线应符合GB/T 5023.3或GB/T 5013.4的要求。

5.2.3.4 接地端子的夹紧装置应充分牢固，以防止意外松动。若软线从固定装置中滑出，载流导线应在接地导线之前被拉紧。

5.2.3.5 燃气灶内部的接地端子和电源软线插头的接地端应有永久性标志。

5.2.3.6 直接使用交流电源的点火装置应有明显的永久性标识。

5.3 材料

5.3.1 材料的一般要求

5.3.1.1 应能承受正常使用下的温度。

5.3.1.2 接触二甲醚的材料应与二甲醚的特性相适应。

5.3.1.3 金属部件(耐腐蚀的材料除外)应进行电镀、喷漆、搪瓷或其他合适的防腐表面处理。

5.3.1.4 材料应符合国家现行有关标准的规定。材料进行试验后,应符合下列规定:

a) 耐热性能:应无影响使用的变形;

b) 耐腐蚀性能:表面应无腐蚀,镀层和漆膜应无气泡、脱落和生锈现象;

c) 搪瓷耐钢球冲击性能:搪瓷无脱落现象;

d) 耐油性能:不变形、不影响使用。

5.3.2 密封材料

5.3.2.1 作密封填料用的垫圈、垫片等,经耐二甲醚性能试验后的质量变化率应在±10%之间,而且不应有影响使用的软化及脆化现象。

5.3.2.2 旋塞用润滑油脂经耐二甲醚性能试验后的质量变化率,在20 ℃时应小于10%,在4 ℃时应小于25%。

5.3.3 燃烧器

5.3.3.1 燃烧器火孔部位应使用熔点大于700 ℃的材料。

5.3.3.2 壁厚及表面处理应符合下列规定:

a) 铸造制品的壁厚不应小于3 mm,不应有明显的铸造气孔等缺陷;

b) 压铸制品的壁厚不应小于1.5 mm,不应有影响使用的缺陷;

c) 不锈钢制品的壁厚不应小于0.3 mm;

d) 热浸镀铝钢材制品的壁厚不应小于0.3 mm;

e) 普通钢材制品,其钢材的壁厚不应小于0.5 mm,并对表面作防腐蚀处理。用搪瓷进行表面处理时,应做钢球冲击试验,搪瓷不应有脱落;

f) 铜及铜合金材料制品的壁厚不应小于1 mm。

5.3.3.3 喷嘴应使用熔点大于500 ℃的材料。

5.3.3.4 喷嘴座应使用熔点大于350 ℃的材料。

5.3.4 导电材料

导电材料应使用铜、铜合金或具有同等以上电气性能、热稳定性能、机械稳定性能的材料,其中用于需要弹性的部位及其他部件上的材料,在不发生危险时可不受此限制。

5.3.5 燃气导管

燃气导管应使用熔点大于350 ℃的材料。

5.3.6 旋塞阀

旋塞阀应使用熔点大于350 ℃的材料。

5.3.7 调风装置

调风装置应使用熔点大于500 ℃的材料。

5.3.8 锅支架

锅支架应使用熔点大于700 ℃的材料。

5.3.9 盛液盘

盛液盘应使用熔点大于500 ℃的材料。

5.3.10 灶脚

5.3.10.1 与台面接触部位，宜使用橡胶等不易滑动的材料。

5.3.10.2 与台面接触的橡胶制品或其他非金属制品，经耐油试验后不应影响使用。

5.3.10.3 与台面接触的橡胶制品，其硬度HS(邵尔A)应达到50～90。

5.3.11 熄火保护装置火焰检测器

应使用熔点大于700 ℃的材料，并且在高温环境下不应产生氧化层。

5.4 性能

5.4.1 气密性

燃气灶的气密性应符合下列规定：

a) **从燃气入口到燃气阀门在4.2 kPa压力下，漏气量不大于0.07 L/h；**

b) **自动控制阀门在4.2 kPa压力下，漏气量不大于0.55 L/h；**

c) **在1.5倍额定压力下点燃燃烧器，从燃气入口至燃烧器火孔无燃气泄漏现象。**

5.4.2 热负荷

燃气灶的热负荷应符合下列规定：

a) **每个燃烧器的实测折算热负荷与额定热负荷的偏差应在±10%以内；**

b) 总实测折算热负荷与单个燃烧器实测折算热负荷总和之比不小于85%；

c) **两眼和两眼以上的燃气灶应有一个主火，其实测折算热负荷不应小于3.5 kW。**

5.4.3 燃烧工况

燃气灶燃烧工况应符合表1的要求。

表1 燃烧工况要求

序号	项　目	要　求
1	火焰传递	4 s内着火，无爆燃
2	**离焰**	**无离焰**
3	**熄火**	**无熄火**
4	火焰均匀性	火焰均匀
5	**回火**	**无回火**
6	燃烧噪声	不大于65 dB(A)
7	熄火噪声	不大于85 dB(A)
8	**干烟气中一氧化碳浓度(过剩空气系数α=1，体积百分数)**	**不大于0.05%**
9	黑烟	无黑烟
10	接触黄焰	电极不应经常接触黄焰
11	**使用超大型锅时，燃烧稳定性**	**无熄火、无回火**

5.4.4 温升

温升不应超过表2所示的值。

表2 最大正常温升

单位为开尔文

序号	部　位	温升
1	操作时手必须接触的部位： ——金属材料和带涂覆层的金属材料 ——非金属材料	 35 45
2	干电池外壳	20
3	阀门外壳[a]	50
4	电点火装置外壳[a]	50
5	燃气灶侧面、后面的木壁，燃气灶下面的木台表面： ——使用下限锅时 ——使用超大型锅时	 100 100
6	内部布线和外部布线，包括电源软线的橡胶或聚氯乙烯绝缘表面： ——带T-标志 ——不带T-标志	 T-25 50

[a] 当提供温度声明资料时，按照(T-25)要求。

5.4.5 耐热冲击

燃气灶非金属面板耐热冲击后应无破裂。

5.4.6 耐重力冲击

燃气灶非金属面板耐重力冲击后应无破裂。

5.4.7 安全装置

5.4.7.1 熄火保护装置应满足：

a) 开阀时间不大于15 s；

b) 闭阀时间不大于60 s。

5.4.7.2 油温过热控制装置应满足：

油的最高温度不应大于300 ℃。

5.4.8 电点火装置

进行点火操作10次应有8次以上点燃，不应连续2次失效，无爆燃。

5.4.9 热效率

燃气灶热效率应符合下列要求：

a) 台式灶不应小于55%；

b) 嵌入式灶不应小于50%。

5.4.10 电气性能

5.4.10.1 使用交流电源用于点火装置的燃气灶,电气性能应符合表3的要求。

表3 电气性能要求

序号	项　目	性能要求
1	泄漏电流和电气强度	灶具的泄漏电流应符合: ——Ⅰ类电动灶具不应超过3.5 mA; ——Ⅰ类电热灶具不应超过1 mA或1 mA/kW,两者中取较大值,但最大≤10 mA; ——Ⅱ类灶具不应超过0.25 mA; ——Ⅲ类灶具不应超过0.5 mA。 电气强度应符合: 燃气灶绝缘承受1 min频率为50 Hz或60 Hz基本为正弦波的试验电压,在试验期间,不应出现闪络和击穿。
2	接地电阻	接地端子或接地触点与接地金属部件之间的连接,应具有低电阻,接地电阻不应超过0.1 Ω

5.4.10.2 使用直流电源的燃气灶,当直流电源电压异常时,应符合下列规定:

a) 电压低落到额定电压的70%时,安全保护功能应正常,不妨碍使用;

b) 电压低落到0 V时,燃气灶应处于安全保护状态或正常使用状态。

5.4.11 耐久性能

对于未能提供符合相应标准证明材料的装置应满足表4的要求。

表4 耐久性能要求

序号	装置名称	耐久性能要求
1	旋塞阀	动作15 000次后,气密性合格,不妨碍使用
2	熄火保护装置	动作6 000次后,气密性及开、闭阀时间合格,不妨碍使用
3	电磁阀	动作30 000次后,气密性合格,不妨碍使用
4	电点火装置	动作15 000次后,点火性能合格,不妨碍使用
注:试验用气为6.1.3.1规定的二甲醚燃气。		

5.4.12 耐振动性能

燃气灶包装件经频率10 Hz、振幅5 mm的水平方向和垂直方向各30 min振动后,气密性应符合5.4.1的要求。

5.4.13 耐跌落性能

燃气灶包装件进行跌落试验后,气密性应符合5.4.1的要求。

5.4.14 包装承压性能

燃气灶包装件进行堆码试验后，包装件高度与试验前高度之差应小于 1 cm/m。

5.5 外观

目测检查燃气灶外形应美观大方，色调匀称，不应有损害外观的缺陷。

6 试验方法

6.1 试验条件

6.1.1 试验室条件

按 GB 16410—2007 中 6.1 的规定进行。

6.1.2 试验系统

6.1.2.1 试验过程中，供气压力波动应小于 10 Pa。

6.1.2.2 燃气灶停止运行时，静压力应小于或等于运行时燃气供气压力的 1.25 倍。

6.1.3 试验用燃气

6.1.3.1 试验用燃气种类

各种燃烧工况下试验用燃气均应使用符合 GB 25035 要求的二甲醚燃气，代号为“M”。

6.1.3.2 试验用燃气供气压力

试验用燃气供气压力见表 5。

表 5 试验用燃气供气压力

单位为帕斯卡

代　　号	试验用燃气压力
1(最高试验压力)	3 000
2(额定燃气压力)	2 000
3(最低试验压力)	1 000

6.1.3.3 试验用燃气条件代号

试验用燃气条件代号表示为：

试验用燃气种类代号—试验用燃气供气压力代号。

示例：M—2 表示二甲醚燃气—额定燃气压力。

6.1.4 试验用主要仪器仪表

试验用仪器仪表按表 6 规定，试验前应对所用仪器仪表进行校正。

表 6 试验用主要仪器仪表

用　途 (试验项目)	仪器仪表名称	规　格	
		范围	精度或最小刻度
室温及燃气温度测定	温度计	0 ℃～50 ℃	燃气温度 0.5 ℃;室温 1 ℃
大气压力测定	气压计	81 kPa～107 kPa	0.1 kPa
燃气压力测定	压力表	0 Pa～5 000 Pa	10 Pa
时间测定	秒表	—	0.1 s
燃气流量测定	干式气体流量计	—	0.1 L
气密性试验测定	气体检漏仪	—	—
噪声测定	声级计	40 dB～120 dB	1 dB
燃气成份测定	色谱仪	—	—
一氧化碳含量测定	一氧化碳测试仪	0～0.2%	0.001%
二氧化碳含量测定	二氧化碳测试仪	0～15%	0.01%
氧气含量测定	氧气测试仪	0～21%	0.01%
水温	温度计	0 ℃～100 ℃	0.2 ℃
表面温度测定	热电温度计、热电偶	0 ℃～300 ℃	2 ℃
质量测定	衡器	0 kg～15 kg	5 g
泄漏电流测定	电流计、电压计、泄漏电流测试仪	—	—
电气强度测定	电气强度试验仪	—	—
接地电阻测定	接地电阻测量仪	—	—

6.1.5 **试验设备**

试验设备按表 7 规定执行。

表 7 试验设备

用　途 (试验项目)	试验设备名称	种　类	备　注
热负荷测定	燃气耗量测定装置	燃气调压器,干式气体流量计、湿度计、温度计、压力计、测定压力用的三通	—
燃气通路气密性试验	气密性试验装置	气体检漏仪、试验火的燃烧器	—
耐久性试验	燃气阀门的耐久性试验装置	—	—
	点火控制装置耐久性试验装置	—	—
	熄火保护装置耐久性试验装置	—	—
	电磁阀耐久性试验装置	—	—
结构部件耐热试验	恒温装置	恒温装置	室温～750 ℃
振动试验	振动试验装置	振动试验台	振动频率 10 Hz,全振幅 5 mm 上下,左右

6.1.6 燃气灶试验状态

燃气灶应按规定的安装和使用状态试验，除各个单项性能试验中的具体规定外，还应符合以下基本要求：

a) 燃烧器燃烧所需的空气量，应在额定压力下调节到燃烧火焰最佳状态，然后将风门固定，各项性能试验时不应再调风门；

b) 燃气灶应按表8选定的铝锅（下限锅）和加热水量。

表8 燃气灶试验用锅和加热水量

实测热负荷/kW	锅的尺寸/mm				加热水量/kg
	锅直径	锅壁厚度	圆角半径	高度	
1.40	180	0.6±0.1	16	110	1.0
1.72	200	0.65±0.1		125	1.5
2.08	220	0.65±0.1		140	2
2.48	240	0.7±0.1		150	2.5
2.91	260	0.7±0.1		160	3
3.36	280	0.8±0.1		175	4
3.86	300	0.8±0.1		190	5
4.40	320	0.9±0.1		200	6
4.95	340	0.9±0.1		210	7
5.56	360	1.0±0.1		225	8

6.2 结构试验

6.2.1 一般试验

按5.2的要求进行目测检查或证明文件核实。

6.2.2 倾斜翻倒试验

按GB 16410—2007中6.19.2的规定进行。

6.2.3 零部件结构试验

6.2.3.1 燃烧器耐回火试验

按GB 16410—2007中6.20.3的规定进行。

6.2.3.2 阀体总成耐热性能试验

按GB 16410—2007中6.20.1的规定进行。

6.2.3.3 电点火装置耐热性能试验

按 GB 16410—2007 中 6.20.2 的规定进行。

6.2.3.4 锅支架和面板荷载试验

按 GB 16410—2007 中 6.19.3.1 的规定进行。

6.3 材料试验

6.3.1 一般试验

按 5.3 的要求进行目测检查或证明文件核实。

6.3.2 耐热性能试验

按 GB 16410—2007 中 6.21.2 的规定进行。

6.3.3 耐腐蚀性能试验

按 GB 16410—2007 中 6.21.3 的规定进行。

6.3.4 搪瓷耐钢球冲击性能试验

按 GB 16410—2007 中 6.21.5 的规定进行。

6.3.5 耐油性能试验

按 GB 16410—2007 中 6.21.7 的规定进行。

6.3.6 密封材料耐二甲醚性能试验

6.3.6.1 密封垫圈、垫片试验方法

把预先测量出质量的三个试样，放在温度为(20±5)℃的二甲醚液体中浸泡 $72_{-2}^{\ 0}$ h，取出放在空气中 $24_{-2}^{\ 0}$ h，观察有无影响使用的变质和变形，测量试样浸泡前后的质量，精确到 1 mg，计算三个试样各自质量变化率相加平均值，质量变化率按式(1)计算。

$$\Delta m=\frac{m-m_0}{m_0}\times 100 \qquad (1)$$

式中：

Δm ——质量变化率，%；

m ——试样浸泡后的质量，单位为克(g)；

m_0 ——试样浸泡前的质量，单位为克(g)。

6.3.6.2 润滑油脂密封材料试验方法

称取 1 g 密封材料涂于铝片上，在温室下放置 24 h 后，放入图 3 所示试验设备中。打开旋塞 A 和 B，用二甲醚把内部空气排出，关闭 B 旋塞，保持 U 管内燃气压力为 5.0 kPa，并在 20 ℃±1 ℃和 4 ℃±1 ℃条件下，分别放置 1 h，然后用式(1)计算密封材料的质量变化率。

6.3.7 燃烧器火孔部位材料耐 700 ℃试验

按 GB 16410—2007 中 6.20.4 的规定进行。

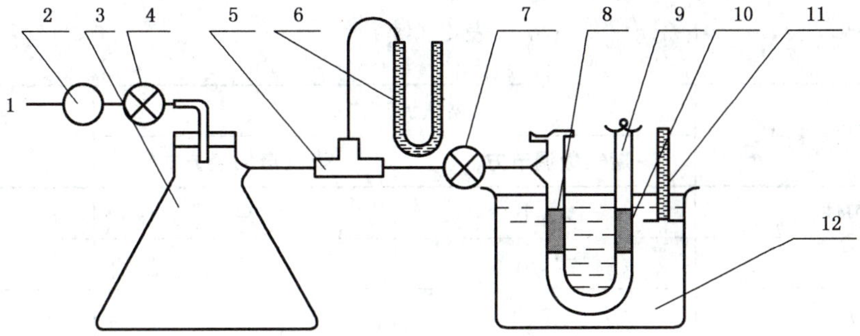

说明：

1 ——二甲醚入口；

2 ——调压器；

3 ——瓶；

4 ——旋塞 A；

5 ——三通；

6 ——压力计；

7 ——旋塞 B；

8 ——铝片；

9 ——U 形管；

10——润滑油脂；

11——温度计；

12——恒温槽。

图 3 润滑油脂耐二甲醚试验装置

6.4 性能试验

6.4.1 气密性试验

按 GB 16410—2007 中 6.6 的规定进行。

6.4.2 热负荷试验

按 GB 16410—2007 中 6.7 的规定进行。

6.4.3 燃烧工况试验

6.4.3.1 燃烧工况试验条件

燃烧工况试验条件按表 9 的规定采用。

表 9 燃烧工况试验条件

试验项目	燃气调节方式		试验气
	燃气量调节方式	燃气量切换方式	
火焰传递	大	全	M—2
离焰	大	大	M—1
熄火	大、小	全	M—1,M—3

表 9（续）

试验项目	燃气调节方式		试验气
	燃气量调节方式	燃气量切换方式	
火焰均匀性	大、小	全	M—2
回火	大、小	全	M—3
燃烧噪声	大	大	M—1
熄火噪声	大	大	M—2
一氧化碳	大	大	M—2
接触黄焰	大	大	M—1
黑烟	大	大	M—1
使用超大型锅时燃烧稳定性	大	全	M—1

6.4.3.2 燃烧工况试验方法

按 GB 16410—2007 中 6.8.2 相应条款规定进行。

其中干烟气中一氧化碳含量也可通过采集烟气中的一氧化碳和氧含量的方法来测定，具体方法按 GB/T 16411—2008 中 8.2.8 的规定进行。

6.4.4 温升试验

按 GB 16410—2007 中 6.9 的规定进行。

6.4.5 耐热冲击试验

按 CJ/T 157—2002 中 6.7 或 CJ/T 305—2009 中 6.5 的规定进行。

6.4.6 耐重力冲击试验

按 CJ/T 157—2002 中 6.8 或 CJ/T 305—2009 中 6.6 的规定进行。

6.4.7 安全装置试验

6.4.7.1 熄火保护装置试验

按 GB 16410—2007 中 6.12 的规定进行。

6.4.7.2 油温过热控制装置试验

按 GB 16410—2007 中 6.12 的规定进行。

6.4.8 电点火装置试验

按 GB 16410—2007 中 6.13 的规定进行。

6.4.9 热效率试验

按 GB 16410—2007 中 6.14 的规定进行。

6.4.10 电气性能试验

6.4.10.1 使用交流电源燃气灶电气性能试验

6.4.10.1.1 泄漏电流和电气强度试验

按 GB 16410—2007 中 6.15.1 的相应内容进行。

6.4.10.1.2 接地电阻试验

从空载电压不超过 12 V(交流或直流)的电源取得电流,并且该电流等于燃气灶额定电流 1.5 倍或 25 A(两者中取较大者),让该电流轮流在接地端子或接地触点与每个易触及金属部件之间通过。在燃气灶的接地触点与易触及金属部件之间测量电压降。由电流和电压降计算出电阻值。

或使用接地电阻测量仪进行测试。

6.4.10.2 使用直流电源燃气灶电源电压异常试验

按 GB 16410—2007 中 6.15.2 的规定进行。

6.4.11 耐久性能试验

按 GB 16410—2007 中 6.16 的规定进行。

6.4.12 耐振动性能试验

按 GB 16410—2007 中 6.17 的规定进行。

6.4.13 耐跌落性能试验

按 GB/T 1019—2008 中 5.9 的规定进行。

6.4.14 堆码试验

按 GB/T 1019—2008 中 5.7 的规定进行。

7 检验规则

按 GB 16410—2007 中第 7 章的规定进行。

8 标识、包装、运输和贮存

8.1 标识

8.1.1 燃气灶应在适当位置安装铭牌,其标识内容应包括:

a) **产品名称和型号;**

b) **使用燃气类别,为城镇燃气用二甲醚;**

c) **额定燃气供气压力;**

d) **额定热负荷;**

e) **制造商名称;**

f) 制造年、月(或代号)及使用年限;

g) **使用交流电源的燃气灶应标明额定电压。**

8.1.2 除铭牌以外，还应有包含以下内容的标识：

a) 工作时可能会引起危险的开关，其标识或放置的位置应清楚地标明它所控制的是燃气灶的哪个部分。

注：为此而用的标示方式，无论在哪里，不需要语言或国家标准的知识都应该能理解。

b) 燃气灶上开关的不同档位，以及燃气灶上所有控制器的不同档位，均应该用数字、字母或其他视觉方式标明。

c) 在安装或正常使用期间，带有调节功能的控制器应有调节方向的标示。

8.2 包装

8.2.1 包装箱外应标明产品名称、型号、使用燃气类别。

8.2.2 包装应安全、牢固、美观，包装箱应有出厂日期和厂名，"易碎物品、向上、怕雨、禁止翻滚、禁止叉车、堆码重量极限"等字样或图示，字样或图示应符合 GB/T 191 的要求。

8.2.3 包装箱内应有产品附件清单、合格证、保修单和安装使用说明书。

8.2.4 每台燃气灶出厂时应有安装使用说明书，安装使用说明书内容应符合 GB 16410—2007 中 8.2.4 的要求。

8.2.5 包装材料与包装废弃物：

a) 包装材料中应限制有毒金属和其他有害物质的含量，特别应注意这些材料被焚烧时不应产生辐射和有害成分，或当这些材料被填埋后不应产生有害的渗出物；

b) 所用的材料应获得较高水平的循环再生利用；

c) 应尽可能降低不可降解材料在整个包装材料中所占的比例；

d) 所用的材料应易于回收和处理。

8.3 运输

8.3.1 运输过程中应防止剧烈震动、挤压、雨淋及化学物品的侵蚀。

8.3.2 搬运时严禁滚动和抛掷。

8.4 贮存

8.4.1 成品必须贮存在干燥通风、周围无腐蚀性气体的仓库里。

8.4.2 燃气灶应按型号分类存放，堆码不得过高，防止挤压和倒垛损坏。

附　录　A
（资料性附录）
本标准支持 GB 16914—2012 基本要求的条款对应表

本标准支持 GB 16914—2012 基本要求的条款对应表见表 A.1。

表 A.1　本标准支持 GB 16914—2012 基本要求的条款对应表

GB 16914—2012 条款	基本要求内容	本标准对应条款
3.1.1	操作安全性	第 5 章
3.1.2.1	安装技术说明书	8.2.4
3.1.2.2	用户使用和维护说明书	8.2.4
3.1.2.3	安全警示（燃具和包装上）	8.1,8.2.1,8.2.2
3.1.3	器具配件	不适用
3.2.1	材料特性	5.3
3.2.2	材料保证	5.3
3.3.1.1	可靠性、安全性和耐久性	第 5 章
3.3.1.2	排烟冷凝	不适用
3.3.1.3	爆炸的危险性	5.2.2.8 c)
3.3.1.4	水和空气渗入	不适用
3.3.1.5	辅助能源正常波动	5.4.10
3.3.1.6	辅助能源异常波动	5.4.10
3.3.1.7	电气安全	5.4.10.1
3.3.1.8	承压部件	5.3
3.3.1.9	控制和调节装置故障	5.2.2.6
3.3.1.10	安全装置功能	5.2.1.9,5.2.2.6
3.3.1.11	不允许操作部件的保护	5.2.2.6
3.3.1.12	用户可调节装置的设计	5.2.2.5
3.3.1.13	进气口连接	5.2.2.8 c)
3.3.2.1	燃气泄漏的危险	5.4.1
3.3.2.2	燃具内燃气积聚的危险	5.4.7.1
3.3.2.3	防止房间的燃气积聚	5.2.1.8,5.2.1.9,5.2.2.6
3.3.3	点火	5.2.2.7,5.4.8,5.4.11
3.3.4.1	火焰的稳定性和烟气排放	5.4.3
3.3.4.2	燃烧产物意外排放	不适用
3.3.4.3	防倒烟功能	不适用
3.3.4.4	无烟道家用采暖器 CO 排放	5.4.3
3.3.5	能源的合理利用	5.4.9

表 A.1（续）

GB 16914—2003 条款	基本要求内容	本标准对应条款
3.3.6.1	安装位置及附近表面温升	5.4.4
3.3.6.2	操作部件表面温升	5.2.2.5 d),5.4.4
3.3.6.3	燃具其他部位表面温升	5.4.4
3.3.7	食品和生活用水	不适用

参 考 文 献

[1] CJ/T 3085—1999 城镇燃气术语

ICS 27.180
F 19

GB

中华人民共和国国家标准

GB/T 29411—2012

水电解氢氧发生器技术要求

Technical specification of hydrogen-oxygen generator with water electrolyte

2012-12-31 发布　　2013-10-01 实施

中华人民共和国国家质量监督检验检疫总局
中国国家标准化管理委员会　发布

前　言

本标准按照 GB/T 1.1—2009 给出的规则起草。

本标准由全国氢能标准化技术委员会(SAC/TC 309)提出并归口。

本标准主要起草单位:中国标准化研究院、娄底德胜能源设备发展有限公司、中冶建筑研究总院有限公司、宁波和利氢能源科技有限公司。

本标准主要起草人:唐勇、王赓、艾朝阳、刘景凤、梁宝明、聂祯华、杨涛、李小艺、李燕。

水电解氢氧发生器技术要求

1 范围

本标准规定了水电解氢氧发生器的分类与命名、技术要求、试验检测、安全技术、标牌和标志、包装和运输。

本标准适用于氢氧混合气产气量在 0.1 m^3/h～30 m^3/h 的氢氧发生器。

2 规范性引用文件

下列文件对于本文件的应用是必不可少的。凡是注日期的引用文件，仅注日期的版本适用于本文件。凡是不注日期的引用文件，其最新版本(包括所有的修改单)适用于本文件。

GB 150.4 压力容器 第4部分：制造、检验和验收

GB/T 2829 周期检验计数抽样程序及表(适用于对过程稳定性的检验)

GB 3836.5 爆炸性气体环境用电气设备 第5部分：正压外壳型“p”

GB/T 3985 石棉橡胶板

GB/T 4237 不锈钢热轧钢板和钢带

GB/T 4830 工业自动化仪表气源压力范围和质量

GB 4962 氢气使用安全技术规程

GB/T 8175 设备及管道绝热设计导则

GB 9448 焊接与切割安全

GB/T 11352 一般工程用铸造碳钢件

GB/T 12332 金属覆盖层 工程用镍电镀层

GB/T 13306 标牌

GB 50058 爆炸和火灾危险环境电力装置设计规范

GB 50177 氢气站设计规范

GB 50316 工业金属管道设计规范

3 术语和定义

下列术语和定义适用于本文件。

3.1

氢氧混合气 hydrogen-oxygen mixed gas

通过水电解氢氧发生器制取的比例为 2∶1 的氢气、氧气的混合气体。

3.2

氢氧发生器 hydrogen-oxygen generator

将水电解制取氢氧混合气的装置，由水电解槽、电源、水气分离装置、阻火器等构成。

3.3

水电解槽 water electrolyzer

由电极、隔圈、槽体构成的产生氢氧混合气的装置。电解槽是氢氧发生器的主体设备，它的性能参

数将决定水电解制取氢氧混合气的技术性能。

3.4

阻火器　fire arrester

用于防止外部火焰窜入氢氧发生器的设备、管道或阻止火焰在设备、管道间蔓延的装置。

4　分类与命名

4.1　产品分类

水电解氢氧发生器按水电解槽散热方式分为：强制风冷型和循环水冷型；按电解电源类型分为：高频逆变开关电源型和可控硅模块电源型。

4.2　产品命名

水电解氢氧发生器产品的命名由大写的汉语拼音字母及阿拉伯数字组成，编制方法应符合图1的规定。

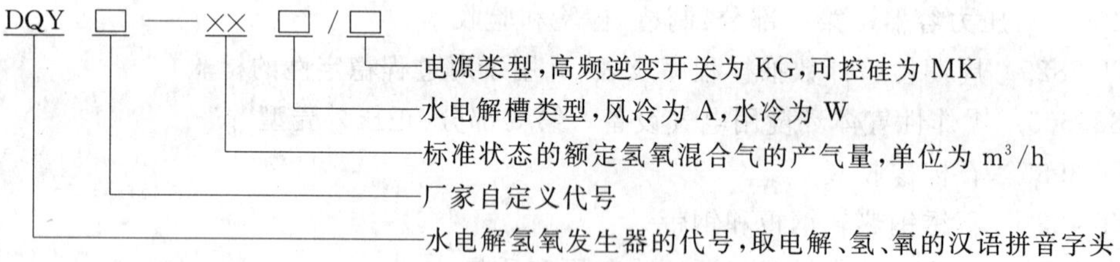

图1　水电解氢氧发生器产品的命名方法

5　技术要求

5.1　通用要求

5.1.1　水电解氢氧发生器应符合本标准的要求，并应按照经规定程序批准的图样及技术文件制造。

5.1.2　水电解氢氧发生器的基本参数应符合表1的规定。

表1　水电解氢氧发生器的基本参数

参数名称	基本规格/(m^3/h)										
	1	2	3	5	7	9	12	15	20	25	30
额定产气量/(m^3/h)	1.0	2.0	3.0	5.0	7.0	9.0	12.0	15.0	20.0	25.0	30.0
工作压力/MPa	≤0.2										
电解槽最高工作温度/℃	≤85										
单位产气量能耗/(kW/m^3)	≤3.5										
连续工作时间/h	>24										
电解槽电流稳定性	在冷、热状态下的电流波动≤3%										

注1：连续工作时间是指水电解氢氧发生器在额定产气量连续产气，达到电解槽最高工作温度的极限工作时间。

注2：标准状态指气体在温度为0 ℃、压力为0.101 325 MPa条件下的状态。

5.1.3 水电解氢氧发生器的使用条件如下：

a) 环境空气温度为0 ℃～+40 ℃，最大相对湿度为90%；

b) 使用场所应无严重影响发生器使用的气体蒸气、化学沉积、尘垢、霉菌及其他爆炸性、腐蚀性介质，并无剧烈振动和颠簸，并应符合GB 4962和GB 9448的有关规定；

c) 供电输入电压值应由用户确定，电压等级宜为交流220 V、交流380 V；电压波动应小于±10%；

d) 冷却水的水压宜为0.2 MPa～0.4 MPa；

e) 仪表或气动用压缩空气的气源压力应按相关要求确定，其质量应符合GB/T 4830的规定。

5.1.4 制造产品所用的主要材料和元器件应具有质量合格证明书，并经核实后方可使用。

5.1.5 产品中接触腐蚀介质的零部件所用的材料和元器件应能抗腐蚀或采取防腐措施。

5.1.6 电器元件的温升应满足连续工作的要求。

5.1.7 水电解氢氧发生器在带电解液的情况下，电解槽与机架之间、电解槽对地以及储气罐、滤水器、冷凝器、储液罐与机架之间的绝缘电阻不应低于5 MΩ，整流器及控制回路与机架之间的绝缘电阻不应低于200 MΩ。

5.1.8 水电解氢氧发生器的实际产气量与额定产气量的偏差不得大于5%。实际单位能耗与规定值的偏差不得超过5%。

5.1.9 水电解氢氧发生器的显示仪表精度应不低于2.5级。

5.1.10 验收规则如下：

a) 根据制造厂与用户协议，验收时可对各项数据和性能进行检查或抽查，并可选用下列方式进行验收：

1) 制造厂向用户提供水电解氢氧发生器试验报告的副本；

2) 在制造厂内验收，由用户现场监督；

3) 在用户指定的安装地点进行验收。

b) 试验或验收的水电解氢氧发生器有一项指标不合格时，可另抽加倍数量的产品复试不合格项目。复试合格，则认为该批产品符合标准。

5.1.11 在用户按照制造厂使用说明书的要求，正确地使用与存放水电解氢氧发生器的情况下，制造厂应保证产品在交货一年内能良好运行。在此规定时间内，产品因质量问题而引起损坏或不能正常工作时，制造厂应无偿为用户修复和更换零部件或整机。

5.2 水质要求

水电解氢氧发生器用原料水的水质应符合表2的规定。

表2 原料水水质要求

名称	单位	指标
电阻率	Ω·cm	≥1.0×10^5
铁离子含量	mg/L	<1.0
氯离子含量	mg/L	<2.0
悬浮物	mg/L	<1.0

5.3 防护罩/外壳

5.3.1 防护罩或外壳应采用不燃材料；最小厚度应大于0.6 mm，一般采用不锈钢板或碳钢板等。对面积较大的防护罩，按强度或刚性要求，应采取加强措施或双层结构。

5.3.2 防护罩或外壳需设保温层时，应按 GB/T 8175 的设计，其保温材料应采用不燃材料，并设置避免材料飞扬、散落的措施。

5.3.3 防护罩或外壳的内表面应平整、无氢氧混合气积聚空间，并在顶部最高处设排气口。若有 2 处或 2 处以上顶部有最高处时，则应在每个最高处均设排气口。

5.3.4 为避免防护罩或外壳内氢氧混合气的积聚，宜在顶部或侧面上部设通风机，有条件时，可接入压缩空气或氮气。应在防护罩或外壳方便检查、维修的位置设检查口、维修口，其数量和尺寸应按检查、维修对象或功能确定，检查口、维修口应设有视窗或盖板。

5.4 水电解槽

5.4.1 水电解槽的性能参数、结构应以降低单位产气电能消耗、减少制造成本、延长使用寿命为基本要求。应合理选择水电解槽的结构型式、电解小室及其电极、隔膜的构造、涂层和材质。

5.4.2 水电解槽制取的氢氧混合气比例应为 2∶1，生产能力应符合表 1 的规定。

5.4.3 密封垫片的选择应确保水电解槽在工作状态不渗漏、不腐蚀，并能承受槽体开、停车时的工作状态变化，其质量应符合 GB/T 3985 或具体水电解槽槽体设计所选材质的相关标准。

5.4.4 电解槽上铸钢件应符合 GB/T 11352 的规定。

5.4.5 水电解槽的电镀零部件的质量应符合下列要求：

a) 镀件的镀层表面不得鼓泡、起皮、局部无镀层和划伤等严重缺陷；
b) 镀件的镀层厚度、结合强度及孔隙率的质量符合 GB/T 12332 的规定；
c) 镀件的镀层厚度、结合强度及孔隙率的检验抽样和抽样方法按 GB/T 2829 的规定。镀件可以采用相同工艺同时电镀的试件进行试验。

5.4.6 电解液的配制、充装和使用应方便、安全、可靠，防止跑冒滴漏。

5.4.7 水电解槽的工作温度限值应符合表 1 的规定，并应设有自动保护装置。

5.4.8 电极端板、电极板的制造材料在额定工作状态下累计运行时间应超过 36 个月。

5.5 水气分离装置和气体冷却装置

5.5.1 水气分离装置用于气液分离，气体冷却装置用于氢氧混合气的冷却和减少气体含水量，其制造、检验和验收应符合 GB 150.4 的规定。

5.5.2 水气分离装置和气体冷却装置的材质宜采用不锈钢板，并应符合 GB/T 4237 的规定。

5.5.3 容器的布置应根据水电解制取氢氧系统的总体设计，并尽力做到顺应制气流程、连接管路短、方便操作和维修。

5.5.4 气水分离装置或气体冷却装置配置的储气容积，当氢氧发生器额定产气量≤3 m^3/h 时，不应大于 5 L；当 3 m^3/h<额定产气量≤9 m^3/h 时，不应大于 8 L；当 9 m^3/h<额定产气量≤30 m^3/h 时，不应大于 15 L。

5.5.5 气体冷却装置应装有回流管路，冷凝后的液体应自动回流。

5.6 阻火器

5.6.1 水电解氢氧发生器的氢氧混合气出气管道及用气设备前管道，应装设阻火器，防止回火导致设备损坏及保护连接管道。

5.6.2 阻火器应安装在靠近氢氧混合气出气口处，宜采用外置或外挂形式安装。

5.6.3 阻火器材质应选用耐压、耐腐蚀材料，其承压能力应为工作压力的 2 倍以上。

5.6.4 阻火器可采用干式阻火器或湿式阻火器，并应经阻火性能检测合格。

5.6.5 阻火器在连续回火(10 次以上)的情况下，应能有效阻止火焰返回水电解氢氧发生器。阻火后发生器及阻火器应无损坏或失效现象。

5.6.6 阻火器阻火时噪声不应超过 60 dB。

5.7 氢氧混合气阀门

5.7.1 压力调节器/阀用于水电解氢氧发生器排出的氢氧混合气体的压力调节，可采用稳压型和稳流型。

5.7.2 根据氢氧发生器的制气过程的氢氧混合气流切断、分析、测试的要求应在相应的位置设置关闭阀/切断阀。

5.7.3 压力调节阀、关闭阀/切断阀的工作压力、温度参数，应按其在系统中的所在位置确定，阀门的选择应充分考虑氢氧混合气的特性。

5.7.4 关闭阀/切断阀可采用手动或电动，当采用电动阀时应按 GB 50058 的规定选用相应防爆等级的阀门。

5.7.5 压力调节阀、关闭阀/切断阀应耐压、耐腐蚀、气密性好，宜采用不锈钢材质，并应符合 GB 50177 的有关规定。

5.8 管路及附件

5.8.1 管路的材质应采用耐温、耐压、耐腐蚀的材料，宜采用直径小于 20 mm 的不锈钢管。

5.8.2 管路及附件的设置应顺应氢氧混合气生产工艺流程的要求，且应方便运行操作、安装和维修。氢氧混合气输送管道的长度不应超过 100 m。

5.8.3 对于有热胀冷缩的管段，应结合柔性计算和热补偿要求进行合理设置。

5.8.4 管道及附件的布置应整齐有序，减少不必要的交叉，适当注意美观。

5.8.5 管道支架的设置、计算，应符合 GB 50316 的有关规定。支架应避免焊接在单体设备上。

5.8.6 冷却水管路应根据其工作温度确定是否采取保温措施。当需要进行保温时，其保温材料应为不燃材料。冷却水管路，设有断水保护装置，并设置报警和停机装置。

5.9 电气设备及配线

5.9.1 直流电源的配置有如下要求：

a) 每台水电解槽应单独配置直流电源，采用高频开关电源或可控硅模块电源；
b) 直流电源应设有调压功能及自动稳流功能；
c) 水电解槽用整流器的额定直流电压应大于水电解槽工作电压，调压范围宜为 0.6～1.05 倍水电解槽额定电压；额定直流电流不应小于水电解槽工作电流，宜为水电解槽额定电流的1.1 倍；
d) 氢氧混合气生产环境的电气设施的设防，应符合 GB 50177 的有关规定。有爆炸危险环境中的电器设备及配线应按 GB 50058、GB 3836.5 的有关规定进行选用和配置。

5.9.2 水电解氢氧发生器的防护罩/壳内电气区域应为正压环境，若采用强制通风时，通风机及其电动机均应为防爆型，并符合 GB 50058 和 GB 3836.5 的有关规定。

5.9.3 电气接地有如下要求：

a) 水电解槽应按结构特点进行电气接地，对两端分别接入支流电源正负极的水电解槽，其对地电阻应大于 1.0 MΩ；
b) 氢氧混合气设备、管道的法兰、阀门连接处应采用金属(铜质)连接线跨接；
c) 防爆电器、配线接地电阻应小于 0.1 Ω。

6 试验检测

6.1 仪表精度

仪表精度应如表 3 所示。

表 3 仪表精度

电压表、电流表、气压表和功率表	0.5 级
温度计	±0.5 ℃
兆欧表	500 V、1.0 级
流量计	2.5 级

6.2 试验

6.2.1 试验前准备

6.2.1.1 检查各单体设备、附件、阀门等的试验记录或合格证书、压力容器产品检验证等，文件资料齐全，并逐一核对无误后，才能进行试验。

6.2.1.2 外观检查：目测检查发生器的各单体设备、管路附件连接以及防护罩/外壳的显示仪表、指示灯、开关、接线端子或引线应无破损，标志牌应当清晰完整。

6.2.2 试验方法

6.2.2.1 耐压试验。氢氧发生器制造后经外观检查，应以水压或气压进行耐压试验，试验压力为设计压力的 1.05 倍，但不得低于 0.22 MPa。试验时应缓慢升压，达到试验压力后保压 10 min，然后降至设计压力，检查焊缝、连接部位的泄漏状况，以不漏为合格。若以气压进行耐压试验时，应在现场设有相应的防护措施，确保人员、设备安全。

6.2.2.2 气密性试验。氢氧发生器耐压试验合格后，应以空气或氮气进行气密性试验，试验压力为设计压力。试验时应缓慢升压，达到试验压力后保压 30 min，检查焊缝、连接部位，以不漏气为合格。

6.2.2.3 泄漏量试验。在气密性试验合格后，应以空气或氮气进行泄漏量试验，试验压力为设计压力，试验时间为 24 h。试验过程应认真进行温度、压力记录，以平均每小时泄漏率不超过 0.5%为合格。平均每小时泄漏率 A 按式(1)计算：

$$A=\frac{100}{t}\left(1-\frac{p_2T_1}{p_1T_2}\right) \quad \cdots\cdots(1)$$

式中：

A ——平均每小时泄漏率，用(%/h)表示；

t ——试验时间，单位为小时(h)；

p_1,p_2 ——试验开始、结束时的绝对压力，单位为兆帕(MPa)；

T_1,T_2 ——试验开始、结束时的气体绝对温度，单位为开尔文(K)。

6.2.2.4 防护罩/外壳的通风试验。开启通风机检查小时通风换气次数。对于接入压力气体的防护罩/外壳应以 1.0 kPa 的气压进行检查，不泄漏为合格。

6.3 检测

6.3.1 检测前的准备

6.3.1.1 对氢氧发生器的氢氧混合气管路，宜采用氮气进行吹扫置换。

6.3.1.2 原料水、电解液、电源和自控系统均应符合设计要求，达到开机所应具备的条件。

6.3.1.3 检测现场的生产环境符合设计要求，各种生产辅助系统均应达到开机所应具备的条件。

6.3.1.4 开机后，逐渐增加负荷直至工作压力、工作温度、氢氧混合气产量达到设计工况，并稳定运行后，开始进行检测、记录。

6.3.2 检测

6.3.2.1 阻火性能检测。在距氢氧发生器氢氧混合气输出口阻火器 10 m 外用明火点火，人为造成回火现象，连续 10 次，均应有效阻火。

6.3.2.2 热保护性能检测。氢氧发生器开机后将冷却系统关闭，试验水电解槽温度达到表 1 规定的工作温度上限时，应自动停机。试验应重复 5 次以上。

6.3.2.3 绝缘电阻检测。在室温下用 500 V 兆欧表对氢氧发生器相关部分的绝缘电阻进行检测，应符合 5.1.7 的规定。

6.3.2.4 电源短路保护装置检测。人为造成电源短路，保护装置应能马上启动。试验至少重复 5 次以上。

6.3.2.5 产气量检测。氢氧混合气产气量采用容积法检测，见附录 A。

6.3.2.6 压力检测装置试验。以氮气或空气进行试验，将出气口封闭待压力超过工作压力上限时，应自动停机，将出气口打开，待压力回复至正常工作压力时，应自动开机。试验应重复 5 次以上。

6.3.2.7 直流电压、电流检测。以直流电流表、直流电压表测定水电解槽的槽电流、槽电压。必要时以万用表或专用电压表测定每个电解小室电压和各电解小室电压的均匀分布情况。

6.3.2.8 单位氢氧混合气的电耗。氢氧发生器的每立方氢氧混合气的直流电耗 W 按式(2)计算：

$$W = \frac{IUT}{Q_{HO} \times 10^3} \qquad \cdots\cdots(2)$$

式中：

W ——每立方氢氧混合气的直流电耗，单位为千瓦小时每立方米(kW·h/m³)；

I ——水电解槽的槽电流，单位为安培(A)；

U ——水电解槽的槽电压，单位为伏特(V)；

Q_{HO}——检测期间的氢氧混合气产量，单位为立方米每小时(m³/h)；

T ——检测时间，单位为小时(h)。

6.3.3 检测要求

6.3.3.1 在用户现场进行检测的项目、检测要求和合格标准应在供货合同中明确规定，并作为设备验收的依据。

6.3.3.2 制造厂家应向设备用户提供下列检测记录、资料和报告：

a) 所订购设备在制造工厂的检测试验资料或报告；

b) 订货合同规定的所有检测项目的检测记录、资料和报告。

7 安全技术

7.1 一般要求

7.1.1 水电解氢氧发生器的氢氧混合气的生产应随用随开，即用户不使用氢氧混合气必须断开电源停机。

7.1.2 水电解氢氧发生器至少应安装一级水封式阻火装置，以实现可靠阻火。

7.1.3 氢氧混合气压力应稳定可控，且设有 2 级以上的压力调节控制装置，其精度应为 2.5 级以上。

7.1.4 水电解氢氧发生器内部禁止使用可燃性化学阻燃剂,如“酒精、汽油、正乙烷、LPG”等。

7.1.5 在盛有氢氧混合气和排放后的氢氧混合气容器上,因可能存有残余气体,不得进行钻孔、切割与焊接等作业。

7.1.6 水电解氢氧发生器电气控制箱应保持正压,电气设备及配线应按 GB 50058 和 GB 3836.5 的规定进行选用、配置。

7.2 保护措施

7.2.1 电源输入、输出端应可靠绝缘,并采取保护措施,防止人体意外接触。

7.2.2 水电解氢氧发生器应装有过热自动保护装置,过热自动保护装置在电解槽温升超过规定时,应能可靠地切断电源。

7.2.3 水电解氢氧发生器外壳的防护等级最低为 IP21,壳体、机架严禁带电,有可靠接地装置,接地螺栓直径大于或等于 8 mm。线路连接应牢固可靠。

8 标牌和标志

8.1 制作、安装

8.1.1 水电解氢氧发生器及其单体设备的标牌制作、安装位置,应符合 GB/T 13306 的规定。

8.1.2 标牌应固定在易于观察的明显位置。

8.2 标牌内容

8.2.1 标牌的内容应简洁、明确,显示主要性能参数、指标和要求。

8.2.2 标牌上至少应有项目如下:

a) 制造厂名注册商标;

b) 发生器型号;

c) 出厂编号或制造日期;

d) 重量;

e) 额定产气量;

f) 输入电压、相数、频率;

g) 工作气体压力。

8.3 标志

在水电解氢氧发生器的输入电缆接头、氢氧混合气管出口、水管接口、电解液添加口等处以及接地螺栓附近都应有永久性标志。

9 包装和运输

9.1 一般要求

水电解氢氧发生器(包括附件、备件)在装箱时应加以防震、固定和防雨措施,以适应露天存放及运输的需要。

9.2 产品随机文件(不含厂家保密的相关技术资料)

9.2.1 设备图纸:制造厂家应提供水电解氢氧发生器在安装、运行维护中所需的各种系统流程,设备构造和电气等图纸。需提供的图纸应包括下列内容：

a） 工艺流程图，带控制点，管径等；

b） 水电解氢氧发生器或组件的电气接线图、布线图；

c） 设备总图（应有接管、接线标注）；

d） 组件内设备及管线图。

9.2.2 使用说明书，一般应包括以下内容：

a） 工作原理介绍；

b） 电源及管路连接方式；

c） 使用说明；

d） 注意事项；

e） 技术参数；

f） 故障检查及处理方法。

9.2.3 装箱清单、出厂合格证明书及产品保修卡。

9.3 运输

9.3.1 水电解氢氧发生器应采用木箱包装，以避免运输途中的碰撞，在仪表操作面板处应加装防碰撞包装。

9.3.2 运输途中除防止碰撞外还应采取防潮防尘措施。

9.3.3 水电解氢氧发生器搬运时不可倒置、如需倾斜不得超过 30°。

附 录 A
（规范性附录）
容积法测试气体产量

A.1 容积法测试系统流程如图 A.1 所示。

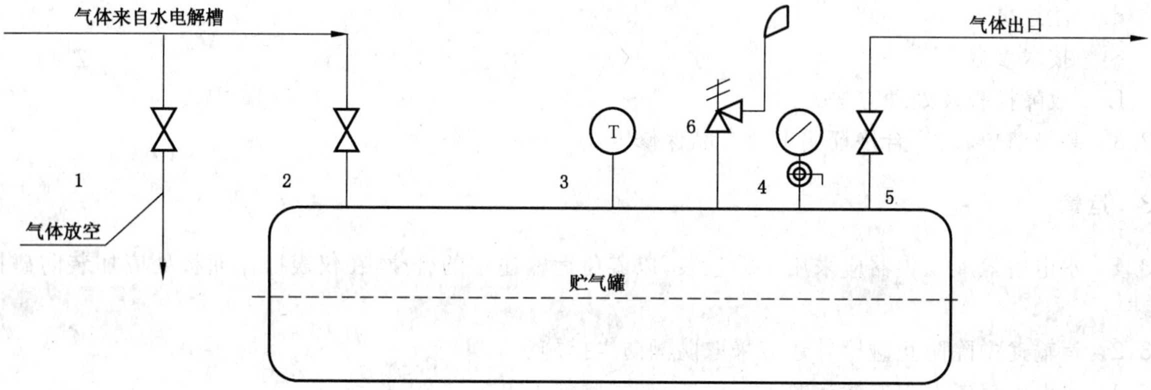

说明：
1——阀 1；
2——阀 2；
3——温度计；
4——压力表；
5——阀 3；
6——安全阀。

图 A.1 容积法测试系统流程图

A.2 测试方法

A.2.1 测试前应对贮气罐的结构容积进行实测。

A.2.2 开阀 1，关闭阀 2、阀 3，准确记录贮气罐内气体的起始压力和温度。

A.2.3 开阀 2，关闭阀 1、阀 3，记录起始时间。

A.2.4 经一定时间充灌气体后，关闭阀 2，开阀 1，记录终止时间、贮气罐内压力和温度。

A.2.5 气体产量 Q(m^3/h)按式(A.1)计算：

$$Q=\frac{T_0V}{tp_0}\left(\frac{p_2}{T_2}-\frac{p_1}{T_1}\right) \quad \cdots\cdots\cdots\cdots (A.1)$$

式中：

Q ——标准状况下气体产量，单位为立方米每小时(m^3/h)；

p_0 ——标准状况下气体压力(0.101 325 MPa)，单位为兆帕(MPa)；

p_1 ——起始时贮气罐内气体绝对压力，单位为兆帕(MPa)；

p_2 ——终止时贮气罐内气体绝对压力，单位为兆帕(MPa)；

T_0 ——标准状况下气体温度，单位为开尔文(K)；

T_1 ——起始时贮气罐内气体温度，单位为开尔文(K)；

T_2 ——终止时贮气罐内气体温度，单位为开尔文(K)；

V ——贮气罐结构容积，单位为立方米(m^3)；

t ——测试时间，单位为小时(h)。

ICS 27.180
F 19

中华人民共和国国家标准

GB/T 29412—2012

变压吸附提纯氢用吸附器

Adsorber of pressure swing adsorption for hydrogen purification

2012-12-31 发布　　2013-10-01 实施

中华人民共和国国家质量监督检验检疫总局
中国国家标准化管理委员会　发布

前　言

本标准按照 GB/T 1.1—2009 给出的规则起草。

本标准由全国氢能标准化技术委员(SAC/TC 309)提出并归口。

本标准起草单位:西南化工研究设计院、四川天一科技有限公司、中国标准化研究院、浙江大学、上海华西科技有限公司、四川亚联科技有限公司。

本标准主要起草人:潘世俊、周耀、杨靖、李燕、徐平、吴芳、高建华、李琼、万兴、邓龙伟、傅宗国、张杰。

变压吸附提纯氢用吸附器

1 范围

本标准规定了变压吸附提纯氢用吸附器的基本要求、材料、设计、制造、检验与试验和标志、包装与运输。

本标准适用于设计压力大于或等于0.1 MPa且小于10 MPa，真空度不小于0.02 MPa的变压吸附提纯氢用吸附器。

2 规范性引用文件

下列文件对于本文件的应用是必不可少的。凡是注日期的引用文件，仅注日期的版本适用于本文件。凡是不注日期的引用文件，其最新版本(包括所有的修改单)适用于本文件。

GB 150.4 压力容器 第4部分：制造、检验和验收

GB 713 锅炉和压力容器用钢板

GB/T 5330 工业用金属丝编织方孔筛网

GB 12337 钢制球形储罐

GB/T 20663 囊式蓄能用压力容器

JB/T 4700 压力容器法兰分类与技术条件

JB/T 4711 压力容器涂敷与运输包装

JB/T 4730.2 承压设备无损检测 第2部分：射线检测

JB/T 4730.3 承压设备无损检测 第3部分：超声检测

JB/T 4730.4 承压设备无损检测 第4部分：磁粉检测

JB/T 4730.5 承压设备无损检测 第5部分：渗透检测

JB 4732 钢制压力容器 分析设计标准

NB/T 47008 承压设备用碳素钢和合金钢锻件

3 术语和定义

下列术语和定义适用于本文件。

3.1

变压吸附提纯氢的吸附器 adsorber of pressure swing adsorption for hydrogen purification

内装吸附剂，承受交变载荷、从含氢气体中分离提纯氢气用单体设备。

3.2

气流分布器 gas distributor

用于吸附器进、出气的分配、过滤或吸附剂的压紧、承载，确保气流分布均匀的装置。

3.3

花板 perforated plate

设有排列规整的小孔，用以分布气流或承载吸附剂的多孔板。

3.4

鼠笼 rotor cage

设有排列规整的小孔或孔形格栅，用以分布气流或承载吸附剂的圆筒形组件。

4 基本规定

4.1 一般规定

变压吸附提纯氢用吸附器的设计、制造、检验和验收除应符合本标准规定外，还应符合 JB 4732 等压力容器相关标准的规定。

4.2 资格与职责

4.2.1 吸附器的设计、制造单位应具备健全的质量管理体系。

4.2.2 设计单位的职责包括：

a) 设计单位应具有压力容器分析设计(SAD)设计资质，并应对设计文件的准确性和完整性负责。

b) 吸附器的设计文件应至少包括设计计算书(或应力分析报告书)和设计图样，若为第Ⅲ类压力容器，还应包括风险评估报告。

c) 吸附器设计总图和应力分析报告应盖有压力容器设计资质印章。

d) 设计文件保存期应不少于十年。

4.2.3 制造单位的职责包括：

a) 变压吸附提纯氢的吸附器，应由具有第Ⅲ类压力容器制造资质证书(A2)和吸附器制造经验的单位制造。

b) 制造单位应严格按设计文件和本标准的要求进行制造，若需对原设计进行修改时，应得到原设计单位的签章认可。

c) 吸附器制造完工后应由制造单位出具检验报告，并应对检验报告的准确性和完整性负责。

d) 吸附器应具有下列技术文件备查，技术文件保存期应不少于十年：

1) 质量计划；

2) 制造工艺图或制造工艺卡；

3) 产品质量证明文件；

4) 吸附器的焊接工艺和热处理工艺记录；

5) 标准中允许制造厂选择的项目的记录；

6) 吸附器制造过程中及完工后的检查记录；

7) 吸附器的原设计图和竣工图。

4.3 分类与命名

4.3.1 吸附器的结构型式分为直立式、径向式，其结构参见附录 A 的规定。

4.3.2 吸附器型号表示方法应符合图 1 的规定。

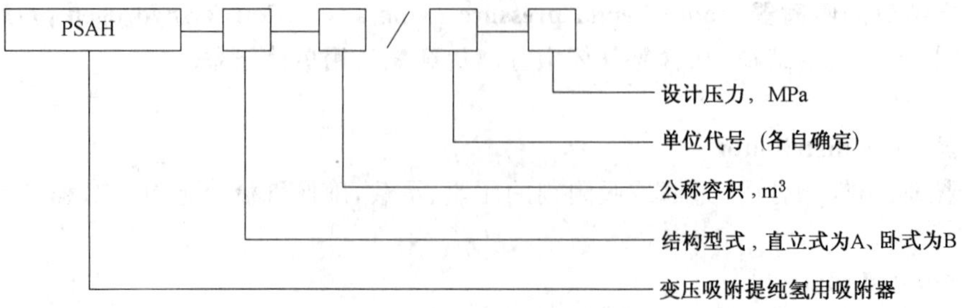

图 1 吸附器型号表示方法

5 材料

5.1 基本要求

5.1.1 吸附器元件用材料的选用宜符合 GB/T 20663 的有关规定，并应考虑吸附器的使用条件（如设计温度、设计压力、介质特性等）、制造工艺以及经济合理性。
5.1.2 吸附器用钢应附有钢材生产单位的钢材质量证明书（或其加盖材料供应单位检验公章和经办人章的复印件）。吸附器制造单位应按质量证明书对钢材进行验收，必要时还应进行复验。

5.2 材料选择

5.2.1 吸附器受压元件的材料宜采用抗拉强度极限下限值小于 540 MPa 的碳素钢、低合金钢等，并应符合 GB 713 的有关规定。
5.2.2 吸附器非受压元件应选用镇静钢，当与受压元件焊接时，应具有焊接性能与受压元件相当的钢材。
5.2.3 吸附器用接管管材宜采用碳素钢、低合金钢钢管，钢管的标准及设计应力强度应符合 JB 4732 的有关规定。
5.2.4 吸附器应选用符合 NB/T 47008 规定的Ⅲ级或Ⅳ级锻件。
5.2.5 螺柱与螺母用钢的标准、使用状态及设计应力强度和试验应符合 JB 4732 的有关规定。
5.2.6 吸附器的内部紧固件用于固定丝网，其螺栓应采用 C3-80（1Cr17Ni2）材质，螺母应采用 C1-70（1Cr13）材质，垫片应采用不污染介质的软质材料。
5.2.7 吸附器内铺设在筛板、鼠笼上的丝网应采用不锈钢丝网（OGr18Ni9），并应具有一定的抗拉强度且无锈迹、无明显折痕、无破损，确保吸附剂的正常装填与使用，减小气体阻力。常用丝网的规格应符合表 1 的要求，并应符合 GB/T 5330 的有关规定。

表 1 丝网的规格

丝网规格/目[a]	10	20	30
丝径/mm	0.56	0.315	0.20
型号	GFW2.0/0.56(平纹)	GFW0.95/0.315(平纹)	GFW0.67/0.20(平纹)
[a] 目为非国际单位，每 25.4 mm 长度上的开孔数。			

6 设计

6.1 设计参数

6.1.1 设计压力是指设定的容器顶部的最高压力，与相应的设计温度一起作为设计载荷的条件，其值不低于工作压力。一般取 1.05～1.1 倍工作压力。
6.1.2 工作压力是指正常工作情况下，容器顶部可能达到的最高压力。
6.1.3 设计温度是指容器在正常工作情况下，设定的元件的金属温度（沿元件金属截面的温度平均值）。吸附器的设计温度通常为 50 ℃。
6.1.4 设计载荷是容器设计应考虑各种载荷及载荷的组合，一般应至少包括下列载荷：

a) 内压、外压；

b) 吸附器自重，一般为正常工作条件下内装物料重力载荷；

c) 附加载荷，如隔热材料、管道、扶梯、平台等的重力载荷；

d) 风载荷、雪载荷及地震载荷；

e) 裙座、耳座及其他形式支座的反作用力；

f) 由各种工作条件引起的不均匀应变载荷及由连接管道或其他部件的膨胀或收缩所引起的作用力。

6.2 设计计算

6.2.1 吸附器用吸附剂体积、直径和高度，应按变压吸附提纯氢系统工艺设计和吸附器结构等确定。

6.2.2 吸附器的设计计算应包括筒体、封头、接管开孔、法兰、连接螺栓等主要受压元件，受压元件的强度计算及疲劳校核应符合 JB 4732 的有关规定。涉及真空的吸附器还应按 GB 150.4 核算刚度和稳定性。

6.2.3 吸附器筒体厚度的计算：

a) 筒体的计算厚度应按式(1)计算：

$$\delta = \frac{PD_i}{2KS_m - P} \qquad \cdots\cdots (1)$$

式中：

δ ——筒体的计算厚度，单位为毫米(mm)；

P ——设计压力，单位为兆帕(MPa)；

D_i ——筒体内直径，单位为毫米(mm)；

K ——载荷组合系数；

S_m ——设计应力强度，单位为兆帕(MPa)。

载荷组合系数和设计应力强度应按 JB 4732 的有关规定选用。

b) 筒体的设计厚度按式(2)计算：

$$\delta_d = \delta + C_2 \qquad \cdots\cdots (2)$$

式中：

δ_d ——筒体的设计厚度，单位为毫米(mm)；

δ ——筒体的计算厚度，单位为毫米(mm)；

C_2 ——腐蚀裕量，单位为毫米(mm)。

筒体的名义厚度等于筒体的设计厚度加上钢材厚度负偏差后向上圆整至钢材标准规格厚度。

钢材的腐蚀裕量应根据吸附器预期使用寿命和介质对材料的腐蚀速率确定。预期使用寿命一般由操作工况、吸附剂的使用周期和用户要求确定。

钢材厚度负偏差应按 GB 713 和相应钢材标准的规定选取。

6.2.4 吸附器宜采用成形封头，封头型式有凹面受压的半球形封头、碟形封头和椭圆形封头等，各种封头的厚度应按 JB 4732 的有关规定进行计算。

6.2.5 开孔补强应采用插入式或对接式整体补强结构。接管与壳体连接处应倒圆角，内角半径 r_1 不低于壳体厚度的 1/8；外角半径 r_2 一般不应小于壳体厚度的 1/2 中较大值。开孔补强的计算应符合 JB 4732 的规定。

6.3 吸附器内部构件、填充物

6.3.1 吸附器内除填装吸附剂外，主要内部构件是气流分布器。吸附器应设有进气或上部气流分布器和出气或下部气流分布器。

6.3.2 进气气流分布器应设置在进气端，对吸附器的进气气流进行分配、过滤，并压实吸附剂；进气气流分布器宜采用花板或鼠笼等结构，花板开孔位置、尺寸应确保气流分布均匀，不得发生穿漏、偏流，并应防止吸附剂漏损。筛板的开孔率宜大于等于40%。鼠笼的开孔率宜大于进气管截面积的2.5倍。

6.3.3 出气或下部气流分布器应设置在出气端，对排出吸附器的气流进行过滤、分配，并支撑吸附剂；出气气流分布器宜采用花板或鼠笼等结构。出气气流分布器应具有足够的强度和刚度，并应确保气流分配均匀、密封良好，还应防止吸附剂及其碎块漏损。筛板的开孔率宜大于等于40%，鼠笼的开孔率宜大于等于20%。

6.3.4 吸附剂的品种、数量应根据吸附器的设计参数和原料气、产品气要求确定。一般可采用活性炭、活性氧化铝、分子筛等。

6.4 吸附器校核计算

6.4.1 吸附器的设计应按JB 4732的有关规定进行静强度分析计算和疲劳分析校核计算。

6.4.2 真空操作的吸附器应进行稳定性校核计算。

7 制造

7.1 一般规定

7.1.1 吸附器的制造除应符合本标准规定外，还应符合设计文件的要求和JB 4732的有关规定。

7.1.2 吸附器受压部分的焊接接头应分为A、B、C、D四类，接头类别的划分和图样表述应符合JB 4732的有关规定。

7.2 吸附器制作材料的复验

7.2.1 施焊前应逐张检查钢板的表面质量和材料标志；按板厚规格复验钢板的化学成分、力学性能、冷弯性能，并应符合GB 713的有关规定；钢板应逐张进行超声检测，并应达到JB/T 4730.3规定的Ⅱ级。

7.2.2 锻件生产厂应具有制造许可证，吸附器制造厂应复验其硬度和化学成分，若复验结果出现异常，则应进行力学性能的复验。

7.3 冷热加工成形

7.3.1 根据制造工艺条件，确定加工裕量，以确保成品吸附器各部位的实际厚度不小于该部位名义厚度减去钢板厚度负偏差。

7.3.2 球形封头和椭圆封头的成型应符合下列规定：

a) 封头不宜采用煤加热成型的方式；

b) 直径小于1 400 mm的球形封头，不允许拼接；直径等于或大于1 400 mm且小于或等于4 000 mm的球形封头，应采用先拼接后整体成型的方法，拼接焊缝数不大于2条，且最小板宽不小于500 mm；直径大于4 000 mm的球形封头，宜采用先分瓣后成型，再组焊的方法。球形封头分瓣冲压的瓣片尺寸公差应符合GB 12337的有关规定；

c) 直径小于1 200 mm的椭圆封头，不允许拼接。直径等于或大于1 200 mm的椭圆封头如需拼接，拼板焊缝距板中心的距离应不大于0.4倍封头内径，且最小板宽不小于300 mm；

d) 封头各种不相交的拼焊焊接接头边缘之间的最小距离以及形状偏差等应符合JB 4732的有关规定。

7.4 坡口表面

7.4.1 坡口表面不得有裂纹、分层、夹渣等缺陷。

7.4.2 施焊前应将坡口表面的渗碳层、氧化物、油污、熔渣及其他有害杂质清除干净,清除的范围以离坡口边缘的距离计,不得小于 50 mm。

7.5 圆通与壳体

圆筒与壳体的焊接、组装,包括辅助件、内构件的焊接、组装均应按 JB 4732 的有关规定进行。

7.6 法兰与平盖

7.6.1 吸附器法兰应按照 JB/T 4700 的有关规定进行加工。

7.6.2 平盖与筒体端部的加工应符合 JB 4732 的有关规定。

7.7 焊接

7.7.1 焊接前准备及施焊环境以及焊接工艺应符合 JB 4732 的有关规定。

7.7.2 焊缝金属应保证力学性能,其抗拉强度不得高于母材标准规定的上限值加 30 MPa,且不低于母材强度。

7.7.3 焊接接头的表面形状尺寸及外观要求应符合以下规定:

a) 焊接接头的表面形状尺寸应符合 JB 4732 的有关规定;
b) 焊接接头表面不得有裂纹、气孔、咬边、弧坑、夹渣等缺陷,并不得留有熔渣与飞溅物;
c) 容器上所有 A、B 类焊接接头焊缝均应打磨至与母材齐平,不得留有余高;C、D 类焊接接头焊缝均应打磨,使其圆滑过渡。

7.8 引弧

禁止在容器的非焊接部位引弧。因电弧擦伤而产生的弧坑、焊疤以及因切割卡具、拉筋板等临时性附件遗留的焊疤应修磨平滑,打磨后的厚度不得低于该部位的名义厚度。

7.9 返修

吸附器的制造过程的焊接试板和试样以及焊接接头需要返修时,应符合 JB 4732 的有关规定。

7.10 热处理

7.10.1 制造单位应按设计文件和标准的要求在热处理前编制热处理工艺。

7.10.2 不得使用燃煤炉进行吸附器的焊后热处理。

7.10.3 焊后热处理方法应符合 JB 4732 的有关规定。

7.10.4 热处理装置(炉)应配有自动记录温度曲线的测温仪表,并能自动绘制热处理的时间与工件壁温关系曲线。

7.10.5 吸附器焊后可进行炉内整体热处理或分段热处理,在可能情况下,应优先采用炉内整体加热方法。分段热处理时,其重复加热长度应不小于 1 500 mm,炉外部分应采取保温措施,使温度梯度不致影响材料的组织和性能。

8 检验、试验和验收

8.1 无损检测

8.1.1 吸附器的焊接接头,经形状尺寸和外观检查合格后,再进行规定的无损检测。

8.1.2 吸附器的 A、B、C、D 类焊接接头应进行 100% 无损检测,检测要求按图样规定。

8.1.3 检测评定具有如下要求:

a) 射线检测按 JB/T 4730.2 的规定进行，要求进行全部无损检测的对接接头，射线检测技术等级不低于 AB 级，合格级别不低于Ⅱ级；要求进行局部无损检测的对接接头，射线检测技术等级不低于 AB 级，合格级别不低于Ⅲ级，并且不允许有未焊透；角接接头、T 形接头，射线检测技术等级不低于 AB 级，合格级别不低于Ⅱ级。射线检测中底片的定位和标记、评定范围内的黑度和像质计灵敏度等应符合 JB/T 4730.2 的相关规定。
b) 超声波检测按 JB/T 4730.3 进行，要求进行全部无损检测的对接接头，脉冲反射法超声检测技术等级不低于 B 级，合格级别为Ⅰ级；要求进行局部无损检测的对接接头，脉冲反射法超声检测技术等级不低于 B 级，合格级别不低于Ⅱ级；角接接头、T 形接头，脉冲反射法超声检测技术等级不低于 B 级，合格级别为Ⅰ级；采用衍射时差法超声检测的焊接接头，合格级别不低于Ⅱ级。
c) 磁粉检测按 JB/T 4730.4 进行，检测结果Ⅰ级为合格。
d) 渗透检测按 JB/T 4730.5 进行，检测结果Ⅰ级为合格。

8.1.4 经射线检测或超声波检测的焊接接头，如有不允许的缺陷，应在缺陷清除干净后进行补焊，并对该部分采用原检测方法重新检测，直至合格。经磁粉检测或渗透检测发现的不允许缺陷，应在缺陷清除后或补焊后，对该部分采用原检测方法重新检测，直至合格。

8.2 试验

制造完工的吸附器应按图样规定进行压力试验及致密性试验。试验内容、试验方法、试验压力等应符合 JB 4732 的有关规定。

8.3 产品验收

8.3.1 经国家授权的质检机构确认并出具质量证明书。
8.3.2 吸附器的质量证明书应包括：产品合格证、容器说明书、质量说明书三部分。
8.3.3 用户现场的产品验收为产品的最终验收。

9 标志、包装与运输

9.1 容器说明书

9.1.1 吸附器特性，包括设计压力（含不同工况条件下的不同设计压力）、最大允许工作压力、试验压力、设计温度（含不同工况条件下的不同设计温度）、工作介质、容器类别。
9.1.2 吸附器图纸，应包括吸附器竣工总图及主要零部件图。
9.1.3 吸附器的热处理状态与禁焊等特殊说明。

9.2 质量说明书

9.2.1 主要零部件材料的化学成分和力学性能。
9.2.2 无损检测结果。
9.2.3 焊接质量的检查结果（包括超过两次的返修记录）。
9.2.4 压力试验与致密性试验结果。
9.2.5 与本标准和图样不符的项目。

9.3 容器铭牌

9.3.1 容器铭牌应固定于明显的位置。
9.3.2 铭牌应包括如下内容：

a) 制造单位名称和制造许可证号码；
b) 制造单位对该容器产品的编号；
c) 制造日期；
d) 设计压力(含不同工况条件下的不同设计压力)；
e) 最大允许工作压力；
f) 试验压力；
g) 设计温度(含不同工况条件下的不同设计温度)；
h) 容器重量；
i) 容器类别。

9.4 其他规定

容器的油漆、包装、运输应符合 JB/T 4711 的规定。

附 录 A
（资料性附录）
吸附器的结构

A.1 结构形式

A.1.1 吸附器通常采用圆筒形结构，一般可分为立式、卧式两种。

A.1.2 吸附器的主要部件包括筒体、封头、气流分布器、连接管和吸附剂。图 A.1 是直立式吸附器结构简图，图 A.2 是径向式吸附器结构简图。

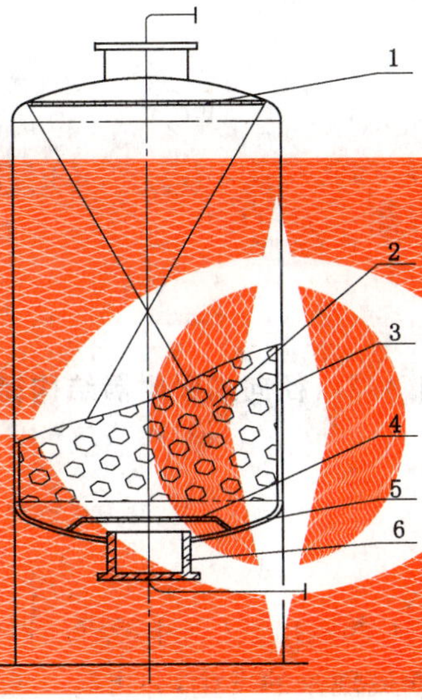

说明：
1——上部气流分布器；
2——吸附剂；
3——筒体；
4——下部气流分布器；
5——封头；
6——连接管。

图 A.1 直立式吸附器结构简图

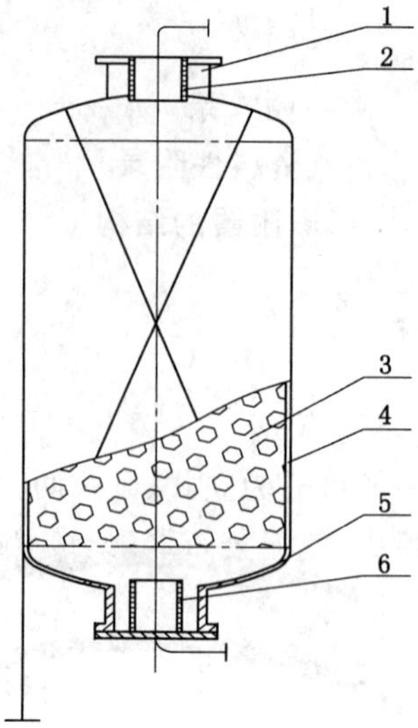

说明：
1——连接管；
2——上部气流分布器；
3——吸附剂；
4——简体；
5——封头；
6——下部气流分布器。

图 A.2 径向式吸附器结构简图

A.2 气流分布器

A.2.1 吸附器的气流分布器有进气(上部)、出气(下部)分布器，其结构和开孔应确保进入或排出吸附器吸附剂层的气流分布均匀，不得有偏流现象的发生，并可防止吸附剂的泄漏。

A.2.2 进气(上部)分布器应设在进气端，对进入吸附器的气流进行分配、过滤，并压实吸附剂层；宜采用花板或鼠笼等结构，见图 A.1。

A.2.3 出气(下部)分布器应设在出气端，对排出吸附器的气流进行分配、过滤，并承载吸附剂；宜采用花板或鼠笼等结构，见图 A.2。出气分布器应具有足够的强度和刚度。

ICS 27.010
F 01

中华人民共和国国家标准

GB 29413—2012

锗单位产品能源消耗限额

The norm of energy consumption per unit products of germanium

2012-12-31 发布 2013-10-01 实施

中华人民共和国国家质量监督检验检疫总局
中国国家标准化管理委员会 发布

前　言

本标准4.1、4.2为强制性的，其余为推荐性的。

本标准由国家发展和改革委员会、工业和信息化部提出。

本标准由全国能源基础与管理标准化技术委员会(SAC/TC 20)和全国有色金属标准化技术委员会(SAC/TC 243)归口。

本标准起草单位：云南临沧鑫圆锗业股份有限公司、中国有色金属工业标准计量质量研究所。

本标准参加起草单位：南京中锗科技股份有限公司、北京国晶辉红外光学科技有限公司、云南驰宏锌锗股份有限公司、深圳市中金岭南有色金属股份有限公司韶关冶炼厂、内蒙通力锗业有限公司。

本标准主要起草人：普世坤、包文东、贺东江、惠峰、谭萍、苏小平、吴成春、孙玉才。

锗单位产品能源消耗限额

1 范围

本标准规定了锗单位产品能源消耗(以下简称能耗)限额的技术要求、统计范围、计算方法、计算范围、节能管理与节能措施。

本标准适用于所有以含锗褐煤、煤渣(灰)、含锗铅锌矿生产锗精矿,再以锗精矿、锗废料为原料生产区熔锗锭的锗单位产品能耗的计算、考核,以及对新建项目的能耗控制。

2 规范性引用文件

下列文件对于本文件的应用是必不可少的。凡是注日期的引用文件,仅注日期的版本适用于本文件。凡是不注日期的引用文件,其最新版本(包括所有的修改单)适用于本文件。

GB/T 2589 综合能耗计算通则

GB 17167 用能单位能源计量器具配备和管理通则

3 术语和定义

GB/T 2589 界定的以及下列术语和定义适用于本文件。

3.1

工序能源单耗 unit energy consumption in working procedure

工序生产过程中生产单位合格产品消耗的能源量。

3.2

工序实物单耗 unit object consumption in working procedure

工序生产过程中生产单位合格产品消耗的某种能源实物量。

3.3

工艺能源单耗 unit energy consumption of technology

工艺生产过程中生产单位合格产品消耗的能源量。

3.4

辅助能耗 assistant energy consumption

生产单位合格产品辅助生产系统所消耗的能源。

3.5

综合能源单耗 unit energy consumption of integrate

即单位产品综合能源消耗,是指工艺能源单耗与工艺产品辅助能耗及损耗分摊量之和。

4 技术要求

4.1 现有锗生产企业单位产品能耗限定值

现有锗生产企业单位产品能耗限定值应符合表 1 的要求。

表 1　锗生产企业单位产品能耗限定值

产品	工序或工艺	综合能耗限定值/(kgce/kg)	
		工艺能耗	综合能耗
锗矿	锗矿开采工序	≤20	≤21
锗精矿	火法富集工序	≤39	≤41
锗精矿	丹宁(栲胶)沉锗富集或锗精矿预处理	≤70	≤81
粗四氯化锗	氯化蒸馏工序	≤79.5	≤91.5
高纯二氧化锗	氧化	≤81	≤93.5
还原锗	还原工序	≤89	≤102.5
区熔锗锭	区熔工序	≤100	≤113.5

注：缺少采矿工序的，综合能耗应扣减 21 kgce/kg，缺少火法富集工序的，综合能耗应扣减 41 kgce/kg；缺少丹宁（或栲胶）沉锗富集或锗精矿预处理工序的，综合能耗应扣减 81 kgce/kg。

4.2　新建锗生产企业单位产品能耗准入值

新建锗生产企业单位产品能耗准入值应符合表 2 的要求。

表 2　新建锗生产企业单位产品能耗准入值

产品	工序或工艺	综合能耗准入值/(kgce/kg)	
		工艺能耗	综合能耗
锗 矿	锗矿开采工序	≤18	≤19
锗精矿	火法富集工序	≤35	≤37
锗精矿	丹宁(栲胶)沉锗富集或锗精矿预处理	≤63	≤73
粗四氯化锗	氯化蒸馏工序	≤71.5	≤82
高纯二氧化锗	精馏水解工序	≤73	≤84
还原锗	还原工序	≤80	≤92
区熔锗	区熔工序	≤89	≤102

注：缺少采矿工序的，综合能耗应扣减 19 kgce/kg，缺少火法富集工序的，综合能耗应扣减 37 kgce/kg；缺少丹宁（或栲胶）沉锗富集或锗精矿预处理工序的，综合能耗应扣减 73 kgce/kg。

4.3　锗生产企业单位产品能耗先进值

锗生产企业单位产品能耗先进值应符合表 3 的要求。

表 3 锗生产企业单位产品能耗先进值

产品	工序或工艺	综合能耗先进值/(kgce/kg)	
		工艺能耗	综合能耗
锗矿	锗矿开采工序	≤16	≤17
锗精矿	火法富集工序	≤31	≤33
锗精矿	丹宁(栲胶)沉锗富集或锗精矿预处理	≤57	≤66
粗四氯化锗	氯化蒸馏工序	≤64	≤74
高纯二氧化锗	精馏水解工序	≤65	≤75.5
还原锗	还原工序	≤72	≤83
区熔锗	区熔工序	≤80	≤91
缺少采矿工序的,综合能耗应扣减 17 kgce/kg,缺少火法富集工序的,综合能耗应扣减 33 kgce/kg;缺少丹宁(或栲胶)沉锗富集或锗精矿预处理工序的,综合能耗应扣减 66 kgce/kg。			

5 统计范围、计算方法及计算范围

5.1 统计范围

5.1.1 企业实际(生产)消耗的各种能源

企业实际消耗的各种能源包括:一次能源(原煤、石油、天然气等),二次能源(电力、热力、石油制品、焦炭、煤气等)和生产使用的耗能工质(水、氧气、压缩空气等)所消耗的能源。

企业实际消耗的各种能源是指用于生产活动的各种能源。其包括主要生产系统、辅助生产系统和附属生产系统用能,不包括生活用能和批准的基建项目用能。在企业实际消耗的能源中,用作原料的能源也必须包括在内。

生活用能是指企业系统内的宿舍、学校、文化娱乐、医疗保健、商业服务等直接用于生活方面的能耗。

5.1.2 企业计划报告期内的能源实物消耗量和能源消耗量

企业计划报告期内的某种能源实物消耗量的计算,应符合式(1):

$$e_h = e_1 + e_2 - e_3 - e_4 - e_5 - e_6 \quad \cdots\cdots(1)$$

式中:

e_h ——企业的能源实物消耗量;

e_1 ——企业购入能源实物量;

e_2 ——期初库存能源实物量;

e_3 ——期末库存能源实物量;

e_4 ——外销能源实物量;

e_5 ——生活用能源实物量;

e_6 ——企业工程建设用能源量。

企业计划报告期内的能源消耗量的计算,应符合式(2):

$$E = E_1 + E_2 - E_3 - E_4 - E_5 \quad \cdots\cdots(2)$$

$$= E_{ZG} + E_{ZF}$$
$$= E_{ZZ}$$

式中：

E ——企业报告期内的能源消耗量；

E_1 ——购入能源量；

E_2 ——库存能源增减量；

E_3 ——外销能源量；

E_4 ——生活用能源量；

E_5 ——企业工程建设用能源量；

E_{ZG} ——诸产品工艺能源消耗量；

E_{ZF} ——间接辅助生产部门用能源量及损耗；

E_{ZZ} ——诸产品综合能源消耗量。

所消耗的各种能源不得重计或漏计。存在供需关系时，输入、输出双方在计算中量值上应保持一致。设备大修的能源消耗也应计算在内，且按检修后设备的运行周期逐月平均分摊。企业综合能耗的计算按照 GB/T 2589 的规定进行。

5.1.3 各种能源的计量单位

企业生产能耗量、产品工艺能耗量、产品综合能耗量的单位：kgce/kg、tce/kg。

煤炭、焦炭、重油、汽油、柴油的单位：kg(千克)、t(吨)；

电力的单位：kW·h(千瓦时)、10^4 kW·h(万千瓦时)；

蒸汽的单位：kJ(千焦)、MJ(兆焦)、GJ(百万千焦)；

煤气、压缩空气、氧气、天然气的单位：m^3(立方米)、10^4 m^3(万立方米)；

水的单位：t(吨)、10^4 t(万吨)。

5.1.4 各种能源(包括生产耗能工质消耗的能源)折算标煤量方法

应用基低发热量等于 29.307 6 MJ(兆焦)的燃料，即 1 kgce(千克标准煤)。

各种能源及耗能工质消耗量在折算标煤量时，外购的燃料能源可取实测的低(位)发热量或供货单位提供的实测值为计算基础，或用国家统计部门的折算系数折算，参见附录 A；二次能源及耗能工质均按相应的能源等价值折算(电用当量值)；企业能源转换自产时，按实际投入的能源实物量折算标煤量；由集中生产单位外销供应时，其能源等价值须主管部门规定；外购外销时，其能源等价值必须相同；当未提供能源等价值时，可按国家统计部门的折算系数折算，参见附录 B；企业回收的余热按热力的折算系数，余热发电统一按电力的折算系数折算。

5.1.5 锗单位产品能耗的计算原则

锗生产各工序能耗的计算，采用同一计划报告期内产出的合格产品实物产量折算成金属量来计算单位产品能耗。

所有产品产量及金属量均以 kg(千克)为计量单位，以企业计划统计部门正式上报的数据为准。

5.1.6 企业余热利用能源的计算原则

企业回收的余热，属于节约能源循环利用，不属于外购能源，在计算时，应避免和外购能源重复计算。余热利用装置用能计入能耗。回收能源自用部分，计入自用工序；转供其他工序时，在所用工序以正常消耗计入；回收的能源折标煤后应在回收余热的工序、工艺中扣除。

5.1.7 其他

企业的辅助、附属生产系统的能源消耗及耗能工质在企业内部贮存、转换与分配供应及外销中的损耗，应根据各产品工艺能耗占企业生产工艺能耗量的比例，分摊给各个产品。

5.2 计算方法

5.2.1 工序（工艺）实物单耗的计算

工序（工艺）实物单耗按式(3)计算：

$$E_{Si}=\frac{M_{Ti}}{P_i} \qquad \cdots\cdots(3)$$

式中：

E_{Si} ——某工序（工艺）的实物单耗，单位为千克每吨(kg/t)、千瓦时每吨(kW·h/t)、立方米每吨(m^3/t)；

M_{Ti} ——某工序（工艺）直接消耗的某种能源实物总量，单位为千克(kg)、千瓦时(kW·h)、立方米(m^3)；

P_i ——某工序（工艺）产出的合格产品总实物量折算成金属量，单位为千克(kg)。

5.2.2 工序（工艺）能源单耗的计算

工序（工艺）能源单耗按式(4)计算：

$$E_{Ei}=\frac{E_{Ti}}{P_i} \qquad \cdots\cdots(4)$$

式中：

E_{Ei}——某工序（工艺）能源单耗，单位为千克标准煤每千克(kgce/kg)；

E_{Ti}——某工序（工艺）直接消耗的各种能源实物量折标准煤为代数和，单位为千克标准煤(kgce)；

P_i ——某工序（工艺）产出的合格产品总实物量的金属量，单位为千克(kg)。

5.2.3 企业综合能耗的计算

综合能耗的计算应符合式(5)：

$$E_Z=E_1+E_F \qquad \cdots\cdots(5)$$

式中：

E_Z ——综合能耗，单位为千克标准煤每千克(kgce/kg)；

E_1——工艺能耗，单位为千克标准煤每千克(kgce/kg)；

E_F——辅助能耗和损耗分摊量，单位为千克标准煤每千克(kgce/kg)。

5.3 计算范围

5.3.1 锗矿开采工序

从含锗矿物（褐煤矿等）开采到产出锗矿为止。按照产出的千克锗矿金属计算，包括矿井巷道掘进过程、制作维修、（人员、锗矿、充填料等）运输过程、通风、抽水、监控监测、爆破、辅助设备及照明等所有能源消耗量。

5.3.2 火法富集工序

从含锗矿、煤渣（灰）开始到产出锗精矿为止，按照产出的千克锗精矿金属计算。包括（沸腾炉、固定炉排炉、链条炉、回转窑等)从备料、配料、进料、燃烧挥发、排渣、供排风、物料输送、收尘、尾气脱硫处理、供排水、辅助设备及照明等所有能源消耗量。

5.3.3 丹宁(或栲胶)沉锗富集工序

从低品位含锗物料浸出液、锌浸出沉锗前液开始到产出锗精矿为止,按照产出的千克锗精矿金属计算。包括从备料、配料、进料、酸浸出、碱浸出、中和沉锗、压滤、灼烧、废液的中和排放、排渣、供排风、物料输送、供排水、辅助设备及照明等所有能源消耗量。

5.3.4 氯化蒸馏工序

从锗精矿开始到产出粗四氯化锗为止,按照产出的千克锗金属计算。包括从备料、进料、制冷、酸浸出、蒸馏、废液中和排放、排渣、供排风、物料输送、供排水、辅助设备及照明等所有能源消耗量。

5.3.5 精馏水解工序

从粗四氯化锗开始到产出高纯二氧化锗为止,按照产出的千克高纯二氧化锗金属计算。包括从备料、制冷、复蒸、萃取、精馏、水解、烘干、包装、废液中和排放、母液洗水处理、供排风、物料输送、供排水、辅助设备及照明等所有能源消耗量。

5.3.6 还原工序

从高纯二氧化锗开始到产出还原锗锭为止,按照产出的千克还原锗金属计算。包括从备料、装料、氨分解制氢、还原、铸锭、供排风、物料输送、供排水、辅助设备及照明等所有能源消耗量。

5.3.7 区熔工序

从还原锗锭开始到产出区熔锗锭为止,按照产出的千克区熔锗金属计算。包括从备料、装料、氨分解制氢、区熔提纯、供排风、物料输送、供排水、辅助设备及照明等所有能源消耗量。

6 企业产品能耗水平的评价

6.1 企业产品的能耗,必须满足公式(6)的条件。

$$\frac{\sum \text{某产品的实际单位产品能耗} \times \text{该产品的合格产量}}{\sum \text{该产品的某一能耗指标} \times \text{该产品的合格产量}} \leqslant 1 \qquad \cdots\cdots(6)$$

式中:该产品的某一能耗指标是指本标准所规定的与该产品相对应的某一种能耗指标值,应按企业实际达到的水平选取。参加评价的各产品应取同一种指标值。参加评价的各产品能耗量应与企业在评价期内上报的能源报表一致。

6.2 评价企业产品能耗时,应从综合单耗值中5.3中规定的统计计算范围里所缺少项目的工序能源单耗。

7 节能管理与措施

7.1 节能基础管理

7.1.1 企业应建立节能考核制度,定期对锗冶炼企业的各生产工序能耗情况进行考核,并把考核指标分解落实到各基层单位。

7.1.2 企业应按要求建立能耗统计体系,建立能耗计算和统计结果的文件档案,并对文件进行受控管理。

7.1.3 企业应根据 GB 17167 的要求配备相应的能源计量器具并建立能源计量管理制度。

7.2 节能技术管理

7.2.1 企业应定期进行能量平衡测试，根据测试结果挖掘节能潜力，制定节能技术改造规划，逐期实施。

7.2.2 企业应淘汰落后的生产工艺；调整生产工艺中不合理的能耗环节。

7.2.3 企业应对高耗能设备进行节能技术改造，及时更新国家已公布的淘汰机电设备。

7.2.4 企业对新建或引进的耗能项目要有专门的节能篇章并进行可行性节能论证。

7.2.5 企业应适时调整产品结构和能源品种结构，尽可能多的生产低能耗产品，使用优质能源。

附 录 A
（资料性附录）
常用能源品种参考折标煤系数

A.1 常用能源品种参考折标煤系数如表 A.1 所示。

表 A.1 常用能源品种参考折标煤系数

能 源		折标煤系数及单位	
品 种	平均低位发热量	系数	单位
原煤	20 908 kJ/kg(5 000 kcal/kg)	0.714 3	kgce/kg
洗精煤	26 344 kJ/kg(6 300 kcal/kg)	0.900	kgce/kg
重油	41 816 kJ/kg(10 000 kcal/kg)	1.428 6	kgce/kg
柴油	42 652 kJ/kg(10 200 kcal/kg)	1.457 1	kgce/kg
汽油	43 070 kJ/kg(10 300 kcal/kg)	1.471 4	kgce/kg
焦炭	28 435 kJ/kg(6 800 kcal/kg)(灰分13.5%)	0.971 4	kgce/kg
液化石油气	50 179 kJ/kg(12 000 kcal/kg)	1.714 3	kgce/kg
电力(当量值)	3 600 kJ/kW·h(860 kcal/kW·h)	0.122 9	kgce/(kW·h)
热力(蒸汽)	—	0.034 12	kgce/MJ
煤气	1 250×4.186 8 kJ/m^3	1.786	tce/10^4 m^3
天然气	38 931 kJ/m^3(9 310 kcal/m^3)	1.330 0	tce/10^3 m^3
注 1：蒸汽折标煤系数按热值计。 注 2：本附录折标煤系数如遇国家统计部门规定发生变化,能耗等级指标则应另行规定。			

A.2 常用耗能工质参考折标煤系数参考如表 A.2 所示。

表 A.2 常用耗能工质参考折标煤系数

序号	品 种	单位	能源等价值		备 注
			热值 MJ	折标煤 kgce	
1	新鲜水	t	7.535 0	0.257 1	指尚未使用过的自来水，按平均耗电计算
2	软化水	t	14.234 7	0.485 7	
3	氧气	m^3	11.723 0	0.400 0	
4	乙炔	m^3	243.672 2	8.314 3	按耗电石计算
注：本附录中的能源等价值如有变动,以国家统计部门最新公布的数据为准。					

ICS 91.140.01
P 46

中华人民共和国国家标准

GB/T 29414—2012

散热器恒温控制阀

Thermostatic radiator valve

2012-12-31 发布 2013-08-01 实施

中华人民共和国国家质量监督检验检疫总局
中国国家标准化管理委员会 发布

前　言

本标准按照 GB/T 1.1—2009 给出的规则起草。

本标准使用重新起草法参照 EN 215:2006《散热器恒温控制阀》,与 EN 215:2006 的一致性程度为非等效。

本标准由中华人民共和国住房和城乡建设部提出。

本标准由全国暖通空调及净化设备标准化技术委员会(SAC/TC 143)归口。

本标准负责起草单位:中国建筑科学研究院。

本标准参加起草单位:建设部供热质量监督检验中心、北京市建筑设计研究院、北京建筑节能与建筑材料管理办公室、天津市供热办公室、丹佛斯(上海)自动控制有限公司、欧文托普阀门系统(北京)有限公司、埃迈贸易(上海)有限公司、北京霍尼韦尔节能设备有限公司、北京金房暖通节能技术有限公司、东阳市华恒温控器厂、浙江盾安阀门有限公司、浙江盛世博扬阀门工业有限公司、盛世博扬(上海)暖通科技有限公司、广州海鸥卫浴用品股份有限公司、佛山市南海知行机电发展有限公司、无锡市惠山华宏自动控制有限公司、嘉科米尼采暖制冷科技(北京)有限公司、天津华创源科技有限公司、浙江慧康暖通设备有限公司、广州新菱(佛冈)自控有限公司、浙江沃孚阀门有限公司、北京联商同创科技有限公司。

本标准主要起草人:黄维、何莹、万水娥、田桂清、田雨辰、李晓鹏、马学东、冯铁栓、张军工、丁琦、楼向阳、赵明祥、孔祥智、黄军、高大勇、余耀德、唐勇彪、唐萍、孟宇、李倜、苏辉本、陈鸣、谭骞。

散热器恒温控制阀

1 范围

本标准规定了散热器恒温控制阀(以下简称恒温阀)的术语和定义;结构、分类与型号;要求;试验方法;检验规则;标志、使用说明书和合格证,以及包装、运输和贮存。

本标准适用于民用建筑供暖系统中,通过自力式动作控制流经采暖散热器的热水流量,用以实现室温调控的恒温阀(水温 95 ℃以下),不适用于电动等其他驱动形式的控温阀门。

2 规范性引用文件

下列文件对于本文件的应用是必不可少的。凡是注日期的引用文件,仅注日期的版本适用于本文件。凡是不注日期的引用文件,其最新版本(包括所有的修改单)适用于本文件。

GB/T 5231 加工铜及铜合金牌号和化学成分

GB/T 7306.1 55°密封管螺纹 第1部分:圆柱内螺纹与圆锥外螺纹

GB/T 7306.2 55°密封管螺纹 第2部分:圆锥内螺纹与圆锥外螺纹

GB/T 7307 55°非密封管螺纹

GB/T 9969 工业产品使用说明书 总则

GB/T 12220 通用阀门 标志

JB/T 6169 金属波纹管

3 术语和定义

以下术语和定义适用于本文件。

3.1

散热器恒温控制阀 thermostatic radiator valve

与采暖散热器配合使用的一种专用阀门,由阀头和阀体组成,通过其阀头温包感应环境温度驱动阀体动作,调节流经散热器的热水流量,从而实现室温的恒温控制和自主调节。

3.2

温包 sensor

在恒温阀阀头中感受环境温度变化并产生驱动力的部件。

3.3

开启曲线 opening curve

在保持恒温阀设定温度不变、前后压差不变的条件下,通过逐渐降低环境温度使恒温阀做开启动作,开启过程中得出的温度-流量特性曲线。

3.4

关闭曲线 closing curve

在保持恒温阀设定温度不变、前后压差不变的条件下,通过逐渐升高环境温度使恒温阀做关闭动作,关闭过程中得出的温度-流量特性曲线。

3.5

开启温度　opening temperature

开启曲线中零流量点所对应的温度值。

3.6

关闭温度　closing temperature

关闭曲线中零流量点所对应的温度值。

3.7

理想曲线　theoretical curve

将实测的开启曲线或关闭曲线按特定作图方法经回归处理后绘制出的、用以表示温度和流量关系的直线。

3.8

S点　temperature point

理想曲线上零流量点所对应的温度值。

3.9

特性流量　characteristic flow rate(q_{ms})

在恒温阀前后压差为0.01 MPa时的温度-流量曲线上，温度比S点低2 K时所对应的流量。

3.10

公称流量　nominal flow rate(q_{mN})

恒温阀在静压为0.1 MPa，阀前后压差为0.01 MPa，阀头温度设定在中间刻度时，开启曲线上的特性流量。

对带预设定功能的恒温阀，其公称流量是指预设装置设定在最大值时的特性流量值。

3.11

滞后　hysteresis

开启曲线和关闭曲线在公称流量下所对应的不同温度之差。

3.12

压差影响　differential pressure influence

恒温阀在不同压差下的两条关闭曲线上S点之间的温差。

3.13

静压影响　influence of static pressure

恒温阀在不同静压下的两条关闭曲线上在公称流量下所对应的不同温度之差。

4　结构、分类与型号

4.1　产品结构

恒温阀主要由恒温阀阀头和恒温阀阀体组成，见图1。

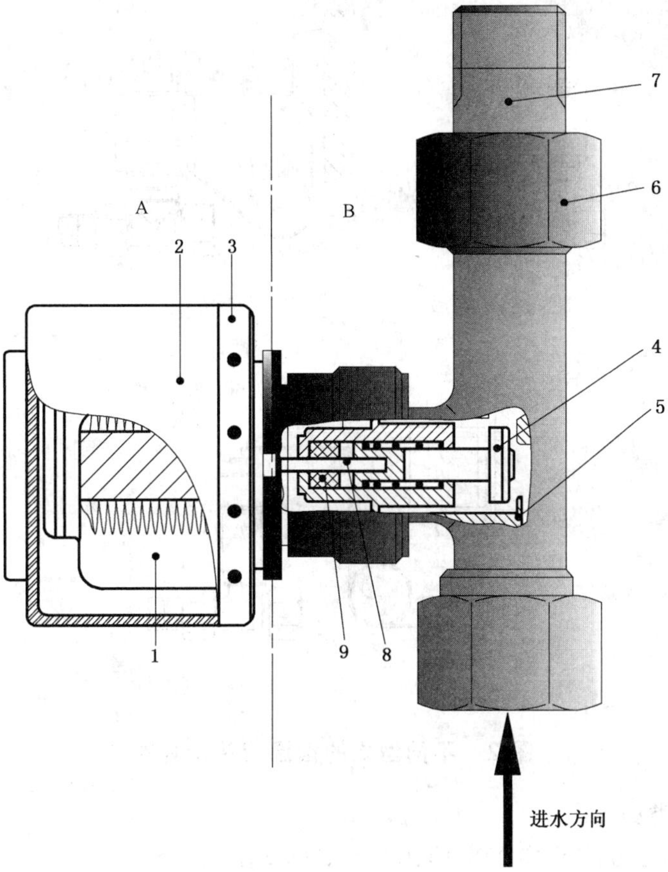

说明：

A ——恒温阀阀头；

B ——恒温阀阀体；

1 ——温包；

2 ——温度设定器；

3 ——温度设定标尺；

4 ——阀芯；

5 ——阀座；

6 ——螺母或活接头；

7 ——尾管；

8 ——阀杆；

9 ——密封件。

图 1　内置温包式恒温阀结构示意图

4.2　分类

4.2.1　恒温阀阀头分类如下：

a)　内置温包式：感温温包在阀头内，可与阀体直接连接的构造，见图 2 a)。

b)　外置温包式：温度设定器与执行器一体构造，温包独立外置，二者之间通过毛细管连接的构造，见图 2 b)。

c)　远程调控式：感温温包与温度设定器成一体并外置，通过毛细管与执行器连接的构造，见图 2 c)。

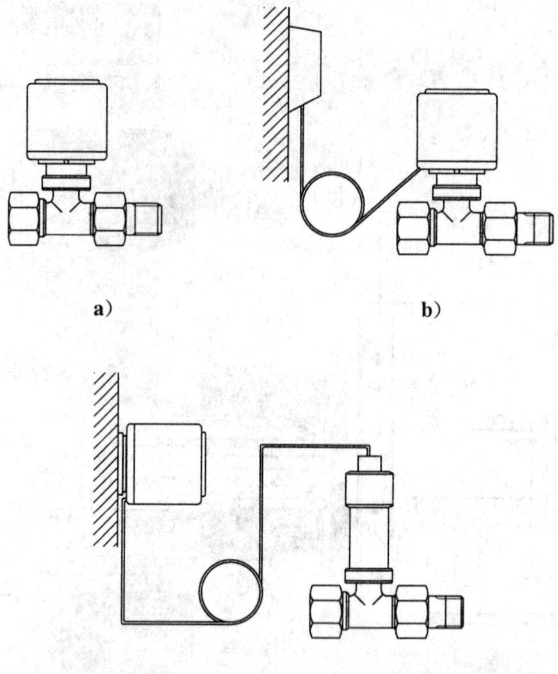

a) b) c)

图 2 不同型式的恒温阀头示意图

4.2.2 恒温阀阀体分类如下：

a) 按公称直径可分为：DN 10、DN 15、DN 20、DN 25。

b) 按阀体连接形式可分为：
- 角型连接，见图 3 a)；
- 直通连接，见图 3 b)；
- 其他(三通连接、H 型连接、散热器内置型等)。

c) 按阀体功能可分为：
- 预设定式恒温阀：恒温阀阀体具有预设阻力调节的功能；
- 非预设定式恒温阀：恒温阀阀体不具有预设阻力调节的功能。

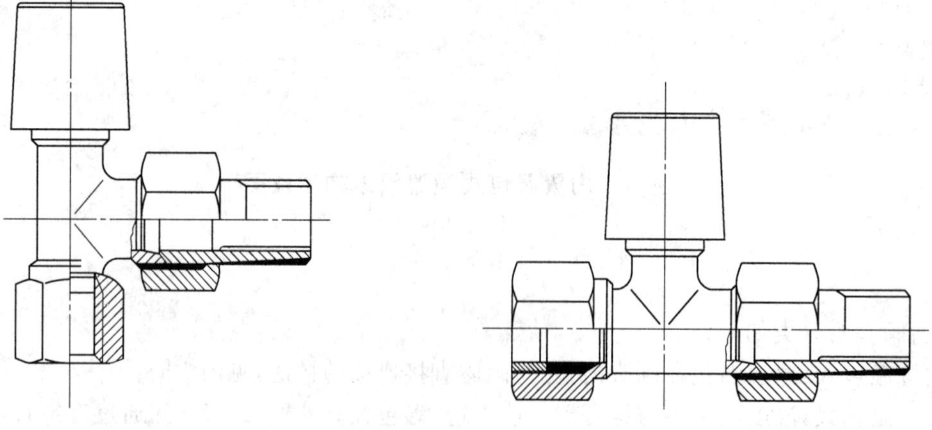

a) b)

图 3 不同型式的连接方式示意图

4.3 型号

HW-□ □ □-□-□

- 长度系列，D 或 F 系列
- 恒温阀阀头类型，内置省略，W— 外置，Y— 远程
- 公称直径用数字表示：10、15、20、25
- 预设定功能：无预设定功能省略，S— 有预设定功能
- 连接形式：直通省略，J— 角型，3— 三通型，H—H 型，N— 内置型，Q— 其他(需说明)
- 散热器恒温阀，用“恒温”汉语拼音大写字头表示

型号示例：

HW-JS25-W-D：恒温阀由 DN 25 mm 的角型预设定式阀体，与外置温包式阀头构成，基本尺寸符合 D 系列。

HW-15-F：恒温阀由 DN 15 mm 的直通型无预设定式阀体，与内置温包式阀头构成，基本尺寸符合 F 系列。

5 要求

5.1 一般要求

5.1.1 外观和动作要求

5.1.1.1 阀体表面应无可见裂纹或夹层、疏松、夹砂等缺陷，不应有影响美观的磕、碰、划伤或锈蚀。

5.1.1.2 文字、图形符号、型号、示值和刻度线应清晰、端正和牢固。

5.1.1.3 温度设定器不应松动、歪斜，启闭应轻松、连续可调，不应有卡阻现象。

5.1.1.4 恒温阀管道装配连接件应有活接作用和密封作用。

5.1.1.5 恒温阀阀体结构应符合对其在线检修和清堵的要求。

5.1.1.6 恒温阀阀体出厂包装中应配有保护帽，保护帽上应有开启/关闭旋转方向指示，保护帽应起到手动调节和关闭阀门的作用。

5.1.1.7 恒温阀阀体结构长度宜符合附录 A 中关于阀门长度的要求。

5.1.2 温度设定器设定范围

5.1.2.1 最大设定温度不应大于 28 ℃。

5.1.2.2 最小设定温度范围应为 5 ℃～16 ℃。

5.1.2.3 工作介质温度：4 ℃～95 ℃。

5.1.3 额定压力

恒温阀工作介质额定压力不应低于 1.0 MPa。

5.1.4 材料要求

5.1.4.1 恒温阀中使用的金属材料、塑料材料和密封材料等，应满足在供暖系统中的耐老化和耐锈蚀的要求，在供暖工作温度下应具有足够的机械强度。

5.1.4.2 管路螺纹连接应符合 GB/T 7306.1、GB/T 7306.2 和 GB/T 7307 中的相关规定。

5.1.4.3 采用铜合金材料时，其性能应符合 GB/T 5231 的规定。

5.1.4.4 感温元件采用金属波纹管时，其性能应符合 JB/T 6169 的规定。

5.1.4.5 橡胶密封圈应采用三元乙丙橡胶或其他性能更好的耐热橡胶材料。

5.2 机械性能要求

5.2.1 阀体装配件抗弯性

恒温阀阀体及装配件在承受表 1 中的力矩下，阀体不应发生损伤或永久变形。

表 1 装配件承受扭矩

公称直径/mm	扭矩 M/Nm
DN10	100
DN15	120
DN20	180
DN25	220

5.2.2 阀体的耐压密封性

恒温阀阀体及其连接件应按 6.2.2 进行耐压密封性试验，不得损坏或渗漏。

5.2.3 阀杆的气密性

恒温阀阀杆应按 6.2.3 进行气密性试验，不得发生气体渗漏。

5.2.4 阀杆的密封耐久性

恒温阀阀杆应按 6.2.4 进行密封耐久性试验，阀杆密封处不应渗漏。

5.2.5 温包的有效性

温包应按 6.2.5 进行试验，温包实验前、后的有效行程之差不应大于 0.15 mm。

5.2.6 阀头的抗扭性

恒温阀阀头应按 6.2.6 进行抗扭性试验，不应发生损伤或变形。

5.2.7 阀头的抗弯性

恒温阀阀头应按 6.2.7 进行抗弯性试验，不应发生损伤或变形。

5.3 调节性能要求

5.3.1 公称流量准确性

当公称流量大于 33 kg/h 时，其厂家提供的公称流量值与实测值误差不得超过 10%；当公称流量不大于 33 kg/h 时，其厂家提供的公称流量值与实测值误差不得超过 3 kg/h。

5.3.2 流量调节性

按附录 B 试验方法绘制出曲线 3，曲线上低于 S 点 1 K 时所对应的流量，不得超过公称流量的 70%。

5.3.3 最大和最小设定位置时的特性流量和温度范围

恒温阀温度设定器设定在最大位置时，所得到的特性流量不应小于0.8倍公称流量，S点不应大于30 ℃；恒温阀温度设定器设定在最小位置时，所得到的特性流量不应大于1.2倍公称流量，且不应小于0.5倍公称流量，S点应在7 ℃～18 ℃之间。

5.3.4 滞后

滞后不应大于1 K。

5.3.5 压差影响

压差影响不应大于1 K。

5.3.6 静压影响

静压影响不应大于1 K。

5.3.7 S点偏差

开启温度与开启曲线S点的温差不应大于0.8 K，关闭温度与关闭曲线S点的温差不应大于0.8 K。

5.3.8 环境温度对带有远程传输部件恒温阀的影响

按6.3.8进行环境温度对带有远程传输部件恒温阀的影响试验后，其试验前后公称流量对应的温度变化不应大于1.5 K。

5.3.9 机械疲劳性能

恒温阀应按6.3.9进行机械疲劳试验后，其试验前后公称流量的变化量不应大于试验前公称流量值的20%，公称流量对应的温度变化不应大于2 K。

5.3.10 热力疲劳性能

恒温阀应按6.3.10进行热力疲劳试验后，其试验前后公称流量的变化量不应大于试验前公称流量值的20%，公称流量对应的温度变化不应大于2 K。

5.3.11 耐温性能

恒温阀应按6.3.11进行耐温疲劳试验后，其试验前后公称流量的变化量不应大于试验前公称流量值的20%，公称流量对应的温度变化不应大于1.5 K。

6 试验方法

6.1 外观和动作

恒温阀的外观和动作采用目测和手动方式检测。

6.2 机械性能试验

6.2.1 阀体装配件抗弯性试验

将恒温阀阀体和连接件装配连接(装配力矩按厂家提供数据)，垂直于管道施加力矩*M*(1±10%)(*M*数值见表1)30 s(见图4)，观察阀体是否发生损伤。

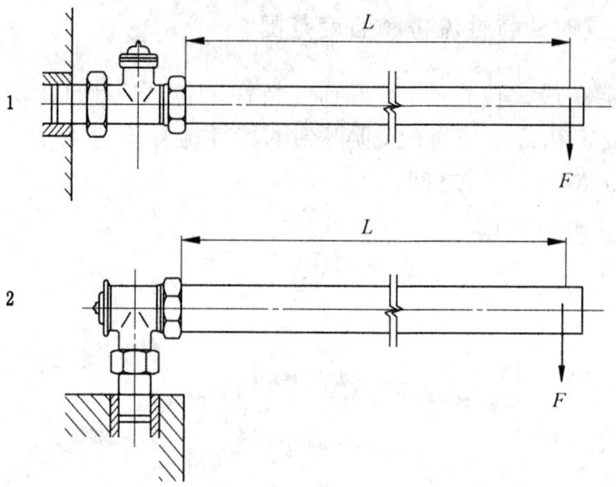

图 4　阀体装配件抗弯性试验装置示意图

6.2.2　阀体耐压密封性试验

将自由开启的恒温阀阀体和连接件装配连接，将连接散热器的一端封死，在另一端施加 1.25 倍额定压力的水压，持续 1 min 后(见图 5)观察阀体和连接处是否损坏或渗漏。

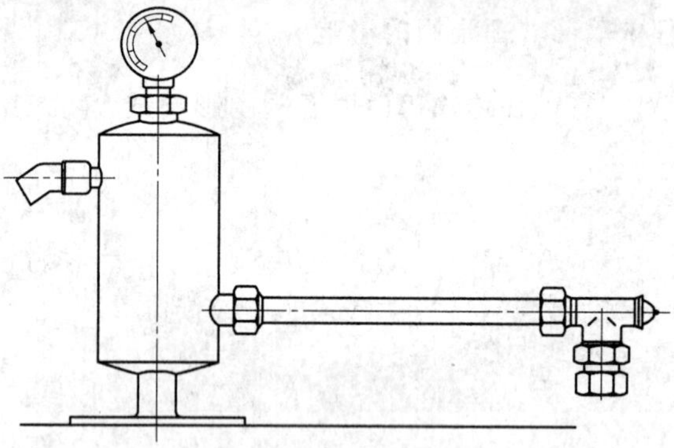

图 5　耐压密封性试验装置示意图

6.2.3　阀杆气密性试验

将恒温阀阀体和连接件装配连接，将连接散热器的一端封死，并将整阀浸入水中，在另一端施加(20±2)kPa 的气压，持续 1 min 后关闭、开启阀芯 5 次(见图 6)，检查是否持续有气泡冒出。

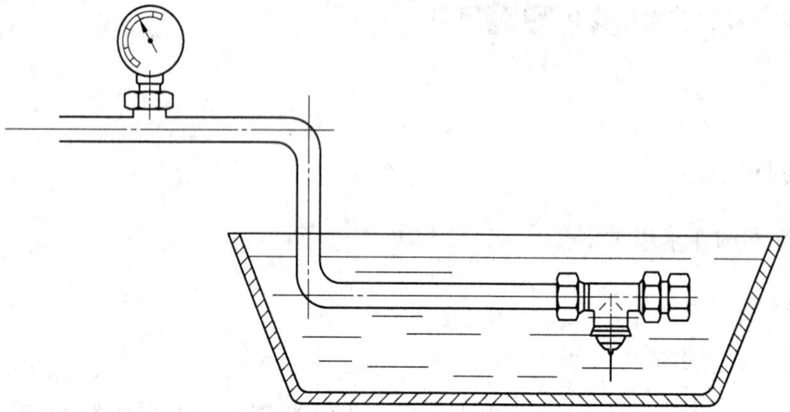

图 6　阀杆气密性试验装置示意图

6.2.4 阀杆密封耐久性试验

将恒温阀阀体安装在水温为(95±2)℃的循环水系统中，阀前后压差不低于0.02 MPa，全行程启闭阀杆60 000次，启闭频率不得高于120次/min。

6.2.5 温包有效性试验

6.2.5.1 按图7所示设备进行试验。先后在(20±2)℃和(40±2)℃的环境中，对温包施加(50±5)N的压力持续15 min，并测量温包尺寸的变化量，该变化量即为该温包的有效行程。

6.2.5.2 将温包取出，置于(20±2)℃的环境中承压(180±5)N，不少于12 h。

6.2.5.3 将温包取出，无压放入(60±2)℃的环境中，不少于6 h。

6.2.5.4 将温包取出，再次按6.2.5.1测量有效行程，得出两次有效行程的差值。

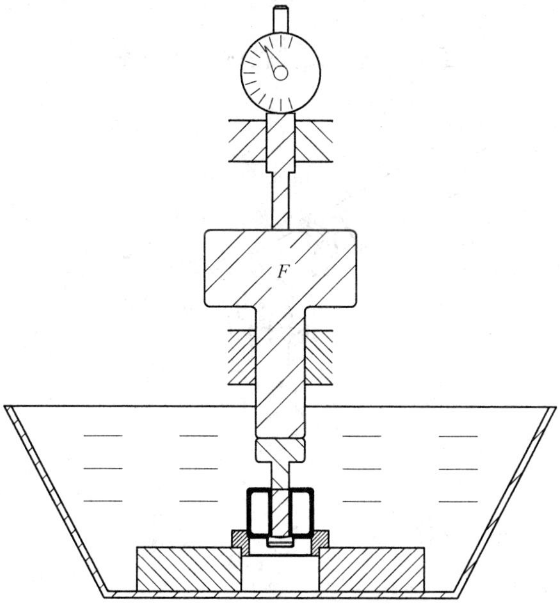

图7 温包储存夹装设备示意图

6.2.6 阀头抗扭性试验

将恒温阀阀体安装于静压(0.1±0.01)MPa、水温(90±2)℃(外置温包式和远程调控式阀头可以不要求水温)的水系统中稳定不少于20 min，将阀头调到最小温度点，关闭方向施加(8±1)N·m的扭矩30 s；再将阀头调到最大温度点，开启方向施加(8±1)N·m的扭矩30 s(见图8)，观察是否有损伤变形。

6.2.7 阀头抗弯性试验

将恒温阀阀体安装于静压(0.1±0.01)MPa、水温(90±2)℃(外置温包式和远程调控式阀头可以不要求控制水温)的水系统中稳定不少于20 min，通过宽度为20 mm的皮带在距阀头最远边10 mm的位置上施加垂直于恒温阀轴线方向上的(250±5)N外力30 s(见图9)，观察是否有损伤变形。

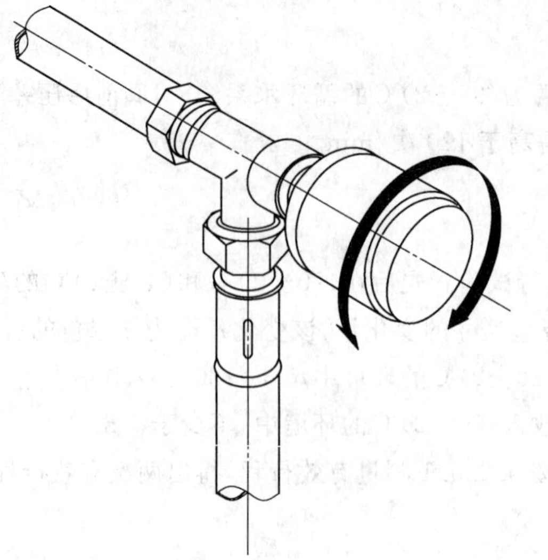

图 8　阀头抗扭性试验示意图

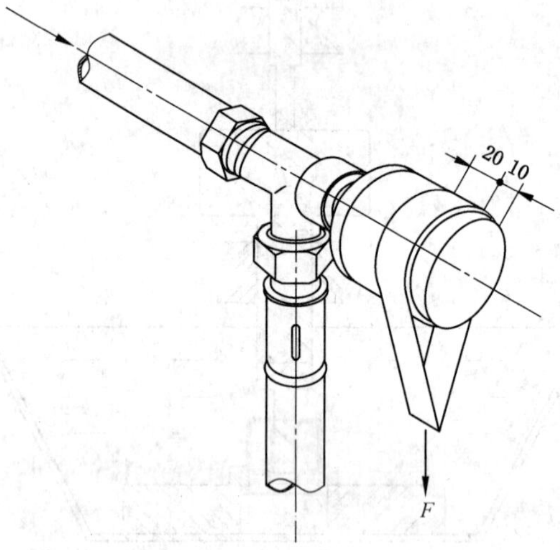

图 9　阀头抗弯性试验装置示意图

6.3　调节性能试验

6.3.1　公称流量的测定

按附录 B 绘制曲线 3(见图 B.3),测量得出恒温阀公称流量。对带预设定功能的恒温阀,在未特殊说明的情况下,公称流量应在预设装置设定在最大时测定。

6.3.2　流量调节性的测定

按附录 B 绘制曲线 3(见图 B.3),得出低于 S 点 1 K 所对应的流量。

6.3.3　最大和最小设定位置时的特性流量和温度范围测定

恒温阀温度设定器设定在最大位置时,按附录 B 绘制曲线 2(见图 B.3)得出的特性流量值 $q_{ms\ max}$ 和 S 点。

恒温阀温度设定器设定在最小位置时,按附录 B 绘制曲线 1(见图 B.3)得出的特性流量值 $q_{ms\ min}$ 和

S点。

6.3.4 **滞后的测定**

按附录B绘制曲线3和曲线4(见图B.3),得出同一公称流量所对应的两曲线温度点的温差。

6.3.5 **压差影响的测定**

按附录B绘制曲线4和曲线6(见图B.3),得出两曲线S点的温差。

6.3.6 **静压影响的测定**

按附录B绘制曲线4和曲线7(见图B.3),得出公称流量所对应的两曲线温度点的温差。

6.3.7 **S点偏差测定**

按附录B绘制曲线3和曲线4(见图B.3),得出开启温度和开启曲线S点,关闭温度和关闭曲线S点。

6.3.8 **环境温度对带有远程传输部件恒温阀的影响测定**

按附录B绘制曲线3和曲线5(见图B.3),得出公称流量所对应的两个温度点并计算温差。

6.3.9 **机械疲劳试验**

机械疲劳试验应按照下列步骤进行:

a) 按附录B绘制曲线3(见图B.3),得出公称流量和公称流量所对应的温度;
b) 将恒温阀安装在水温(90±2)℃、静压(0.1±0.01)MPa、最大压差(0.06±0.002)MPa的水系统中。将阀头旋转开启和关闭,每次转动约10 s,等待约5 s后转另一侧,完成一次开启和关闭动作为一个周期,共做5 000个周期;
c) 恒温阀开启并在环境温度中存放24 h以上;
d) 再次绘制曲线3(见图B.3),得出公称流量和公称流量所对应的温度与先前值进行比较。

6.3.10 **热力疲劳试验**

热力疲劳试验应按照下列步骤进行:

a) 按照附录B中所述的方法绘制曲线3(见图B.3),得出公称流量和公称流量所对应的温度;
b) 保持阀头设定温度中间位置不变,将阀头交替浸入到(15±1)℃和(25±1)℃的水槽中5 000次,阀头在每一个水槽中停留的时间不少于30 s;
c) 在热力疲劳试验后,恒温阀在环境温度中存放不少于24 h;
d) 再次绘制曲线3(见图B.3),得出公称流量和公称流量所对应的温度与先前值进行比较。

6.3.11 **耐温性能试验**

耐温性能试验应按照下列步骤进行:

a) 按照附录B所述的方法绘制曲线3(见图B.3),得出公称流量及S点,并在阀头上标记开度;
b) 将实验完毕后的恒温阀阀头和阀体从实验台上拆下,并按出厂状态包装;
c) 将恒温阀连带包装放入(50±2)℃的空气中3 h;
d) 将恒温阀包装除去,将阀体和阀头组装好,将恒温阀阀头温度设定于最小值,放置于(40±2)℃的温度中持续3 h;
e) 将实验完毕的恒温阀调至开启状态,在环境温度中存放不少于24 h;

f) 将温度设定器设定为原标记位置，再次绘制特征曲线3(见图B.3)，得出公称流量和S点，与先前值进行比较。

7 检验规则

7.1 检验分类

产品检验分为出厂检验和型式检验。

7.2 出厂检验

7.2.1 检验项目

出场检验项目符合表2的规定。

表2 检验项目

序号	检验项目	出厂检验	型式检验	技术要求条款	试验方法条款
1	外观和动作	√	√	5.1.1	6.1
2	阀体装配件抗弯性		√	5.2.1	6.2.1
3	阀体耐压密封性	√	√	5.2.2	6.2.2
4	阀杆气密性	√	√	5.2.3	6.2.3
5	阀杆密封耐久性		√	5.2.4	6.2.4
6	温包有效性		√	5.2.5	6.2.5
7	阀头抗扭性		√	5.2.6	6.2.6
8	阀头抗弯性		√	5.2.7	6.2.7
9	公称流量准确性		√	5.3.1	6.3.1
10	流量调节性		√	5.3.2	6.3.2
11	最大和最小设定位置时的特性流量和温度范围		√	5.3.3	6.3.3
12	滞后		√	5.3.4	6.3.4
13	压差影响		√	5.3.5	6.3.5
14	静压影响		√	5.3.6	6.3.6
15	S点偏差		√	5.3.7	6.3.7
16	环境温度对带远程传输部件恒温阀的影响		√	5.3.8	6.3.8
17	机械疲劳性能		√	5.3.9	6.3.9
18	热力疲劳性能		√	5.3.10	6.3.10
19	耐温性能		√	5.3.11	6.3.11

7.2.2 抽样方案与判定规则

产品应经制造厂质量检验部门逐批检验，以100只产品为一批，不足100只按一批计，每批抽检

5 只,检验合格并附有质量检验合格证方可出厂。

7.3 型式检验

7.3.1 检验条件

有下列情况之一时,应进行型式检验:

a) 新产品或老产品转厂生产的试制定型鉴定;

b) 正式生产后,如结构、材料、工艺有较大改变,可能影响产品性能时;

c) 正式生产时,每两年进行一次;

d) 产品停产两年后,恢复生产时;

e) 出厂检验结果与上次有较大差异时;

f) 发生重大质量事故时;

g) 国家质量监督机构提出进行型式检验要求时。

7.3.2 检验项目

恒温阀检验项目应按表 2 的规定执行。

7.3.3 抽样方案与方法

抽样应在出厂检验合格产品中,以 1 000 只产品为一批,不足 1 000 只按一批计,每批次随机抽取不少于 5 只,且不同规格产品不少于 2 只。

7.3.4 判定规则与复验规则

检验过程中,发现任何一项指标不合格时,应在同批产品中加倍抽样,复检其不合格项目;若仍不合格,则该批产品为不合格。

8 标志、使用说明书和合格证

8.1 标志

8.1.1 恒温阀应在明显部位设置清晰、牢固的型号标牌,其内容应包括:

a) 公称直径;

b) 公称压力;

c) 介质流向;

d) 制造厂标;

e) 温度设置标记。

8.1.2 产品应带有标签,标签上标明产品名称、标准编号、商标、生产企业名称、地址、种类、规格和型号。

8.1.3 阀门标志应符合 GB/T 12220 的规定。

8.2 使用说明书

使用说明书应符合 GB/T 9969 的规定,其内容至少应包括以下内容:

a) 制造厂名和商标;

b) 结构原理;

c) 主要零件的材料;

d) 重量、外形尺寸和连接尺寸；
e) 维护、保养、安装和使用说明；
f) 常见故障及排除方法；
g) 技术参数不应少于以下内容：
- 温度选择的最大值、最小值和标记；
- 最大允许的静压；
- 最大允许的压差；
- 最大允许的热水温度；
- 允许的工作压差范围；
- 公称流量下的流通能力或阻力系数；
- 对带预设定的恒温阀，应标明阀门预设定操作说明、不同预设值对应公称流量下的流通能力或阻力系数。

8.3 合格证

合格证内容至少应包括以下内容：
a) 制造厂名和出厂日期；
b) 产品型号、规格，执行标准号；
c) 检验日期、检验员标记。

9 包装、运输和贮存

9.1 包装

9.1.1 恒温阀的包装应保证产品在正常运输中不致损坏。
9.1.2 包装外面应注明：
a) 产品名称、型号及数量；
b) 制造厂名及地址。
9.1.3 恒温阀包装时，应附有使用说明书和产品质量合格证。

9.2 运输

恒温阀在运输过程中，应防止剧烈震动，不应抛掷、碰撞等，防止雨淋及化学物品的侵蚀。

9.3 贮存

恒温阀及其配件应贮存在干燥通风无腐蚀性介质的室内，并有入库登记。

附 录 A
（规范性附录）
散热器恒温控制阀基本尺寸

恒温阀阀体的基本尺寸应符合图 A.1 中阀门长度系列的要求。

单位为毫米

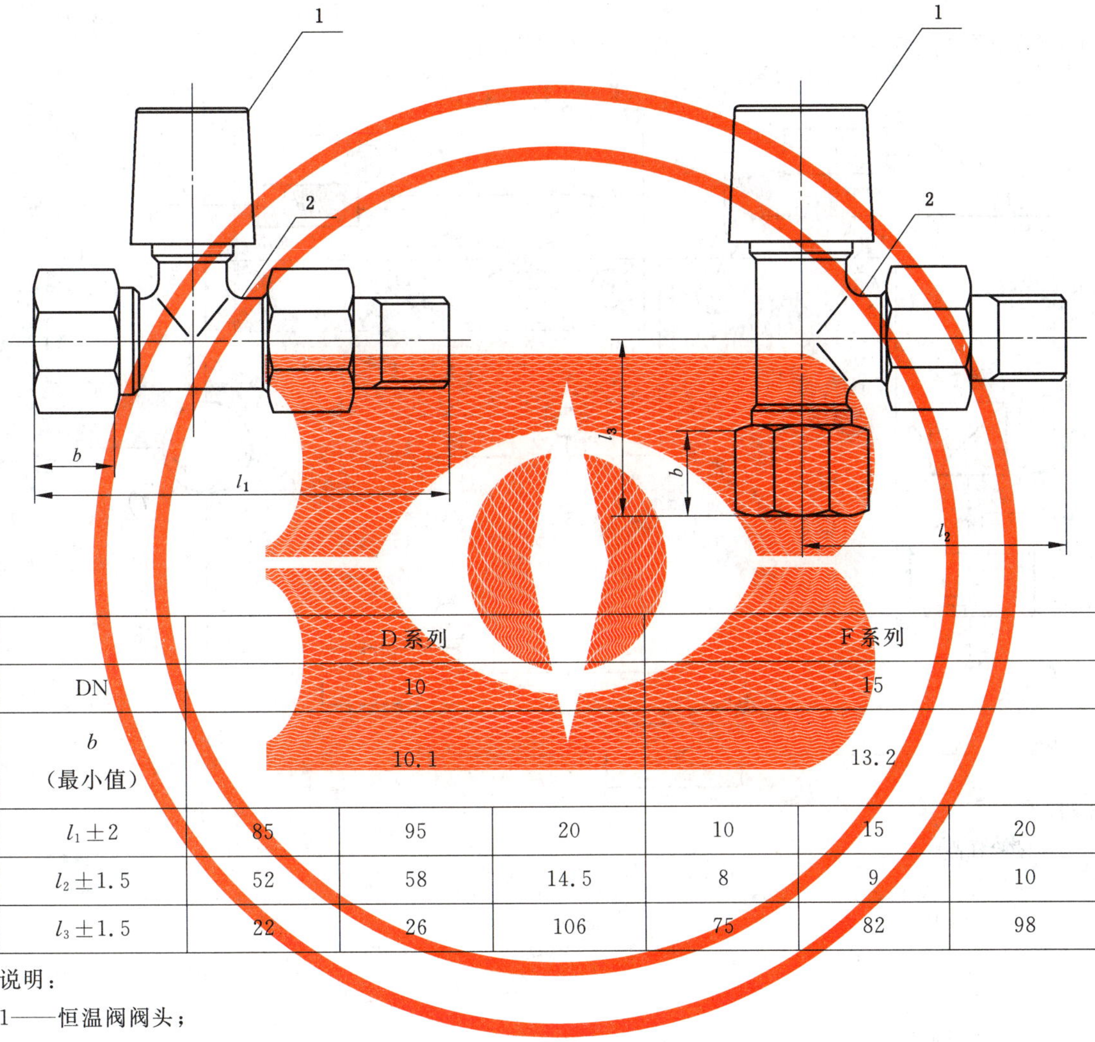

	D 系列			F 系列		
DN	10			15		
b （最小值）	10.1			13.2		
$l_1 \pm 2$	85	95	20	10	15	20
$l_2 \pm 1.5$	52	58	14.5	8	9	10
$l_3 \pm 1.5$	22	26	106	75	82	98

说明：

1——恒温阀阀头；

2——恒温阀阀体。

图 A.1 直通型和角型阀门 D、F 系列

附 录 B
（规范性附录）
散热器恒温控制阀调节性能试验方法

B.1 恒温阀调节性能试验装置原理图

B.1.1 获取恒温控制阀调节性能试验装置原理图，见图 B.1。

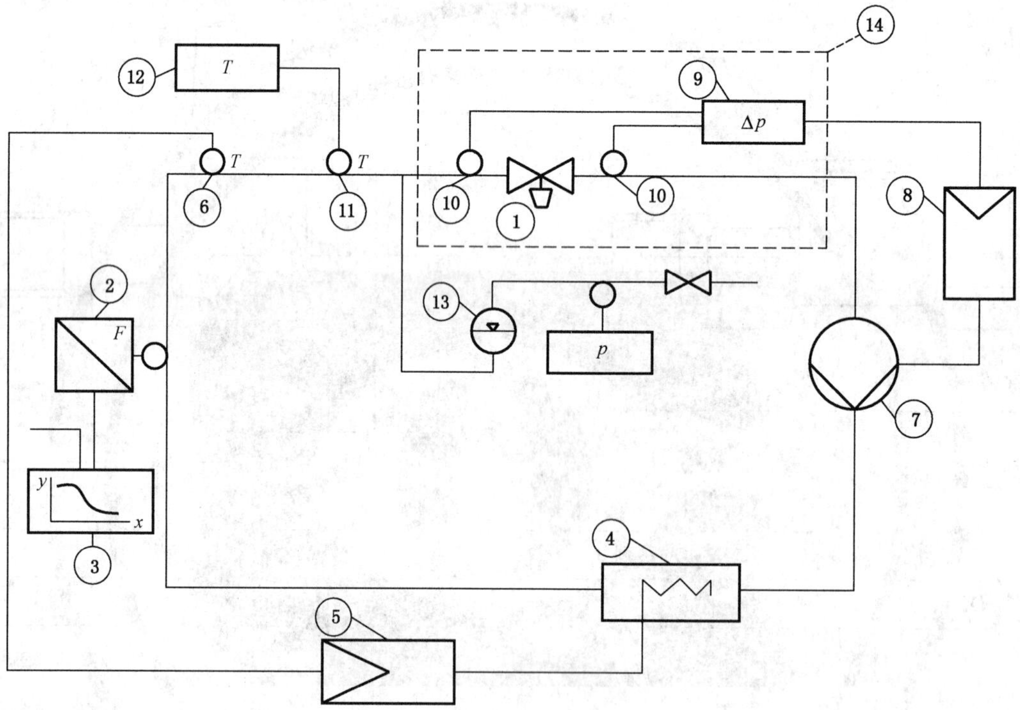

说明：
1 ——试验样品；
2 ——流量计；
3 ——数据记录仪；
4 ——加热器；
5 ——温度控制器；
6 ——温度传感器；
7 ——循环泵；
8 ——差压控制器；
9 ——差压传感器；
10——差压测点；
11——温度测点；
12——温度计；
13——稳压容器；
14——恒温水槽试验装置。

图 B.1 获取恒温阀水力调节数据的模拟采暖系统示意图

B.1.2 试验样阀的阀头部分应浸入提供给模拟室温环境的恒温水槽中，见图 B.2。

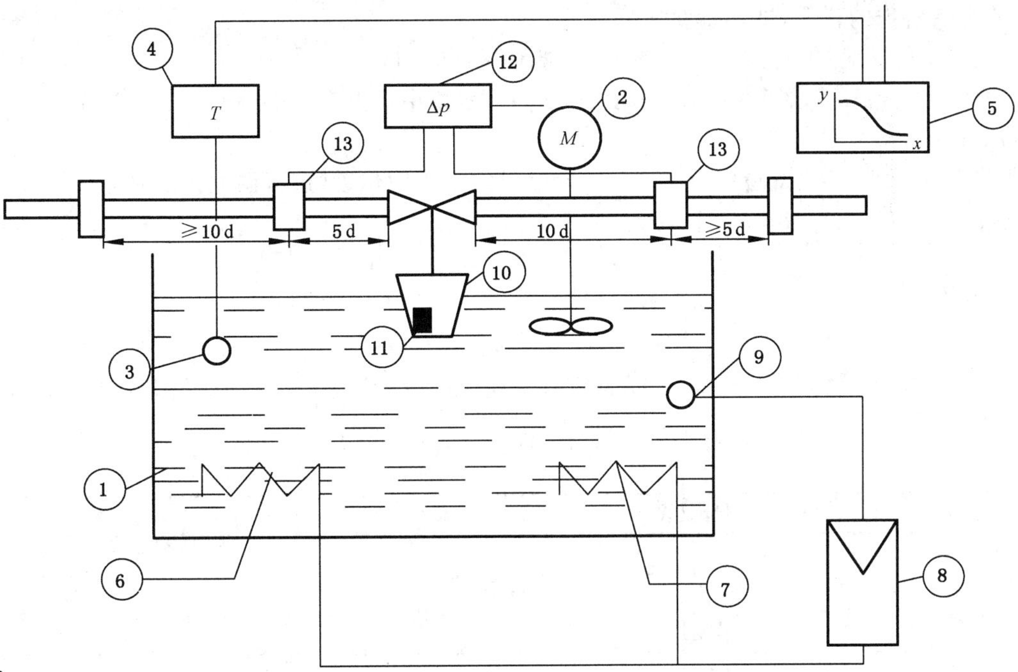

说明：
1 ——水槽；
2 ——搅拌器；
3 ——温度测点；
4 ——温度计；
5 ——数据记录仪；
6 ——加热器；
7 ——冷却器；
8 ——温度控制器；
9 ——温度测点；
10——恒温阀阀头；
11——感温包；
12——压差传感器；
13——压差测点。

图 B.2　恒温水槽试验装置示意图

B.2　试验方法

B.2.1　压差测点安放在试验样阀前后，压差数据可从压差计上读出；压差控制器控制范围在(0.01～0.06)MPa之间，偏差±2%。

B.2.2　稳压罐控制流经恒温阀的水系统静压恒定，定压点在试验样阀前；最大系统静压应为1 MPa，偏差±2%。

B.2.3　流经恒温阀的水系统温度可在50 ℃～90 ℃之间恒定，温度偏差±0.2 K；温度传感器测点在试验样阀前，偏差±0.2 K。

B.2.4　流经恒温阀的水流量可从流量计上读出，并自动记录。

B.2.5　试验样阀的阀头应完全浸入在恒温水槽之中，应保证水在阀头周围连续混合和循环，水槽内温度均匀。

B.2.6　恒温水槽自控恒温，温度控制精度为0.03 ℃；恒温水槽应能通过控制设备平稳地改变温度，温度变化量应小于3 K/h。

B.2.7 除非有特殊的说明，试验条件如下：

恒温阀入口静压为(0.1±0.01)MPa，阀两端压差为0.01(1±2%)MPa；

流经恒温阀的循环水温度保持在(50±2)℃，恒温水槽中水温变化速率应小于3 K/h(每10 min变化小于0.5 K)；

除曲线1、曲线2，其他试验均应将温度选择器设定在中间位置，进行温度设定时应从最大刻度旋转到中间刻度。

B.3 试验仪表

试验用的各类测量仪器仪表应有计量检定有效期内的合格证，其准确度应符合表B.1的规定。

表 B.1 试验仪表要求

测量参数	测量仪表	单位	仪表精度
温度	铂电阻温度计	℃	0.03
压力	压力表 压差变送器	MPa	准确度不低于1.5级
时间	秒表	s	1
流量	流量计	%	不大于2

B.4 恒温阀特性曲线的绘制

B.4.1 特性曲线的绘制

使用恒温阀调节性能试验装置绘制的温度-流量特性曲线(曲线1～曲线7)，见图B.3。

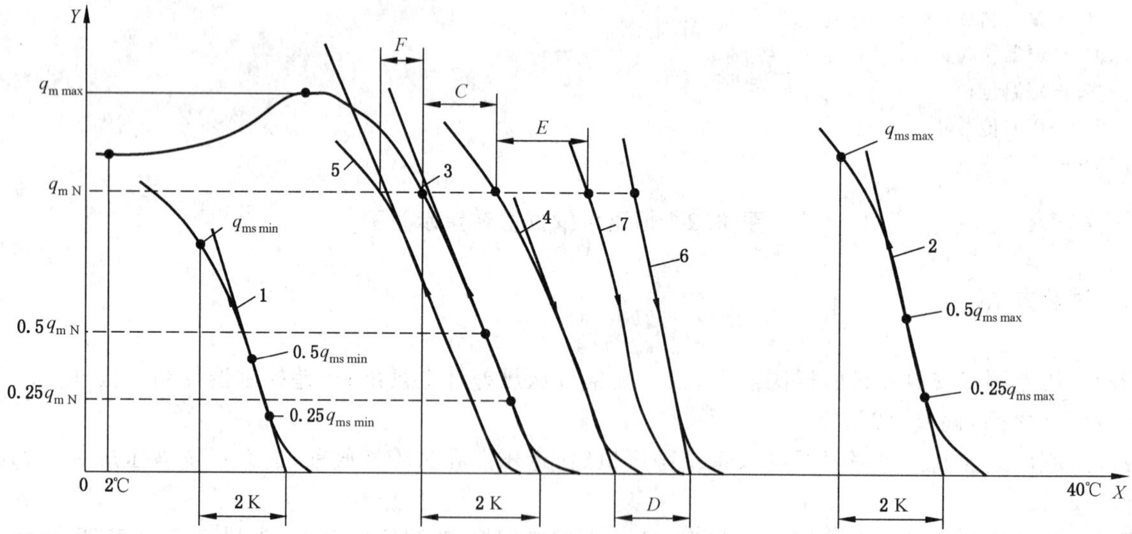

说明：

C——滞后值；

D——压差影响值；

E——静压影响值；

F——环境温度对带有远程传输部件恒温阀的影响值。

图 B.3 恒温阀温度-流量特性曲线示意图

a) 温度设定在最小设置和最大设置时的开启曲线(见曲线 1 和曲线 2)

将温度设定于最小位置,起始水槽温度至少高于开启温度 2 K,然后将水槽温度降到低于开启温度 3 K,绘制开启曲线(见曲线 1);

将温度设定于最大位置,重复上述步骤,绘制开启曲线(见曲线 2)。

b) 温度设定在中间位置时的开启曲线(见曲线 3)

将温度设定于中间位置,起始水槽温度高于开启温度至少 2 K,然后将水槽温度降低,比开启温度低 6 K,绘制开启曲线。

c) 温度设定在中间位置时的关闭曲线(见曲线 4)

将温度设定于中间位置,起始水槽温度至少低于开启温度 4 K,然后将水槽温度增到比关闭温度高 1 ℃,绘制关闭曲线。

d) 温度设定于中间位置时,带有远端传输部件的温控阀的开启曲线(见曲线 5)

温度设定于中间位置,将传输部件以及联通部件 1 m 长的一段浸入到第二个水槽中,该水槽中水温应高于(28±0.2)℃。恒温阀的其余部分置于第一个水槽中。

起始水槽温度至少要高于开启温度 2 K,然后将水槽温度降到低于开启温度 3 K,绘制开启曲线。

e) 温度设定于中间位置,压差大于 0.1 MPa 时的关闭曲线(见曲线 6)

将阀前后压差控制在 0.06(1±2%)MPa,按照 c)方式绘制关闭曲线。

f) 温度设定于中间位置,恒温阀的静压为 1 MPa 时的关闭曲线(曲线 7)

将静压控制在 1(1±2%)MPa,按照 c)方式绘制关闭曲线。

B.4.2 理想曲线的绘制

理想曲线的绘制应按照下述步骤完成,绘制示意图,见图 B.4。

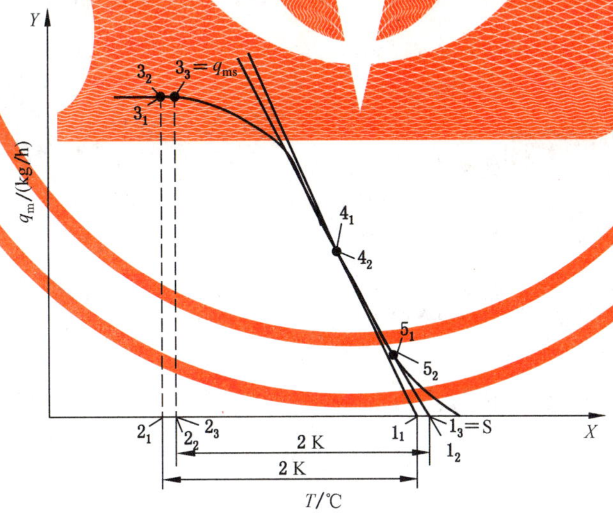

说明:

q_m ——流量(kg/h);

q_{ms} ——特性流量(kg/h);

T ——温度(℃);

S ——S 点(℃)。

图 B.4 理想曲线绘制示意图

a） 延长曲线的线性部分或通过拐点的切线交 X 轴于点 1_1；

b） 在 X 轴上比交点 1_1 低 2 K 的一点为 2_1，点 2_1 在曲线上所对应的点为 3_1；

c） 点 4_1 所对应的流量为点 3_1 所对应的流量 50％，点 5_1 所对应的流量为点 3_1 所对应流量的 25％；

d） 将点 4_1 和点 5_1 连线并延长交 X 轴于点 1_2；

e） 以点 1_2 为起点，重复 a)、b)、c)过程直到 1_n 点不再发生位移，1_n 点即为 S 点；

f） 低于 S 点 2 K 的 X 轴上点所对应的流量即为 q_{ms}。

ICS 13.220.50
C 82

中华人民共和国国家标准

GB/T 29416—2012

建筑外墙外保温系统的防火性能试验方法

Test method for fire-resistant performance of external wall insulation systems applied to building facades

2012-12-31 发布　　2013-10-01 实施

中华人民共和国国家质量监督检验检疫总局
中国国家标准化管理委员会　发布

前　言

本标准按照 GB/T 1.1—2009 给出的规则起草。

本标准编制时参考了 BS 8414-1:2002《建筑外包覆系统的防火性能　第 1 部分:适用于建筑表面非承重外包覆系统的试验方法》。

本标准由中华人民共和国公安部提出。

本标准由全国消防标准化技术委员会建筑构件耐火性能分技术委员会(SAC/TC 113/SC 8)归口。

本标准负责起草单位:公安部天津消防研究所。

本标准参加起草单位:中国建筑科学研究院、公安部四川消防研究所、北京振利高新技术有限公司、山东圣泉化工股份有限公司、中国聚氨酯工业协会。

本标准主要起草人:王国辉、田亮、卓萍、张晓颖、赵璧、韩伟平、项凯、胡胜利、吴颖捷、季广其、赵成刚、崔荣华、黄振利、唐路林、李建波、朱春玲、王建强、胡永腾、张志敏。

建筑外墙外保温系统的防火性能试验方法

安全警示:组织和参加本项试验的所有人员需注意可能存在的危险。在试验过程中有可能出现外保温系统全面燃烧并产生有毒和(或)有害烟尘、烟气的情况,在试件安装、试验实施和试验后残余物清理的过程中也可能出现机械危害和操作危险。因此,试验室需配备试验人员的安全防护装备和相应的灭火设施,对所有潜在的危险及对健康的危害进行评估并做出安全预告。试验相关人员需进行必要的培训,以确保工作人员按照规定的安全规程进行操作。

1 范围

本标准规定了建筑外墙外保温系统防火性能试验的术语和定义、试验装置、试样、状态调节、试验程序、试验后的检查、试验结果判定和试验报告等。

本标准适用于安装在建筑外墙上的非承重外保温系统的防火性能试验。

本标准不适用于安装在建筑外墙上的呼吸式玻璃幕墙结构外保温系统的防火性能试验。

2 规范性引用文件

下列文件对于本文件的应用是必不可少的。凡是注日期的引用文件,仅注日期的版本适用于本文件。凡是不注日期的引用文件,其最新版本(包括所有的修改单)适用于本文件。

GB/T 5907 消防基本术语 第一部分

GB/T 6343 泡沫塑料及橡胶 表观密度的测定

GB/T 18404 铠装热电偶电缆及铠装热电偶

GB/T 20284 建筑材料或制品的单体燃烧试验

GB/T 25181 预拌砂浆

3 术语和定义

GB/T 5907 界定的以及下列术语和定义适用于本文件。

3.1

建筑外墙外保温系统 external wall insulation systems applied to building facade

采用规定的构造方式将多种材料安装在建筑外墙外表面上,具有一定保温性能的完整结构系统。

3.2

水平准位线 1 level 1

位于试验装置燃烧室开口顶部上方 2 500 mm 处的水平准位线。

3.3

水平准位线 2 level 2

位于试验装置燃烧室开口顶部上方 5 000 mm 处的水平准位线。

3.4

初始温度　initial temperature

T_0

开始点火时水平准位线1上的外部热电偶的平均温度。

3.5

持续可见火焰　sustained visible flaming

试验中观察到的持续时间超过60 s的连续可见火焰。

注：不包括阴燃时间。

3.6

燃烧残片　burning debris

在整个试验过程中，从试样上脱落的带有**持续可见火焰**(3.5)的样品残片。

4　试验装置

4.1　概述

建筑外墙外保温系统(以下简称“外保温系统”)的防火性能试验装置一般应由墙体、燃烧室、热源、垮塌区域、测量系统等部分组成。

试验装置应在具有一定空间的建筑室内建造，室内空间的大小应能满足试验装置建造、试样安装施工、试验操作等需求，同时应能保证试验期间试验用热源和试样的自由燃烧(燃烧行为受燃料控制，而不是受通风控制)。

试验装置应持久耐用，在试验过程中不得出现影响试验结果的变形或损坏。

4.2　墙体

试验装置的墙体由主墙和副墙组成，使用干密度不低于600 kg/m^{3}的蒸压加气混凝土砌块垂直砌筑。主墙和副墙的高度大于或等于9 000 mm，厚度大于或等于300 mm。主墙宽度大于或等于2 600 mm，副墙宽度大于或等于1 500 mm。主墙和副墙形成90°夹角(见图1)。试验墙体应采用符合GB/T 25181要求的强度等级为M10的干混普通抹灰砂浆抹面处理，厚度为(10±1)mm。

4.3　燃烧室

试验装置的燃烧室设置于主墙的底部，其外边缘与主墙面平齐。开口尺寸应为：高(2 000±100)mm，宽(2 000±100)mm。内部尺寸：高(2 300±50)mm，宽(2 000±50)mm，深(1 050±50)mm。燃烧室开口距副墙边缘的距离为(250±10)mm。开口上部用耐火材料保护。

4.4　热源

试验用热源的燃烧热性能应符合附录A的规定，可采用：

a)　按附录B规定制作的木垛；

b)　按附录A规定进行校准且符合要求的其他形式的热源(如燃气炉)，该热源应能保证其火焰能从燃烧室开口处溢出并向上燃烧。

单位为毫米

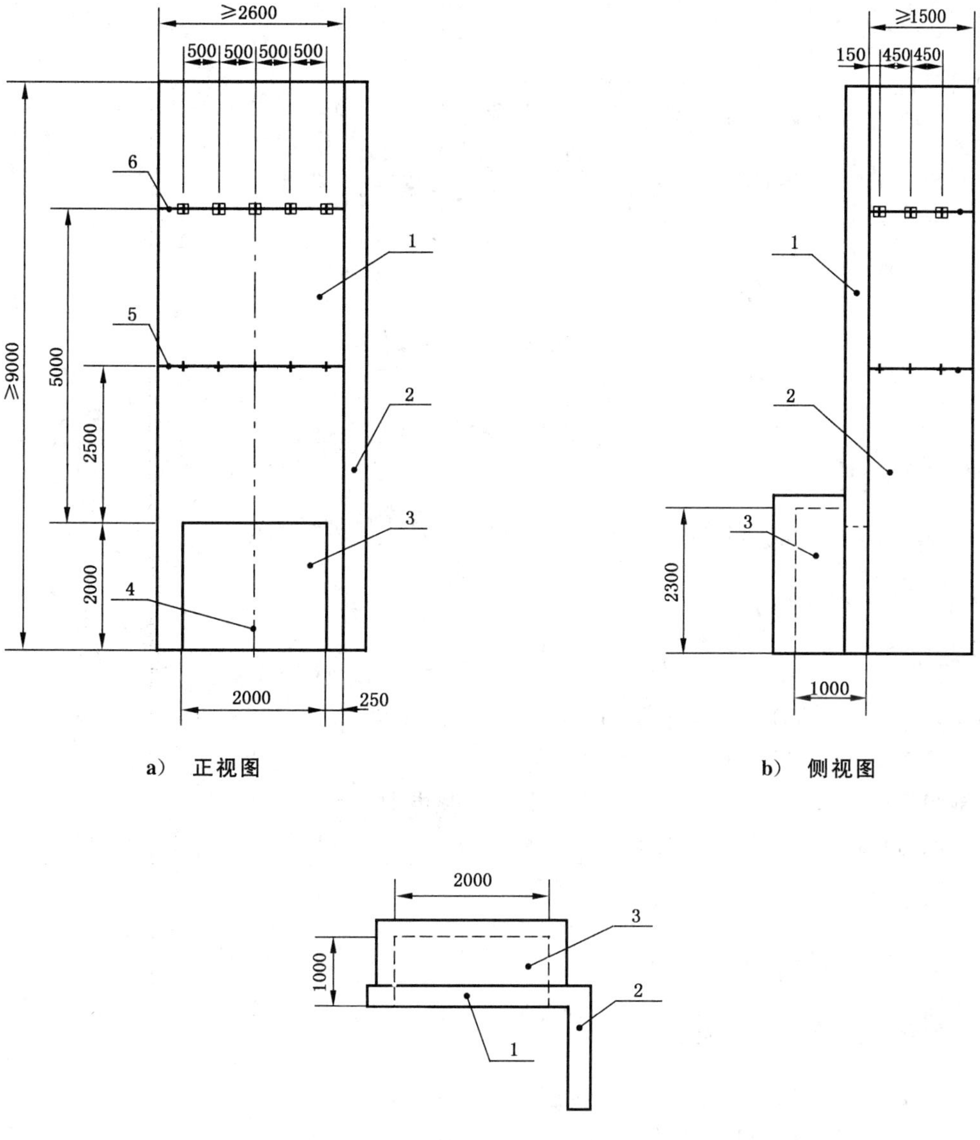

a) 正视图

b) 侧视图

c) 俯视图

1 ——主墙；

2 ——副墙；

3 ——燃烧室；

4 ——燃烧室中心线；

5 ——水平准位线 1；

6 ——水平准位线 2；

+ ——水平准位线 1 上的热电偶(外部温度)；

⊞ ——水平准位线 2 上的热电偶(外部温度＋内部温度)。

图 1 试验装置及热电偶位置示意图

4.5 垮塌区域

试验装置的垮塌区域设置于主墙与副墙夹角内，长 2 450 mm，宽 1 200 mm。标记于试验装置的地面上，如图 2 所示。

单位为毫米

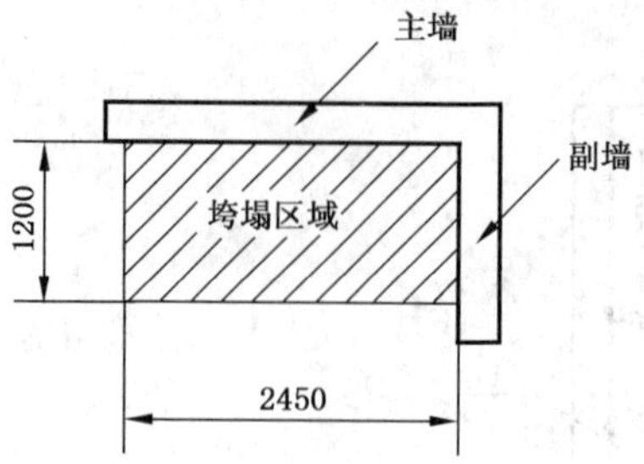

图 2　垮塌区域示意图

4.6　测量系统

4.6.1　概述

测量系统由热电偶、数据采集系统、摄像机、计时装置、风速仪等组成。

4.6.2　热电偶

4.6.2.1　一般规定

热电偶应采用符合 GB/T 18404 规定的电缆外径 D 为(1.5±0.025)mm 的 K 型铠装热电偶，测温范围为(0～1 000)℃，允差等级为Ⅰ级。

安装在试验装置上的热电偶分为外部热电偶和内部热电偶。

外部热电偶的测温点应伸出外保温系统外表面(50±5)mm，测温点位置的允许偏差为±10 mm。

内部热电偶的测温点应布置于保温层厚度的中心处。当保温层厚度小于 10 mm 时，可不设热电偶。如果系统内含有空腔，则内部热电偶的测温点应同时布置于每一个空腔厚度的中心处。测温点位置的允许偏差为±10 mm。

4.6.2.2　水平准位线上的外部热电偶

水平准位线 1 和水平准位线 2 上的外部热电偶安装位置为：

——在主墙正面，热电偶设置在燃烧室开口的垂直中心线上和中心线两侧各 500 mm 及 1 000 mm 的位置，水平准位线 1 和水平准位线 2 上各设置 5 个测温点，如图 1 a)所示；

——在副墙正面，热电偶设置在距主墙外保温系统外表面 150 mm、600 mm 及 1 050 mm 的位置上，水平准位线 1 和水平准位线 2 上各设置 3 个测温点，如图 1 b)所示。

4.6.2.3　水平准位线 2 上的内部热电偶

水平准位线 2 上的内部热电偶安装位置为：

——在主墙外保温系统内，热电偶应设置在燃烧室开口的垂直中心线上和中心线两侧各 500 mm 及 1 000 mm 的位置，共设置 5 个测温点，如图 1 a)所示；

——在副墙外保温系统内，热电偶设置在距主墙外保温系统外表面 150 mm、600 mm 及 1 050 mm 的位置上，共设置 3 个测温点，如图 1 b)所示。

4.6.3　数据采集系统

数据采集系统记录数据的时间间隔应不大于 2 s。

4.6.4 摄像机

采用两台连续录像时间不少于 90 min 的摄像机对试验全过程进行连续记录，摄像的视角应覆盖试验装置两个墙面的整体高度。

4.6.5 计时装置

计时装置的测量精度不低于 0.1 s。

4.6.6 风速仪

风速仪的测量精度不低于±0.5 m/s。

5 试样

5.1 概述

试样应包括建筑外墙外保温系统的所有组成部分，其结构及厚度应能完全反映实际工程使用情况，并且按照试验委托方提供的设计要求进行安装。

5.2 试样尺寸与安装

5.2.1 试样安装前应按照 4.2 的规定或者试验委托方提供的设计要求对试验墙体进行处理。基层应平整，清洁，无油污、脱模剂等妨碍粘结的附着物。

5.2.2 试样的安装不应妨碍燃烧室开口，且试样总厚度不应大于 200 mm。

5.2.3 在试验装置主墙上，试样安装宽度不应小于 2 400 mm，一边紧靠副墙试样表面；安装高度应大于燃烧室开口顶部以上 6 000 mm。试样可以向下扩展到燃烧室开口两边的地面。

5.2.4 在试验装置副墙上，试样安装宽度不应小于 1 200 mm，一边紧靠主墙试样表面；安装高度应与主墙上的试样安装高度相同。

5.2.5 在主墙与副墙的夹角墙角处，试样应按外保温系统实际应用的构造或按试验委托方的要求进行安装。

5.2.6 试样在燃烧室开口周边的边缘应按外保温系统的实际应用构造或试验委托方的要求进行保护。当外保温系统构造在实际应用中无任何开口保护措施时，试样在燃烧室开口周边的边缘应保持相同的非保护状态。

5.2.7 当外保温系统构造在实际应用中包含有水平构造缝时，该构造缝应按试验委托方规定的实际应用间隔进行设置，且至少应在燃烧室开口上方(2 400±100) mm 处设置一条水平构造缝。

5.2.8 当外保温系统构造在实际应用中包含有垂直构造缝时，该构造缝应按试验委托方规定的实际应用间隔进行设置，且应在燃烧室开口中心线向上延伸处设置一条垂直构造缝，其设置位置相对于中心线的允许偏差为±100 mm。

5.2.9 当外保温系统构造在实际应用中设置防火隔离带时，试样的防火隔离带应按试验委托方的要求设置，且最高一条防火隔离带(包括固定用构造)应设置于水平准位线 2 的下方，其上边缘距水平准位线 2 的距离不应小于 100 mm。

5.2.10 当外保温系统构造在实际应用中带有龙骨时，龙骨的安装位置应避开水平准位线 1 和水平准位线 2，其上边缘距水平准位线 1 和水平准位线 2 的距离不应小于 100 mm。

5.3 试样的基础性能特征

在按本标准进行防火性能试验前，应按下述规定确定试样的基础性能特征：

a） 按 GB/T 20284 的规定测试试样的燃烧性能；

b） 按 GB/T 6343 的规定测试试样中使用的保温材料的表观密度；

c） 按附录 C 的规定测试试样中使用的保温材料的阴燃特性。

6 状态调节

试样按要求安装完成后，应在自然状态下养护，养护时间应按系统实际应用情况确定或由试验委托方提供。

7 试验程序

7.1 环境条件

试验开始时的环境温度应在(20±15)℃范围内，试验室地面以上(3 000±100) mm 高度处的空气流速不应大于 2 m/s。

7.2 数据采集

热源点火前应进行不少于 5 min 的数据采集和摄像记录。如果点火前任一水平准位线或任一层面内有两个以上测温点的热电偶出现数据异常，应停止试验。测量并记录点火时水平准位线 1 上外部热电偶的温度，取温度平均值即为初始温度(T_0)。

7.3 点燃热源

在开始数据采集 5 min 后，按附录 B 的规定点燃木垛热源。如果采用其他热源，则应按照附录 A 确定的方式点燃热源。

7.4 试验观测与记录

7.4.1 热源点火后，应测量并记录水平准位线 1 上外部热电偶的温度，当记录的任一热电偶温度高出初始温度(T_0)200 ℃、且持续时间达到 30 s 时，该时刻记为试验的开始时间(t_s)。

7.4.2 试验过程中应观测并记录试样燃烧状态和系统稳定性发生变化的时间。

燃烧状态包括：

a） 全面燃烧；

b） 持续可见火焰情况；

c） 外部火焰蔓延情况，即水平准位线 2 上的任一外部热电偶的温度；

d） 内部火焰蔓延情况，即水平准位线 2 上的任一内部热电偶的温度；

e） 燃烧残片情况。

系统稳定性包括试样整体或部分出现破损、剥离、垮塌等情况及其时间。

7.4.3 试验终止条件为：

a） 如果在试验进行到开始时间(t_s)后的 30 min 以前出现试样全面燃烧等任何不安全因素，可即时终止试验；

b） 如果在试验进行到开始时间(t_s)后的 30 min 时试样的任何部分已无燃烧现象，可终止试验；

c） 如果在试验进行到开始时间(t_s)后的 30 min 时试样的任何部分仍有燃烧现象，则试验应持续进行至 60 min，而后终止试验；

d） 如果试样中使用的保温材料按 5.3 c)测定为具有阴燃倾向，则试验应持续进行至 24 h，而后终止试验。

8　试验后的检查

在试验结束后的 24 h 内，待试验装置自然冷却，应检查试样的破坏情况，包括开裂、熔化、变形以及分层等现象，但不应考虑烟熏黑或褪色的部分，根据检查需要，可拆除样品的某些覆盖物。应做好以下各项记录：

a）如果存在阴燃，试样因阴燃在垂直和水平两个方向上被损坏的区域；
b）火焰在试样表面垂直和水平两个方向上蔓延的范围；
c）如果存在中间层，火焰在每一个中间层垂直和水平两个方向上蔓延和造成破坏的范围；
d）如果存在空腔，火焰在空腔内垂直和水平两个方向上蔓延和造成破坏的状况；
e）试样外表面出现的烧损及剥离的范围。

9　试验结果判定

当出现下列 a)～g)规定的任一现象时，试样的防火性能试验结果判定为不合格，否则判定为合格：

a）试验提前终止：试验过程中出现全面燃烧等不安全因素，试验被提前终止；
b）持续可见火焰：在整个试验期间内，试样出现燃烧，且持续可见火焰在垂直方向上高度超过 9 m，或在水平方向上自主墙与副墙夹角处沿主墙超过 2.6 m 或沿副墙超过 1.5 m；
c）外部火焰蔓延：在试验开始时间(t_s)后的 30 min 内，水平准位线 2 上的任一外部热电偶的温度超过初始温度(T_0)600 ℃，且持续时间不小于 30 s；
d）内部火焰蔓延：在试验开始时间(t_s)后的 30 min 内，水平准位线 2 上的任一内部热电偶的温度超过初始温度(T_0)500 ℃，且持续时间不小于 30 s；
e）垮塌区域火焰蔓延：在整个试验期间内，从试样上脱落的燃烧残片火焰蔓延至垮塌区域(见图 2)之外；或者试样在试验过程中存在熔融滴落现象，滴落物在垮塌区域内形成持续燃烧，且持续时间大于 3 min；
f）阴燃：在整个试验期间内，试样因阴燃损害的区域，垂直方向上超过水平准位线 2 或水平方向上在水平准位线 1 和 2 之间达到副墙的外边界；
g）系统稳定性：在整个试验期间内，试样出现全部或部分垮塌，而且垮塌物(无论是否燃烧)落到垮塌区域(见图 2)之外。

10　试验报告

试验报告应包括以下内容：

a）试验日期；
b）试验环境条件；
c）试验委托方的详细情况；
d）试样的完整描述和安装构造图示，包括使用材料和组成部分的详细情况，如尺寸、基础性能特征、施工工艺等；
e）7.4 规定的观测记录；
f）第 8 章描述试验检查结果的详细情况；
g）试验结果判定(见第 9 章)，试验结果的应用范围参见附录 D。

附 录 A
（规范性附录）
热源校准

A.1 原理

校准板应采用厚度为12 mm、密度为(1 100±100)kg/m³ 的硅酸钙板。安装硅酸钙板应完整地覆盖试验装置的主墙和副墙。

A.2 设备

A.2.1 热电偶

A.2.1.1 概述

所有热电偶应采用符合GB/T 18404规定的电缆外径 D 为(1.5±0.025)mm的K型铠装热电偶，测温范围为(0～1 000)℃，允差等级为Ⅰ级。

A.2.1.2 燃烧室中的热电偶

燃烧室中应设置3支热电偶，布置在燃烧室开口顶部下方(50±10)mm、校准板外表面的内侧(100±10)mm处。其中1支应布置在燃烧室开口的垂直中心线上，其余两支应布置在中心线两侧各(900±10)mm处。

A.2.1.3 水平准位线1上的热电偶

水平准位线1上应设置5支热电偶，分别位于燃烧室开口的垂直中心线上和中心线两侧各500 mm和1 000 mm处。每支热电偶的测温点应伸出校准板外表面(50±5)mm处，测温点位置的允许偏差为±10 mm。如图A.1所示。

A.2.2 热流计

采用3只完全相同的直径为(25～50)mm、测量范围为(0～100)kW/m² 的热流计，布置在试验装置的主墙上，布置位置如图A.1所示。热流计的测量面应与校准板的外表面平齐。

A.3 校准程序

A.3.1 概述

试验程序应符合第7章的规定。

A.3.2 温度

A.3.2.1 燃烧室

燃烧室开口宽度上的温度通过图A.1中所示位置的3支热电偶进行监测。在整个监测期内，3支热电偶的平均温度高于初始温度(T_0)600 ℃的持续时间不应少于20 min，且平均温度与任一热电偶读数之间的偏差应在±50 ℃的范围内。

A.3.2.2 水平准位线 1

在整个监测期内，图 A.1 所示主墙的水平准位线 1 上的热电偶 A、B 和 C，其平均温度高于初始温度（T_0）500 ℃的持续时间不应少于 20 min。

单位为毫米

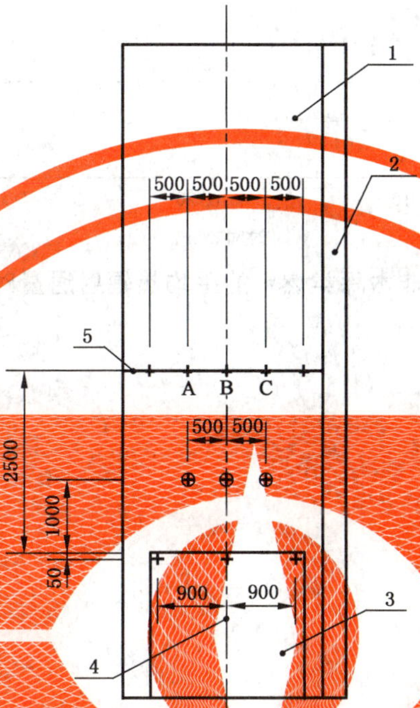

1 ——主墙；
2 ——副墙；
3 ——燃烧室；
4 ——燃烧室中心线；
5 ——水平准位线 1；
+ ——热电偶；
⊕ ——热流计。

图 A.1 校准试验热流计和热电偶的布置位置

A.3.3 热辐射通量

对于除木垛以外的其他燃料，平均热辐射通量应符合图 A.2 所示的曲线，且热辐射通量的测量值应在(45～95)kW/m^2 的范围内保持 20 min 以上。

A.3.4 持续时间

整个加热过程的持续时间为 36 min。

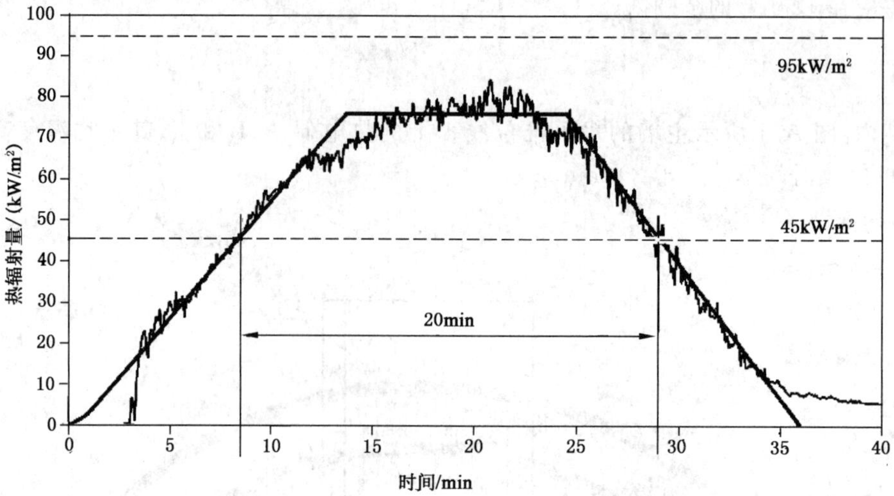

图 A.2 非木垛类燃料的平均热辐射通量时间曲线

附 录 B
（规范性附录）
木垛热源

B.1 材料

B.1.1 软木条

密度为(0.5～0.6)g/cm³，截面尺寸为50 mm×50 mm，长度为1 500 mm和1 000 mm。试验时软木的质量含水率应在(10～16)%的范围内。

B.1.2 低密度纤维板条

尺寸为25 mm×12 mm×1 000 mm，共16根。

B.2 木垛热源制备

B.2.1 木垛

用软木条搭建木垛，平面尺寸为1 500 mm×1 000 mm，木垛高度为1 000 mm。

用1 500 mm长木条和1 000 mm短木条按层交替搭建木垛。第一层由10根1 500 mm长木条组成，第二层由15根1 000 mm短木条组成，垂直搭在第一层木条上，形成1 500 mm×1 000 mm的平面。

依次类推直至形成20个木条层，木垛高度为1 000 mm。总计使用150根短木条和100根长木条。

B.2.2 码放位置

木垛应码放在高出燃烧室地面上方(400±50)mm的稳固平台上，距燃烧室两侧墙体的距离相等，距燃烧室后墙(100±10)mm，如图B.1和图B.2所示。

B.2.3 点火源

使用尺寸符合B.1.2的规定，且在5L200#溶剂汽油中均匀浸泡5 min后的16根低密度纤维板条作为木垛点火源。点火前的5 min内，首先将其中的14根纤维板条插入木垛第二层木条间的空隙中(即平台上方50 mm处)，纤维板条一段向外伸出木垛约30 mm；然后，将另2根纤维板条水平放置在前述14根纤维板条伸出木垛外的末端上。试验时，应点燃这2根纤维板条的整个长度。

注1：木垛热源在30 min期间内释放的总热量为4 500 MJ，热释放速率峰值为(3±0.5)MW。

注2：本附录所描述的木垛热源已被证明符合附录A的要求，可以直接采用而无需进行校准试验。

单位为毫米

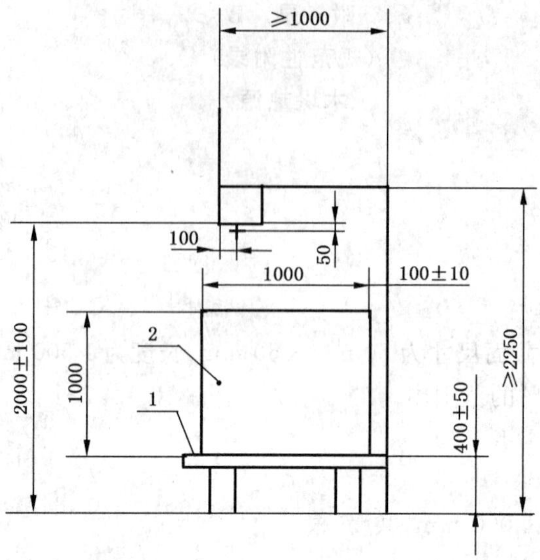

1 ——支撑平台；

2 ——木垛；

+ ——热电偶。

图 B.1 木垛相对位置侧视图

单位为毫米

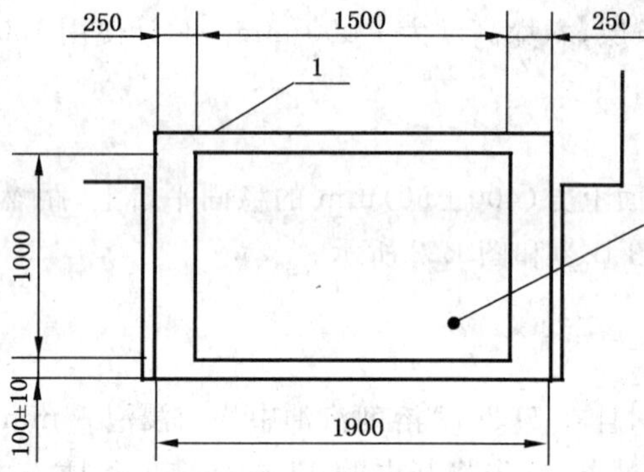

1——支撑平台；

2——木垛。

图 B.2 木垛相对位置平面图

附　录　C
（规范性附录）
阴燃特性试验方法

C.1　概述

本方法适用于测试外保温系统中保温材料的阴燃特性。

C.2　试验装置

C.2.1　试验加热装置为带有机械通风的电阻炉，其内部尺寸应充分满足容纳试样并允许空气自然流通。
C.2.2　边长为 100 mm 的立体钢丝网篮，钢丝直径为(0.5 ～ 0.6)mm，网孔尺寸为 2 mm×2 mm。
C.2.3　温度测量采用符合 GB/T 18404 规定的电缆外径 D 为(1.5±0.025)mm 的 K 型铠装热电偶，测温范围为(0～1000)℃，允差等级为Ⅰ级；一支热电偶用于测量保温材料试样中心位置的温度，另一支热电偶用于测量电阻炉的炉温；每间隔 10 s 热电偶应至少进行一次数据采集。

C.3　试验程序

C.3.1　阴燃试验应在 24 h 的周期内完成。
C.3.2　试样组成应与外保温系统使用的保温材料一致，且为匀质材料，尺寸为 100 mm×100 mm×100 mm。
C.3.3　将盛放保温材料试样的立体钢丝网篮置于电阻炉中，设定炉温升温速率为 0.5 ℃/min。
C.3.4　启动电阻炉开始升温并计时，电阻炉温度从室温开始升至 400 ℃，一旦炉温达到 400 ℃，即维持该温度至 24 h 试验周期结束。
C.3.5　记录保温材料试样中心位置的温度和电阻炉的温度并绘制放热曲线。

C.4　试验结果判定

试样的中心温度与炉温相同，则表明在试验周期和温度范围内试样没有阴燃的倾向。

如果在整个试验过程(24 h)中，试样出现如图 C.1 所示的带有自加热特性的试验轨迹，则判定试样存在阴燃倾向。

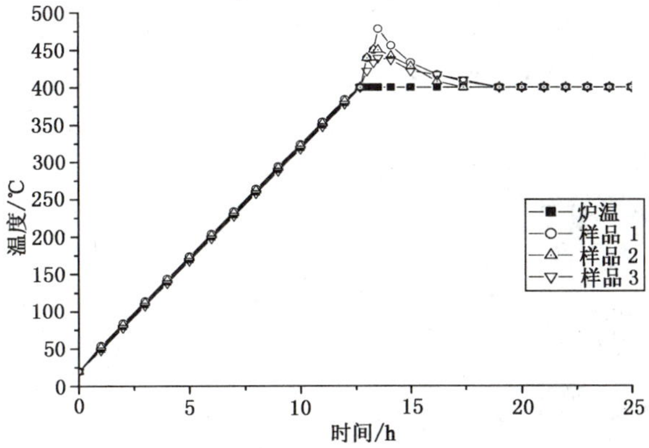

图 C.1　阴燃特性试验示意图

附　录　D
（资料性附录）
试验结果的应用范围

D.1　外保温系统的类型

试验结果适用于试验报告中说明的特定的外保温系统。

D.2　保温层厚度

为包含外保温系统的一系列保温层厚度范围。在外保温系统的其他构造方式保持不变时，应试验指定外保温系统在最薄和最厚保温层情况下的防火性能。如果只试验特定的保温层厚度，则试验结果仅针对该厚度的外保温系统。

D.3　空腔厚度

为包含外保温系统内的一系列空腔厚度范围。在外保温系统的其他构造方式保持不变时，应试验指定外保温系统在最小和最大空腔厚度情况下的防火性能。如果只试验特定的空腔厚度，则试验结果仅针对该空腔厚度的外保温系统。

D.4　基层墙体的要求

本试验使用砌筑墙作为基层墙体，其他类型的基层墙体不在本标准的范围之内。

D.5　防火隔离带的位置

如果使用了防火隔离带，则试验结果仅适用于所试验的防火隔离带类型、安装方式和位置分布。防火隔离带间隔应限制在所试验的最大间隔范围内。

ICS 91.100.30
Q 12

中华人民共和国国家标准

GB/T 29417—2012

水泥砂浆和混凝土干燥收缩开裂性能试验方法

Standard test methods for drying shrinkage stress and cracking possibility of cement mortar and concrete

2012-12-31 发布 2013-08-01 实施

中华人民共和国国家质量监督检验检疫总局
中国国家标准化管理委员会 发布

前　言

本标准按照 GB/T 1.1—2009 给出的规则起草。

本标准由中国建筑材料联合会提出。

本标准由全国水泥制品标准化技术委员会(SAC/TC 197)归口。

本标准负责起草单位:中国建筑材料科学研究总院、十四冶建设集团云南第三建筑工程有限公司。

本标准参加起草单位:山东省建筑科学研究院、重庆大学、天津豹鸣股份有限公司、重庆三圣特种建材股份有限公司、国昌控股集团有限公司、长业建设集团有限公司、江苏博特新材料有限公司、深圳市陆基建材技术有限公司、武汉三源特种建材有限责任公司、厦门艾思欧标准砂有限公司。

本标准主要起草人:赵顺增、刘立、谢金锁、王勇威、杨长辉、刘福全、江丽珍、李光明、谭凤国、沈建海、田倩、董同刚、吴翠娥、贾福杰、李长成、武旭南。

水泥砂浆和混凝土干燥收缩开裂性能试验方法

1 范围

本标准规定了水泥砂浆、混凝土干燥收缩应力及其开裂性的试验方法。

本标准适用于实验室内测定计算因干燥收缩应力导致水泥砂浆和混凝土开裂性能的参考指数。

2 规范性引用文件

下列文件对于本文件的应用是必不可少的。凡是注日期的引用文件，仅注日期的版本适用于本文件。凡是不注日期的引用文件，其最新版本(包括所有的修改单)适用于本文件。

GB/T 17671 水泥胶砂强度检验方法(ISO 法)

GB/T 50081 普通混凝土力学性能试验方法标准

GB/T 50082 普通混凝土长期性能和耐久性能试验方法标准

3 方法原理

方法是采用比长仪测量浇筑于限制膨胀和收缩装置中的水泥砂浆或混凝土试体的长度变化量。

根据作用力和反作用力相等的原理，将测量的长度变化量换算为水泥砂浆或混凝土的干燥收缩应力，用规定龄期内的干燥收缩应力与其劈裂抗拉强度比值的百分数表示开裂指数。

4 术语和定义

下列术语和定义适用于本文件。

4.1

干燥收缩应力 drying shrinkage stress

约束条件下水泥砂浆或混凝土因干燥产生的收缩拉应力。

4.2

膨胀应力 expansion stress

约束条件下水泥砂浆或混凝土因体积膨胀产生的压应力。

4.3

开裂指数 (drying shrinkage) cracking index

表征水泥砂浆或混凝土在干燥收缩条件下的开裂可能性，以相同试验龄期的干燥收缩应力与劈裂抗拉强度比值的百分数表示。

5 仪器设备

5.1 试模

水泥砂浆干燥收缩应力试体和劈裂抗拉强度试体均采用棱柱体三联试模，试模的截面尺寸为

40 mm×40 mm，长度为 160 mm。

混凝土干燥收缩应力试体采用棱柱体试模，试模的截面尺寸为 100 mm×100 mm，长度不小于 550 mm；混凝土劈裂抗拉强度试体采用立方体试模，其边长均为 100 mm。

5.2 比长仪

比长仪由位移传感器、支架及标准杆组成，见图 1。位移传感器的分辨率应不大于 0.001 mm。

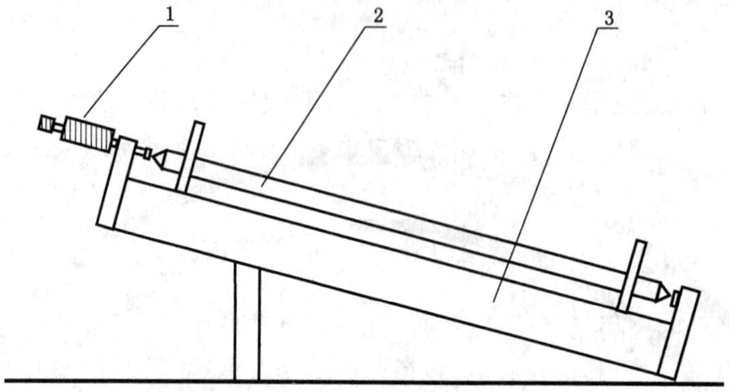

说明：
1——位移传感器；
2——标准杆；
3——支架。

图 1 比长仪

5.3 水泥砂浆劈裂抗拉强度试验夹具

水泥砂浆劈裂抗拉强度试验夹具由垫条、支架和压头组成，见图 2。其中垫条应采用半径为 3 mm、长度不小于 40 mm 的钢材制成。

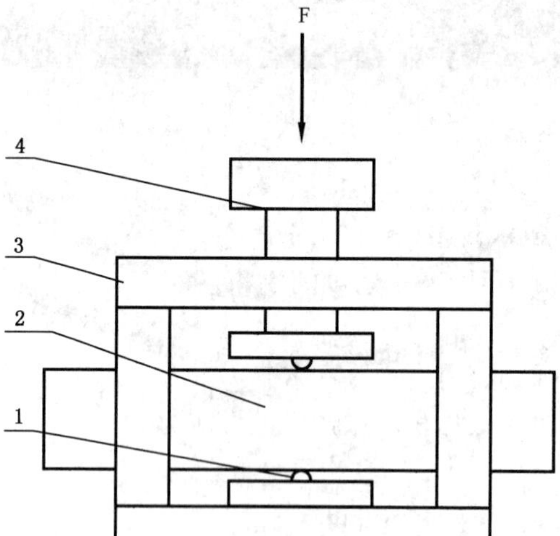

说明：
1——垫条；
2——试体；
3——支架；
4——压头。

图 2 水泥砂浆劈裂抗拉强度试验夹具示意图

5.4 水泥砂浆劈裂抗拉强度试验机

用于水泥砂浆劈裂抗拉强度试验的试验机最大荷载不宜超过 20 kN。

5.5 限制膨胀和收缩装置

限制膨胀和收缩装置由钢筋、钢板、锚固头和测头焊接制成，钢筋、钢板和锚固头采用牌号为 45 的优质碳素结构钢，测头应为不锈钢或黄铜。

水泥砂浆限制膨胀和收缩装置见图 3，混凝土限制膨胀和收缩装置见图 4。

单位为毫米

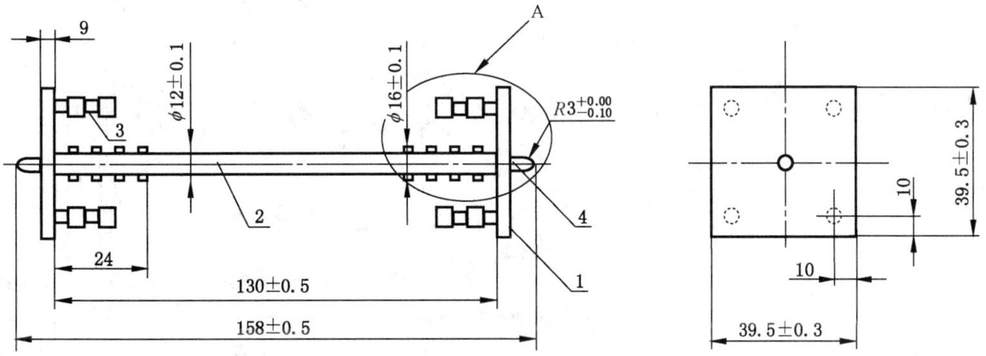

说明：

1——钢板；

2——钢筋；

3——锚固头；

4——测头。

A 部分详细结构

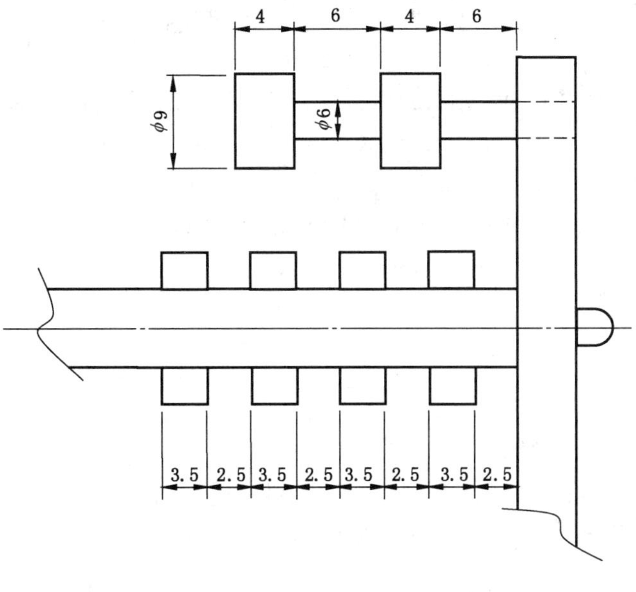

图 3 水泥砂浆限制膨胀和收缩装置

单位为毫米

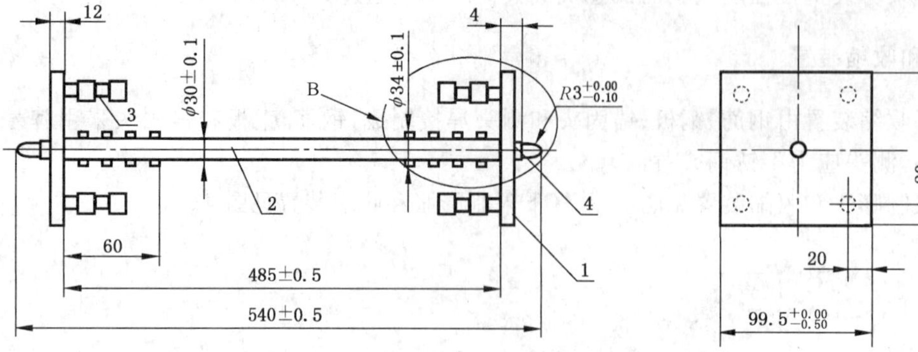

说明：

1——钢板；

2——钢筋；

3——锚固头；

4——测头。

B部分详细结构

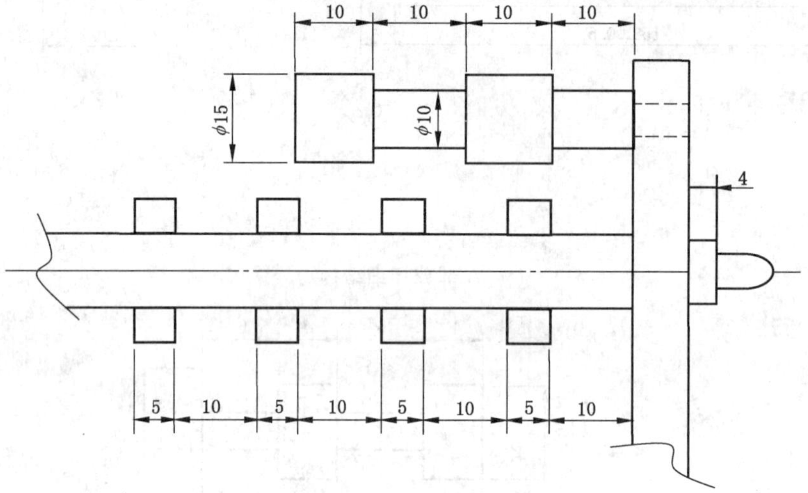

图4 混凝土限制膨胀和收缩装置

6 试验环境条件

6.1 试体成型室温度为20 ℃±5 ℃，相对湿度应大于50%。

6.2 试体水中养护时采用纯水，水温为20 ℃±2 ℃。

6.3 试体干燥收缩养护室(箱)温度为20 ℃±2 ℃，相对湿度为60%±5%。

6.4 试样、拌合水、仪器和用具的温度应与试验室一致。

7 试体成型与养护

7.1 试体成型

水泥砂浆干燥收缩应力试体和劈裂抗拉强度试体应按照GB/T 17671规定的方法成型、脱模。一组为3个试体。

混凝土干燥收缩应力试体和劈裂抗拉强度试体应分别按照GB/T 50082和GB/T 50081规定的方法成型、脱模。一组为3个试体。

7.2 试体养护

脱模后的试体先在20 ℃±2 ℃的水中养护7 d，再转入温度为20 ℃±2 ℃，相对湿度为60%±5%的养护室(箱)中养护至规定龄期。

8 收缩应力试验

8.1 试验步骤

8.1.1 试验前3 h，将比长仪、标准杆和限制膨胀和收缩装置放入干燥收缩试验室内，用标准杆校正测量仪并调整千分表零点，标准杆设有编号的一面朝上，其方向及位置固定不变；将测量仪测头擦净。

8.1.2 测量限制膨胀和收缩装置的初始长度。方法是将限制膨胀和收缩装置设有编号的一面朝上测量初始长度，其方向及位置以后固定不变；限制膨胀和收缩装置两端的球形测头与测量仪的两个平面测头正确接触，记录初始长度读数 L。

8.1.3 将完成初始长度测量的限制膨胀和收缩装置置于试模内，按第7章的规定进行试体成型和养护。

8.1.4 按规定的试验龄期进行测量，记录测量值 L_t。每次的测量均按8.1.2规定进行。

8.1.5 对不同龄期的试体在规定时间±1 h内测量，所述龄期从试体加水搅拌开始时计算。

8.2 试验结果计算

长度变化率按式(1)计算：

$$\varepsilon_t = \frac{L_t - L}{L_0} \times 100 \qquad \cdots\cdots(1)$$

式中：

ε_t ——t龄期时的长度变化率，%；

L_t ——t龄期时的试体长度测量值，单位为毫米(mm)；

L ——初始长度测量值，单位为毫米(mm)；

L_0 ——试体的基准长度，单位为毫米(mm)。

水泥砂浆试体取130 mm，混凝土试体取485 mm。

取相近的2个试体测定值的平均值作为长度变化率的测量结果，计算值精确至0.001%。

水泥砂浆或混凝土中的收缩应力或膨胀应力按式(2)计算：

$$\sigma_t = \mu \times E \times \varepsilon_t = 15\ 592\varepsilon_t \qquad \cdots\cdots(2)$$

式中：

σ_t ——干燥收缩应力或膨胀应力，负值为收缩应力，正值为膨胀，单位为兆帕(MPa)；

μ —— 配筋率，%；

E ——钢筋的弹性模量，取 2.05×10^5 MPa；

ε_t ——t龄期时的长度变化率，%。

干燥收缩应力或膨胀应力计算精确至0.01 MPa。

9 劈裂抗拉强度试验

9.1 水泥砂浆的劈裂抗拉强度

劈裂抗拉强度试验的劈裂面应与成型面垂直，试验机的加荷速度为(50±5)N/s。

劈裂抗拉强度应按式(3)计算：

$$f_{ts}=\frac{2F}{\pi A}=0.637\frac{F}{A} \qquad \cdots\cdots(3)$$

式中：

f_{ts}——劈裂抗拉强度，单位为兆帕(MPa)；

F ——试体破坏荷载，单位为牛顿(N)；

A ——试体劈裂面积，单位为平方毫米(mm^2)，取 1 600 mm^2。

劈裂抗拉强度计算精确至 0.01 MPa。

9.2 混凝土的劈裂抗拉强度按照 GB/T 50081 规定的方法进行试验。

10 开裂指数

开裂指数按式(4)计算：

$$C=-\frac{\sigma_t}{f_{ts}}\times 100 \qquad \cdots\cdots(4)$$

式中：

C ——开裂指数，%。$0\leqslant C\leqslant 100\%$；

σ_t ——干燥收缩应力或膨胀应力，单位为兆帕(MPa)；

f_{ts}——劈裂抗拉强度，单位为兆帕(MPa)。

开裂指数计算精确至 1%。

ICS 83.080
G 31

中华人民共和国国家标准

GB/T 29418—2012

塑木复合材料产品物理力学性能测试

Test methods for mechanical and physical properties of wood-plastic composite product

2012-12-31 发布　　2013-08-01 实施

中华人民共和国国家质量监督检验检疫总局
中国国家标准化管理委员会　发布

前言

本标准按照 GB/T 1.1—2009 给出的规则起草。

本标准参考 ASTM D 7031-11《塑木复合材料制品的物理力学性能试验标准导则》(英文版)。

本标准由中国建筑材料联合会提出。

本标准由全国塑料制品标准化技术委员会(SAC/TC 48)归口。

本标准起草单位:南京聚锋新材料有限公司、南京林业大学、广州赫尔普复合材料科技有限公司、宜兴市华龙塑木新材料有限公司、湖州森宏环保木塑材料有限公司、深圳市格林美高新技术股份有限公司、东北林业大学、湖北高新明辉模具有限公司、江苏长力木塑科技有限公司、上海塑木园林景观有限公司。

本标准主要起草人:吴正元、李大纲、丁建生、杨英昌、朱方政、王清文、吴清林、吴俊杰、臧伟、汤晓斌、张翔、徐朝阳、刘志辉、陈永祥、顾文彪。

塑木复合材料产品物理力学性能测试

1 范围

本标准规定了塑木复合材料产品的弯曲、压缩、剪切强度、蠕变性能试验、握钉力、落锤冲击、密度、含水率、防滑性、耐磨性、线性热膨胀系数、吸水性、吸水厚度膨胀、耐冻融性、试验方法。

本标准适用于塑木复合材料产品,包括横截面为实心或空心、新料或回收料制成、结构用或非结构用产品的试验方法。

2 规范性引用文件

下列文件对于本文件的应用是必不可少的,凡是注日期的引用文件,仅注日期的版本适用于本文件。凡是不注日期的引用文件,其最新版本(包括所有的修改单)适用于本文本。

GB/T 1933—2009 木材密度测定方法

GB/T 2035 塑料术语及其定义

GB/T 14018 木材握钉力试验方法

GB/T 14019 木材防腐术语

GB/T 14153—2002 硬质塑料落锤冲击试验方法 通则

GB/T 17657—1999 人造板及饰面人造板理化性能试验方法

GB/T 18103—2000 实木复合地板

GB/T 24508—2009 木塑地板

3 术语和定义

GB/T 2035、GB/T 14019 界定的以及下列术语和定义适用于本文件。

3.1

塑木复合材料 wood-plastic composite; WPC

由木质或其他纤维素基材料和热塑性塑料经配混成型加工制成的复合材料,又称木塑复合材料(简称"塑木",又称"木塑")。

3.2

新料 virgin material

除制造时的需要,未经任何使用或处理的材料。

3.3

回收料 recycled material

使用过的材料或回收的材料,或两者兼具的材料。

3.4

宽度 width

垂直于长轴方向的较大尺寸。

3.5

厚度 thickness

垂直于长轴方向的较小尺寸。

3.6

L 方向　L-orientation

试样的长轴方向(见图 1)。

3.7

X 方向　X-orientation

试样的宽度方向,垂直于长轴方向(见图 1)。

3.8

Y 方向　Y-orientation

试样的厚度方向,垂直于长轴和宽度方向(见图 1)。

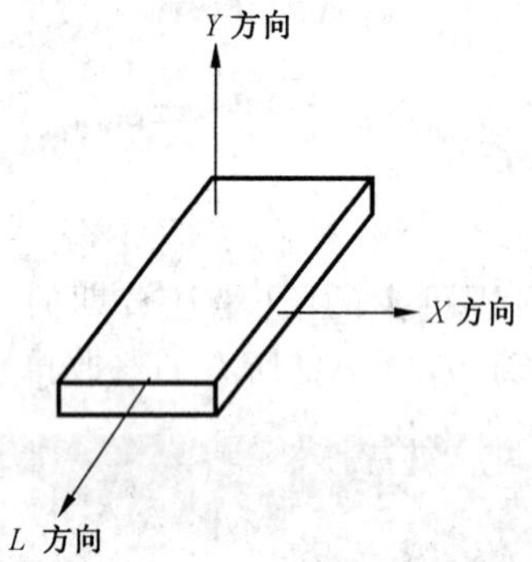

图 1　塑木复合材料产品的方向

4　性能试验

4.1　概述

本标准提供了热塑性塑木复合材料产品下述性能的试验方法,可根据需要选择适当的项目进行试验。

除非另有规定,试样尺寸按照外轮廓取值。

4.2　取样

4.2.1　试样应能代表待测产品的总体。

4.2.2　从实际生产中取样时,需考虑批次或班次的差异。

4.2.3　对于挤出产品,试样应从垂直于产品的长轴方向锯切,保留产品的原截面。当试样截面过大或不能满足试验方法要求时,则可根据试验方法中的要求切取试样块,尽量保留产品的原表面。

4.2.4　对于采用其他工艺生产的产品的取样方法可由当事者各方协商确定。

4.3　状态调节

4.3.1　除非另有规定,试样应在标准状态即温度 23 ℃±2 ℃、相对湿度 50%±10%的条件下调节 72 h,并在同样环境下进行测试。

4.3.2　当试样要浸泡在水中时,试样应该在从水中移出后去除表面水分,30 min 内完成测试。

4.4　弯曲

见附录 A。

4.5 压缩

见附录 B。

4.6 剪切强度

4.6.1 平行于 *L* 方向的剪切强度(长轴剪切)

按 GB/T 17657—1999 中 4.16 的规定,使用剪切块试验方法来测定平行于 *L* 方向的剪切强度,测试应产生垂直于 *L-X* 和/或 *L-Y* 平面的剪切破坏。剪切面上的最小尺寸为 25 mm,总面积不小于 625 mm^2。

对于非实心横截面的产品,截面积按剪切实际受力面积计算。

4.6.2 垂直于 *L* 方向的剪切强度

对于实心横截面的产品,按 GB/T 17657—1999 中 4.16 的规定,使用剪切块试验方法来测定垂直于 *L* 方向的剪切强度,试验应产生 *X-Y* 面上的剪切破坏。剪切面上的最小尺寸为 25 mm,总面积不小于 625 mm^2。

注: 对于非实心横截面的产品,本方法不适用。

4.7 蠕变恢复

见附录 C。

4.8 握钉力

4.8.1 螺钉握钉力

按 GB/T 17657—1999 中 4.10 的规定进行。

4.8.2 直钉握钉力

按 GB/T 14018 规定进行。

4.9 落锤冲击

按 GB/T 14153—2002 规定中异型材的测试方法进行。一般采用 A 法(通过法)进行测试。如需获得冲击破坏能量,则可采用 B 法(梯度法)。

4.10 密度

见附录 D。

4.11 含水率

见附录 E。

4.12 抗滑值

按 GB/T 24508—2009 中 6.5.16 的规定进行。

4.13 耐磨性

按 GB/T 18103—2000 中 6.3.6 的规定进行,试验转数为 1 000 转。

4.14 线性热膨胀系数

见附录F。

4.15 吸水性

按GB/T 17657—1999中4.6的规定进行24 h吸水率测试，取样按4.2进行。

4.16 吸水厚度膨胀

按GB/T 17657—1999中4.5的规定进行，取样按4.2进行，浸泡时间为24 h。

4.17 耐冻融性

见附录G。

4.18 试验报告

试验报告应至少包括以下内容。

a) 本标准编号；

b) 试验项目名称；

c) 样品名称、来源、生产厂、生产批号等；

d) 试样形状和尺寸，取样位置、截面尺寸取值与面积计算方法；

e) 试样数量；

f) 试验结果，必要时给出各个试样的结果；

g) 试验日期；

h) 其他试验应说明的事项。

附 录 A
(规范性附录)
弯曲试验

A.1 原理

采用三分之一处加载、四点弯曲方式,以均匀速度加载至试样破坏,计算出弯曲强度。并在试样受力弯曲的比例极限应力范围内,按载荷与变形的关系,确定弯曲弹性模量。

A.2 试验设备

A.2.1 材料试验机,精确至 1%。
A.2.2 量具,精度 0.02 mm。
A.2.3 形变测量仪,精度 0.01 mm。

A.3 试样

A.3.1 试样尺寸

长度 $L=(16h+50)$ mm±2 mm,h 为施压方向的试样厚度。

A.3.2 试样数量

每组试样至少 5 件。

A.4 试验步骤

A.4.1 按 4.3 对试样进行状态调节。
A.4.2 沿试样长度方向测量三处的宽度和厚度,记录平均值,精确至 0.05 mm。
A.4.3 调节两支座跨距至试样公称厚度的 16 倍。
A.4.4 两点加载弯曲测试方法如图 A.1 所示。

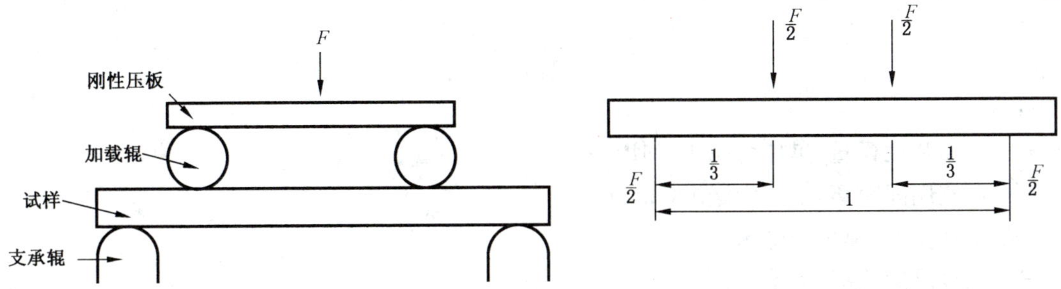

图 A.1 两点加载示意图

试验时加载辊轴线应与支承辊轴线平行，并与试样长轴中心线垂直，位于跨距的1/3处。加载辊和支承辊长度应大于试样宽度。通常加载辊、支承辊半径为12.7 mm±0.5 mm；若试验中加载辊、支承辊处发生明显裂纹或者压痕时，加载辊、支承辊半径可增至试样厚度的1.5倍。

以每分钟1%(±10%)的应变速率连续施载，此速度可按式(A.1)计算得到：

$$R=0.001\,85\times l^2/h \qquad \cdots\cdots\cdots(A.1)$$

式中：

R ——加载速度，单位为毫米每分钟(mm/min)；

l ——试验跨距，单位为毫米(mm)；

h ——试样厚度，单位为毫米(mm)。

A.4.5 匀速加载。同步记录载荷、形变测量仪测得的试样跨距中心的形变、破坏时最大载荷值。绘制载荷-形变曲线。

A.5 结果表示

A.5.1 弯曲破坏载荷

弯曲破坏载荷，即试样破坏时的最大载荷。当试样最大应变首次达到3%仍未断裂时，则认为此时的载荷为弯曲破坏载荷F。被测试样的弯曲破坏载荷为所有试样的均值。

A.5.2 弯曲强度

A.5.2.1 试样的弯曲强度按式(A.2)计算，精确至0.1 MPa。

$$\sigma=\frac{Fl}{bh^2} \qquad \cdots\cdots\cdots(A.2)$$

式中：

σ ——试样的弯曲强度，单位为兆帕(MPa)；

F ——试样弯曲破坏载荷，单位为牛顿(N)；

l ——两支座间距离，单位为毫米(mm)；

b ——试样宽度，单位为毫米(mm)；

h ——试样厚度，单位为毫米(mm)。

A.5.2.2 计算试样弯曲强度的算术平均值，精确至0.1 MPa。

A.5.3 弯曲弹性模量

A.5.3.1 弯曲弹性模量按式(A.3)计算，精确至10 MPa。

$$E=\frac{23l^3}{108bh^3}\cdot\frac{\Delta f}{\Delta s} \qquad \cdots\cdots\cdots(A.3)$$

式中：

E ——弯曲弹性模量，单位为兆帕(MPa)；

l ——两支座间距离，单位为毫米(mm)；

b ——试样宽度，单位为毫米(mm)；

h ——试样厚度，单位为毫米(mm)；

Δf ——在载荷-形变图中直线段内载荷的增加量，单位为牛顿(N)；

Δs ——在Δf区间试样形变量，单位为毫米(mm)。

A.5.3.2 所测弯曲弹性模量为试样弹性模量的算术平均值，精确至10 MPa。

A.6 试验报告

试验报告应包含4.18的全部内容以及：

a) 试验跨距；

b) 加载速度；

c) 受载表面；

d) 破坏形式。

附　录 B
（规范性附录）
压缩试验

B.1　原理

在试样的端部表面，以恒定的速率施加平行或垂直 L 方向的载荷压缩试样，测定试样破裂、屈服或预先设定试样变形量的载荷。

B.2　试验设备

B.2.1　材料试验机，精确至1%。
B.2.2　量具，精度 0.02 mm。

B.3　试样

B.3.1　试样尺寸

B.3.1.1　取样按 4.2 的规定进行，加工面要求光滑、平整、两表面平行，并与加载方向垂直。
B.3.1.2　平行于 L 方向压缩的试样：试样的长度为截面最小尺寸的 3.0～4.5 倍。
B.3.1.3　垂直于 L 方向压缩的试样：试样的长度为截面最小尺寸的 3 倍。

B.3.2　试样数目

每组试样至少 5 件。

B.4　试验步骤

B.4.1　按 4.3 的规定进行状态调节。
B.4.2　沿试样高度方向测量三处截面尺寸计算平均值。测量试样高度精确到 0.02 mm。
B.4.3　把试样放在两压板之间，试样中心线与两压板表面中心连线重合，确保压板与试样断面平行。调整试验机，使压板表面恰好与试样端面接触。
B.4.4　以(5±1)mm/min 速度进行试验。
B.4.5　当试样破裂、屈服或预先设定试样变形量时试验终止。记录试验终止时的载荷数值，单位为牛顿(N)。

注：预先设定试样变形量由供需双方商定。

B.5　结果表示

根据压缩破坏应力、压缩屈服应力或在规定应变时的压缩应力，按式(B.1)计算压缩强度，试样结果以算术平均值表示，取三位有效数字。

$$\sigma=\frac{F_c}{S} \qquad \cdots\cdots (B.1)$$

式中：

σ ——压缩破坏应力、压缩屈服应力和在规定应变时的压缩应力，单位为兆帕(MPa)；

F_c——试样破裂、屈服或达到预先设定试样变形量的载荷值，单位为牛顿(N)；

S ——试样的原始截面积，单位为平方毫米(mm^2)。

B.6 试验报告

试验报告应包含4.18的全部内容以及：

a) 在试样上施加压力的方向；

b) 试验速度；

c) 试验终止时试样状态：试样破裂、屈服或达到预先设定试样变形量。

附 录 C
（规范性附录）
蠕变恢复试验

C.1 原理

按弯曲试验方法，确定试样在加载设定载荷后恢复变形的能力。

C.2 试验设备

C.2.1 弯曲蠕变试验机。
C.2.2 量具，精度 0.02 mm。
C.2.3 形变测量仪，精度 0.01 mm。

C.3 试样

C.3.1 试样尺寸

长度 $L=(16h+50)\text{mm}\pm2\ \text{mm}$，$h$ 为试样施载方向的厚度尺寸。

C.3.2 试样数量

每组试样至少 5 件。

C.4 试验步骤

测量试样加载前的跨距中点形变 d_0；按照附录 A 规定的方式对试样施加设定载荷，保持 24 h，测量中点形变 d_1 并卸去载荷；测量卸载 24 h 时中点形变 d_2。测量精确至 0.01 mm。设定载荷根据产品最终用途设定，例如弯曲破坏载荷除以安全系数 2.5。

C.5 结果表示

试样的蠕变恢复率按式(C.1)计算，精确至 1%。

$$D=\frac{(d_1-d_2)}{(d_1-d_0)}\times100 \quad\cdots\cdots\cdots\cdots(\text{C.1})$$

式中：
D ——蠕变恢复率，以百分数表示(%)；
d_0 ——试样在加载前的中点形变，单位为毫米(mm)；
d_1 ——试样在加载 24 h 时的中点形变，单位为毫米(mm)；
d_2 ——试样在卸载 24 h 时的中点形变，单位为毫米(mm)。
试样蠕变恢复率为三个试样的蠕变恢复率的平均值，精确至 1%。

C.6 试验报告

试验报告应包含 4.18 的全部内容。

附 录 D
（规范性附录）
密度试验

D.1 原理

测定试样的质量、体积，以求出试样的密度。

D.2 试验设备

D.2.1 量具，精度 0.02 mm。
D.2.2 衡器，感量 0.01 g。

D.3 试样

D.3.1 试样尺寸

长度 L=100 mm±1 mm；宽度和厚度按实际尺寸。试样应在产品长度方向上截取。当产品截面太大，试验容器无法容纳，则可由当事方协商，确定截取的部位。

D.3.2 试样数量

每组试样至少 5 件。

D.4 试验步骤

D.4.1 概述

测量计算法适用于截面为正方形或矩形的实心产品；排水法适用于其他形状的塑木产品，正方形或矩形的实心产品也可用排水法。

D.4.2 测量计算法

D.4.2.1 试样按 4.3 进行状态调节。
D.4.2.2 称量每一试样质量，精确至 0.01 g。
D.4.2.3 测量试样对称位置的长度、宽度和厚度各两点，取算术平均值，精确至 0.02 mm。

每一个试样的密度按式(D.1)计算，精确至 0.01 g/cm³，

$$\rho=\frac{m}{L\times b\times h} \qquad \cdots\cdots(D.1)$$

式中：

ρ ——试样的密度，单位为克每立方厘米(g/cm^3)；
m ——试样的质量，单位为克(g)；
L ——试样长度，单位为厘米(cm)；
b ——试样宽度，单位为厘米(cm)；
h ——试样厚度，单位为厘米(cm)。

D.4.3 排水法

按 GB/T 1933—2009 中第 7 章的规定进行。

D.5 试验报告

试验报告应包含 4.18 的全部内容。

附 录 E
（规范性附录）
含水率试验

E.1 原理

以试样干燥前后质量差与干燥后质量之比来表征试样的含水率。

E.2 试验设备

E.2.1 衡器，感量 0.01 g。
E.2.2 烘箱，应能保持在 103 ℃±2 ℃。
E.2.3 干燥器。

E.3 试样

E.3.1 试样尺寸

长度 L=100 mm±1 mm；宽度和厚度按实际尺寸。

E.3.2 试样数量

每组试样至少 5 件。

E.4 试验步骤

E.4.1 试样在干燥前进行称量，精确至 0.01 g。
E.4.2 试样在温度 103 ℃±2 ℃条件下干燥至质量恒定（前后相隔 2 h 两次称量所得的数值差小于 0.5%），干燥后的试样应立即置于干燥器内冷却后称量，精确至 0.01 g。

E.5 结果表示

试样的含水率按式（E.1）计算，精确至 0.1%。

$$H=\frac{m_u-m_0}{m_0}\times 100 \qquad \cdots\cdots(E.1)$$

式中：
H ——含水率，用百分率表示（%）；
m_u ——干燥前的质量，单位为克（g）；
m_0 ——干燥后的质量，单位为克（g）。
试验结果取全部试样含水率的算术平均值，精确至 0.1%。

E.6 试验报告

试验报告应包含 4.18 的全部内容。

附 录 F
（规范性附录）
线性热膨胀系数试验

F.1 原理

测量－30 ℃、23 ℃和60 ℃三种温度下试样的尺寸，计算得出－30 ℃～60 ℃间的平均线性热膨胀系数。

F.2 试验设备

F.2.1 高温试验箱，应能保持在60 ℃±2 ℃。
F.2.2 低温试验箱，应能保持在－30 ℃±2 ℃。
F.2.3 量具，精度0.02 mm。

F.3 试样

F.3.1 取样

按4.2的规定进行。要求两断面光滑、平整、平行(与试样长轴的垂直度偏差小于1/300)，并在试样表面沿L方向划中心标线。

F.3.2 试样尺寸

长度L＝300 mm±2 mm；宽度和厚度按实际尺寸。

F.3.3 试样数量

每组试样为10件。

F.4 试验步骤

F.4.1 在温度23 ℃±2 ℃、相对湿度50％±10％的条件下放置48 h，记录试验温度T_2。测量每个试样标线长度，计算算术平均值并记录为L_2。
F.4.2 将试样放入温度已稳定在－30 ℃±2 ℃的低温试验箱中48 h，记录试验温度T_1。然后从箱中逐个取出试样测量标线长度，每个试样取出后必须在1 min内完成测量。计算并记录试样标线长度的算术平均值L_1。
F.4.3 将试样放入温度已稳定在60 ℃±2 ℃的高温试验箱中48 h，记录试验温度T_3。然后从箱中逐个取出试样测量标线长度，每个试样取出后应在1 min内完成测量。计算并记录所有试样标线长度的算术平均值L_3。

F.5 结果计算

F.5.1 线性热膨胀系数计算如式(F.1)所示。

$$\alpha = \frac{1}{L_2} \cdot m \qquad \cdots\cdots(F.1)$$

式中：

α ——线性热膨胀系数，单位为每摄氏度(1/℃)；

L_2——从 23 ℃±2 ℃环境下测得的标线长度，单位为毫米(mm)；

m ——用最小二乘法确定数据点(L_1，T_1)、(L_2，T_2)、(L_3，T_3)的斜率($\Delta L/\Delta T$)，计算如式(F.2)所示：

$$m = \frac{3(\sum L_i T_i) - (\sum L_i)(\sum T_i)}{3(\sum T_i^2) - (\sum T_i)^2}, i = 1,2,3 \qquad \cdots\cdots(F.2)$$

式中：

L_i——在温度 T_i 试验后测得的标线长度，单位为毫米(mm)。

F.6 试验报告

试验报告应包含 4.18 的全部内容。

附 录 G
（规范性附录）
耐冻融性试验

G.1 原理

测定试样经过浸泡和低温后弯曲破坏载荷的保留率，确定试样抵抗冻融的能力。

G.2 仪器和工具

G.2.1 低温试验箱，应能保持在－30 ℃±2 ℃。

G.2.2 材料试验机，精确至1%。

G.2.3 形变测量仪，精度0.01 mm。

G.3 试样

G.3.1 试样尺寸

长度L=(16 d+50)mm±2 mm，d为试样施压方向的厚度尺寸。

G.3.2 试样数量

每组试样为10件。

G.4 试验步骤

G.4.1 用5个试样在室温下按附录A规定进行弯曲试验，测得弯曲破坏载荷，记录测试结果，计算算术平均值，记录为F_1。

G.4.2 将另5个试样完全浸于室温水中24 h，取出后去除表面水分，再把试样放在温度稳定在－30 ℃±2 ℃的低温试验箱中24 h，冷冻后，取出试样放入室温环境中24 h，重复以上过程3次后按附录A规定测量试样的弯曲破坏载荷，计算算术平均值，记录为F_2。

G.5 结果和表示

试样的弯曲破坏载荷保留率按式(G.1)计算。

$$B=(F_2/F_1)\times 100 \qquad \cdots\cdots\text{(G.1)}$$

式中：

B ——弯曲破坏载荷保留率，%；

F_2——试样在试验后的平均弯曲破坏载荷，单位为牛顿(N)；

F_1——试样在试验前的平均弯曲破坏载荷，单位为牛顿(N)。

G.6 试验报告

试验报告应包含 4.18 的全部内容。

ICS 83.140
G 33

中华人民共和国国家标准

GB/T 29419—2012

塑木复合材料铺板性能等级和护栏体系性能

Establishing performance ratings for wood-plastic composite deck boards and guardrail system performance

2012-12-31 发布　　2013-08-01 实施

中华人民共和国国家质量监督检验检疫总局
中国国家标准化管理委员会　发布

前　言

本标准按照 GB/T 1.1—2009 给出的规则起草。

本标准参考 ASTM D 7032-10a《塑木复合材料铺板和围栏体系(护栏或扶手)性能评估的标准规范》。

本标准由中国建筑材料联合会提出。

本标准由全国塑料制品标准化技术委员会(SAC/TC 48)归口。

本标准起草单位:南京聚锋新材料有限公司、江苏长力木塑科技有限公司、湖州美典新材料有限公司、湖州格林特木塑材料有限公司、湖州新远见木塑科技有限公司、南京金江塑业有限公司、南京林业大学、东北林业大学、天津海尔房地产开发有限公司、上海塑木园林景观有限公司。

本标准主要起草人:吴正元、李大纲、丁建生、杨英昌、朱方政、吴清林、王伟宏、陈永祥、施迎春、任利峰、彭勇先、刘定猛、邓巧云、李景文、顾文彪。

塑木复合材料铺板性能等级和护栏体系性能

1 范围

本标准规定了塑木复合材料铺板和护栏体系的基本性能的术语和定义、要求、试验方法、标识和铺板性能等级的评估。

本标准适用于各种形状和规格实心或非实心的塑木铺板和护栏体系。

本标准未包括在使用过程中可能遇到的所有涉及安全的规定或要求。

注：例如建筑行业的相关强制性标准、防火燃烧性能的要求、耐生物破坏性的规定、有害物质含量的限制等。

2 规范性引用文件

下列文件对于本文件的应用是必不可少的。凡是注日期的引用文件，仅注日期的版本适用于本文件。凡是不注日期的引用文件，其最新版本(包括所有的修改单)适用于本文件。

GB/T 2035—2008 塑料术语及其定义

GB/T 16422.3—1997 塑料实验室光源暴露试验方法 第3部分：荧光紫外灯

GB/T 17657—1999 人造板及饰面人造板理化性能试验方法

GB/T 24508—2009 木塑地板

GB/T 29418—2012 塑木复合材料产品物理力学性能测试

3 术语和定义

GB/T 2035—2008、GB/T 29418—2012 界定的以及下列术语和定义适用于本文件。

3.1

塑木复合材料 wood-plastic composite；WPC

由木质或其他纤维素基材料和热塑性塑料经配混成型加工制成的复合材料，又称木塑复合材料(简称“塑木”，又称“木塑”)。

3.2

铺板 deck board

室内外铺设在龙骨上的地板或楼梯板。

3.3

护栏体系 guardrail system

有一定刚度和安全度的栏隔设施，由立柱、屏障部、扶手(或上横杠)组成。护栏体系的典型部件如图1所示。

3.3.1

立柱 post

承受载荷的垂直支撑。

3.3.2

屏障部　barrier

立柱间具有承载能力的组件，该组件可以由栏杆（或栏板）、上横杠、下横杠等构件的组成（见图 1）。

3.3.3

扶手　handrail

作防护或支撑用的手扶顶部横杠（见图 1）。

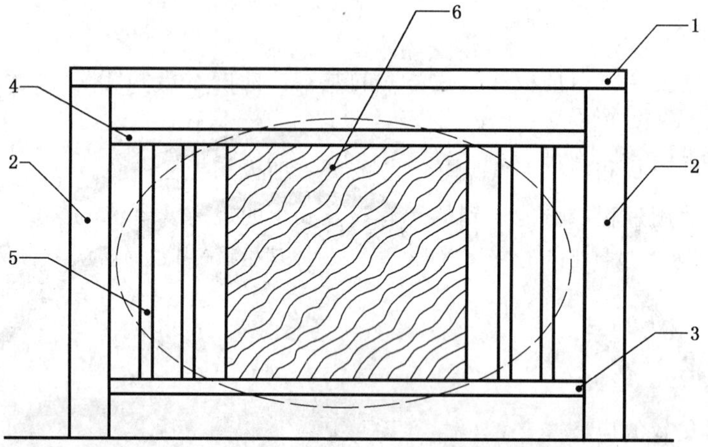

图 1　护栏体系的典型结构图

说明：

1——扶手；

2——立柱；

3——横杠；

4——上横杠；

5——栏杆；

6——栏板。

虚线所圈部分为屏障部。

3.4

四分之一处加载　quarter-point loading

弯曲试验中在试样的两个点上施加载荷，每一施载点处于距离支撑点 1/4 跨距位置的一种方法。

3.5

指定跨距　desired span

根据产品使用要求指定的弯曲试验跨距值。

3.6

修正系数 β　adjustment factor β

用以修正温湿度、冻融、紫外光等对塑木铺板或护栏弯曲性能综合影响的系数。

4　铺板性能等级的评估

4.1　概述

通过弯曲试验和修正系数 β，评估铺板的跨距/承载能力（L/C），作为铺板的性能等级。即铺板安装跨距为 L（毫米，mm）时的实际安全承载能力为 C（千牛/每平方米，kN/m^2）。

4.2 修正系数 β 的确定

确定方法见附录 A。

4.3 跨距/承载能力(L/C)的评估方法

在指定跨距 L 条件下进行弯曲试验,试验方法按 GB/T 29418—2012 中附录 A 进行。

承载能力 C(千牛/平方米,kN/m^2)按式(1)计算:

$$C=(F\times\beta)/(2.5\times b\times L) \quad \cdots\cdots(1)$$

式中:

F ——弯曲破坏载荷,单位为千牛(kN);

β ——修正系数;

b ——铺板宽度,单位为米(m);

L ——指定跨距,单位为米(m)。

4.4 性能等级结果表示

铺板性能等级表示为 L/C。即铺板安装跨距为 L(毫米,mm)时的实际安全承载能力为 C(千牛/平方米,kN/m^2)。例如,铺板性能等级(L/C)为 400/5 时,表示地板垂直于龙骨安装时,龙骨中心间距不得超过 400 mm,承载不超过 5 kN/m^2。

5 要求

5.1 铺板

铺板的基本性能要求见表 1。

表 1 铺板基本性能要求

项目		单位	要求
弯曲破坏载荷 F		N	$\geqslant 2.5\times b\times L\times C/\beta$
蠕变恢复		—	≥75%
握螺钉力		N	≥800
抗滑值		—	≥35
楼梯踏板集中加载	$(1\,335/\beta)$N 载荷下的挠度	mm	≤3.1
	$(3\,338/\beta)$N 载荷	—	不应有破坏及可见裂纹

5.2 护栏体系

护栏体系的基本性能要求见表 2。

表 2　护栏体系基本性能要求

项　目			要　求
屏障部承载		—	不应有破坏及任何组件的明显脱离和可见裂隙
均布载荷[a]		—	不应有破坏及任何组件的明显脱离和可见裂隙
集中载荷	(2 250/β)N 载荷	—	不应有破坏及任何组件的明显脱离和可见裂隙
	(900/β)N 上横杠形变量	mm	$\leqslant h_1/24+l/96$[b]
	(900/β)N 立柱形变量	mm	$\leqslant h_2/12$[c]
扶手集中载荷		—	不应有破坏及任何组件的明显脱离和可见裂隙

[a] 对于防护要求不高，如单层住宅用的护栏和扶手不需进行均布载荷试验。

[b] h_1 为有效横杠高度是从横杠上表面到地面的距离，单位为毫米(mm)；l 为竖直支撑间横杠有效长度，单位为毫米(mm)。

[c] h_2 为有效立柱高度(垂直支撑)，是从立柱顶部至第一个支撑点或支撑梁第一个联结点的距离，单位为毫米(mm)。

6　试验方法

6.1　取样

6.1.1　铺板

对于挤出产品，试样应从垂直于制品的长度方向锯切，保留制品的原截面。当试样截面过大或不能满足试验方法要求时，则可根据试验方法中的要求切取试样块，尽量保留产品的原表面。

注：对于采用其他工艺生产的产品的取样方法可由当事者各方协商确定。

6.1.2　护栏体系

应测试 3 个完整的护栏体系试样。护栏体系试样应包括两根立柱，立柱间所有组件和相关的连接，立柱间距不等时取最大间距的护栏进行试验。试样应尽量为原始状态，如有其他处理，应在报告中说明。

6.2　状态调节

6.2.1　在标准状态即温度 23 ℃±2 ℃、相对湿度 50%±10%的条件下调节 72 h，并在同样环境下进行测试。

6.2.2　当试样浸泡在水中或放置在高湿环境中取出时，试样应该在移出后去除表面水分，30 min 内完成测试。

6.3　铺板试验方法

6.3.1　弯曲破坏载荷

按 GB/T 29418—2012 中附录 A 进行弯曲试验，跨距为指定跨距。

6.3.2 蠕变恢复

按 GB/T 29418—2012 中附录 C 进行。

6.3.3 握螺钉力

按 GB/T 17657—1999 中 4.10 的规定进行。

6.3.4 抗滑值

按 GB/T 24508—2009 中 6.5.16 的规定进行。

6.3.5 楼梯踏板集中加载

试样数量为 3 个。

将试样两端固定在安装框架上。安装跨距为指定跨距。

在跨距中心线紧靠试样边缘处以(10～20)mm/min 的速度在 2 580 $mm^2 \pm 50$ mm^2 面积上施加载荷，记录集中载荷到达(1 335/β)N 时的挠度，并计算平均值。当集中载荷到达(3 338/β)N 时观察试样是否出现裂纹和破坏。

6.4 护栏体系试验方法

6.4.1 屏障部承载

在试样屏障部的最薄弱处如屏障部的中心点、截面尺寸最小杆件及其连接点处，使用 0.1 m^2 的刚性压板向垂直屏障部方向施加(600/β)N 的载荷，保载 60 s。

6.4.2 均布载荷

在试样的扶手(或上横杠)距两立柱四分之一的两点处，分别在水平和垂直方向上缓慢的施加(1 800/β)N/m 的载荷，保载 60 s。

6.4.3 集中载荷

在试样立柱间上横杠的中点、扶手(或上横杠)与立柱连接处、单独立柱的顶部缓慢的施加(2 250/β)N 的水平方向载荷。当施加的载荷达到(900/β)N 时，应记录承载处的上横杠和立柱的形变。

6.4.4 扶手集中载荷

在扶手中点的水平和垂直方向上分别缓慢的施加(2 250/β)N 集中载荷，保载 60 s。

7 产品标识

产品应有本标准代号、厂名、厂址、产品名称、规格型号、生产日期、商标及修正系数 β 等标识。

铺板产品还应有 L/C 值。

附　录　A
（规范性附录）
修正系数的确定方法

A.1　修正系数

A.1.1　修正系数确定

修正系数β的计算见式(A.1)：

$$\beta=\beta_a\times\beta_b\times\beta_c \quad \cdots\cdots (A.1)$$

式中：

β_a——温度与湿度修正系数；

β_b——耐光老化性修正系数；

β_c——耐冻融性修正系数。

具体修正系数的确定方法见表A.1。

表A.1　修正系数确定方法

项　目	确定方法
温度与湿度修正系数β_a	对于铺板，β_a为温度试验弯曲破坏载荷保留值与湿度试验弯曲破坏载荷保留值之间的较小值
	对于护栏体系，温度与湿度试验弯曲破坏载荷保留值最小值小于0.75时β_a为弯曲破坏载荷保留值+0.25，弯曲破坏载荷保留值最小值不小于0.75时β_a为1
耐光老化性修正系数β_b	耐光老化性试验弯曲破坏载荷保留值小于0.9时β_b=弯曲破坏载荷保留值+0.1，弯曲破坏载荷保留值不小于0.9时β_b为1
耐冻融性修正系数β_c	耐冻融性试验弯曲破坏载荷保留值小于0.9时β_c=弯曲破坏载荷保留值+0.1，弯曲破坏载荷保留值不小于0.9时β_c为1

A.1.2　温度与湿度修正系数的确定

A.1.2.1　在−30 ℃±2 ℃条件下放置24 h后进行试验，试验应在10 min内完成。弯曲试验应在指定跨距下使试样破坏。弯曲破坏载荷按GB/T 29418—2012中附录A测试，分别测试至少5个经低温放置的试样和对比样，并分别计算平均弯曲破坏载荷。弯曲破坏载荷保留值为低温后弯曲破坏载荷与对比样弯曲破坏载荷的比值。

A.1.2.2　在60 ℃±2 ℃条件下放置24 h后进行试验，试验应在10 min内完成。弯曲试验应在指定跨距下使试样破坏。弯曲破坏载荷按GB/T 29418—2012中附录A测试，分别测试至少5个经高温放置的试样和对比样，并分别计算平均弯曲破坏载荷。弯曲破坏载荷保留值为高温后弯曲破坏载荷与对比样弯曲破坏载荷的比值。

A.1.2.3　在常温下将试样在水容器中放置24 h后进行试验。弯曲试验应在指定跨距下使试样破坏。弯曲破坏载荷按GB/T 29418—2012中附录A测试，分别测试至少5个经浸水的试样和对比样，并分别计算平均弯曲破坏载荷。弯曲破坏载荷保留值为浸水后弯曲破坏载荷与对比样弯曲破坏载荷的比值。

A.1.3 耐光老化性修正系数的确定

按 GB/T 16422.3—1997 进行耐光老化性试验，按 GB/T 29418—2012《塑木复合材料产品物理力学性能测试》中附录 A 进行弯曲试验，分别测试至少 5 个经辐射和未经辐射的试样。弯曲试验应使受到辐射的表面处于拉伸状态。记录测试结果，并分别计算平均弯曲破坏载荷。弯曲破坏载荷保留值为试验后弯曲破坏载荷与对比样弯曲破坏载荷的比值。

A.1.4 耐冻融性试验

试验方法按 GB/T 29418—2012 中 4.18 进行，按 GB/T 29418—2012 中附录 A 进行弯曲试验。分别测试至少 5 个经冻融试验的试样和对比样，并分别计算平均弯曲破坏载荷。弯曲破坏载荷保留值为冻融试验后弯曲破坏载荷与对比样弯曲破坏载荷的比值。

A.2 铺板修正系数确定举例

A.2.1 例 1

(1) 温度弯曲破坏载荷保留值＝0.78，性能下降了 22%。

(2) 湿度弯曲破坏载荷保留值＝0.85，性能下降了 15%。

(3) 耐光老化性弯曲破坏载荷保留值＝0.92，性能下降 8%。

(4) 耐冻融性弯曲破坏载荷保留值＝0.96，性能下降 4%。

因为 0.78 是(1)和(2)弯曲破坏载荷保留值的较小值，因此 $\beta_a=0.78$。(3)和(4)都大于 0.9，因此 β_b 和 β_c 均为 1。

所以铺板最终修正系数 $\beta=\beta_a\times\beta_b\times\beta_c=0.78$。

A.2.2 例 2

(1) 温度弯曲破坏载荷保留值＝0.78，性能下降了 22%。

(2) 湿度弯曲破坏载荷保留值＝0.85，性能下降了 15%。

(3) 耐光老化性弯曲破坏载荷保留值＝0.86，因为小于 0.9，因此 $\beta_b=0.86+0.1=0.96$。

(4) 耐冻融性弯曲破坏载荷保留值＝0.88，因此 $\beta_c=0.88+0.1=0.98$。

因为 0.78 是(1)和(2)弯曲破坏载荷保留值的较小值，因此 $\beta_a=0.78$。

所以铺板最终修正系数 $\beta=\beta_a\times\beta_b\times\beta_c=0.78\times0.96\times0.98=0.73$。

ICS 17.180
A 60

中华人民共和国国家标准

GB/T 29420—2012

掺钕钒酸盐激光单晶元件

Nd-doped vanadate laser crystal devices

2012-12-31 发布　　2013-08-01 实施

中华人民共和国国家质量监督检验检疫总局
中国国家标准化管理委员会　发布

前　言

本标准按照GB/T 1.1—2009给定的规则起草。

本标准由中国建筑材料联合会提出。

本标准由全国人工晶体标准化技术委员会(SAC/TC 461)归口。

本标准起草单位:中国科学院福建物质结构研究所、国家光电子晶体材料工程技术研究中心、福建福晶科技股份有限公司、中国计量学院材料与工程学院。

本标准主要起草人:兰国政、吴少凡、林文雄、王昌运、张剑虹、李雄、史宏声、秦来顺。

本标准为首次制定。

掺钕钒酸盐激光单晶元件

1 范围

本标准规定了掺钕钒酸盐激光单晶元件的术语和定义、技术要求、试验方法、检验规则及包装、标识、运输、贮存等过程的要求。

本标准适用于掺钕钒酸盐激光单晶元件，其他种类的激光单晶元件也可参照使用。

2 规范性引用文件

下列文件对于本文件的应用是必不可少的。凡是注日期的引用文件，仅注日期的版本适用于本文件。凡是不注日期的引用文件，其最新版本（包括所有的修改单）适用于本文件。

GB/T 11297.1—2002 激光棒波前畸变的测量方法

GB/T 16601—1996 光学表面激光损伤阈值测试方法 第1部分：1对1测试

GB/T 22452—2008 硼酸盐非线性光学单晶元件通用技术条件

GB/T 22453—2008 硼酸盐非线性光学单晶元件质量测试方法

3 术语和定义

GB/T 22452—2008 界定的以及下列术语和定义适用于本文件。

3.1

掺钕钒酸钇 Nd-doped yttrium vanadate

一种掺钕的钒酸钇激光单晶以及其加工而成的元件。

3.2

不垂直度 nonperpendicularity

单晶元件通光面与侧面之间的不垂直程度。

3.3

光学不均匀性 optical heterogenity

介质折射率的不均匀程度。

3.4

透射波前畸变 transmitted wave front distortion

平行光束的波面透过被检单晶元件后相对于标准参考波面的畸变。

4 技术要求

4.1 物理性能

4.1.1 散射

在波长为 632.8 nm 的氦氖激光照射下，单晶元件单位体积（cm^3）内直径大于 10 μm 的散射点不得多于 4 个。

4.1.2 光学不均匀性

在波长为632.8 nm的氦氖激光照射下，单晶元件光学不均匀性应不大于1×10^{-5}。

4.1.3 特定波长单程损耗

单晶元件经过镀制1 064 nm减反膜后，在波长1 064 nm处单程损耗应小于1%。

4.1.4 透射波前畸变

在波长为632.8 nm氦氖激光的照射下，被测元件的透射波前畸变干涉图“峰-谷”值偏差应不大于$\lambda/4$。

4.2 加工质量

4.2.1 尺寸公差

尺寸公差应符合以下要求：$W^{+0.1}_{-0.1}\text{mm}\times H^{+0.1}_{-0.1}\text{mm}\times L^{+0.5}_{-0.1}\text{mm}$

上式中W为单晶元件通光面的宽度，H为单晶元件通光面的高度，L为单晶元件通光方向的长度。图1为单晶元件尺寸标注示意图，S所标示的面为通光面。

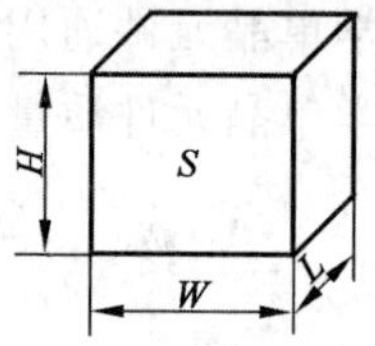

图1 单晶元件尺寸标注示意图

4.2.2 角度偏差

单晶元件的切割角度偏差要求：$\Delta\theta\leqslant0.5°$，$\Delta\varphi\leqslant0.5°$。

4.2.3 不平行度

单晶元件两个通光面的不平行度应不大于30″。

4.2.4 不垂直度

单晶元件的通光面与侧面之间的不垂直度应不大于30′。

4.2.5 有效通光孔径

单晶元件的通光表面扣除四周倒角后的可用面积与整个通光面面积的比值为有效通光孔径，其应不小于85%。

4.2.6 表面疵病

抛光元件有效通光孔径内，S/D应不大于20/10；镀膜元件，S/D应不大于60/40。

4.2.7 倒角

倒角的宽度应不大于0.2 mm。

4.2.8 崩边、崩口及崩裂

沿边缘向内侧方向延伸宽度 g(径向)崩边应不大于 0.2 mm。

沿边缘方向,崩口宽度之和应不大于 0.5 mm。

角的崩裂应不大于 0.2 mm。

4.2.9 单晶表面镀膜的光学性能

镀制 1 064 nm 增透膜和 808 nm 增透膜,1 064 nm 增透膜膜层的剩余反射率应小于 0.2%;808 nm 增透膜膜层的剩余反射率应小于 3.0%。

4.2.10 膜层的牢固度

使用 3M 公司 810 型号胶带粘拉 5 次,未出现脱膜或裂膜现象。

4.2.11 膜层的抗高湿性能

在暴露于温度为 45 ℃～50 ℃、相对湿度为 95%～100%的环境至少 24 h 后,或采用加速试验,温度 60 ℃,相对湿度为 95%～100%的环境 2 h 后,未出现脱膜或裂膜现象。

4.2.12 膜层的抗温度冲击

将单晶元件放入加热容器中,在 40 min 内,从室温升到 100 ℃,在不少于 40 min 时间内降至室温,未出现脱膜或裂膜现象。

4.2.13 膜层的抗激光损伤阈值

镀膜表面膜层的抗激光损伤阈值应大于或等于 500 MW/cm²。测试条件为入射激光的光束质量因子 M^2 应小于 1.2,波长为 1 064 nm,脉冲宽度为(10±2)ns,重复频率为(10±1)Hz,每个测试点连续照射 10 个脉冲,光斑直径为(1.0±0.1)mm。

5 试验方法

5.1 测试的环境要求

洁净等级:优于 10 000 级;温度:(23±2)℃;相对湿度:(55±5)%。

5.2 物理性能

5.2.1 散射

散射的测试方法按 GB/T 22453—2008 执行。

5.2.2 光学不均匀性

光学不均匀性的测试方法按 GB/T 22453—2008 执行。

5.2.3 特定波长单程损耗

5.2.3.1 测试原理

当功率为 P_2 的特定波长光垂直入射晶体,晶体吸收光之后,光功率衰减得到 P_1,利用式(1)计算得到特定波长单程损耗 L。

$$L=\left(1-\frac{P_1}{P_2}\right)\times 100\% \qquad \cdots\cdots(1)$$

式中：

L ——特定波长单程损耗；

P_1——特定波长出射光功率，单位为瓦(W)；

P_2——特定波长入射光功率，单位为瓦(W)。

5.2.3.2 测试仪器

激光器、起偏器、功率计等，测试示意图见图2。

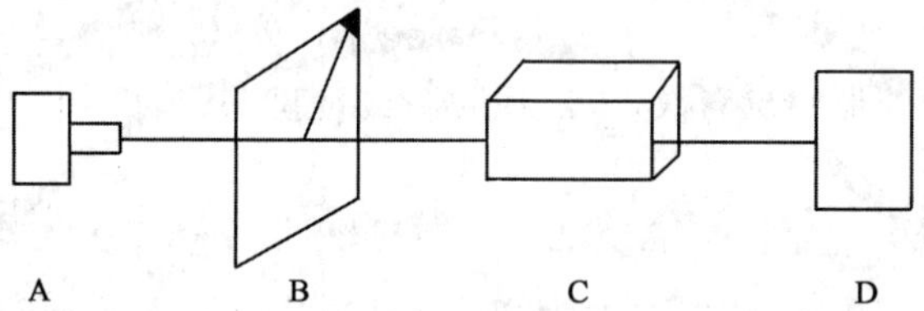

说明：

A ——激光器；

B ——起偏器；

C ——待测单晶元件；

D ——探测器。

图2 特定波长单程损耗测试示意图

5.2.3.3 测试步骤

按图2搭建好测试系统。调好光路，调整光斑直径至1 mm，稳定特定波长激光功率 P_2 为100 mW，放入待测单晶元件，利用探测器测得 P_1，代入利用式(1)计算得到特定工作波长单程损耗 L。

5.2.4 透射波前畸变

透射波前畸变的测试方法按 GB/T 11297.1—2002 执行。

5.3 加工质量

5.3.1 尺寸公差

尺寸公差的测试方法按 GB/T 22453—2008 执行。

5.3.2 角度偏差

角度偏差的测试方法按 GB/T 22453—2008 执行。

5.3.3 不平行度

不平行度的测试方法按 GB/T 22453—2008 执行。

5.3.4 不垂直度

不垂直度的测试方法按 GB/T 22453—2008 执行。

5.3.5 有效通光孔径

有效通光孔径的测试方法按 GB/T 22453—2008 执行。

5.3.6 表面疵病

表面疵病的测试方法按 GB/T 22453—2008 执行。

5.3.7 倒角

5.3.7.1 测试仪器

带有测微尺的暗场显微镜(200 倍放大,准确度为 0.001 mm)、观测平台。

5.3.7.2 测试方法

在暗场照明下观测单晶元件的倒角宽度。

5.3.8 崩边、崩口及崩裂

5.3.8.1 测试仪器

带有测微尺的暗场显微镜(200 倍放大,准确度为 0.001 mm)、观测平台。

5.3.8.2 测试方法

在暗场照明下观测单晶元件的崩边、崩口及崩裂。

5.3.9 单晶表面镀膜的光学性能

5.3.9.1 测试原理

利用分光光度计测得石英校准片的工作波长反射率、镀膜单晶样品的工作波长反射率和未放样品的本底工作波长反射率,利用式(2)计算得到镀膜单晶元件的剩余反射率 R。

$$R=\frac{R_1-R_0}{R_2-R_0}\times 100\% \quad \cdots\cdots(2)$$

式中:
R ——剩余反射率;
R_0——石英校准片对工作波长的反射率;
R_1——镀膜单晶元件对工作波长的反射率;
R_2——仪器本底对工作波长的反射率。

5.3.9.2 测试仪器

分光光度计。

5.3.9.3 测试步骤

把石英校准片放在样品台,设定好扫描波长,得到工作波长反射率。把镀膜单晶元件放在样品台,设定好扫描波长,得到工作波长反射率。取走镀膜单晶元件,设定好扫描波长,得到工作波长反射率。利用式(2),计算得到镀膜单晶元件工作波长的剩余反射率 R。

5.3.10 膜层的牢固度

使用宽度为 1.6 cm 的 3M 公司 810 型号胶带牢固地贴在镀膜表面时,快速地以垂直于膜面的方向将胶带拉起;重复5次,观察是否出现脱膜或裂膜现象。

5.3.11 膜层的抗高湿性能

在暴露于温度为45 ℃~50 ℃、相对湿度为95%~100%的环境至少24 h后,或采用加速试验,温度60 ℃,相对湿度为95%~100%的环境2 h后,观察是否出现脱膜或裂膜现象。

5.3.12 膜层的抗温度冲击

将单晶元件放入加热容器中,在40 min内从室温升到100 ℃,在不少于40 min时间内降至室温,观察是否出现脱膜或裂膜现象。

5.3.13 膜层的抗激光损伤阈值

膜层的抗激光损伤阈值按GB/T 16601—1996执行。

6 检验规则

6.1 检验分类

6.1.1 出厂检验

出厂检验项目为4.1.1、4.2.1~4.2.8,全检,不合格品剔出。

6.1.2 型式检验

6.1.2.1 型式检验检测项目为本标准所要求的全部项目。

6.1.2.2 有下列情况时进行型式检验:

a) 新产品投产时;

b) 制备工艺有较大改变,可能影响产品质量时;

c) 出厂检验结果与最近一次型式检验结果有差异时;

d) 停产三个月恢复生产时。

6.1.2.3 抽样方法:

在同一加工工艺条件制成的产品中随机抽取,抽取量不少于1%,且不低于2件;若该批仅有一件,则抽取该件。

6.2 判定

检验结果符合本标准要求的,则判定该批产品为合格。如有不合格项,可自同批产品中加倍抽样,对不合格项进行复检。复检结果如全部合格,则该批产品为合格;复检结果如仍有不合格,则判定该批产品为不合格。

7 包装、标识、运输和贮存

7.1 包装

7.1.1 内包装

采用弹性膜盒包装。包装时,产品应在超净室内擦拭干净后装入膜盒,通光面不得直接接触包装物。包装应密封、洁净、防潮、防震、防静电和防冲击等。

7.1.2 外包装

包装箱内应有装箱单和使用说明书。装箱单应标明：单晶元件名称、数量、尺寸、切割角度、镀膜指标及生产厂家等。

7.2 标识

产品外包装上应标明：

a) 生产厂家、厂址；

b) 产品名称、数量；

c) 执行标准编号；

d) 生产日期、保质期；

e) “小心轻放”、“防潮”、“易碎”等图标。

7.3 运输

产品在运输过程中应轻装轻卸，不得挤压，并采取防震、防潮等措施。

7.4 贮存

产品存放在洁净等级优于10 000级、温度(23±2)℃、相对湿度应不大于30%的环境中。产品保质期自生产之日起1年。

ICS 17.180
A 60

中华人民共和国国家标准

GB/T 29421—2012

钒酸盐双折射光学单晶元件

Vanadate birefringent crystal devices

2012-12-31 发布 2013-08-01 实施

中华人民共和国国家质量监督检验检疫总局
中国国家标准化管理委员会 发布

前言

本标准按照 GB/T 1.1—2009 给定的规则起草。

本标准由中国建筑材料联合会提出。

本标准由全国人工晶体标准化技术委员会(SAC/TC 461)归口。

本标准起草单位:中国科学院福建物质结构研究所、国家光电子晶体材料工程技术研究中心、福建福晶科技股份有限公司、中国计量学院材料与工程学院。

本标准主要起草人:兰国政、吴少凡、林文雄、王昌运、张剑虹、李雄、史宏声、秦来顺。

本标准为首次制定。

钒酸盐双折射光学单晶元件

1 范围

本标准规定了钒酸盐双折射光学单晶元件的术语和定义、技术要求、试验方法、检验规则及包装、标识、运输、贮存等过程的要求。

本标准适用于钒酸盐双折射光学单晶元件，其他种类的双折射光学单晶元件也可参照使用。

2 规范性引用文件

下列文件对于本文件的应用是必不可少的。凡是注日期的引用文件，仅注日期的版本适用于本文件。凡是不注日期的引用文件，其最新版本(包括所有的修改单)适用于本文件。

GB/T 11297.1—2002 激光棒波前畸变的测量方法

GB/T 22452—2008 硼酸盐非线性光学单晶元件通用技术条件

GB/T 22453—2008 硼酸盐非线性光学单晶元件质量测试方法

3 术语和定义

GB/T 22452—2008 界定的以及下列术语和定义适用于本文件。

3.1

双折射光学单晶 optical crystal with birefringence

一种具有折射率各向异性的光学单晶。

3.2

钒酸钇单晶 yttrium vanadate single crystal

一种双折射单晶以及以其加工而成的元件，中文化学名为钒酸钇，分子式为 YVO_4。

3.3

不垂直度 nonperpendicularity

单晶元件通光面与侧面之间的不垂直程度。

3.4

光学不均匀性 optical heterogenity

介质折射率的不均匀程度。

3.5

透射波前畸变 transmitted wave front distortion

平行光束的波面透过被检单晶元件后相对于标准参考波面的畸变。

3.6

消光比 extinction ratio

Ex

光通过平行偏光系统与正交偏光系统时，分别得到最大输出光强与最小输出光强，它们的比值称系统消光比。当有应力双折射的透明介质插入两个偏振器之间时，消光比降低。

3.7

插入损耗　insertion loss

IL

光通过晶体器件后的损耗，即光源通过器件后量测到的功率和未通过器件量测到的功率比值。

3.8

偏振相关损耗　polarization dependent loss

PDL

晶体器件在所有的偏振态下最大与最小插入损耗的比值。

3.9

楔角　wedge angle

两个通光面之间的夹角。如图1所示。

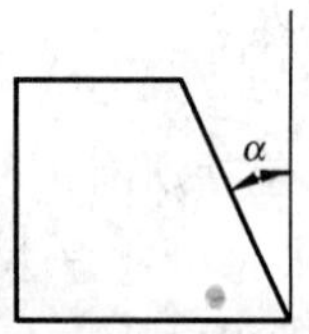

图1　单晶原件单楔角示意图

4　技术要求

4.1　物理性能

4.1.1　散射

在波长为632.8 nm的氦氖激光照射下，单晶元件单位体积(cm^3)内直径大于10 μm的散射点不得多于4个。

4.1.2　光学不均匀性

在波长为632.8 nm的氦氖激光照射下，单晶元件光学不均匀性应不大于1×10^{-5}。

4.1.3　透过波前畸变

在波长为632.8 nm氦氖激光的照射下，被测元件的透射波前畸变干涉图“峰-谷”值偏差应不大于λ/4。

4.1.4　消光比

单晶元件的消光比应大于25 dB。

4.1.5　插入损耗

单晶元件的插入损耗应不大于0.08 dB。

4.1.6　偏振相关损耗

单晶元件的偏振相关损耗应不大于0.03 dB。

4.2 加工质量

4.2.1 尺寸公差

尺寸公差应符合以下要求：$W^{+0.1}_{-0.1}$ mm×$H^{+0.1}_{-0.1}$ mm×$L^{+0.5}_{-0.1}$ mm

上式中 W 为单晶元件通光面的宽度，H 为单晶元件通光面的高度，L 为单晶元件通光方向的长度。图 2 为单晶元件尺寸标注示意图，S 所标示的面为通光面。

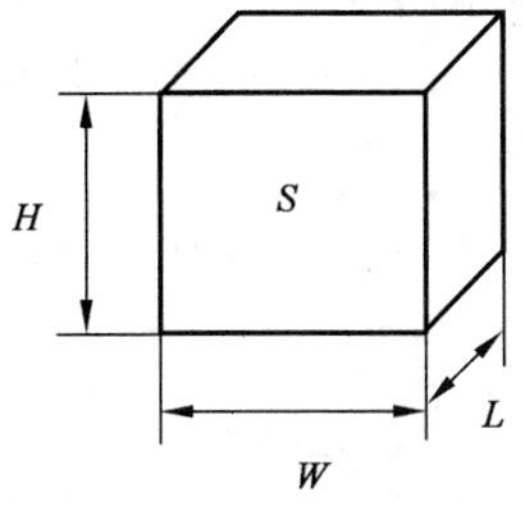

图 2 单晶元件尺寸标注示意图

4.2.2 角度偏差

单晶元件的切割角度偏差要求：$\Delta\theta \leqslant 0.5°$，$\Delta\varphi \leqslant 0.5°$。

4.2.3 不平行度

单晶元件两个通光面的不平行度应不大于 30″。

4.2.4 不垂直度

单晶元件的通光面与侧面之间的不垂直度应不大于 30′。

4.2.5 楔角公差

单晶元件单楔角 α 公差应不大于 0.5°。

4.2.6 有效通光孔径

单晶元件的通光表面扣除四周倒角后的可用面积与整个通光面面积的比值为有效通光孔径，其应不小于 85%。

4.2.7 表面疵病

抛光元件有效通光孔径内，S/D 不大于 20/10；镀膜元件 S/D 不大于 60/40。

4.2.8 倒角

倒角的宽度应不大于 0.2 mm。

4.2.9 崩边、崩口及崩裂

沿边缘向内侧方向延伸宽度 g(径向)崩边应不大于 0.2 mm。

沿边缘方向，崩口宽度之和应不大于 0.5 mm。

角的崩裂应不大于 0.2 mm。

4.2.10 单晶表面镀膜的光学性能

镀制单点 1 550 nm 减反膜，在 1 520 nm～1 580 nm 的波段范围内膜层的剩余反射率应小于 0.2%。

4.2.11 膜层的牢固度

使用 3M 公司 810 型号胶带粘拉 5 次，未出现脱膜或裂膜现象。

4.2.12 膜层的抗高湿性能

在暴露于温度 46.7 ℃～51 ℃、相对湿度为 95%～100%的环境至少 24 h 后，或采用加速试验，温度 60 ℃，相对湿度为 95%～100%的环境 2 h 后，未出现脱膜或裂膜现象。

4.2.13 膜层的抗温度冲击

将单晶元件放入加热容器中，在 40 min 内从室温升到 100 ℃，在不少于 40 min 时间内降到室温，未出现脱膜或裂膜现象。

5 试验方法

5.1 测试的环境要求

洁净等级：优于 10 000 级；温度：(23±2)℃；相对湿度：(55±5)%。

5.2 物理性能

5.2.1 散射

散射的测试方法按 GB/T 22453—2008 的规定。

5.2.2 光学不均匀性

光学不均匀性的测试方法按 GB/T 22453—2008 的规定。

5.2.3 透过波前畸变

透过波前畸变的测试方法按 GB/T 11297.1—2002 执行。

5.2.4 消光比

5.2.4.1 方法原理

当晶体出现应力双折射时，入射光的偏振态会产生变化，通过测量这种变化，即可计算出晶体器件的消光比 Ex，见图 3。

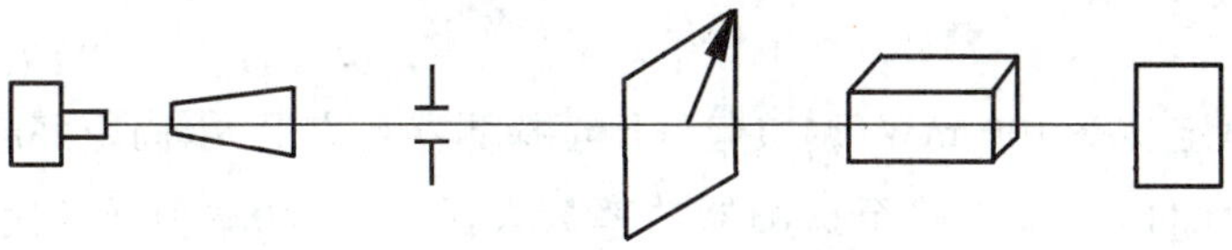

说明：
A——激光器；
B——扩束器；
C——可调光栏；
D——起偏器；
E——待测单晶元件；
F——探测器。

图 3 消光比测试原理图

5.2.4.2 系统要求

激光器的波长为 632.8 nm。激光光源功率波动应小于或等于 1.0%。通过调整光栏，使光束直径为待测单晶元件有效通光孔径的 90%。系统消光比应大于或等于 45 dB。

5.2.4.3 测试步骤

按系统要求调试好仪器，将起偏器与检偏器正交放置；将待测晶体放置于检偏器与起偏器之间，转动待测晶体到出光功率最小位置，记录下最小出光功率 P_1；转动待测晶体到出光功率最大位置，记录下最大出光功率 P_2。代入式(1)计算得到消光比。

$$Ex = 10\lg\left(\frac{P_2}{P_1}\right) \tag{1}$$

式中：
Ex ——消光比，单位为分贝(dB)；
P_1 ——最小出光功率，单位为瓦(W)；
P_2 ——最大出光功率，单位为瓦(W)。

5.2.5 插入损耗

5.2.5.1 方法原理

光通过器件后的损耗，即光源通过器件后量测到的功率和未通过器件测量到的功率比值，见图 4。

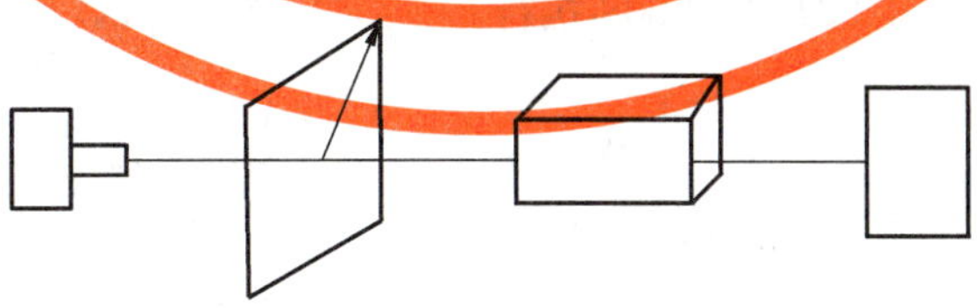

说明：
A——光源；
B——起偏器；
C——待测单晶元件；
D——探测器。

图 4 插入损耗测试原理图

5.2.5.2 测试步骤

采用稳定光源，恒定功率 100 mW，调节起偏器至探测器功率最大，固定好起偏器位置，记录下功率值 P_i；放入待测单晶元件，调整光路至探测器功率最大，记录下功率值 P_o，代入式(2)计算得到插入损耗。

$$IL = 10\lg\left(\frac{P_i}{P_o}\right) \qquad (2)$$

式中：

IL ——插入损耗，单位为分贝(dB)；

P_i ——最大输出功率，单位为瓦(W)；

P_o ——最小输出功率，单位为瓦(W)。

5.2.6 偏振相关损耗

5.2.6.1 方法原理

偏振相关损耗即为器件在所有的偏振态下最大与最小插入损耗的比率，见图 4。

5.2.6.2 测试步骤

采用稳定光源，恒定功率 100 mW，按照图 4 装置，转动起偏器，调整到功率最小位置，记录下 P_{min} 值；转动起偏器，调整到最大功率最大位置，记录下 P_{max}；代入式(3)计算得到偏振损耗。

$$PDL = 10\lg\left(\frac{P_{max}}{P_{min}}\right) \qquad (3)$$

式中：

PDL ——插入损耗，单位为分贝(dB)；

P_{max} ——最大输出功率，单位为瓦(W)；

P_{min} ——最小输出功率，单位为瓦(W)。

5.3 加工质量

5.3.1 尺寸公差

尺寸公差的测试方法按 GB/T 22453—2008 执行。

5.3.2 角度偏差

角度偏差的测试方法按 GB/T 22453—2008 执行。

5.3.3 不平行度

不平行度的测试方法按 GB/T 22453—2008 执行。

5.3.4 不垂直度

不垂直度的测试方法按 GB/T 22453—2008 执行。

5.3.5 楔角公差

利用光学测角比较仪直接测量。

5.3.6 有效通光孔径

有效通光孔径的测试方法按 GB/T 22453—2008 执行。

5.3.7 表面疵病

表面疵病的测试方法按 GB/T 22453—2008 执行。

5.3.8 倒角

5.3.8.1 测试仪器

带有测微尺的暗场显微镜(200 倍放大,准确度为 0.001 mm)、观测平台。

5.3.8.2 测试方法

在暗场照明下观测单晶元件的倒角宽度。

5.3.9 崩边、崩口及崩裂

5.3.9.1 测试仪器

带有测微尺的暗场显微镜(200 倍放大,准确度为 0.001 mm)、观测平台。

5.3.9.2 测试方法

在暗场照明下观测单晶元件的崩边、崩口及崩裂。

5.3.10 单晶表面镀膜的光学性能

5.3.10.1 测试原理

利用分光光度计测得石英校准片的工作波长反射率、镀膜单晶样品的工作波长反射率和未放样品的本底工作波长反射率,利用式(4)计算得到镀膜单晶的剩余反射率。

$$R=\frac{R_1-R_0}{R_2-R_0}\times 100\% \qquad \cdots\cdots (4)$$

式中:

R ——剩余反射率;

R_0 ——石英校准片对工作波长的反射率;

R_1 ——镀膜单晶元件对工作波长的反射率;

R_2 ——仪器本底对工作波长的反射率。

5.3.10.2 测试仪器

分光光度计。

5.3.10.3 测试步骤

把石英校准片放在样品台,设定好扫描波长,得到工作波长反射率。把镀膜单晶元件放在样品台,设定好扫描波长,得到工作波长反射率。取走镀膜单晶元件,设定好扫描波长,得到工作波长反射率。利用测试仪器软件,计算得到镀膜单晶元件的工作波长剩余反射率曲线,由曲线得到相应工作波长的剩余反射率。

5.3.11 膜层的牢固度

使用宽度为 1.6 cm 的 3M 公司 810 型号胶带牢固地贴在镀膜表面时，快速地以垂直于膜面的方向将胶带拉起；重复 5 次，观察是否出现脱膜或裂膜现象。

5.3.12 膜层的抗高湿性能

在暴露于温度为 45 ℃～50 ℃、相对湿度为 95%～100%的环境至少 24 h 后，或采用加速试验，温度 60 ℃，相对湿度为 95%～100%的环境 2 h 后，观察是否出现脱膜或裂膜现象。

5.3.13 膜层的抗温度冲击

将单晶元件放入加热容器中，在 40 min 内从室温升到 100 ℃，在不少于 40 min 时间内降到室温，观察是否出现脱膜或裂膜现象。

6 检验规则

6.1 检验分类

6.1.1 出厂检验

出厂检验项目为 4.1.1、4.2.1～4.2.8，全检，不合格品剔出。

6.1.2 型式检验

6.1.2.1 型式检验检测项目为本标准所要求的全部项目。

6.1.2.2 有下列情况时进行型式检验：

a) 新产品投产时；

b) 制备工艺有较大改变，可能影响产品质量时；

c) 出厂检验结果与最近一次型式检验结果有差异时；

d) 停产三个月恢复生产时。

6.1.2.3 抽样方法：

在同一加工工艺条件制成的产品中随机抽取，抽取量不少于 1%，且不低于 2 件；若该批仅有一件，则抽取该件。

6.2 判定

检验结果符合本标准要求的，则判定该批产品为合格。如有不合格项，可自同批产品中加倍抽样，对不合格项进行复检。复检结果如全部合格，则该批产品为合格；复检结果如仍有不合格，则判定该批产品为不合格。

7 包装、标识、运输和贮存

7.1 包装

7.1.1 内包装

采用弹性膜盒包装。包装时，产品应在超净室内擦拭干净后装入膜盒，通光面不得直接接触包装物。包装应密封、洁净、防潮、防震、防静电和防冲击。

7.1.2 外包装

包装箱内应有装箱单和使用说明书。装箱单应标明:单晶元件名称、数量、尺寸、切割角度、镀膜指标、生产厂家等。

7.2 标识

产品外包装上应标明:

a) 生产厂家、厂址;

b) 产品名称、数量;

c) 执行标准编号;

d) 生产日期、保质期;

e) "小心轻放"、"防潮"、"易碎"等图标。

7.3 运输

产品在运输过程中应轻装轻卸,不得挤压,并采取防震、防潮等措施。

7.4 贮存

产品存放在洁净等级优于10 000级、温度(23±2)℃、相对湿度应不大于30%的环境中。产品保质期自生产之日起1年。

ICS 91.100.10
Q 11

中华人民共和国国家标准

GB/T 29422—2012

水泥化学分析废液的处理方法

Methods for dealing with the waste solution of chemical analysis of cement

2012-12-31 发布　　2013-08-01 实施

中华人民共和国国家质量监督检验检疫总局
中国国家标准化管理委员会　发布

前　言

本标准按照GB/T 1.1—2009给出的规则起草。

本标准由中国建筑材料联合会提出。

本标准由全国水泥标准化技术委员会(SAC/TC 184)归口。

本标准负责起草单位:中国建筑材料科学研究总院、中国建筑材料检验认证中心有限公司。

本标准参加起草单位:深圳广田装饰集团股份有限公司。

本标准主要起草人:王冠杰、王瑞海、闫伟志、李少强。

本标准为首次发布。

水泥化学分析废液的处理方法

1 范围

本标准规定了水泥化学分析废液中重金属钡、铬、汞、铜及废酸、废碱的处理方法。

本标准适用于水泥化学分析中所排放的废液。

2 试剂

2.1 总则

除另有说明外，所用试剂为工业纯或不低于工业纯试剂。

本标准所列市售浓液体试剂的密度指 20 ℃的密度(ρ)，单位为克每立方厘米(g/cm^3)。

用体积比表示试剂稀释程度。例如：盐酸(1+2)表示 1 份体积的浓盐酸与 2 份体积的水相混合。

2.2 盐酸(HCl)

1.18 g/cm^3～1.19 g/cm^3，质量分数 36%～38%。

2.3 硫酸(H_2SO_4)

1.84 g/cm^3，质量分数 95%～98%。

2.4 乙醇(C_2H_5OH)

体积分数 95%。

2.5 盐酸(1+1)

将 1 份体积的浓盐酸与 1 份体积的水混合。

2.6 硫酸(1+9)

将 1 份体积的浓硫酸缓慢注入 9 份体积的水中，混匀。

2.7 无水硫酸钠(Na_2SO_4)

固体。

2.8 氢氧化钠溶液(50 g/L)

将 5 g 氢氧化钠(NaOH)溶于水中，加水稀释至 100 mL，贮存于塑料瓶中。

2.9 氢氧化钾溶液(200 g/L)

将 200 g 氢氧化钾(KOH)溶于水中，加水稀释至 1 L，贮存于塑料瓶中。

2.10 硫酸亚铁($FeSO_4 \cdot 7H_2O$)或硫酸亚铁铵[$Fe(NH_4)_2(SO_4)2 \cdot 6H_2O$]

固体。

2.11 硫化钠($Na_2S \cdot 9H_2O$)

固体,密封保存。

2.12 活性炭

固体,密封保存。

2.13 硫化亚铁(FeS)

固体。

2.14 酚酞指示剂溶液(10 g/L)

将 1 g 酚酞溶于 100 mL 乙醇(见 2.4)中。

3 仪器

3.1 天平

精确至 0.1 g。

3.2 酸度计

测量 pH 值范围 0~14,精度至 0.01。

4 废液的处理

4.1 利用水泥煅烧窑处理废液

4.1.1 方法提要

利用水泥窑来进行煅烧处理水泥化学分析的废液。

4.1.2 处理步骤

将水泥化学分析含钡、铬、汞、铜及废酸、废碱的废液加入水泥原材料中,利用水泥窑来进行煅烧处理。

4.2 利用化学法处理废液

4.2.1 含钡废液的处理

4.2.1.1 方法提要

含有钡离子的废液中加入一定量的硫酸盐或硫酸溶液,把钡离子转化为硫酸钡沉淀后,滤液可以直接排放。

4.2.1.2 处理步骤

4.2.1.2.1 用硫酸钠处理含钡离子的废液

处理一个硫酸钡重量法测定三氧化硫后的废液需要称取 1.0 g 无水硫酸钠(见 2.7),精确至

0.1 g，在搅拌下，缓慢加入无水硫酸钠（见 2.7）到盛有钡离子废液的烧杯中，温热 4 h 或放置 12 h～24 h。在溶液中加 2～3 滴酚酞指示剂溶液（见 2.14），用氢氧化钠溶液（见 2.8）中和至溶液出现粉红色，静止至溶液澄清，过滤后，取 1～2 滴滤液置于表面皿上，加 1 滴硫酸（1+9），如果没有沉淀，可将滤液直接排放。

如果取 1～2 滴滤液置于表面皿上，加 1 滴硫酸（1+9）后有沉淀产生，需再加几毫升硫酸（1+9）处理滤液。

4.2.1.2.2 用硫酸溶液处理含钡离子的废液

处理一个硫酸钡重量法测定三氧化硫后的废液需要 4.0 mL 硫酸（1+9），精确至 0.1 mL，在搅拌下，缓慢加入硫酸（1+9）到盛有钡离子废液的烧杯中，温热 4 h 或放置 12 h～24 h。在溶液中 2～3 滴酚酞指示剂溶液（见 2.14），用氢氧化钠溶液（见 2.8）中和至溶液出现粉红色，静止至溶液澄清，过滤后，取 1～2 滴滤液置于表面皿上，加 1 滴硫酸（1+9），如果没有沉淀，可将滤液直接排放。

如果取 1～2 滴滤液置于表面皿上，加 1 滴硫酸（1+9）后有沉淀产生，需再加几毫升硫酸（1+9）处理滤液。

4.2.2 含铬废液的处理

4.2.2.1 方法提要

水泥化学分析中，重铬酸钾作为氧化剂，用亚铁还原废液中的铬（Ⅵ）为铬（Ⅲ）离子，把铬（Ⅲ）离子转化为 $Cr(OH)_3$ 沉淀，滤液可以直接排放。

4.2.2.2 处理步骤

将一定量水泥化学成分分析后的含铬废液，如果废液中有黄色的六价铬（Ⅵ），加入适量的硫酸亚铁铵（2.10）至黄色退去，加 2～3 滴酚酞试剂（见 2.14），用氢氧化钠溶液（见 2.8）中和至溶液出现粉红色，调节溶液 pH 值至 8 左右，使 Cr^{3+} 转变成 $Cr(OH)_3$ 沉淀，然后每 100 mL 溶液中加入 1 g 活性炭（2.12），静置沉淀 12 h～24 h，过滤后将滤液直接排放。

4.2.3 汞废液的处理

4.2.3.1 方法提要

含汞废液中，加入硫化物，使汞生成稳定的硫化汞，调节溶液 pH 8.0～9.0，并加入吸附剂使硫化汞沉淀完全，过滤后滤液中加入硫酸亚铁或硫酸亚铁铵，使硫化物完全转化为硫化亚铁沉淀，滤液可以直接排放。

4.2.3.2 处理步骤

取一定量含汞废液，每 100 mL 废液中加入 0.2 g 硫化钠（2.11），搅拌溶解，用氢氧化钠溶液（见 2.8）调节至 pH8.0～9.0，用 pH 试纸或酸度计（3.2）检验。然后每 100 mL 废液中加入 0.5 g 活性炭（2.12），盖上表面皿，静置 12 h～24 h。过滤后每 100 mL 滤液中加入 0.5 g 硫酸亚铁或硫酸亚铁铵（2.10），搅拌溶解，使硫离子完全转化成硫化亚铁，过滤后将滤液直接排放。

4.2.4 铜废液的处理

4.2.4.1 方法提要

含铜废液中，加入硫化亚铁，使铜离子转化成硫化铜沉淀，滤液可以直接排放。

4.2.4.2 处理步骤

取适量含铜废液放入烧杯中，每100 mL 废液中加入3.3 g硫化亚铁(2.13)，用氢氧化钠溶液(见2.8)调节至pH 8.0～9.0，用pH试纸或酸度计(3.2)检验。静置12 h～24 h，过滤后将滤液直接排放。

4.2.5 酸、碱废液的处理

4.2.5.1 方法提要

采用酸碱中和的方法处理酸、碱废液。

4.2.5.2 处理步骤

4.2.5.2.1 废酸溶液的处理步骤

将废酸溶液，用一定浓度的氢氧化钠溶液中和至中性(pH 7左右)，用pH试纸或酸度计(3.2)检验。

4.2.5.2.2 废碱溶液的处理步骤

将废碱溶液，用一定浓度的盐酸溶液中和至中性(pH 7左右)，用pH试纸或酸度计(3.2)检验。

ICS 91.100.30
Q 13

中华人民共和国国家标准

GB/T 29423—2012

用于耐腐蚀水泥制品的碱矿渣粉煤灰混凝土

Alkali-activated slag-fly ash concrete for anticorrosive cement products

2012-12-31 发布　　　　2013-08-01 实施

中华人民共和国国家质量监督检验检疫总局
中国国家标准化管理委员会　发布

前　言

本标准按照 GB/T 1.1—2009 给出的规则起草。

本标准由中国建筑材料联合会提出。

本标准由全国水泥制品标准化技术委员会(SAC/TC 197)归口。

本标准负责起草单位：嘉兴学院土木工程研究所、苏州混凝土水泥制品研究院。

本标准加起草单位：苏州市兴邦化学建材有限公司、宁波浙东建材集团、重庆大学材料与工程学院、广东三和管桩有限公司、浙江省天和建材集团有限公司、浙江中元建设有限公司，苏州科技学院、南京工业大学、江苏戴园建材集团有限公司、武汉双强管业有限公司、南京中飞混凝土外加剂厂、淮安锐志新型建材有限公司、辽宁省建设科学研究院、中铁电气化局集团德阳制品有限公司、葫芦岛市辽西水泥杆厂。

本标准主要起草人：刘红飞、沈丽华、奚飞达、毛荣良、蒋元海、匡红杰、邓建良、张日红、杨长辉、姚鸿泰、张吟秋、魏宜龄、王狄龙、俞黎明、张祖华、胡恒、官义军、韩静云、侯兴忠、陈翠红、许如源、李洪军、刘丽丽、黄发军、薛力梨、杨学迎。

引　言

普通水泥制品在一些化学腐蚀条件下的使用寿命比较短，这与普通水泥混凝土的耐化学腐蚀性不好有关。碱矿渣粉煤灰混凝土是由大量粉煤灰、矿渣等工业废料、碱性激发剂、专用外加剂和砂石骨料所组成的碱性激发混凝土，与普通水泥混凝土不同，它有较强耐盐、耐酸、耐碱腐蚀能力，用于制造耐腐蚀水泥制品，经过二十多年的研究开发，全国已有十多家企业生产耐腐蚀混凝土排水管和耐腐蚀混凝土电杆等制品。此类耐腐蚀混凝土制品与普通混凝土制品相比具有耐腐能力强，整体防腐性好的特点，又比塑料制品刚度大、造价低，符合节能和环保的要求，发展前景良好，已用于污水处理工程、沿海和西部盐碱腐蚀地区。为满足混凝土制品质量及耐久性的要求，中国建筑材料工业联合会及时提出了《用于耐腐蚀水泥制品的碱矿渣粉煤灰混凝土》国家标准的制定项目计划，以规范我国耐腐蚀混凝土制品的生产、使用、销售、质检，促进我国耐腐蚀混凝土制品的生产发展和技术进步。

用于耐腐蚀水泥制品的碱矿渣粉煤灰混凝土

1 范围

本标准规定了用于耐腐蚀水泥制品的碱矿渣粉煤灰混凝土(以下简称碱矿渣粉煤灰混凝土)的术语和定义、分类、原材料、技术要求、试验方法、检验规则、贮存与输送等内容。

本标准适用于处于酸、碱、盐环境下耐腐蚀水泥制品使用的碱矿渣粉煤灰混凝土。

2 规范性引用文件

下列文件对于本文件的应用是必不可少的。凡是注日期的引用文件,仅注日期的版本适用于本文件。凡是不注日期的引用文件,其最新版本(包括所有的修改单)适用于本文件。

GB/T 209 工业用氢氧化钠
GB/T 1346 水泥标准稠度用水量、凝结时间、安定性检验方法
GB/T 1596—2005 用于水泥和混凝土中的粉煤灰
GB/T 4209 工业硅酸钠
GB 8076 混凝土外加剂
GB/T 14684 建筑用砂
GB/T 14685 建筑用卵石、碎石
GB/T 17671 水泥胶砂强度检验方法(ISO法)
GB/T 18046 用于水泥和混凝土中的粒化高炉矿渣粉
GB/T 50080—2002 普通混凝土拌合物性能试验方法标准
GB/T 50081 普通混凝土力学性能试验方法标准
GB/T 50082—2009 普通混凝土长期性能和耐久性能试验方法标准
GB/T 50476—2008 混凝土结构耐久性设计规范
JC/T 681 行星式水泥胶砂搅拌机
JC/T 682 水泥胶砂试体成型振实台
JC/T 726 水泥胶砂试模
JGJ 63 混凝土用水标准

3 术语和定义

下列术语和定义适用于本文件。

3.1

碱性激发剂 alkaline activator

以能激发粉煤灰、矿渣粉等材料潜在活性的碱金属为主组成的化合物。

3.2

碱矿渣粉煤灰耐腐蚀胶凝材料 alkali-activated slag-fly ash cementitious material

以粉煤灰、矿渣粉等为主,在碱性激发剂作用下形成钙铝硅体系的胶凝材料,该胶凝材料具有一定

的物理力学性能外，还具有优于硅酸盐类胶凝材料的耐化学腐蚀性。

注：粉煤灰和矿渣粉的量不少于胶凝材料质量的50%。

3.3

碱矿渣粉煤灰混凝土 alkali-activated slag-fly ash concrete

由碱矿渣粉煤灰耐腐蚀胶凝材料、细骨料、粗骨料、水、外加剂配制的混凝土。

3.4

矿渣粉碱性系数 basicity factor

表示矿渣粉活性的一项指标。它是矿渣粉中氧化钙、氧化镁质量分数之和与二氧化硅、三氧化二铝质量分数之和的比值，$M_0=\frac{CaO+MgO}{SiO_2+Al_2O_3}$。

3.5

耐腐蚀系数 corrosion resistance factor

表示碱矿渣粉煤灰胶凝材料(或混凝土)耐腐蚀能力的指标。用试件经化学腐蚀后的强度值与未经腐蚀同龄期试件强度值之比表示。

4 分类

碱矿渣粉煤灰混凝土按耐腐蚀用途分：耐酸混凝土、耐盐混凝土和耐碱混凝土。

碱矿渣粉煤灰混凝土按所用碱性激发剂种类分为：水玻璃类碱矿渣粉煤灰混凝土和非水玻璃类碱矿渣粉煤灰混凝土。

5 原材料

5.1 粉煤灰

应符合GB/T 1596—2005中表1和表2规定的F类Ⅰ级、Ⅱ级粉煤灰。其中化学成分还应满足表1要求。

表1 粉煤灰的化学成分指标

SiO_2/%	Al_2O_3/%	SO_3/%	烧失量/%
≥40	≥20	≤3.0	≤6.0

5.2 矿渣粉

应选用碱性系数M_0≥0.95，比表面积400 m^2/kg±80 m^2/kg。其他质量指标符合GB/T 18046的S95以上等级的要求。

5.3 激发剂

水玻璃类激发剂以工业硅酸钠(钾)为主配制而成。其中工业硅酸钠应符合GB/T 4209，不得混入杂质。

非水玻璃类激发剂的各组成材料中，氢氧化钠符合GB/T 209要求，其他材料符合相应产品标准的规定。

液体激发剂不应有沉淀分层，粉状激发剂不应结块，细度应满足80 μm筛筛余不大于20%。

5.4 细集料

宜采用中粗砂；砂的质量要求应符合 GB/T 14684 的规定，用于有耐酸要求的水泥制品不应使用碳酸盐类细集料。

5.5 粗集料

粗集料应为碎石或卵石，其最大公称粒径应符合相应水泥制品的要求。粗集料的质量应符合 GB/T 14685 的规定。对有预防碱骨料反应使用要求的水泥制品，不宜使用碱活性集料，用于有耐酸要求的水泥制品不应使用碳酸盐类粗集料。

5.6 水

混凝土用水应符合 JGJ 63 的规定。

5.7 外加剂

外加剂不应对混凝土产生有害影响，其质量要求应符合 GB 8076 的规定。

5.8 掺合料

如使用沸石粉、硅灰等掺合料时，掺合料的质量应分别符合相应标准的规定。

6 技术要求

6.1 新拌混凝土

6.1.1 混凝土的和易性

新拌混凝土的和易性包括稠度、黏聚性和保水性。

混凝土拌合物的稠度应以坍落度或维勃稠度表示。稠度大小应满足水泥制品成型的要求，干硬性混凝土维勃稠度值不宜大于 30 s。黏聚性和保水性应符合 GB/T 50080—2002 相应的要求。

6.1.2 凝结时间

初凝不宜小于 45 min。

6.1.3 氯离子含量

混凝土中氯离子含量不大于胶凝材料质量的 0.15%。

6.2 硬化混凝土

6.2.1 混凝土强度

强度等级按立方体抗压强度标准值划分为 C30、C35、C40、C45、C50、C55、C60、C70、C80 等 9 个强度等级。

6.2.2 耐化学腐蚀性

6.2.2.1 用于酸性侵蚀场合时，需进行耐酸腐蚀性能试验，耐酸腐蚀系数应不小于 0.80。

6.2.2.2 用于碱性侵蚀场合时，需进行耐碱腐蚀性能试验，耐碱腐蚀系数应不小于 0.80。

6.2.2.3 用于硫酸盐等盐类侵蚀场合时，需进行耐盐腐蚀性能试验，耐盐腐蚀系数应不小于 0.75。

7 试验方法

7.1 混凝土和易性

混凝土和易性的试验按照 GB/T 50080—2002 的规定进行。

7.2 混凝土凝结时间

7.2.1 砂浆法(标准法)

塑性混凝土的凝结时间:按 GB/T 50080—2002 的规定进行测定。

干硬性混凝土凝结时间:用符合 JC/T 681 要求的胶砂搅拌机搅拌出待测试的砂浆,该砂浆采用与混凝土设计配合比相同的胶砂比和水胶比配制,再按照 GB/T 50080—2002 第 4 章的规定进行测定凝结时间。

7.2.2 净浆法(代用法)

用 GB/T 1346 的方法,测定标准稠度用水量下耐腐蚀胶凝材料净浆的凝结时间。

7.3 氯离子含量

氯离子含量测定按 GB/T 50476—2008 附录 D 的要求进行。

7.4 混凝土强度

混凝土强度应按 GB/T 50081 规定的试验方法进行测定。

7.5 耐化学腐蚀性

7.5.1 耐酸腐蚀性能试验按附录 A 的方法进行。
7.5.2 耐碱腐蚀性能试验按附录 A 的方法进行。
7.5.3 耐盐腐蚀性能试验按附录 B 或附录 C 的方法进行。混凝土试件法为标准法,砂浆试件法为代用法。

8 检验规则

8.1 检验分类

检验分为日常检验和型式检验。

8.2 日常检验

8.2.1 检验项目

检验项目包括混凝土的和易性、凝结时间、混凝土抗压强度。

8.2.2 抽样

日常检验的抽样数量为:每天测定一次耐腐蚀胶凝材料凝结时间。每天或每拌制 100 盘(不大于 100 m^3)同配比的混凝土拌和料应抽取混凝土样品测定一次和易性,同时制作 1 组以上立方体试件用于抗压强度测定。

8.2.3 判定规则

全部检验项目检验合格，则该批混凝土判为合格。

8.3 型式检验

8.3.1 检验条件

有下列情况之一时，应进行型式检验：

a) 新产品或老产品转厂生产的试制定型鉴定；

b) 正式生产后，如材料、配比、工艺有较大改变可能影响产品性能时；

c) 产品停产半年以上恢复生产时；

d) 出厂结果与上次型式检验有较大差异时；

e) 国家质量监督机构提出进行型式检验要求时。

8.3.2 检验项目

检验项目包括第6章规定的全部项目。

8.3.3 抽样

型式检验的抽样数量为：从2盘混凝土拌和料各取不少于60 L的一份混凝土，分别测定混凝土和易性，凝结时间。同时制作6组以上立方体试件测定28 d标准抗压强度和耐化学腐蚀性能。

8.3.4 判定规则

全部检验项目检验合格，则该批产品判为合格。除耐化学腐蚀性能外，若检验项目中有一项不合格，可加倍取样，对该项目进行复检且合格，则判定该批产品为合格品，否则判为不合格品。

9 贮存与输送

新拌混凝土应缩短贮存与输送的时间，及时成型，贮存与输送过程中，可采取覆盖等方法，使混凝土不被脱水、雨淋及冰冻。

附 录 A
（规范性附录）
耐酸和耐碱腐蚀性能试验方法和评定规则（胶砂试件法）

A.1 仪器设备

A.1.1 胶砂搅拌机，符合 JC/T 681 要求。

A.1.2 40 mm×40 mm×160 mm 试模，符合 JC/T 726 要求。

A.1.3 胶砂振实台，符合 JC/T 682 要求。

A.1.4 电热蒸煮箱或可控温的电炉。

A.1.5 直径（边长）140 mm 以上，高 180 mm 以上带盖耐酸不锈钢锅或其他耐酸、耐碱、耐温容器。

A.1.6 感量 1 g，量程不小于 500 g 的电子天平。

A.2 胶砂制备

碱矿渣粉煤灰胶砂制备照 GB/T 17671 进行，胶砂比为 1∶3，水胶比为 0.48。

A.3 试件成型

A.3.1 实验室温度

实验室温度控制在 20 ℃±5 ℃范围内。

A.3.2 试件成型

成型前将试模清理干净，在试模内涂刷脱模剂，将搅拌好的砂浆装入胶砂试模，按 GB/T 17671 成型。试件顶面用抹刀抹平。

A.3.3 试件数量

耐酸和耐碱腐蚀性能试验需每种腐蚀条件成型试件 4 组，2 组用于试验，另 2 组备用。同种腐蚀条件下用于试验的 2 组试件，1 组试件用于酸或碱侵蚀，另 1 组试件浸入室温的清水用作对比试件，每组试件为 3 条。

A.4 养护

试件采用蒸汽养护加标准养护，蒸汽养护完毕后脱模，进行 7 d 标准养护。蒸汽养护的养护制度为静停 2 h，升温 3 h，恒温 4 h，恒温温度 75 ℃±3 ℃，降温 2 h。

A.5 侵蚀试验

A.5.1 酸侵蚀

A.5.1.1 用电子天平称取适量的化学纯 H_2SO_4 或工业浓硫酸，配出的 10%浓度的硫酸溶液。

A.5.1.2 将完成养护的一组3条试件直立放入于耐腐蚀容器中，倒入配好的10%浓度的硫酸溶液，液面高于试件顶面10 mm以上，盖上盖子，并将它们移置于调温箱内。

A.5.1.3 调温箱加热，当升温达到75 ℃±5 ℃时，恒温6 h，使其试件快速腐蚀，停止加热，将其自然冷却至室温，40 h后取出试件，用水冲洗表面。观察试件外观。

A.5.2 碱侵蚀

A.5.2.1 用电子天平称取适量的化学纯NaOH或工业氢氧化钠，配出的10%浓度的氢氧化钠溶液。

A.5.2.2 将完成养护的一组3条试件直立放入于耐腐蚀容器中，倒入配好的10%浓度的氢氧化钠溶液，溶液高于试件顶面10 mm以上，盖上盖子，并将它们移置于调温箱内。

A.5.2.3 试件在调温箱内加热，当升温达到75 ℃±5 ℃时，恒温6 h，使其快速腐蚀，停止加热，将其自然冷却至室温，40 h后取出试件，用水冲洗表面。观察试件外观。

A.6 试件检验

对比侵蚀过的试件与未经侵蚀的试件外观，分别测定抗压强度。

抗压强度按下式计算：

$$Rce = P/A \qquad \cdots\cdots (A.1)$$

式中：

Rce ——抗压强度，单位为兆帕(MPa)；

P ——破坏荷载，单位为牛(N)；

A ——受压面积，单位为平方毫米(mm^2)。

抗压强度计算精确到0.1 MPa。以3条试件的6个抗压强度平均值作为该组的抗压强度值，6个数值中的最大值或最小值如与平均值的差超过平均值的10%，则把该值舍去，其他5个数值平均值作为抗压强度值。如6个数值中有两个测值与平均值均超过10%，则此组试验结果作废。

A.7 耐酸、碱腐蚀性能的评定规则

A.7.1 耐腐蚀评定

A.7.1.1 耐酸腐蚀评定指标：外观和耐酸腐蚀系数。

外观：试件外观是否出现可见的裂缝或膨胀。

耐酸腐蚀系数以Fs表示，计算精确到0.01。

$$Fs = Rce,s/Rce,so \qquad \cdots\cdots (A.2)$$

式中：

Rce,s ——经酸液侵蚀后试件的抗压强度，单位为兆帕(MPa)；

Rce,so——未经酸液侵蚀对比试件的抗压强度，单位为兆帕(MPa)。

A.7.1.2 耐碱腐蚀评定指标：外观和耐碱腐蚀系数。

外观：试件外观是否出现可见的裂缝或膨胀。

耐碱腐蚀系数以Fj表示，计算精确到0.01。

$$Fj = Rce,j/Rce,jo \qquad \cdots\cdots (A.3)$$

式中：

Rce,j ——经碱液侵蚀后试件的抗压强度，单位为兆帕(MPa)；

Rce,jo——未经碱液侵蚀对比试件的抗压强度，单位为兆帕(MPa)。

A.7.2 判定

A.7.2.1 若外观出现可见的裂缝或膨胀，则此组试件耐酸或(和)耐碱腐蚀性能不合格。

A.7.2.2 若外观无可见的裂缝或膨胀，且耐酸腐蚀系数 Fs 不小于 0.80，则此组为耐酸腐蚀性能合格。否则为不合格。若外观无可见的裂缝或膨胀，且耐碱腐蚀系数 Fj 不小于 0.80，则此组为耐碱腐蚀性能合格，否则为不合格。

A.7.2.3 当试验组试件不合格时，允许使用备用试件，以相同方法重复试验一次，如其结果符合 A.7.2.1 和 A.7.2.2 的规定，仍判断为合格，反之判断耐酸或(和)耐碱腐蚀性能不合格。

附　录　B
（规范性附录）
耐盐腐蚀性能试验方法和评定规则（混凝土试件法）

B.1　仪器设备

B.1.1　30 L ～ 60 L 混凝土强制式搅拌机。
B.1.2　混凝土标准振动台。
B.1.3　烘箱或混凝土抗硫酸盐干湿循环试验机。

B.2　混凝土制备

B.3　试件成型

B.3.1　实验室温度

实验室温度控制在 20 ℃±5 ℃范围内。

B.3.2　混凝土试模

用 100 mm×100 mm×100 mm 的立方体试模，成型前将试模清理干净，在试模内涂刷脱模剂。

B.3.3　试件成型：取搅拌好的碱粉煤灰矿渣混凝土 20 L，将混凝土装入试模，放置于混凝土振动台进行试件成型，振动时间 20 s，试件顶面用抹刀抹平。

B.3.4　试件数量

成型试件 6 组，其中 3 组试件用于盐侵蚀，另 3 组试件浸入清水用作对比试件，每组试件为 3 块。

B.4　养护

试件采用蒸汽养护加标准养护，蒸汽养护完毕后脱模，进行 7 d 标准养护。蒸汽养护的养护制度为静停 2 h，升温 3 h，恒温 4 h，恒温温度 75 ℃±3 ℃，降温 2 h。

B.5　盐侵蚀介质

侵蚀介质用硫酸钠，将纯度 98%以上的硫酸钠配成 5%浓度的溶液备用。

B.6　侵蚀试验

盐侵蚀方法采用干湿循环法。按照 GB/T 50082—2009 第 14 章的方法进行，干湿循环至 150 次结束。计算耐盐腐蚀系数。

B.7　试件检验

对比侵蚀过的试件与未经侵蚀的试件外观，分别测定抗压强度。

抗压强度按下式计算：

$$Rc = P/A \qquad \text{(B.1)}$$

式中：

Rc ——抗压强度，单位为兆帕（MPa）；

P ——破坏荷载，单位为牛（N）；

A ——受压面积，单位为平方毫米（mm^2）。

抗压强度计算精确到 0.1 MPa。以 3 块试件的抗压强度平均值作为该组的抗压强度值，3 个数值中的最大值或最小值如有一个与中间值的差超过该中间值的 15%，则把最大及最小值一并舍去，取中间值作为抗压强度值。如有两个测值与中间值之差均超过 15%，则此试验结果作废。

B.8　耐盐腐蚀性能的评定准则

B.8.1　评定指标：外观和耐盐腐蚀系数。

外观：试件外观是否出现可见的裂缝或膨胀。

耐盐腐蚀系数：耐盐腐蚀系数以 Fyc 表示，计算精确到 0.01。

$$Fyc = Rc,y / Rc,yo \qquad \text{(B.2)}$$

式中：

Rc,y ——经盐液侵蚀后试件的抗压强度，单位为兆帕（MPa）；

Rc,yo ——未经盐液侵蚀的同龄期对比试件抗压强度，单位为兆帕（MPa）。

B.8.2　判定

若 3 组试件中有 2 组及以上的耐盐腐蚀系数 Fyc 不小于 0.75，且 3 组耐盐腐蚀系数的最小值不小于 0.70，判定为耐盐腐蚀性能合格。

反之判断耐盐腐蚀性能不合格。

附 录 C
（规范性附录）
耐盐腐蚀性能试验方法和评定规则（胶砂试件法）

C.1 仪器设备

C.1.1 胶砂搅拌机，符合 JC/T 681 要求。

C.1.2 40 mm×40 mm×160 mm 试模，符合 JC/T 726 要求。

C.1.3 胶砂振实台，符合 JC/T 682 要求。

C.1.4 烘箱或混凝土抗硫酸盐干湿循环试验机。

C.2 胶砂制备

碱矿渣粉煤灰胶砂制备照 GB/T 17671 进行，胶砂比为 1∶3，水胶比为 0.48。

C.3 试件成型

C.3.1 实验室温度

实验室温度控制在 20 ℃±5 ℃范围内。

C.3.2 试件成型

成型前将试模清理干净，在试模内涂刷脱模剂，将搅拌好的砂浆装入胶砂试模，按 GB/T 17671 成型。试件顶面用抹刀抹平。

C.3.3 试件数量

成型试件 6 组，其中 3 组试件用于盐侵蚀，另 3 组试件浸入清水用作对比试件，每组试件为 3 条。

C.4 养护

试件采用蒸汽养护加标准养护，蒸汽养护完毕后脱模，进行 7 d 标准养护。蒸汽养护的养护制度为静停 2 h，升温 3 h，恒温 4 h，恒温温度 75 ℃±3 ℃，降温 2 h。

C.5 盐侵蚀介质

侵蚀介质用硫酸钠，将纯度 98%以上的硫酸钠配成 5%浓度的溶液备用。

C.6 侵蚀试验

盐侵蚀方法采用干湿循环法。

在常温硫酸钠溶液内放入完成养护的 3 组试件，浸泡 6 h，取出后在 65 ℃±5 ℃下烘干 3 h，冷却

1 h后再进入第二次干湿循环，如此往复至120次循环结束。将侵蚀过的试件与未经侵蚀的对比试件移置于试验室，分别测定抗压强度，计算耐盐腐蚀系数。

C.7 试件检验

对比侵蚀过的试件与未经侵蚀的试件外观，分别测定抗压强度。

抗压强度按下式计算：

$$Rc = P/A \qquad \cdots\cdots(C.1)$$

Rc——抗压强度，单位为兆帕(MPa)；

P——破坏荷载，单位为牛(N)；

A——受压面积，单位为平方毫米(mm^2)。

抗压强度计算精确到0.1 MPa。以3条试件的6个抗压强度平均值作为该组的抗压强度值，6个数值中的最大值或最小值如与平均值的差超过平均值的10%，则把该值舍去，其他5个数值平均值作为抗压强度值。如6个数值中有两个测值与平均值均超过10%，则此组试验结果作废。

C.8 耐盐腐蚀性能的评定准则

C.8.1 评定指标：耐盐腐蚀系数

耐盐腐蚀系数：耐盐腐蚀系数以$Fyce$表示，计算精确到0.01。

$$Fyce = Rce,y/Rce,yo \qquad \cdots\cdots(C.2)$$

式中：

Rce,y——经盐液侵蚀后试件的抗压强度，单位为兆帕(MPa)；

Rce,yo——未经盐液侵蚀试件的抗压强度，单位为兆帕(MPa)。

C.8.2 判定

若3组试件中有2组及以上的耐盐腐蚀系数$Fyce$不小于0.75，且3组耐盐腐蚀系数的最小值不小于0.70，判定为耐盐腐蚀性能合格。

反之判断耐盐腐蚀性能不合格。

ICS 03.040
A 11

中华人民共和国国家标准

GB/T 29424—2012

企业年金基金数据交换规范

The protocol of enterprise annuity's data exchange

2012-12-31 发布　　2013-07-01 实施

中华人民共和国国家质量监督检验检疫总局
中国国家标准化管理委员会　发布

前　言

本标准按照 GB/T 1.1—2009 给出的规则起草。

本标准由中华人民共和国人力资源和社会保障部提出。

本标准由全国社会保险标准化技术委员会(SAC/TC 474)归口。

本标准起草单位:中国工商银行股份有限公司、中国人寿养老保险股份有限公司。

本标准主要起草人:许金铭、薛辉、王长涛、陈炜、李晓明、贾小雷、郭斯、张剑桥、马春红、韩璐、陈娜、易川。

引　言

本标准以《企业年金基金管理办法》和《企业年金基金账户管理信息系统规范》等规章制度为基础，结合目前主要管理机构使用的企业年金基金受托管理系统、账户管理系统、托管系统和投资管理系统制定了《企业年金基金数据交换规范》。

本标准依据“科学规范、充分继承、急用先行、适度超前”的原则编制而成。在标准制定过程中充分考虑了中国企业年金业务的基本特点、技术现状和发展需要，参考了大量国内外数据交换标准编制和实施的成功经验，并广泛征求了业内意见。

本标准的建立有助于实现企业年金基金数据交换的规范统一，节约业务处理成本，提高业务处理效率，提升客户服务质量、降低业务处理风险，促进企业年金业务的发展。

随着企业年金业务的不断发展，本标准将会定期进行补充和修订。

企业年金基金数据交换规范

1 范围

本标准规定了企业年金、职业年金等计划和基金相关管理机构数据交换过程中使用的术语和定义，包含数据项、数据集、数据文件、数据包、索引文件和参数；交换数据的格式，包含字符集定义、数据类型和数据项分类；数据集定义了基本信息类、运营信息类、资产信息类和报告信息类四种类型；参数定义，包含 34 个参数类型；数据交换格式定义，包含支持的文件类型、数据包、索引文件和数据文件等。

本标准适用于企业年金、职业年金等计划和基金相关管理机构之间数据交换，监管机构、委托人和其他相关机构可参考使用。

2 规范性引用文件

下列文件对于本文件的应用是必不可少的。凡是注日期的引用文件，仅注日期的版本适用于本文件。凡是不注日期的引用文件，其最新版本(包括所用的修改单)适用于本文件。

GB/T 2261.1 个人基本信息分类与代码 第 1 部分：人的性别代码

GB/T 3304—1991 中国各民族名称的罗马字母拼写法和代码

GB/T 4658 学历代码

GB/T 4754 国民经济行业分类

GB/T 6864 中华人民共和国学位代码

GB/T 12406 表示货币和资金的代码

《支付系统银行行别、行号业务标准》[中国人民银行关于颁发支付系统银行行别、行号业务标准的通知(银发[2003]189 号)]

3 术语和定义

下列术语和定义适用于本文件。

3.1

数据项 field

最基本的、不可分的数据单位，可以是字母、数字或两者的组合。

3.2

数据集 dataset

具有一定业务相关性的数据项集合，主要用于更直观描述数据交换内容的业务含义。

3.3

数据文件 data file

包含企业年金业务某一数据集或多个数据集的计算机文件。

3.4

数据包 data package

某一个批次数据交换的载体，以压缩文件的形式统一提供，其中包含一个索引文件和多个数据文件。

3.5

索引文件 index file

描述一个数据包的数据交换基本信息以及所包含数据文件列表的计算机文件。

3.6

参数 parameter

一个数据项所有取值的集合。在本标准中，为方便数据的处理和交换，对部分数据项的取值按一定的原则和方法进行区分和归类，并赋予具有一定规律、易于计算机和人识别处理的符号。

4 交换数据的格式

4.1 X-字符集定义

X-字符集由以下83个字符和中文(包括汉字和中文标点符号)组成，如果是中文，则占2个字符：

a b c d e f g h i j k l m n o p q r s t u v w x y z

A B C D E F G H I J K L M N O P Q R S T U V W X Y Z

0 1 2 3 4 5 6 7 8 9 . , - _ ( ) / = + ? ! & * < > ;

@ # (cr) (lf) (space)

其中：(cr)为回车符号，(lf)为换行符号。

4.2 数据类型

企业年金基金数据交换的数据类型见表1。

表 1

表示符	表示含义
N	表示0至9的数字，如果是负数，则第一位以"-"表示
X	表示X-字符集中的任意字符，采用4.1中定义的编码字符集

4.3 数据项分类

数据项分为20类，具体分类情况见表2。

表 2

项目类别	项目类型	项目长度	小数位数	备　注
利率类	N	12	9	利率、增长率等
金额类	N	17	2	除特别说明外，金额类数据项计量单位均为元
份额类	N	17	4	单位数等
单位净值类	N	8	4	单价
百分比类	N	8	4	如：缴费比例。20%按照0.2填写，具体格式根据数据文件约定
地址类	X	60		
电话传真	X	20		

表 2（续）

项目类别	项目类型	项目长度	小数位数	备　注
企业名称类	X	100		
人名类	X	50		
证书代码类	X	4		年金管理机构代码
客户代码	X	20		
日期类	X	8		YYYYMMDD
银行账号	X	40		
银行户名	X	100		
电子邮箱类	X	30		
组织机构代码	X	9		按“中华人民共和国组织机构代码证”中的代码(不含连字符“-”)规范填写
证件号码类	X	20		
社会保障号码	X	18		对中国国籍的国内居民为公民身份号码；对外国人、港澳台人员、华侨，其社会保障号码由参保人所在国家或地区代码、有效证件号码组成
摘要类	X	60		
其他类				根据实际情况确定

5　数据集定义

5.1　数据集表示规范

本标准涉及的数据集属性包括数据集代码、中文名称、英文名称、数据集内容、传输方向和传送时点等。在数据集定义的“是否必填”列中，标志为 PK 的字段为业务关键字段，用于唯一性标识一条业务记录，为必填字段。

数据集代码由四位数字组成，前两位表示类型，后两位表示同一类内数据集的顺序号。

5.2　数据集分类

5.2.1　基本信息类

5.2.1.1　计划基本信息(见表 3、表 4)

表 3

定义	企业年金计划的各项基本信息
用途	传输、确认年金计划的各项基本信息
约束	无
代码	0101

表 3（续）

传送时点	年金计划信息建立或变更时
传送频率	双方约定
传输方向	受托人←→账户管理人 (受托人→托管人) (受托人→投资管理人)

信息内容：

表 4

序号	数据项名	描述	类型	长度	是否必填	备注
1	Appseriono	记录序列号	X	24	是	发送日期＋发送机构代码＋数据集代码＋序列号
2	Transtype	交易类别	X	2	是	参数 6.1
3	Planid	受托人年金计划编码	X	30	PK	
4	Planname	年金计划名称	X	60	是	备案的计划名称
5	Planlicid	企业年金计划登记号	X	20		企业年金计划确认函中的登记号
6	Planlicdate	年金计划备案批复日期	X	8		
7	Planatt	计划属性	X	2		参数 6.3
8	Plantype	计划类别	X	2		参数 6.2
9	Trustconno	受托合同号	X	20		
10	Trusteeid	受托人代码	X	10	是	
11	Custodianid	托管人代码	X	10	是	
12	Accountmanid	账户管理人代码	X	10	是	
13	Planbegdate	年金计划生效日期	X	8		
14	Planenddate	年金计划终止日期	X	8		
15	Trusteefee	受托管理标准费率	N	8,4		
16	Custodianfee	托管标准费率	N	8,4		
17	Custodian	受托财产托管账户开户行名称	X	60		
18	Custaccountbankid	受托财产托管账户开户行行号	X	10		参数 6.14
19	Trustaccname	受托财产托管账户名称	X	100		
20	Trustaccno	受托财产托管账户账号	X	40		
21	Lastupddate	最后更新日期	X	8		
22	Memo	摘要	X	60		

5.2.1.2 投资组合信息(见表5、表6)

表5

定义	企业年金基金投资组合的各项基本信息
用途	传输、确认企业年金基金投资组合的各项基本信息
约束	年金计划建立时,传输时间不能早于计划基本信息
代码	0102
传送时点	企业年金计划建立或变更时
传送频率	双方约定
传输方向	受托人←→账户管理人 (受托人→托管人) (受托人→投资管理人)

信息内容:

表6

序号	数据项名	描述	类型	长度	是否必填	备注
1	Appseriono	交易序列号	X	24	是	发送日期+发送机构代码+数据集代码+序列号
2	Transtype	交易类别	X	2	是	参数6.1
3	Planid	受托人年金计划编码	X	30	PK	
4	Planname	年金计划名称	X	60	是	
5	Planlicid	企业年金计划登记号	X	20		
6	Portfolioid	投资组合代码	X	20	PK	受托人确定的投资组合代码
7	Portfolioname	投资组合名称	X	60	是	
8	Investmantid	投资管理人代码	X	10	是	
9	Custodianid	托管人代码	X	10		
10	Custodian	投资资产托管账户开户行名称	X	60		
11	Custaccountbankid	投资资产托管账户开户行行号	X	10		参数6.14
12	Trustaccno	投资资产托管账户账号	X	40		
13	Trustaccname	投资资产托管账户名称	X	100		
14	Currency	币种	X	3		参数6.7
15	Investmanager	基金经理	X	60		
16	Portfoliobegdate	建立日期	X	8		
17	Rounding	尾数处理方式	X	2	是	参数6.8
18	Dealingperiod	交易周期	X	2	是	参数6.9
19	Investmentrate	投资管理费率	N	8,4		本接口不支持浮动管理费率,相关信息由其他体现

表 6（续）

序号	数据项名	描述	类型	长度	是否必填	备注
20	Portfoliooriprice	初始投资组合单位净值	N	8,4	是	
21	Portfoliostat	投资组合状态	X	2		参数 6.10
22	FirstPriceDate	初次定价日期	X	8		
23	Lastupddate	最后更新日期	X	8		
24	Memo	摘要	X	60		

5.2.1.3 服务机构信息(见表 7、表 8)

表 7

定义	企业年金计划各服务机构的基本信息
用途	传输、确认企业年金计划服务机构信息
约束	年金计划建立时，传输时间不能早于计划基本信息
代码	0103
传送时点	年金计划建立或变更时
传送频率	双方约定
传输方向	受托人←→账户管理人

信息内容：

表 8

序号	数据项名	描述	类型	长度	是否必填	备注
1	Appseriono	交易序列号	X	24	是	发送日期＋发送机构代码＋数据集代码＋序列号
2	Transtype	交易类别	X	2	是	参数 6.1
3	Planid	受托人年金计划编码	X	30	PK	
4	Planname	年金计划名称	X	60	是	
5	Planlicid	企业年金计划登记号	X	20		
6	Institutionname	机构名称	X	60	是	角色人名称
7	Institutionorgid	组织机构代码	X	9	PK	角色人组织机构代码
8	Licensetype	资格类型	X	2	PK	参数 6.5
9	LicenseNum	资格证书编号	X	4		
10	Subinstid	经办分支机构	X	60		
11	SubinstAddr	经办机构地址	X	60		

表 8 (续)

序号	数据项名	描述	类型	长度	是否必填	备注
12	SubinstPostcode	经办机构邮编	X	6		
13	Telephone	联系电话	X	20		
14	Contactp	联系人	X	50		
15	Email	邮箱	X	30		
16	Fax	传真	X	20		
17	Lastupddate	最后更新日期	X	8		
18	Memo	摘要	X	60		

5.2.1.4 企业基本信息(见表 9、表 10)

表 9

定义	参加企业年金计划企业的各项基本信息
用途	传输、确认企业基本信息
约束	年金计划建立时,传输时间不能早于计划基本信息
代码	0104
传送时点	企业年金计划建立或变更时
传送频率	双方约定
传输方向	受托人←→账户管理人

信息内容:

表 10

序号	数据项名	描述	类型	长度	是否必填	备注
1	Appseriono	交易序列号	X	24	是	发送日期+发送机构代码+数据集代码+序列号
2	Transtype	交易类别	X	2	是	参数 6.1
3	Enterpriseid	企业编码	X	20	PK	账户管理人的企业编码。当发送方无此值时,企业名称作为 PK
4	Enterprisename	企业名称	X	100	是	营业执照或者组织机构代码证上的企业名称
5	Institutionorgid	组织机构代码	X	9	PK	
6	EnterpriseAddr	企业地址	X	60	是	
7	Propertycode	企业类型	X	3	是	参数 6.11
8	Naturecategory	行业类别	X	2	是	参数 6.12

表 10（续）

序号	数据项名	描述	类型	长度	是否必填	备注
9	Registid	工商注册号	X	20		
10	Regplacecode	企业注册地代码	X	4		参数 6.13
11	Corporaterep	法定代表人	X	50		
12	Email	企业电子邮件	X	30		
13	Postcode	企业邮编	X	6		
14	Tel	企业电话	X	20		
15	Fax	企业传真	X	20		
16	Contactp	企业联系人	X	50		
17	Contactptel	联系人电话	X	20		
18	Contactpfax	联系人传真	X	20		
19	Contactppos	联系人邮编	X	6		
20	Contactpemail	联系人电子邮件	X	30		
21	Lastyearwagsum	上年员工工资总额	N	17,2		
22	Upperenterpriseid	上级企业编码	X	20		账户管理人的企业编码
23	Upperenterprisename	上级企业名称	X	100		
24	Projectlicid	年金方案备案号	X	30		年金方案备案复函中的函号
25	Planid	受托人年金计划编码	X	30	PK	
26	Planname	年金计划名称	X	60	是	
27	Planlicid	企业年金计划登记号	X	20		
28	Plandate	参加计划日期	X	8	是	
29	Planenddate	退出计划日期	X	8		
30	Individualtaxoff	个人税优比例	N	8,4		个人享受税收优惠的比例
31	Enterprisetaxoff	企业税优比例	N	8,4		企业享受税收优惠的比例
32	Accregdate	委托管理账户日期	X	8		签订账管合同的日期
33	Effectaccmanfee	正常年账户管理费标准	N	17,2		
34	Reserveaccmanfee	封存年账户管理费标准	N	17,2		
35	Sealtafee	保留年账户管理费标准	N	17,2		
36	Retireaccmanfee	退休年账户管理费标准	N	17,2		
37	Paybank	开户银行(支付)	X	60		
38	Paybankid	开户银行(支付)行号	X	10		参数 6.14
39	Paybankaccname	银行账户名称(支付)	X	100		
40	Paybankaccno	银行账号(支付)	X	40		
41	Paybankprov	开户银行(支付)所在省	X	20		
42	Paybankcity	开户银行(支付)所在市	X	20		

表 10（续）

序号	数据项名	描述	类型	长度	是否必填	备注
43	Collectionbank	开户银行(归集)	X	60		归集账户是指企业用于归集缴费的账户，也可以用于多余缴费退回
44	Collectionbankid	开户银行(归集)行号	X	10		参数 6.14
45	Collectionbankcity	开户银行(归集)所在市	X	20		
46	Collectionbankprov	开户银行(归集)所在省	X	20		
47	Collectionbankname	银行账户名称(归集)	X	100		
48	Collectionbankno	银行账号(归集)	X	40		
49	Lastupddate	最后更新日期	X	8		
50	Memo	摘要	X	60		

5.2.1.5 企业年金计划投资规则信息(见表 11、表 12)

表 11

定义	企业的年金资产在各投资组合的分配比例信息
用途	传输、确认企业投资分配比例的信息
约束	年金计划建立时，传输时间不能早于计划基本信息
代码	0105
传送时点	企业年金计划建立或变更时
传送频率	双方约定
传输方向	受托人←→账户管理人

信息内容：

表 12

序号	数据项名	描述	类型	长度	是否必填	备注
1	Appseriono	记录序列号	X	24	是	发送日期＋发送机构代码＋数据集代码＋序列号
2	Transtype	交易类别	X	2	是	参数 6.1
3	Planid	受托人年金计划编码	X	30	PK	
4	Planname	年金计划名称	X	60	是	
5	Planlicid	企业年金计划登记号	X	20		
6	Companyid	企业编码	X	20	PK	账户管理人的企业编码。当发送方无此值时，企业名称作为 PK

表 12（续）

序号	数据项名	描述	类型	长度	是否必填	备注
7	Enterprisename	企业名称	X	100	是	当受托人发送账管人时，PK
8	Accounttype	账户类型	X	2	PK	当各账户投资规则相同时，可以为空。参数 6.31
9	Portfolioid	投资组合代码	X	20	PK	受托人确定的投资组合代码
10	Portfolioname	投资组合名称	X	60	是	
11	Investrate	本次投资比例	N	8,4	是	
12	Memo	摘要	X	60		

5.2.1.6 个人基本信息（见表 13、表 14）

表 13

定义	参加企业年金计划的个人的各项基本信息
用途	传输、确认个人基本信息
约束	个人信息建立时，传输时间不能早于企业基本信息
代码	0106
传送时点	企业年金计划个人信息建立或变更时
传送频率	双方约定
传输方向	受托人←→账户管理人

信息内容：

表 14

序号	数据项名	描述	类型	长度	是否必填	备注
1	Appseriono	交易序列号	X	24	是	发送日期＋发送机构代码＋数据集代码＋序列号
2	Transtype	交易类别	X	2	是	参数 6.1
3	Planid	受托人年金计划编码	X	30	PK	
4	Planname	年金计划名称	X	60	是	
5	Planlicid	企业年金计划登记号	X	20		
6	Enterpriseid	企业编码	X	20	PK	当发送方无此值时，企业名称作为 PK
7	Enterprisename	企业名称	X	100	是	员工直属机构名称
8	Institutionorgid	组织机构代码	X	9	PK	

表 14（续）

序号	数据项名	描述	类型	长度	是否必填	备注
9	Staffid	个人编码	X	20	PK	账户管理系统编码。当发送方无此值时，姓名、证件类型和证件号码作为 PK
10	Staffname	姓名	X	50	是	
11	Idtype	证件类型	X	2	是	参数 6.15
12	Idno	证件号码	X	20	是	
13	Ssid	社会保障号码	X	18	是	
14	Nation	民族	N	2		参数 6.34
15	Country	国家/地区	X	40		
16	Sex	性别	X	1		参数 6.18
17	Birthdate	出生日期	X	8		
18	Educationlevel	学历	X	2		参数 6.19
19	Staffed	员工编号	X	20		企业内部对员工的编码
20	Department	工作部门	X	20		
21	Position	工作岗位	X	20		
22	Title	职级	X	30		
23	Grade	职称	X	12		
24	Stafftype	员工类别	X	30		定义诸如代理用工、正式工等相关信息。由于各企业差别较大，暂不作参数化处理，由企业根据自身情况提供
25	Status	账户状态	X	2		参数 6.21
26	Beginworktime	参加工作时间	X	8		
27	Intocomtime	加入本企业时间	X	8		根据年金方案确定是否填写
28	Intoplantime	参加计划日期	X	8	是	初次必须填写
29	Outplantime	退出计划日期	X	8		
30	Yearbase	个人年缴费基数	N	17,2		
31	Monthbase	个人月缴费基数	N	17,2		
32	Comrate	企业缴费比例	N	8,4		
33	Staffrate	个人缴费比例	N	8,4		
34	Preretire	预计退休年龄	N	2		
35	Salarysum	员工上年工资收入	N	17,2		
36	Continworktime	本企业连续工作年限	N	2		由企业年金方案及传输双方约定计算方式
37	Contractbegin	当前劳动合同起始时间	X	8		

表 14（续）

序号	数据项名	描述	类型	长度	是否必填	备注
38	Contractend	当前劳动合同终止时间	X	8		
39	Staffemail	员工电子邮箱	X	30		
40	StaffAddress	员工通讯地址	X	60		
41	StaffPostcode	员工邮政编码	X	6		
42	StaffTel	联系电话	X	20		
43	Lastrdate	最后更新日期	X	8		
44	Memo	摘要	X	60		

5.2.1.7 受益人信息(见表 15、表 16)

表 15

定义	企业年金计划成员指定的其他受益人的基本信息
用途	传输、确认年金计划指定受益人的基本信息
约束	受益人信息建立时，传输时间不能早于个人基本信息
代码	0107
传送时点	年金计划指定受益人信息新建或变更时
传送频率	双方约定
传输方向	受托人←→账户管理人

信息内容：

表 16

序号	数据项名	描述	类型	长度	是否必填	备注
1	Appseriono	交易序列号	X	24	是	发送日期＋发送机构代码＋数据集代码＋序列号
2	Transtype	交易类别	X	2	是	参数 6.1
3	Planid	受托人年金计划编码	X	30	PK	
4	Planname	年金计划名称	X	60	是	
5	Planlicid	企业年金计划登记号	X	20		
6	Enterpriseid	企业编码	X	20	PK	当发送方无此值时，企业名称作为 PK
7	Enterprisename	企业名称	X	100	是	员工直属机构名称
8	Institutionorgid	组织机构代码	X	9	PK	

表 16（续）

序号	数据项名	描述	类型	长度	是否必填	备注
9	Staffid	个人编码	X	20	PK	当发送方无此值时，员工姓名、证件类型和证件号码作为 PK
10	Staffed	员工编号	X	20		企业生成并提供，管理人不可改
11	Staffname	员工姓名	X	50	是	
12	Idtype	证件类型	X	2	是	参数 6.15
13	Idno	证件号码	X	20	是	
14	Ssid	社会保障号码	X	18	是	
15	Benerelation	受益人与本人关系	X	2		参数 6.17
16	Beneficiary	受益人姓名	X	50	是	
17	Beneidtype	受益人证件类型	X	2	PK	参数 6.15
18	Beneidno	受益人证件号码	X	20	PK	
19	Benessid	受益人社会保障号码	X	18	是	
20	Benerate	受益比例	N	8,4	是	
21	Beneorder	受益顺序	X	2		参数 6.4
22	Benebank	受益人开户银行	X	60		×××银行×××分/支行
23	Benebankid	受益人开户银行行号	X	8		参数 6.14
24	Beneaccname	受益人账户名称	X	100		
25	Beneaccno	受益人银行账号	X	40		
26	Benebankprov	开户银行所在省	X	20		
27	Benebankcity	开户银行所在市	X	20		
28	Lastupddate	最后更新日期	X	8		
29	Memo	摘要	X	60		

5.2.2 运营信息类

5.2.2.1 缴费申请汇总(见表 17、表 18)

表 17

定义	在由企业计算缴费明细的情况下，受托人向账户管理人发送的年金缴费申请汇总信息
用途	向账户管理人提交缴费申请信息
约束	无
代码	0201
传送时点	年金计划缴费预处理环节
传送频率	双方约定
传输方向	受托人→账户管理人

信息内容：

表 18

序号	数据项名	描述	类型	长度	是否必填	备注
1	Appseriono	交易序列号	X	24	是	发送日期＋发送机构代码＋数据集代码＋序列号
2	Transtype	交易类别	X	2	是	参数 6.1
3	Contributionapplyno	缴费申请编号	X	20	PK	委托人或者受托人生成
4	Planid	受托人年金计划编码	X	30	是	
5	Planname	年金计划名称	X	60	是	
6	Planlicid	企业年金计划登记号	X	20	是	
7	Enterpriseid	企业编码	X	20	PK	
8	Enterprisename	企业名称	X	100	是	缴费企业名称
9	Institutionorgid	组织机构代码	X	9	PK	
10	Contributionstartdt	缴费期初	X	8		
11	Contributionenddt	缴费期末	X	8		
12	Contributiontype	缴费类型	X	2		参数 6.23
13	Entcontaxsum	企业缴费个税金额	N	17,2		
14	Accounttype	账户类型	X	2	PK	参数 6.31
15	Contriamt	缴费金额	N	17,2	是	
16	Currency	币种	X	3		参数 6.7
17	Contributionduedate	应缴日期	X	8		
18	Memo	摘要	X	60		

5.2.2.2 **缴费申请明细(见表 19、表 20)**

表 19

定义	在由企业计算缴费明细的情况下，受托人向账户管理人发送的年金缴费申请明细信息
用途	向账户管理人提交缴费申请信息
约束	无
代码	0202
传送时点	年金计划缴费预处理环节
传送频率	双方约定
传输方向	受托人→账户管理人

信息内容：

表 20

序号	数据项名	描述	类型	长度	是否必填	备注
1	Appseriono	交易序列号	X	24	是	发送日期＋发送机构代码＋数据集代码＋序列号
2	Transtype	交易类别	X	2	是	参数 6.1
3	Contributionapplyno	缴费申请编号	X	20	PK	委托人或者受托人生成
4	Planid	受托人年金计划编码	X	30	是	
5	Planname	年金计划名称	X	60	是	
6	Planlicid	企业年金计划登记号	X	20	是	
7	Enterpriseid	企业编码	X	20	PK	当发送方无此值时，企业名称作为 PK
8	Enterprisename	企业名称	X	100	是	
9	Institutionorgid	组织机构代码	X	9	PK	
10	Accounttype	账户类型	X	2	PK	参数 6.31 账户类型为个人账户时，个人编码、姓名、证件类型、证件号码为必填
11	Staffid	个人编码	X	20	PK	账户管理系统编码。账户类型不是个人账户类时，个人编码、姓名、证件类型、证件号码不需要传输；当账户类型为个人账户类但发送方无此值时，姓名、证件类型和证件号码作为 PK
12	Staffname	姓名	X	50	是	
13	Idtype	证件类型	X	2	是	参数 6.15
14	Idno	证件号码	X	20	是	
15	Ssid	社会保障号码	X	18	是	
16	Staffed	员工编号	X	20		
17	Contributionstartdt	缴费期初	X	8		
18	Contributionenddt	缴费期末	X	8		
19	Contributiontype	缴费类型	X	2		参数 6.23
20	Entcontaxsum	企业缴费个税金额	N	17,2		
21	Contriamt	缴费金额	N	17,2	是	
22	Currency	币种	X	3		参数 6.7
23	Contributionduedate	应缴日期	X	8		
24	Memo	摘要	X	60		

5.2.2.3 缴费通知(见表21、表22)

表21

定义	账户管理人完成缴费申请处理后,生成的应缴费汇总信息
用途	向受托人提供应缴费汇总信息
约束	无
代码	0203
传送时点	年金计划缴费预处理环节
传送频率	双方约定
传输方向	账户管理人→受托人

信息内容:

表22

序号	数据项名	描述	类型	长度	是否必填	备注
1	Appseriono	交易序列号	X	24	是	发送日期+发送机构代码+数据集代码+序列号
2	Transtype	交易类别	X	2	是	参数6.1
3	Contributionserial	缴费通知单编号	X	20	PK	账管人生成
4	Contributionapplyno	缴费申请编号	X	20		委托人或者受托人生成
5	Planid	受托人年金计划编码	X	30	是	
6	Planname	年金计划名称	X	60	是	
7	Planlicid	企业年金计划登记号	X	20	是	
8	Enterpriseid	企业编码	X	20	PK	当发送方无此值时,企业名称作为PK
9	Enterprisename	企业名称	X	100	是	缴费企业名称
10	Institutionorgid	组织机构代码	X	9	PK	
11	Contributionnotdate	通知单生成日期	X	8		
12	Contributiondate	应缴日期	X	8		
13	Contributionstartdt	缴费期初	X	8		
14	Contributionenddt	缴费期末	X	8		
15	Contributionperiod	缴费期数	N	4		由数据传输双方约定计算规则
16	Contributiontype	缴费类型	X	2		参数6.23
17	Entcontaxsum	企业缴费个税金额	N	17,2		
18	Contributionsum	应缴总金额	N	17,2	是	等于公共账户应缴金额+个人账户企业应缴金额+个人账户员工应缴金额

表 22(续)

序号	数据项名	描述	类型	长度	是否必填	备注
19	Publicaccsum	公共账户应缴金额	N	17,2		
20	Enterpriseconsum	个人账户企业应缴金额	N	17,2		
21	Staffconsum	个人账户员工应缴金额	N	17,2		
22	Currency	币种	X	3		参数 6.7
23	Memo	摘要	X	60		

5.2.2.4 缴费通知明细(见表 23、表 24)

表 23

定义	账户管理人完成缴费申请处理后,生成的应缴费的明细信息
用途	向受托人提供应缴费明细信息
约束	与缴费通知一并传输
代码	0204
传送时点	年金计划缴费预处理环节
传送频率	双方约定
传输方向	账户管理人→受托人

信息内容:

表 24

序号	数据项名	描述	类型	长度	是否必填	备注
1	Appseriono	交易序列号	X	24	是	发送日期+发送机构代码+数据集代码+序列号
2	Transtype	交易类别	X	2	是	参数 6.1
3	Contributionnotno	缴费通知单编号	X	20	PK	账管人生成
4	Planid	受托人年金计划编码	X	30	是	
5	Planname	年金计划名称	X	60	是	
6	Planlicid	企业年金计划登记号	X	20	是	
7	Enterpriseid	企业编码	X	20	PK	当发送方无此值时,企业名称作为 PK
8	Enterprisename	企业名称	X	100	是	
9	Institutionorgid	组织机构代码	X	9	PK	

表 24（续）

序号	数据项名	描述	类型	长度	是否必填	备注
10	Accounttype	账户类型	X	2	PK	参数 6.31 账户类型为个人账户时，个人编码、姓名、证件类型、证件号码为必填
11	Staffid	个人编码	X	20	PK	账户管理系统编码。账户类型不是个人账户类时，个人编码、姓名、证件类型、证件号码不需要传输；当账户类型为个人账户类但发送方无此值时，姓名、证件类型和证件号码作为 PK
12	Staffname	姓名	X	50	是	
13	Idtype	证件类型	X	2	是	参数 6.15
14	Idno	证件号码	X	20	是	
15	Ssid	社会保障号码	X	18	是	
16	Staffed	员工编号	X	20		
17	Contributionstartdt	缴费期初	X	8		
18	Contributionenddt	缴费期末	X	8		
19	Contributionperiod	缴费期数	N	4		
20	Contributiontype	缴费类型	X	2		参数 6.23
21	Entcontaxsum	企业缴费个税金额	N	17,2		
22	Contriamt	缴费金额	N	17,2	是	
23	Currency	币种	X	3		参数 6.7
24	Contributiondate	应缴日期	X	8		
25	Memo	摘要	X	60		

5.2.2.5 缴费收账通知（见表 25、表 26）

表 25

定义	受托人向托管人发送的应收缴费汇总信息
用途	向托管人提供应收缴费汇总信息
约束	无
代码	0205
传送时点	年金缴费处理环节
传送频率	双方约定
传输方向	受托人→托管人

信息内容：

表 26

序号	数据项名	描述	类型	长度	是否必填	备注
1	Appseriono	交易序列号	X	24	是	发送日期＋发送机构代码＋数据集代码＋序列号
2	Transtype	交易类别	X	2	是	参数 6.1
3	Planid	受托人年金计划编码	X	30	是	
4	Planname	年金计划名称	X	60	是	
5	Planlicid	企业年金计划登记号	X	20	是	
6	Custodian	受托资产托管银行开户行名称	X	60		
7	Trustaccname	受托资产托管专户名称	X	100	是	
8	Trustaccno	受托资产托管专户账号	X	40	是	
9	Enterpriseid	企业编码	X	20	PK	当发送方无此值时，企业名称作为 PK
10	Enterprisename	企业名称	X	100	是	缴费企业名称
11	Institutionorgid	组织机构代码	X	9	PK	
12	Contributionnotno	缴费通知单编号	X	20	PK	账管人生成
13	Contributionsum	应缴总金额	N	17,2	是	
14	Contributiondate	应缴日期	X	8		
15	Currency	币种	X	3		参数 6.7
16	Paybankprov	付款银行所在省	X	20		
17	Paybankcity	付款银行所在市	X	20		
18	Paybank	付款银行名称	X	60	是	
19	Paybankid	付款银行行号	X	10		参数 6.14
20	Paybankaccname	付款银行账户名称	X	100	是	
21	Paybankaccno	付款银行账号	X	40	PK	
22	Memo	摘要	X	60		

5.2.2.6 资金到账信息(见表 27、表 28)

表 27

定义	受托财产托管账户内企业年金缴费资金到账信息
用途	确认企业年金缴费到账信息
约束	每一笔到账发送一条资金到账信息； 如果一个资金到账对应多个收账通知，则为多条记录，每条记录一个通知单编号，到账金额为总到账金额； 如果一个收账通知对应多个资金到账，则为多条记录，通知单编号相同，每条一个到账单编号

表 27（续）

代码	0206
传送时点	年金缴费环节，受托财产托管账户收到缴费资金后
传送频率	双方约定
传输方向	托管人→受托人→账户管理人

信息内容：

表 28

序号	数据项名	描述	类型	长度	是否必填	备注
1	Appseriono	交易序列号	X	24	是	发送日期＋发送机构代码＋数据集代码＋序列号
2	Transtype	交易类别	X	2	是	参数 6.1
3	Planid	受托人年金计划编码	X	30	是	
4	Planname	年金计划名称	X	60	是	
5	Planlicid	企业年金计划登记号	X	20	是	
6	Enterpriseid	企业编码	X	20	是	
7	Enterprisename	企业名称	X	100	是	缴费企业名称（如果无法获取，则保持与付款银行账户名称一致）
8	Institutionorgid	组织机构代码	X	9	PK	如果在没有缴费收账通知时，托管人主动发起，本字段可以为空
9	Contributionserial	缴费通知单编号	X	20		受托人发送账管人时，必填
10	Contributionsum	应缴总金额	N	17,2		
11	Currency	币种	X	3		参数 6.7
12	Enterprisebank	付款银行名称	X	60		
13	Enterprisebankid	付款银行行号	X	8		参数 6.14
14	Enterprisebankaccname	付款银行账户名称	X	100	是	
15	Enterprisebankaccno	付款银行账号	X	40	是	
16	Enterprisebankprov	付款银行所在省	X	20		
17	Enterprisebankcity	付款银行所在市	X	20		
18	PaidupSum	到账金额	N	17,2	是	
19	PaidupDate	到账日期	X	8	是	
20	Paidupnotno	到账单编号	X	20	PK	
21	Memo	摘要	X	60		

5.2.2.7 缴费确认信息(见表 29、表 30)

表 29

定义	企业年金缴费应缴与实际到账资金的匹配信息
用途	确认到账资金与应缴资金之间的匹配关系
约束	无
代码	0207
传送时点	年金缴费环节,缴费通知所列应缴资金到账后
传送频率	双方约定
传输方向	受托人→账户管理人

信息内容:

表 30

序号	数据项名	描述	类型	长度	是否必填	备注
1	Appseriono	交易序列号	X	24	是	发送日期＋发送机构代码＋数据集代码＋序列号
2	Transtype	交易类别	X	2	是	参数 6.1
3	Contributionnotno	缴费通知单编号	X	20	PK	
4	Planid	受托人年金计划编码	X	30	是	
5	Planname	年金计划名称	X	60	是	
6	Planlicid	企业年金计划登记号	X	20	是	
7	Enterpriseid	企业编码	X	20	PK	当发送方无此值时,企业名称作为 PK
8	Enterprisename	企业名称	X	100	是	缴费企业名称
9	Institutionorgid	组织机构代码	X	9	PK	
10	Contributionduedate	应缴日期	X	8		
11	Contributionstartdt	缴费期初	X	8		
12	Contributionenddt	缴费期末	X	8		
13	Contributionperiod	缴费期数	N	4		
14	Contributiontype	缴费类型	X	2		参数 6.23
15	Contributionsum	应缴总金额	N	17,2	是	
16	PaidupSum	到账总金额	N	17,2	是	
17	Ovdisptype	短溢缴处理方式	X	2		参数 6.32
18	Ovdispamt	短溢缴处理金额	N	17,2		
19	LastRecvDate	最后一笔到账日期	X	8		本次缴费最后一笔资金到账的日期
20	Currency	币种	X	3		参数 6.7
21	Memo	摘要	X	60		

5.2.2.8 实收缴费汇总(见表31、表32)

表31

定义	账户管理人在企业年金缴费正式记账后向受托人反馈的汇总信息
用途	确认年金缴费在账户管理系统的入账处理
约束	无
代码	0208
传送时点	企业年金缴费在账户管理系统正式记账后
传送频率	双方约定
传输方向	账户管理人→受托人

信息内容:

表32

序号	数据项名	描述	类型	长度	是否必填	备注
1	Appseriono	交易序列号	X	24	是	发送日期+发送机构代码+数据集代码+序列号
2	Transtype	交易类别	X	2	是	参数6.1
3	Contributionnotno	缴费通知单编号	X	20	PK	
4	Planid	受托人年金计划编码	X	30	是	
5	Planname	年金计划名称	X	60	是	
6	Planlicid	企业年金计划登记号	X	20	是	
7	Enterpriseid	企业编码	X	20	PK	
8	Enterprisename	企业名称	X	100	是	缴费企业名称
9	Institutionorgid	组织机构代码	X	9	PK	
10	Contributiontype	缴费类型	X	2		参数6.23
11	Matchdate	匹配日期	X	8		
12	Contributionperiod	缴费期数	N	4		
13	Contributionsum	缴费总金额	N	17,2	是	等于公共账户缴费金额+个人账户企业实缴金额汇总+个人账户员工实缴金额汇总
14	Entcontaxsum	企业缴费个税金额	N	17,2		
15	Publicaccsum	公共账户缴费金额	N	17,2		
16	Enterpriseconsum	个人账户企业实缴金额汇总	N	17,2		
17	Staffconsum	个人账户员工实缴金额汇总	N	17,2		
18	Currency	币种	X	3		参数6.7
19	Memo	摘要	X	60		

5.2.2.9 实收缴费明细(见表33、表34)

表33

定义	账户管理人在企业年金缴费正式记账后向受托人反馈的实收明细信息
用途	确认年金缴费在账户管理系统的入账处理
约束	同实收缴费汇总一并传输
代码	0209
传送时点	企业年金缴费在账户管理系统正式记账后
传送频率	双方约定
传输方向	账户管理人→受托人

信息内容：

表34

序号	数据项名	描述	类型	长度	是否必填	备注
1	Appseriono	交易序列号	X	24	是	发送日期+发送机构代码+数据集代码+序列号
2	Transtype	交易类别	X	2	是	参数6.1
3	Contributionnotno	缴费通知单编号	X	20	PK	
4	Planid	受托人年金计划编码	X	30	是	
5	Planname	年金计划名称	X	60	是	
6	Planlicid	企业年金计划登记号	X	20	是	
7	Enterpriseid	企业编码	X	20	PK	
8	Enterprisename	企业名称	X	100	是	缴费企业名称
9	Institutionorgid	组织机构代码	X	9	PK	
10	Accounttype	账户类型	X	2	PK	参数6.31 账户类型为个人账户时，个人编码、姓名、证件类型、证件号码为必填
11	Staffid	个人编码	X	20	PK	账户类型不是个人账户类时，个人编码、姓名、证件类型、证件号码不需要传输；当账户类型为个人账户类但发送方无此值时，姓名、证件类型和证件号码作为PK
12	Staffname	姓名	X	50	是	
13	Idtype	证件类型	X	2	是	参数6.15
14	Idno	证件号码	X	20	是	

表 34（续）

序号	数据项名	描述	类型	长度	是否必填	备注
15	Ssid	社会保障号码	X	18	是	
16	Staffed	员工编号	X	20		
17	Contributionstartdt	缴费期初	X	8		
18	Contributionenddt	缴费期末	X	8		
19	Contributionperiod	缴费期数	N	4		
20	Contributiontype	缴费类型	X	2		参数 6.23
21	Enterpriseconamt	企业缴费金额	N	17,2	是	
22	Entcontaxsum	企业缴费个税金额	N	17,2		
23	Staffconamt	个人缴费金额	N	17,2	是	
24	PaidupDate	缴费到账日期	X	8	是	
25	Contributionduedate	应缴日期	X	8		
26	Currency	币种	X	3		参数 6.7
27	Memo	摘要	X	60		

5.2.2.10 缴费投资分配（见表 35、表 36）

表 35

定义	新增缴费首次买入投资组合后，账户管理人向受托人发送的缴费投资分配情况
用途	传输、确认新增缴费的投资分配情况
约束	无
代码	0210
传送时点	企业年金缴费到账后的下一个估值日之后
传送频率	双方约定
传输方向	账户管理人→受托人

信息内容：

表 36

序号	数据项名	描述	类型	长度	是否必填	备注
1	Appseriono	交易序列号	X	24	是	发送日期＋发送机构代码＋数据集代码＋序列号
2	Transtype	交易类别	X	2	是	参数 6.1
3	Planid	受托人年金计划编码	X	30	是	
4	Planname	年金计划名称	X	60	是	

表 36（续）

序号	数据项名	描述	类型	长度	是否必填	备注
5	Planlicid	企业年金计划登记号	X	20	是	
6	Enterpriseid	企业编码	X	20	PK	
7	Enterprisename	企业名称	X	100	是	
8	Institutionorgid	组织机构代码	X	9	PK	
9	Contributionnotno	缴费通知单编号	X	20	PK	
10	ContributionConDate	缴费确认日期	X	8		
11	Contributionsum	新增缴费总金额	N	17,2		该次缴费到账的总额
12	Portfolioid	投资组合代码	X	20	PK	受托人投资组合代码
13	Portfolioname	投资组合名称	X	60	是	
14	Investsum	投资金额	N	17,2	是	含抵缴部分
15	Portfoliosum	本次新增投资金额	N	17,2		投资金额－抵缴金额
16	Investrate	本次投资比例	N	8,4		该投资组合本次新增投资金额/本次新增缴费总金额 * 100%
17	Pricedate	估值日	X	8		
18	Price	单位净值	N	8,4		
19	Portfoliounit	本次新增投资份额	N	17,4		
20	Memo	摘要	X	60		

5.2.2.11 权益分配通知(见表 37、表 38)

表 37

定义	对企业公共账户的资产进行分摊的汇总信息
用途	受托人下达对企业公共账户的资产进行分配的指令
约束	无
代码	0211
传送时点	由受托人根据委托人的申请确定的权益分配时点
传送频率	双方约定
传输方向	受托人→账户管理人

信息内容：

表 38

序号	数据项名	描述	类型	长度	是否必填	备注
1	Appseriono	交易序列号	X	24	是	发送日期＋发送机构代码＋数据集代码＋序列号
2	Transtype	交易类别	X	2	是	参数 6.1
3	Planid	受托人年金计划编码	X	30	PK	
4	Planname	年金计划名称	X	60	是	
5	Planlicid	企业年金计划登记号	X	20	是	企业层企业年金计划登记号
6	Enterpriseid	企业编码	X	20	PK	当计划类型为单一计划时，企业名称、企业编码、组织机构号码可以为空；当发送方无此值时，企业名称作为 PK
7	Enterprisename	企业名称	X	100	是	
8	Institutionorgid	组织机构代码	X	9	PK	
9	Accounttype	账户类型	X	2	PK	参数 6.31
10	Entcontaxsum	企业缴费个税金额	N	17,2		
11	Portfolioid	投资组合代码	X	20	PK	当对公共账户未投资资产进行分配时，投资组合代码和名称不需传输
12	Portfolioname	投资组合名称	X	60	是	
13	Benesumamt	分配总金额	N	17,2	是	
14	Benesumunit	分配总份额	N	17,4	是	
15	PaidupDate	到账日期	X	8	是	
16	Subbranch	本部/全辖	X	4		集团性企业必填：本部指集团性企业的总部；全辖指集团性企业总部和所有分支机构
17	Currency	币种	X	3		参数 6.7
18	Memo	摘要	X	60		

5.2.2.12 **权益分配明细**(见表 39、表 40)

表 39

定义	对企业公共账户的资产进行分摊的明细信息
用途	对企业公共账户的资产进行分摊的明细
约束	受托人发送账户管理人时，需要与权益分配通知一并传输
代码	0212
传送时点	由受托人根据委托人的申请确定的权益分配时点
传送频率	双方约定
传输方向	受托人←→账户管理人

信息内容：

表 40

序号	数据项名	描述	类型	长度	是否必填	备注
1	Appseriono	交易序列号	X	24	是	发送日期＋发送机构代码＋数据集代码＋序列号
2	Transtype	交易类别	X	2	是	参数 6.1
3	Planid	受托人年金计划编码	X	30	PK	
4	Planname	年金计划名称	X	60	是	
5	Planlicid	企业年金计划登记号	X	20	是	企业年金计划登记号
6	Enterpriseid	企业编码	X	20	PK	当计划类型为单一计划时，企业名称、企业编码、组织机构号码可以为空；当发送方无此值时，企业名称作为 PK
7	Enterprisename	企业名称	X	100	是	
8	Institutionorgid	组织机构代码	X	9	PK	
9	Accounttype	账户类型	X	2	PK	参数 6.31
10	Entcontaxsum	企业缴费个税金额	N	17,2		
11	Portfolioid	投资组合代码	X	20	PK	当对公共账户未投资资产进行分配时，投资组合代码和名称不需传输
12	Portfolioname	投资组合名称	X	60	是	
13	Staffid	个人编码	X	20	PK	账户类型不是个人账户类时，个人编码、姓名、证件类型、证件号码不需要传输；当账户类型为个人账户类但发送方无此值时，姓名、证件类型和证件号码作为 PK
14	Staffname	姓名	X	50	是	
15	Idtype	证件类型	X	2	是	参数 6.15
16	Idno	证件号码	X	20	是	
17	Ssid	社会保障号码	X	18	是	
18	Staffed	员工编号	X	20		
19	Beneamt	分配总金额	N	17,2	是	
20	Beneunit	分配总份额	N	17,4	是	
21	PaidupDate	到账日期	X	8		
22	Currency	币种	X	3		参数 6.7
23	Memo	摘要	X	60		

5.2.2.13 支付申请(见表41、表42)

表41

定义	受托人向账户管理人发送的计划成员待遇支付申请信息
用途	向账户管理人发送待遇支付申请
约束	无
代码	0213
传送时点	受托人确定的待遇申请发送时点
传送频率	双方约定
传输方向	受托人→账户管理人

信息内容:

表42

序号	数据项名	描述	类型	长度	是否必填	备注
1	Appseriono	交易序列号	X	24	是	发送日期+发送机构代码+数据集代码+序列号
2	Transtype	交易类别	X	2	是	参数6.1
3	Planid	受托人年金计划编码	X	30	PK	
4	Planname	年金计划名称	X	60	是	
5	Planlicid	企业年金计划登记号	X	20	是	
6	Enterpriseid	企业编码	X	20	PK	当发送方无此值时,企业名称作为PK
7	Enterprisename	企业名称	X	100	是	
8	Institutionorgid	组织机构代码	X	9	PK	
9	Staffid	个人编码	X	20	PK	当发送方无此值时,姓名、证件类型和证件号码作为PK
10	Staffed	员工编号	X	20		
11	Staffname	姓名	X	50	是	
12	Idtype	证件类型	X	2	是	参数6.15
13	Idno	证件号码	X	20	是	
14	Ssid	社会保障号码	X	18	是	
15	Paymenttype	支付类型	X	2	是	参数6.24
16	Paymentway	支付方式	X	2	是	参数6.26

表 42（续）

序号	数据项名	描述	类型	长度	是否必填	备注
17	Paymentperiod	支付周期	X	2		参数 6.27 如果支付方式为一次性支付，不需要
18	Paymenttimes	支付期数	N	8		应支付的总期数，不能确定支付期数时为空
19	PaymentAmt	支付金额	N	17,2		如果支付方式为“分期支付—定额不定期”时使用
20	AppDate	支付申请日期	X	8		
21	Startday	支付起始月份	X	6		YYYYMM
22	Memo	摘要	X	60		

5.2.2.14 **支付明细（见表 43、表 44）**

表 43

定义	账户管理人完成待遇支付核算后，生成的核算结果明细信息
用途	用来向受托人发送对待支付员工所做的核算情况信息
约束	无
代码	0214
传送时点	账户管理人完成待遇支付核算处理后
传送频率	双方约定
传输方向	账户管理人→受托人

信息内容：

表 44

序号	数据项名	描述	类型	长度	是否必填	备注
1	Appseriono	交易序列号	X	24	是	发送日期＋发送机构代码＋数据集代码＋序列号
2	Transtype	交易类别	X	2	是	参数 6.1
3	Planid	受托人年金计划编码	X	30	PK	
4	Planname	年金计划名称	X	60	是	
5	Planlicid	企业年金计划登记号	X	20	是	
6	Enterpriseid	企业编码	X	20	PK	当发送方无此值时，企业名称作为 PK
7	Enterprisename	企业名称	X	100	是	

表 44（续）

序号	数据项名	描述	类型	长度	是否必填	备注
8	Institutionorgid	组织机构代码	X	9	PK	
9	Staffid	个人编码	X	20	PK	当发送方无此值时，姓名、证件类型和证件号码作为 PK
10	Staffed	员工编号	X	20		
11	Staffname	姓名	X	50	是	
12	Idtype	证件类型	X	2	PK	参数 6.15
13	Idno	证件号码	X	20	PK	
14	Ssid	社会保障号码	X	18	是	
15	Unvestsum	未归属金额	N	17,2	是	
16	Entconunvestperc	企业缴费归属比例	N	8,4	是	非比例归属情况根据归属金额计算
17	Entcontaxsum	企业缴费总个税金额	X	17,2	是	
18	Paymentway	支付方式	X	2	是	参数 6.26
19	Paymentperiod	支付周期	X	2		参数 6.27 如果支付方式为一次性支付，不需要
20	Paymenttimes	支付期数	N	8		
21	LastFlag	是否为最后一期	X	1		Y-是，N-否
22	Paymentstartday	支付起始月份	X	6		YYYYMM
23	PayAmt	本次支付金额	N	17,2	是	
24	PaySum	支付总金额	N	17,2		
25	Beneficiary	受益人姓名	X	50	是	
26	Beneidtype	受益人证件类型	X	2	PK	参数 6.15
27	Beneidno	受益人证件号码	X	20	PK	
28	Benessid	受益人社会保障号码	X	18	是	
29	Benebank	受益人开户银行	X	60	是	×××银行×××分/支行
30	Benebankid	受益人开户银行行号	X	10		参数 6.14
31	Benebankprov	受益人开户银行所在省	X	20		
32	Benebankcity	受益人开户银行所在市	X	20		
33	Beneaccname	受益人账户户名	X	100	是	
34	Beneacc	受益人银行账号	X	40	是	
35	Benepaysum	受益人支付金额	N	17,2	是	同一员工的受益人支付金额之和等于该员工的本次支付金额
36	Memo	摘要	X	60		

5.2.2.15 支付指令及反馈(见表45、表46)

表 45

定义	受托人完成支付核算结果的确认后,向托管人发送的企业年金待遇支付指令;托管人划款后,向受托人反馈划款处理结果
用途	受托人向托管人发出向年金领取人划款的指令及托管人反馈划款结果
约束	无
代码	0215
传送时点	账户管理人完成待遇支付核算结果的确认后
传送频率	各方约定
传输方向	受托人→托管人→受托人

信息内容:

表 46

序号	数据项名	描述	类型	长度	是否必填	备注
1	Appseriono	交易序列号	X	24	是	发送日期+发送机构代码+数据集代码+序列号
2	Transtype	交易类别	X	2	是	参数 6.1
3	Referenceno	支付流水号	X	20	PK	受托人产生
4	Planid	受托人年金计划编码	X	30	是	
5	Planname	年金计划名称	X	60	是	
6	Planlicid	企业年金计划登记号	X	20	是	
7	Enterpriseid	企业编码	X	20	PK	当发送方无此值时,企业名称作为 PK
8	Enterprisename	企业名称	X	100	是	
9	Institutionorgid	组织机构代码	X	9	PK	
10	Staffid	个人编码	X	20	PK	当发送方无此值时,姓名、证件类型和证件号码作为 PK
11	Staffname	员工姓名	X	50	是	
12	Idtype	员工证件类型	X	2	是	参数 6.15
13	Idno	员工证件号码	X	20	是	
14	Ssid	社会保障号码	X	18	是	
15	Currency	币种	X	3		参数 6.7

表 46(续)

序号	数据项名	描述	类型	长度	是否必填	备注
16	Paymentduedate	应支付日期	X	8		
17	Beneficiary	领取人姓名	X	50	是	
18	Beneidtype	领取人证件类型	X	2	PK	参数 6.15
19	Beneidno	领取人证件号码	X	20	PK	
20	Benssid	领取人社会保障号码	X	18	是	
21	Bankname	收款银行	X	60	是	×××银行×××分/支行
22	Bankid	收款银行行号	X	10		参数 6.14
23	Beneaccname	收款账户户名	X	100	是	
24	Beneacc	收款账号	X	40	是	
25	Benebankprov	收款银行所在省	X	20	是	
26	Bankcity	收款银行所在市	X	20	是	
27	Paymentdueamt	应支付金额	N	17,2	是	
28	Payfeedback	是否支付成功	X	1		Y-是或 N-否(仅反馈使用),指是否划款成功,反馈时必填
29	Details	结果说明	X	60		(仅反馈使用)
30	Payfeesum	支付费用	N	17,2		(仅反馈使用)
31	Paymentsum	实际支付金额	N	17,2	是	(仅反馈使用)
32	Paymentdate	实际支付日期	X	8	是	(仅反馈使用)
33	Memo	摘要	X	60		当支付不成功,再次提交支付指令时,需要在本字段注明"支付失败重新提交"

5.2.2.16 转移申请(见表 47、表 48)

表 47

定义	受托人发送的计划成员转出、转保留等人员变动申请信息
用途	向账户管理人发送转移处理指令
约束	无
代码	0216
传送时点	受托人确认转移变更信息后
传送频率	双方约定
传输方向	受托人→账户管理人

信息内容：

表 48

序号	数据项名	描述	类型	长度	是否必填	备注
1	Appseriono	交易序列号	X	24	是	发送日期＋发送机构代码＋数据集代码＋序列号
2	Transtype	交易类别	X	2	是	参数 6.1
3	Planid	受托人年金计划编码	X	30	PK	
4	Planname	年金计划名称	X	60	是	
5	Planlicid	企业年金计划登记号	X	20	是	
6	Transfertype	转移类型	X	2	是	参数 6.20 如果转移类型为“企业公共账户计划外转出”，个人信息可为空；否则个人姓名、证件类型、证件号码必填
7	Enterpriseid	企业编码	X	20	PK	转出企业，当发送方无此值时，企业名称作为 PK
8	Enterprisename	企业名称	X	100	是	转出企业
9	Institutionorgid	组织机构代码	X	9	PK	
10	Staffid	个人编码	X	20	PK	当发送方无此值时，姓名、证件类型和证件号码作为 PK
11	Staffed	员工编号	X	20		
12	Staffname	姓名	X	50	是	转移类型与个人账户无关时，个人信息不需传输
13	Idtype	证件类型	X	2	是	参数 6.15
14	Idno	证件号码	X	20	是	
15	Ssid	社会保障号码	X	18	是	
16	ToEnterpriseid	转入企业编码	X	20		当转移类型为转保留时，此两项无需传输
17	ToEnterprisename	转入企业名称	X	100		
18	Tobank	拟转入银行名称	X	60		计划外转出时，必填
19	Tobankid	拟转入银行行号	X	10		参数 6.14 计划外转出时，必填
20	Benebankprov	拟转入银行所在省	X	20		
21	Benebankcity	拟转入银行所在市	X	20		
22	Tobankaccname	拟转入受托专户户名	X	100		计划外转出时，必填
23	Tobankacc	拟转入受托专户银行账号	X	40		计划外转出时，必填
24	Memo	摘要	X	60		

5.2.2.17 转移报告(见表49、表50)

表 49

定义	账户管理人完成转移申请处理后,生成的转移结果等明细信息
用途	向受托人发送转移处理结果供确认
约束	无
代码	0217
传送时点	账户管理人完成转移申请处理后
传送频率	双方约定
传输方向	账户管理人→受托人

信息内容:

表 50

序号	数据项名	描述	类型	长度	是否必填	备注
1	Appseriono	交易序列号	X	24	是	发送日期+发送机构代码+数据集代码+序列号
2	Transtype	交易类别	X	2	是	参数6.1
3	Planid	受托人年金计划编码	X	30	PK	
4	Planname	年金计划名称	X	60	是	
5	Planlicid	企业年金计划登记号	X	20	是	
6	Transfertype	转移类型	X	2	是	参数6.20 如果转移类型为"企业公共账户计划外转出",个人信息可为空
7	Enterpriseid	企业编码	X	20	PK	当发送方无此值时,企业名称作为PK
8	Enterprisename	企业名称	X	100	是	
9	Institutionorgid	组织机构代码	X	9	PK	
10	Staffid	个人编码	X	20	PK	转移类型与个人账户无关时,个人信息不需传输
11	Staffed	员工编号	X	20		
12	Staffname	姓名	X	50	是	
13	Idtype	证件类型	X	2	是	参数6.15
14	Idno	证件号码	X	20	是	
15	Ssid	社会保障号码	X	18	是	
16	ToEnterprisename	转入企业名称	X	100		当转移类型为转保留时,此两项无需传输
17	ToEnterpriseid	转入企业编码	X	20		

表 50（续）

序号	数据项名	描述	类型	长度	是否必填	备注
18	Tobank	转入开户银行名称	X	60		计划外转出时，必填
19	Tobankid	转入开户银行行号	X	10		参数 6.14 计划外转出时，必填
20	Benebankprov	转入银行所在省	X	20		
21	Benebankcity	转入银行所在市	X	20		
22	Tobankaccname	转入受托专户户名	X	100		计划外转出时，必填
23	Tobankacc	转入受托专户银行账号	X	40		计划外转出时，必填
24	Unvestsum	未归属金额	N	17,2		
25	Entconunvestperc	企业缴费归属比例	N	8,4		非比例归属情况根据归属金额计算
26	Entcontaxsum	企业缴费总个税金额	N	17,2	是	
27	Transamt	转出总金额	N	17,2		
28	Portfolioid	投资组合代码	X	20		
29	Portfolioname	投资组合名称	X	60		
30	Transferval	转出总净值	N	17,2		
31	Transferquotient	转出份额	N	17,4		
32	Price	投资组合单位净值	N	8,4		
33	Pricedate	估值日	X	8		
34	Rresult	申请处理是否成功	X	1		Y-是或 N-否
35	Details	处理结果说明	X	60		
36	Memo	摘要	X	60		

5.2.2.18 资产估值信息（见表 51、表 52）

表 51

定义	企业年金基金投资组合估值信息
用途	向受托人和账户管理人传输年金基金投资组合估值结果
约束	无
代码	0218
传送时点	托管人完成年金基金投资组合估值计算后
传送频率	双方约定
传输方向	投资管理人←→托管人 托管人→受托人（→账户管理人） 托管人→账户管理人

信息内容：

表 52

序号	数据项名	描述	类型	长度	是否必填	备注
1	Appseriono	交易序列号	X	24	是	发送日期＋发送机构代码＋数据集代码＋序列号
2	Transtype	交易类别	X	2	是	参数 6.1
3	Planid	受托人年金计划编码	X	30	PK	
4	Planname	年金计划名称	X	60	是	
5	Planlicid	企业年金计划登记号	X	20	是	
6	Portfolioid	投资组合代码	X	20	PK	
7	Portfolioname	投资组合名称	X	60	是	
8	Investmantid	投资管理人代码	X	10		
9	Assetvalue	资产净值	N	17,2	是	当前投资组合总的资产净值
10	Price	投资组合单位净值	N	8,4	是	单位净值
11	Volume	份额	N	17,4	是	数量
12	Earnloss	损益标志	X	2		参数 6.25
13	Earn	损益净额	N	17,2		(期末资产净值－期初资产净值－资金流入金额＋资金流出金额)的绝对值。其中期初和期末分别为估值周期的起始和终止日期
14	Navincrate	单位净值增长率	N	8,4	是	(期末单位净值－期初单位净值)的绝对值/期初单位净值＊100%。其中期初和期末分别为估值周期的起始和终止日期
15	Investincom	已实现投资收益	N	17,2		
16	Investuncom	未实现投资收益	N	17,2		
17	Trustfee	应付受托费	N	17,2		累计计提的应付未付部分，含浮动管理费
18	Investfee	应付投资管理费	N	17,2		累计计提的应付未付部分，含浮动管理费
19	Custodfee	应付托管费	N	17,2		累计计提的应付未付部分，含浮动管理费
20	Priceday	估值日期	X	8	PK	
21	Nextpriceday	下次估值日	X	8		下一交易周期的估值日
22	Currency	币种	X	3		参数 6.7
23	Memo	摘要	X	60		

5.2.2.19 **资产估值明细(见表53、表54)**

表53

定义	企业年金基金投资组合的估值明细信息
用途	向受托人和账户管理人传输年金基金投资组合估值结果
约束	无
代码	0219
传送时点	托管人完成年金基金投资组合估值计算后
传送频率	双方约定
传输方向	投资管理人←→托管人 托管人→受托人

信息内容：

表54

序号	数据项名	描述	类型	长度	是否必填	备注
1	Appseriono	交易序列号	X	24	是	发送日期＋发送机构代码＋数据集代码＋序列号
2	Transtype	交易类别	X	2	是	参数6.1
3	Planid	受托人年金计划编码	X	30	PK	
4	Planname	年金计划名称	X	60	是	
5	Planlicid	企业年金计划登记号	X	20	是	
6	Portfolioid	投资组合代码	X	20	PK	
7	Portfolioname	投资组合名称	X	60	是	
8	Subjectcode	科目代码	X	40	PK	按照会计准则确定的会计科目代码
9	Subjectname	科目名称	X	60	是	
10	Volume	数量	N	17,4		
11	Unitcost	单位成本	N	17,2		
12	Cost	成本	N	17,2		
13	Costperc	成本占资产净值	N	8,4		
14	Price	投资组合单位净值	N	8,4		
15	Value	市值	N	17,2		
16	Valueperc	市值占资产净值	N	8,4		
17	Appreciation	估值增值	N	17,2		
18	Priceday	估值日期	X	8	PK	
19	Currency	币种	X	3		参数6.7

表 54（续）

序号	数据项名	描述	类型	长度	是否必填	备注
20	Stoptrading	停牌信息	X	60		
21	Propinfo	权益信息	X	60		
22	Memo	摘要	X	60		

5.2.2.20 投资成交预汇总及汇总(见表 55、表 56)

表 55

定义	成交前企业年金基金投资组合的各类买入卖出情况的预汇总信息；成交后企业年金基金投资组合的各类实际买入卖出情况的汇总信息
用途	向受托人传输企业年金基金投资组合的买卖预汇总及实际成交情况
约束	无
代码	0220
传送时点	预汇总：企业年金计划约定的预汇总日后；汇总：年金计划约定的估值日后
传送频率	双方约定
传输方向	账户管理人→受托人 受托人→托管人 受托人→投资管理人

信息内容：

表 56

序号	数据项名	描述	类型	长度	是否必填	备注
1	Appseriono	交易序列号	X	24	是	发送日期＋发送机构代码＋数据集代码＋序列号
2	Sumtype	汇总类别	X	1	PK	Y-预汇总/H-汇总
3	Planid	受托人年金计划编码	X	30	PK	
4	Planname	年金计划名称	X	60	是	
5	Planlicid	企业年金计划登记号	X	20	是	
6	Portfolioid	投资组合代码	X	20	PK	
7	Portfolioname	投资组合名称	X	60	是	
8	Priceday	估值日期	X	8	PK	
9	Price	单位净值	N	8,4	是	
10	Begassetval	成交前资产净值	N	17,2	是	
11	Appreciation	资产净值增长额	N	17,2		成交后资产净值－成交前资产净值

表 56（续）

序号	数据项名	描述	类型	长度	是否必填	备注
12	Begassetvol	期初份额	N	17,4		
13	Totalbuyvol	总买入份额	N	17,4		
14	Totalbuyamt	总买入金额	N	17,2		
15	Contribuyvol	缴费买入份额	N	17,4		
16	Contribuyamt	缴费买入金额	N	17,2		
17	Buyinvol	存量资金买入份额	N	17,4		历史资金的买入份额
18	Buyinsum	存量资金买入金额	N	17,2		历史资金的买入金额
19	Switchbuyvol	转换买入份额	N	17,4		
20	Switchbuysum	转换买入金额	N	17,2		
21	Otherbuyvol	其他买入份额	N	17,4		
22	Otherbuysum	其他买入金额	N	17,2		
23	Totalsalevol	总卖出份额	N	17,4		
24	Totalsalesum	总卖出金额	N	17,2		
25	Paymentsalevol	支付卖出份额	N	17,4		因待遇支付而产生的卖出
26	Paymentsalesum	支付卖出金额	N	17,2		
27	Transsalevol	转出卖出份额	N	17,4		
28	Transsalesum	转出卖出金额	N	17,2		
29	Switchsalevol	转换卖出份额	N	17,4		
30	Switchsalesum	转换卖出金额	N	17,2		
31	Redemptionsalevol	赎回卖出份额	N	17,4		赎回是指卖出投资组合，但不买入其他投资组合
32	Redemptionsalesum	赎回卖出金额	N	17,2		
33	Accmngfeevol	账管费支付卖出份额	N	17,4		
34	Accmngfeesum	账管费支付卖出金额	N	17,2		
35	Othersalevol	其他卖出份额	N	17,4		
36	Othersalesum	其他卖出金额	N	17,2		
37	PeriodInvestsum	期间净交易金额	N	17,4	是	
38	PeriodInvestvol	期间净交易份额	N	17,2	是	
39	Finalassetvol	成交后份额	N	17,4	是	
40	Finalassetval	成交后资产净值	N	17,2	是	
41	Currency	币种	X	3		参数 6.7
42	Printday	打印日期	X	8		
43	Memo	摘要	X	60		

5.2.2.21 投资成交汇总(企业级)(见表57、表58)

表 57

定义	按企业汇总的企业年金基金投资组合实际买入卖出情况的汇总信息
用途	向受托人传输按企业汇总的企业年金基金投资组合实际买入卖出情况
约束	无
代码	0221
传送时点	年金计划约定的估值日后
传送频率	双方约定
传输方向	账户管理人→受托人(→投资管理人)

信息内容:

表 58

序号	数据项名	描述	类型	长度	是否必填	备注
1	Appseriono	交易序列号	X	24	是	发送日期+发送机构代码+数据集代码+序列号
2	Sumtype	汇总类别	X	8	PK	预汇总/汇总
3	Planid	受托人年金计划编码	X	30	PK	
4	Planname	年金计划名称	X	60	是	
5	Planlicid	企业年金计划登记号	X	20	是	
6	Companyid	企业编码	X	20	PK	
7	Enterprisename	企业名称	X	100	是	
8	Institutionorgid	组织机构代码	X	9	PK	
9	Portfolioid	投资组合代码	X	20	PK	
10	Portfolioname	投资组合名称	X	60	是	
11	Priceday	估值日期	X	8	PK	
12	Price	单位净值	N	8,4	是	
13	Begassetval	成交前资产净值	N	17,2		
14	Appreciation	资产净值增长额	N	17,2		期末资产净值-成交前资产净值
15	Begassetvol	期初份额	N	17,4	是	
16	Totalsalevol	总卖出份额	N	17,4		
17	Totalsalesum	总卖出金额	N	17,2		

表 58（续）

序号	数据项名	描述	类型	长度	是否必填	备注
18	Buyvol	缴费买入份额	N	17,4		也包括转入买入
19	Buyamt	缴费买入金额	N	17,2		也包括转入买入
20	Buyinvol	存量资金买入份额	N	17,4		历史资金的买入份额
21	Buyinsum	存量资金买入金额	N	17,2		历史资金的买入金额
22	Switchbuyvol	转换买入份额	N	17,4		
23	Switchbuysum	转换买入金额	N	17,2		
24	Otherbuyvol	其他买入份额	N	17,4		
25	Otherbuysum	其他买入金额	N	17,2		
26	Totalsalevol	总卖出份额	N	17,4		
27	Totalsalesum	总卖出金额	N	17,2		
28	Salevol	支付卖出份额	N	17,4		因待遇支付而产生的卖出
29	Salesum	支付卖出金额	N	17,2		
30	Transsalevol	转出卖出份额	N	17,4		
31	Transsalesum	转出卖出金额	N	17,2		
32	Switchsalevol	转换卖出份额	N	17,4		
33	Switchsalesum	转换卖出金额	N	17,2		
34	Redemptionsalevol	赎回卖出份额	N	17,4		赎回是指卖出投资组合，但不买入其他投资组合
35	Redemptionsalesum	赎回卖出金额	N	17,2		
36	Accmngfeevol	账管费支付卖出份额	N	17,4		
37	Accmngfeesum	账管费支付卖出金额	N	17,2		
38	Othersalevol	其他卖出份额	N	17,4		
39	Othersalesum	其他卖出金额	N	17,2		
40	PeriodInvestsum	期间净交易金额	N	17,4	是	
41	PeriodInvestvol	期间净交易份额	N	17,2	是	
42	Finalassetvol	期末份额	N	17,4	是	
43	Finalassetval	期末资产净值	N	17,2	是	
44	Currency	币种	X	3		参数 6.7
45	Printday	打印日期	X	8		
46	Memo	摘要	X	60		

5.2.2.22 **资金划拨指令及反馈(见表59、表60)**

表59

定义	受托人发出的投资资金划拨指令及托管人对划拨情况的反馈
用途	传输和反馈投资资金的划拨情况
约束	无
代码	0222
传送时点	双方约定
传送频率	双方约定
传输方向	不涉及投资户时:受托人←→托管人 需要向投资户划入资金时:受托人←→托管人→投资管理人 需要从投资户提取资金时:受托人→投资管理人→托管人→受托人

信息内容:

表60

序号	数据项名	描述	类型	长度	是否必填	备注
1	Appseriono	交易序列号	X	24	是	发送日期+发送机构代码+数据集代码+序列号
2	Transtype	交易类别	X	2	是	参数6.1
3	Planid	受托人年金计划编码	X	30	是	
4	Planname	年金计划名称	X	60	是	
5	Planlicid	企业年金计划登记号	X	20	是	
6	Instructionid	指令编号	X	20	PK	受托人生成的唯一性标识
7	Transfertype	资金划拨类型	X	2	是	参数6.16
8	Creditbank	收款账户开户行	X	60	是	
9	Inbankid	收款银行行号	X	10		参数6.14
10	Debitbankaccname	收款账户户名	X	100	是	
11	Debitbankaccno	收款账户账号	X	40	是	
12	Creditbank	付款账户开户行	X	60	是	
13	Creditbankid	付款银行行号	X	10		参数6.14
14	Creditbankaccname	付款账户户名	X	100	是	
15	Creditbankaccno	付款账户账号	X	40	是	
16	Sum	金额	N	17,2	是	
17	Currency	币种	X	3		参数6.7
18	Share	份额	N	17,4		
19	Duedate	最迟划款日	X	8		

表 60（续）

序号	数据项名	描述	类型	长度	是否必填	备注
20	Transferdate	实际划款日	X	8		(仅反馈使用)
21	PaymentNo	大额支付号	X	40		(仅反馈使用)
22	Memo	摘要	X	60		

5.2.2.23 **交易资金划拨指令及反馈(见表 61、表 62)**

表 61

定义	投资管理人发送的交易资金划拨指令及托管人对实际划拨情况的反馈
用途	由投资管理人向托管人发送划拨指令,托管人反馈划拨情况
约束	无
代码	0223
传送时点	双方约定的时点
传送频率	双方约定
传输方向	投资管理人→托管人→投资管理人

信息内容:

表 62

序号	数据项名	描述	类型	长度	是否必填	备注
1	Appseriono	交易序列号	X	24	是	发送日期＋发送机构代码＋数据集代码＋序列号
2	Transtype	交易类别	X	2	是	参数 6.1
3	Planid	受托人年金计划编码	X	30	是	
4	Planname	年金计划名称	X	60	是	
5	Planlicid	企业年金计划登记号	X	20	是	
6	Portfolioid	投资组合代码	X	20	是	受托人确定的投资组合代码
7	Portfolioname	投资组合名称	X	60	是	
8	Comdid	指令编号	X	20	PK	投资管理人生成的唯一性标识
9	NoticeGenerateDate	指令生成日期	X	8		
10	DebitFor	划款用途	X	60	是	
11	TransactionDate	交易日期	X	8	是	
12	CurrencyType	币种	X	3		参数 6.7
13	TransactionAmt	交易金额	N	17,2	是	

表 62（续）

序号	数据项名	描述	类型	长度	是否必填	备注
14	TransAmtCptl	交易金额(大写)	X	60		
15	TransactionDate	划款日期	X	8		(仅反馈使用)
16	TransactionAmt	划款金额	N	17,2		(仅反馈使用)
17	TransAmtCptl	划款金额(大写)	X	60		(仅反馈使用)
18	PaymentNo	大额支付号	X	40		(仅反馈使用,非必填)
19	BondBankCode	债券接收行号	X	40		
20	BankName	收款银行名称	X	60	是	
21	Bankid	收款银行行号	X	10		参数 6.14
22	BankAcctName	收款银行账户名称	X	100	是	
23	AccountNumber	收款银行账号	X	40	是	
24	BankState	开户银行所在省	X	20		
25	BankCity	开户银行所在市	X	20		
26	Memo	摘要	X	60		

5.2.2.24 **资金调节表信息(见表 63、表 64)**

表 63

定义	企业年金基金投资组合账户的资金明细信息
用途	传输和确认企业年金基金投资组合账户的资金明细
约束	无
代码	0224
传送时点	双方约定的时点
传送频率	双方约定
传输方向	托管人→投资管理人

信息内容：

表 64

序号	数据项名	描述	类型	长度	是否必填	备注
1	Appseriono	交易序列号	X	24	是	发送日期＋发送机构代码＋数据集代码＋序列号
2	Transtype	交易类别	X	2	是	参数 6.1
3	Planid	受托人年金计划编码	X	30	PK	

表 64（续）

序号	数据项名	描述	类型	长度	是否必填	备注
4	Planname	年金计划名称	X	60	是	
5	Planlicid	企业年金计划登记号	X	20	是	
6	Portfolioid	投资组合代码	X	20	PK	
7	Portfolioname	投资组合名称	X	60	是	
8	Date	日期	X	8	PK	
9	Beginningamt	期初余额	N	17,2	是	
10	Todayreceiveamt	当日流入金额	N	17,2	是	
11	Todayreceivememo	当日流入摘要	X	60	是	
12	Todayreceivelqd	当日流入清算款	N	17,2	是	
13	Avaliablebalance	可用余额	N	17,2	是	
14	Todaypayoutamt	当日流出金额	N	17,2	是	
15	Todaypayoutmemo	当日流出摘要	X	60	是	
16	Todayreceivelqd	当日流出清算款	N	17,2	是	
17	Todaybalance	当日余额	N	17,2	是	
18	Currency	币种	X	3		参数 6.7
19	Memo	摘要	X	60		

5.2.3 资产信息类

5.2.3.1 企业公共账户信息(见表 65、表 66)

表 65

定义	企业公共账户的资产余额信息
用途	向受托人发送企业公共账户资产信息
约束	无
代码	0301
传送时点	双方约定的报告期末后
传送频率	双方约定
传输方向	账户管理人→受托人

信息内容：

表 66

序号	数据项名	描述	类型	长度	是否必填	备注
1	Appseriono	交易序列号	X	24	是	发送日期＋发送机构代码＋数据集代码＋序列号
2	Transtype	交易类别	X	2	是	参数 6.1
3	Planid	受托人年金计划编码	X	30	PK	
4	Planname	年金计划名称	X	60	是	
5	Planlicid	企业年金计划登记号	X	20	是	
6	Enterpriseid	企业编码	X	20	PK	
7	Enterprisename	企业名称	X	100	是	公共账户对应的企业
8	Institutionorgid	组织机构代码	X	9	PK	
9	Currency	币种	X	3		参数 6.7
10	Enddate	截止日期	X	8	PK	
11	Accounttype	账户类型	X	2	PK	参数 6.31
12	Portfolioid	投资组合代码	X	20	PK	不以组合形态存在的，本字段可以为空
13	Portfolioname	投资组合名称	X	60	是	不以组合形态存在的，本字段可以为空
14	Finalamt	期末余额	N	17,2	是	
15	Priceday	估值日期	X	8		不以组合形态存在的，本字段可以为空
16	Price	单位净值	N	8,4	是	
17	Volsum	总份额	N	17,4	是	
18	Memo	摘要	X	60		

5.2.3.2 计划资产净值信息(见表 67、表 68)

表 67

定义	企业的企业年金基金资产净值信息
用途	向受托人发送企业的企业年金基金资产净值信息(包括个人账户和企业账户)
约束	无
代码	0302
传送时点	估值日后
传送频率	双方约定
传输方向	账户管理人→受托人

信息内容：

表 68

序号	数据项名	描述	类型	长度	是否必填	备注
1	Appseriono	交易序列号	X	24	是	发送日期＋发送机构代码＋数据集代码＋序列号
2	Transtype	交易类别	X	2	是	参数 6.1
3	Planid	受托人年金计划编码	X	30	PK	
4	Planname	年金计划名称	X	60	是	
5	Planlicid	企业年金计划登记号	X	20	是	
6	Enterpriseid	企业编码	X	20	PK	
7	Enterprisename	企业名称	X	100	是	
8	Institutionorgid	组织机构代码	X	9	PK	
9	Portfolioid	投资组合代码	X	20	PK	不以组合形态存在的，本字段可以为空
10	Portfolioname	投资组合名称	X	60	是	不以组合形态存在的，本字段可以为空
11	Priceday	估值日期	X	8	PK	不以组合形态存在的，本字段可以为空
12	Assetval	资产净值	N	17,2	是	
13	Price	单位净值	N	8,4	是	
14	Volsum	总份额	N	17,4	是	
15	Changeday	最后变动日期	X	8		
16	Currency	币种	X	3		参数 6.7
17	Memo	摘要	X	60		

5.2.4 报告信息类

5.2.4.1 受托财产托管账户资金明细(见表 69、表 70)

表 69

定义	受托财产托管账户内的资金明细信息
用途	向受托人发送受托财产托管账户的资金变动情况，亦可用于托管人与账户管理人对账
约束	无
代码	0401
传送时点	约定的报告期末后
传送频率	双方约定
传输方向	托管人→受托人→账户管理人

信息内容：

表 70

序号	数据项名	描述	类型	长度	是否必填	备注
1	Appseriono	交易序列号	X	24	是	发送日期＋发送机构代码＋数据集代码＋序列号
2	Transtype	交易类别	X	2	是	参数 6.1
3	Planid	受托人年金计划编码	X	30	PK	
4	Planname	年金计划名称	X	60	是	
5	Planlicid	企业年金计划登记号	X	20	是	
6	Custaccountbank	受托资产托管银行开户行名称	X	60		
7	Custaccountbankid	受托资产托管银行开户行行号	X	10		参数 6.14
8	Accountname	受托资产托管专户名称	X	100	是	
9	Accountno	受托资产托管专户账号	X	40	是	
10	StatementDate	报告日期	X	8	是	
11	StartDate	报告期起始日期	X	8	PK	
12	EndDate	报告期终止日期	X	8	PK	
13	StartBalance	期初金额	N	17,2	是	
14	EndBalance	期末金额	N	17,2	是	
15	Flowid	流水号	X	20	PK	托管人生成
16	Sum	金额	N	17,2	是	收入为正，支出为负
17	Balance	余额	N	17,2	是	
18	Currency	币种	X	3		参数 6.7
19	Datebefore	收支日期	X	8	是	
20	Debitorcredit	收支类型	X	2		参数 6.33
21	Refbank	对方账户开户行	X	60		
22	Refbankid	对方账户开户行行号	X	10		参数 6.14
23	Refaccname	对方账户户名	X	100		
24	Refaccnano	对方账户账号	X	40		
25	Memo	摘要	X	60		

5.2.4.2 资产负债表(见表 71、表 72)

表 71

定义	企业年金基金投资组合的资产负债情况
用途	托管人与投资管理人对企业年金基金投资组合的核算结果进行核对后,向受托人发送投资组合及计划的资产负债情况
约束	无
代码	0402
传送时点	约定的报告期末后
传送频率	双方约定
传输方向	组合层面:投资管理人←→托管人→受托人→委托人 计划层面:托管人→受托人→委托人

信息内容:

表 72

序号	数据项名	描述	类型	长度	是否必填	备注
1	Appseriono	交易序列号	X	24	是	发送日期+发送机构代码+数据集代码+序列号
2	Transtype	交易类别	X	2	是	参数 6.1
3	Planid	受托人年金计划编码	X	30	PK	
4	Planname	年金计划名称	X	60	是	
5	Planlicid	企业年金计划登记号	X	20	是	
6	Portfolioid	投资组合代码	X	20	PK	计划层面时,投资组合代码和名称为空
7	Portfolioname	投资组合名称	X	60	是	
8	Begdepositamt	期初货币资金	N	17,2		
9	Begsliqreceivable	期初应收证券清算款	N	17,2		
10	Begintreceivable	期初应收利息	N	17,2		
11	Begbuybackamt	期初买入返售证券	N	17,2		
12	Begothreceivable	期初其他应收款	N	17,2		
13	Begbondamt	期初债券投资	N	17,2		
14	Begfundamt	期初基金投资	N	17,2		
15	Begequityamt	期初股票投资	N	17,2		
16	Begothivstamt	期初其他投资	N	17,2		

表 72（续）

序号	数据项名	描述	类型	长度	是否必填	备注
17	BegOtherasset	期初其他资产	N	17,2		
18	Begassetamt	期初资产合计	N	17,2		期初货币资金＋期初应收证券清算款＋期初应收利息＋期初买入返售证券＋期初其他应收款＋期初债券投资＋期初基金投资＋期初股票投资＋期初其他投资＋期初其他资产
19	Begsliqpayable	期初应付证券清算款	N	17,2		
20	Begpaymentpable	期初应付受益人待遇	N	17,2		
21	Begtrstfeepable	期初应付受托人管理费	N	17,2		
22	Begcustodyfeepable	期初应付托管人管理费	N	17,2		
23	Begivstfeepable	期初应付投资管理人管理费	N	17,2		
24	Begtaxpayable	期初应交税金	N	17,2		
25	Begsbtsofa	期初卖出回购证券款	N	17,2		
26	Beginterestpayable	期初应付利息	N	17,2		
27	Begtranfeepayable	期初应付佣金	N	17,2		
28	Begotherpayable	期初其他应付款	N	17,2		
29	Begtotalliability	期初负债合计	N	17,2		期初应付证券清算＋期初应付受益人＋期初应付受托人＋期初应付托管人＋期初应付投资管理人＋期初应交税金＋期初卖出回购证券款＋期初应付利息＋期初应付佣金＋期初其他应付款
30	Begowenersequity	期初企业年金基金净值	N	17,2		
31	Begtotalliabandeq	期初负债和净资产总计	N	17,2		期初负债合计＋期初企业年金基金净值
32	Finalsliqreceivable	期末应收证券清算款	N	17,2		
33	Finalintreceivable	期末应收利息	N	17,2		
34	Finalbuybackamt	期末买入返售证券	N	17,2		
35	Finalothreceivable	期末其他应收款	N	17,2		
36	Finalbondamt	期末债券投资	N	17,2		
37	Finalfundamt	期末基金投资	N	17,2		
38	Finalequityamt	期末股票投资	N	17,2		

表 72（续）

序号	数据项名	描述	类型	长度	是否必填	备注
39	Finalothivstamt	期末其他投资	N	17,2		
40	FinalOtherasset	期末其他资产	N	17,2		
41	Finalassetamt	期末资产合计	N	17,2		
42	Finalsliqpayable	期末应付证券清算款	N	17,2		
43	Finalpaymentpable	期末应付受益人待遇	N	17,2		
44	Finaltrstfeepable	期末应付受托人管理费	N	17,2		
45	Finalcustodyfeepable	期末应付托管人管理费	N	17,2		
46	Finalivstfeepable	期末应付投资管理人管理费	N	17,2		
47	Finaltaxpayable	期末应交税金	N	17,2		
48	Finalsbtsofa	期末卖出回购证券款	N	17,2		
49	Finalinterestpayable	期末应付利息	N	17,2		
50	Finaltranfeepayable	期末应付佣金	N	17,2		
51	Finalotherpayable	期末其他应付款	N	17,2		
52	Finaltotalliability	期末负债合计	N	17,2		
53	Finalowenersequity	期末企业年金基金净值	N	17,2		
54	Finaltotalliabandeq	期末负债和净资产总计	N	17,2		
55	Statementdate	报告日期	X	8	是	
56	Startdate	报告期起始日期	X	8	PK	
57	Enddate	报告期终止日期	X	8	PK	
58	Currency	币种	X	3		参数 6.7
59	Memo	摘要	X	60		

5.2.4.3 利润表(见表 73、表 74)

表 73

定义	企业年金基金投资组合的利润情况
用途	托管人与投资管理人对企业年金基金投资组合的核算结果进行核对后,向受托人发送投资组合及计划的利润情况
约束	无
代码	0403
传送时点	约定的报告期末后
传送频率	双方约定
传输方向	组合层面:投资管理人←→托管人→受托人→委托人 计划层面:托管人→受托人→委托人

信息内容：

表 74

序号	数据项名	描述	类型	长度	是否必填	备注
1	Appseriono	交易序列号	X	24	是	发送日期＋发送机构代码＋数据集代码＋序列号
2	Transtype	交易类别	X	2	是	参数 6.1
3	Planid	受托人年金计划编码	X	30	PK	
4	Planname	年金计划名称	X	60	是	
5	Planlicid	企业年金计划登记号	X	20	是	
6	Portfolioid	投资组合代码	X	20	PK	
7	Portfolioname	投资组合名称	X	60	是	
8	Income	本期收入	N	17,2		
9	Interest	本期利息收入	N	17,2		
10	Depositint	本期存款利息收入	N	17,2		
11	Bondint	本期债券利息收入	N	17,2		
12	Absint	本期资产支持证券利息收入	N	17,2		
13	Buybackint	本期买入返售金融资产收入	N	17,2		
14	Investincome	本期投资收益	N	17,2		损失以“－”填列
15	Equityincome	本期股票投资收益	N	17,2		
16	Bondincome	本期债券投资收益	N	17,2		
17	Absincome	本期资产支持证券投资收益	N	17,2		
18	Fundincome	本期基金投资收益	N	17,2		
19	Warrantincome	本期权证投资收益	N	17,2		
20	Derivationincome	本期衍生工具收益	N	17,2		
21	Dividendincome	本期股利收益	N	17,2		
22	Fairvalchgamt	本期公允价值变动损益	N	17,2		损失以“－”填列
23	Otherincome	本期其他收入	N	17,2		损失以“－”填列
24	Fee	本期费用	N	17,2		
25	Managersfee	本期管理人报酬	N	17,2	是	
26	Custodianfee	本期托管费	N	17,2	是	
27	Trusteefee	本期受托费	N	17,2	是	
28	Investfee	本期投资管理费	N	17,2	是	
29	Salesfee	本期销售服务费	N	17,2		
30	Transferfee	本期交易费用	N	17,2		
31	Paidint	本期利息支出	N	17,2		
32	Paidrepo	本期卖出回购金融资产支出	N	17,2		

表 74（续）

序号	数据项名	描述	类型	长度	是否必填	备注
33	Otherfee	本期其他费用	N	17,2		
34	Profit	本期利润总额	N	17,2		
35	Incomesum	收入累计	N	17,2		
36	Interessum	利息收入累计	N	17,2		
37	Deopsitintsum	存款利息收入累计	N	17,2		
38	Bondintsum	债券利息收入累计	N	17,2		
39	Absintsum	资产支持证券利息收入累计	N	17,2		
40	Buybackintsum	买入返售金融资产收入累计	N	17,2		
41	Investincomesum	投资收益累计	N	17,2		损失以"—"填列
42	Equityincomesum	股票投资收益累计	N	17,2		
43	Bondincomesum	债券投资收益累计	N	17,2		
44	Absincomesum	资产支持证券投资收益累计	N	17,2		
45	Fundincomesum	基金投资收益累计	N	17,2		
46	Warrantincomesum	权证投资收益累计	N	17,2		
47	Derivationincomesum	衍生工具收益累计	N	17,2		
48	Dividendincomesum	股利收益累计	N	17,2		
49	Fairvalchgsum	公允价值变动损益累计	N	17,2		损失以"—"填列
50	Otherincomesum	其他收入累计	N	17,2		损失以"—"填列
51	Feesum	费用累计	N	17,2		
52	Managersfeesum	管理人报酬累计	N	17,2		
53	Custodianfeesum	托管费累计	N	17,2		
54	Trusteefeesum	受托费累计	N	17,2		
55	Investfeesum	投资管理费累计	N	17,2		
56	Salesfeesum	销售服务费累计	N	17,2		
57	Transfeesum	交易费用累计	N	17,2		
58	Paidintsum	利息支出累计	N	17,2		
59	Paidreposum	卖出回购金融资产支出累计	N	17,2		
60	Otherfeesum	其他费用累计	N	17,2		
61	Profitsum	利润总额累计	N	17,2		
62	StatementDate	报告日期	X	8	是	
63	StartDate	报告期起始日期	X	8	PK	
64	EndDate	报告期终止日期	X	8	PK	
65	Currency	币种	X	3		参数 6.7
66	Memo	摘要	X	60		

5.2.4.4 净资产变动表(见表75、表76)

表75

定义	企业年金基金投资组合的净资产变动情况
用途	托管人与投资管理人对企业年金基金投资组合的核算结果进行核对后,向受托人发送投资组合及计划的净资产变动情况
约束	无
代码	0404
传送时点	约定的报告期末后
传送频率	双方约定
传输方向	组合层面:投资管理人←→托管人→受托人→委托人 计划层面:托管人→受托人→委托人

信息内容:

表76

序号	数据项名	描述	类型	长度	是否必填	备注
1	Appseriono	交易序列号	X	24	是	发送日期+发送机构代码+数据集代码+序列号
2	Transtype	交易类别	X	2	是	参数6.1
3	Planid	受托人年金计划编码	X	30	PK	
4	Planname	年金计划名称	X	60	是	
5	Planlicid	企业年金计划登记号	X	20	是	
6	Portfolioid	投资组合代码	X	20	PK	
7	Portfolioname	投资组合名称	X	60	是	
8	Beforassetamt	期初净资产	N	17,2		
9	Assetadd	本期净资产增加额	N	17,2		本期收入+收取企业缴费+收取员工个人缴费+个人账户转入
10	Income	本期收入	N	17,2		存款利息收入+买入返售证券收入+公允价值变动收益+投资处置收益+其他收入

表 76（续）

序号	数据项名	描述	类型	长度	是否必填	备注
11	Depositint	存款利息收入	N	17,2		
12	Buybackint	买入返售证券收入	N	17,2		
13	Fairvalchgamt	公允价值变动收益	N	17,2		
14	Gainondisposal	投资处置收益	N	17,2		
15	Otherincome	其他收入	N	17,2		
16	Contributionamt	收取企业缴费	N	17,2		
17	Staffconamt	收取员工个人缴费	N	17,2		
18	Stafftransamt	个人账户转入	N	17,2		
19	Assetredamt	本期净资产减少数	N	17,2		本期费用＋支付受益人待遇＋个人账户转出
20	Fee	本期费用	N	17,2		交易费用＋受托人管理费＋托管人管理费＋投资管理人管理费＋卖出回购证券支出＋其他费用
21	Transferfee	交易费用	N	17,2		
22	Trusteefee	受托人管理费	N	17,2		
23	Custodianfee	托管人管理费	N	17,2		
24	Investorfee	投资管理人管理费	N	17,2		
25	Repofee	卖出回购证券支出	N	17,2		
26	Otherfee	其他费用	N	17,2		
27	Paidamt	支付受益人待遇	N	17,2		
28	Transferoutamt	个人账户转出	N	17,2		
29	Finalassetamt	期末净资产	N	17,2		期初净资产＋本期净资产增加数－本期净资产减少数
30	StatementDate	报告日期	X	8	是	
31	StartDate	报告期起始日期	X	8	PK	
32	EndDate	报告期终止日期	X	8	PK	
33	Currency	币种	X	3		参数 6.7
34	Memo	摘要	X	60		

5.2.4.5 计划变动情况—企业账户数信息(见表77、表78)

表77

定义	参加计划的企业账户数变动信息
用途	向委托人报送报告期内参加企业的变动信息(集合计划和集团公司单一计划适用)
约束	无
代码	0405
传送时点	约定的报告期末后
传送频率	季度
传输方向	账户管理人→受托人→委托人

信息内容:

表78

序号	数据项名	描述	类型	长度	是否必填	备注
1	Appseriono	交易序列号	X	24	是	发送日期+发送机构代码+数据集代码+序列号
2	Transtype	交易类别	X	2	是	参数6.1
3	Planid	受托人年金计划编码	X	30	PK	
4	Planname	年金计划名称	X	60	是	
5	Planlicid	企业年金计划登记号	X	20	是	
6	StartDate	报告起始日期	X	8	PK	
7	EndDate	报告终止日期	X	8	PK	
8	Begentnum	期初企业数	N	17	是	
9	Entnumin	新增企业数	N	17	是	
10	Entnumout	退出企业数	N	17	是	
11	Finalentnum	期末企业数	N	17	是	

5.2.4.6 计划变动情况—管理机构变动信息(见表79、表80)

表79

定义	年金计划管理机构发生变更的信息
用途	报告期内管理机构更换信息(如无,则不填写)
约束	无
代码	0406
传送时点	约定的报告期末后
传送频率	季度
传输方向	受托人→委托人

信息内容：

表 80

序号	数据项名	描述	类型	长度	是否必填	备注
1	Appseriono	交易序列号	X	24	是	发送日期＋发送机构代码＋数据集代码＋序列号
2	Transtype	交易类别	X	2	是	参数 6.1
3	Planid	受托人年金计划编码	X	30	PK	
4	Planname	年金计划名称	X	60	是	
5	Planlicid	企业年金计划登记号	X	20	是	
6	StartDate	报告起始日期	X	8	PK	
7	EndDate	报告终止日期	X	8	PK	
8	Licensetype	管理机构类型	X	1	是	参数 6.5
9	Previousnum	更换前管理人代码	X	10	是	
10	Currentnum	更换后管理人代码	X	10	是	
11	Changereason	更换原因	X	120	是	
12	Changedate	更换时间	X	8		

5.2.4.7　计划账户管理情况—个人账户数信息(见表 81、表 82)

表 81

定义	年金计划中个人账户数量的变动信息及企业缴费权益归属信息
用途	向委托人报送报告期内年金计划中个人账户数量的变动信息及企业缴费权益归属信息
约束	无
代码	0407
传送时点	约定的报告期末后
传送频率	季度
传输方向	账户管理人→受托人→委托人

信息内容：

表 82

序号	数据项名	描述	类型	长度	是否必填	备注
1	Appseriono	交易序列号	X	24	是	发送日期＋发送机构代码＋数据集代码＋序列号

表 82（续）

序号	数据项名	描述	类型	长度	是否必填	备注
2	Transtype	交易类别	X	2	是	参数 6.1
3	Planid	受托人年金计划编码	X	30	PK	
4	Planname	年金计划名称	X	60	是	
5	Planlicid	企业年金计划登记号	X	20	是	
6	StartDate	报告起始日期	X	8	PK	
7	EndDate	报告终止日期	X	8	PK	
8	Enterpriseid	企业编码	X	20	PK	集合计划层信息，本字段为空
9	Enterprisename	企业名称	X	100	是	集合计划层信息，本字段为空
10	Institutionorgid	组织机构代码	X	9	PK	集合计划层信息，本字段为空
11	Begacountnum	期初个人账户数	N	17	是	
12	Acountnumin	本期增加账户数	N	17	是	
13	Inacount	其中转入计划户数	N	17	是	
14	Acountnumout	本期减少账户数	N	17	是	
15	Outacount	其中转出计划户数	N	17	是	
16	Finalacountnum	期末个人账户数	N	17	是	
17	Retirenums	分期支付退休账户数	N	17	是	
18	Retirenumo	一次性支付退休账户数	N	17	是	
19	Otherpaynum	其他待遇支付账户数	N	17	是	
20	Begsealnum	期初保留账户数	N	17	是	
21	Finalsealnum	期末保留账户数	N	17	是	

5.2.4.8 计划账户管理情况—计划资产信息(见表 83、表 84)

表 83

定义	账户管理人记录的计划账户资产信息
用途	向委托人提供账户管理人方记录的计划账户资产变动信息
约束	无
代码	0408
传送时点	约定的报告期末后
传送频率	季度
传输方向	账户管理人→受托人→委托人

信息内容：

表 84

序号	数据项名	描述	类型	长度	是否必填	备注
1	Appseriono	交易序列号	X	24	是	发送日期＋发送机构代码＋数据集代码＋序列号
2	Transtype	交易类别	X	2	是	参数 6.1
3	Planid	受托人年金计划编码	X	30	PK	
4	Planname	年金计划名称	X	60	是	
5	Planlicid	企业年金计划登记号	X	20	是	
6	StartDate	报告起始日期	X	8	PK	
7	EndDate	报告终止日期	X	8	PK	
8	Enterpriseid	企业编码	X	20	PK	集合计划层信息，本字段为空
9	Enterprisename	企业名称	X	100	是	集合计划层信息，本字段为空
10	Institutionorgid	组织机构代码	X	9	PK	集合计划层信息，本字段为空
11	Currency	币种	X	3	是	参数 6.7
12	Begfundamt	企业年金基金期初余额	N	17,2	是	
13	Begentamt	个人账户中企业缴费及收益积累期初余额	N	17,2	是	
14	Begperamt	个人账户中个人缴费及收益积累期初余额	N	17,2	是	
15	Begpubamt	企业公共账户缴费及收益积累期初余额	N	17,2	是	
16	Income	本期收入	N	17,2	是	
17	Contriincome	本期缴费收入	N	17,2	是	
18	Entcontri	本期个人账户中企业缴费	N	17,2	是	
19	Percontri	本期个人账户中个人缴费	N	17,2	是	
20	Pubcontri	本期企业公共账户缴费	N	17,2	是	
21	Tranincome	本期转移收入	N	17,2	是	
22	Yield	期间资产增值	N	17,2	是	

表 84（续）

序号	数据项名	描述	类型	长度	是否必填	备注
23	Otherincome	本期其他收入	N	17,2	是	
24	Payout	本期支出	N	17,2	是	
25	Payment	本期企业年金待遇支付	N	17,2	是	
26	Tranpay	本期转移支出	N	17,2	是	
27	Otherpay	本期其他支出	N	17,2	是	
28	Yield	本期积累	N	17,2	是	
29	Entincome	本期个人账户中企业缴费及收益积累	N	17,2	是	
30	Perincome	本期个人账户中个人缴费及收益积累	N	17,2	是	
31	Pubincome	本期企业公共账户缴费及收益积累	N	17,2	是	
32	Finalfundamt	企业年金基金期末余额	N	17,2	是	
33	Finalentamt	个人账户中企业缴费及收益积累期末余额	N	17,2	是	
34	Finalperamt	个人账户中个人缴费及收益积累期末余额	N	17,2	是	
35	Finalputamt	企业公共账户缴费及收益积累期末余额	N	17,2	是	

5.2.4.9 计划管理费用信息(见表 85、表 86)

表 85

定义	企业年金计划在报告期间计提的管理费用信息
用途	向委托人提供受托户在报告期间计提的管理费用信息
约束	无
代码	0409
传送时点	约定的报告期末后
传送频率	季度
传输方向	托管人→受托人→委托人

信息内容：

表 86

序号	数据项名	描述	类型	长度	是否必填	备注
1	Appseriono	交易序列号	X	24	是	发送日期＋发送机构代码＋数据集代码＋序列号
2	Transtype	交易类别	X	2	是	参数 6.1
3	Planid	受托人年金计划编码	X	30	PK	
4	Planname	年金计划名称	X	60	是	
5	Planlicid	企业年金计划登记号	X	20	是	
6	StartDate	报告起始日期	X	8	PK	
7	EndDate	报告终止日期	X	8	PK	
8	Currency	币种	X	3	是	参数 6.7
9	Trustfee	受托费计提金额(元)	N	17,2	是	
10	Trustfeerate	受托费费率(%)	N	8,4	是	
11	Custodyfee	托管费计提金额(元)	N	17,2	是	
12	Custodyfeerate	托管费费率(%)	N	8,4	是	
13	Investfee	投资管理费计提金额(元)	N	17,2	是	

5.2.4.10 **投资组合管理费用明细(见表 87、表 88)**

表 87

定义	投资组合在报告期间计提的管理费用明细
用途	向委托人提供投资组合在报告期间计提的管理费用明细
约束	无
代码	0410
传送时点	约定的报告期末后
传送频率	季度
传输方向	托管人→受托人→委托人

信息内容：

表 88

序号	数据项名	描述	类型	长度	是否必填	备注
1	Appseriono	交易序列号	X	24	是	发送日期＋发送机构代码＋数据集代码＋序列号
2	Transtype	交易类别	X	2	是	参数 6.1
3	Planid	受托人年金计划编码	X	30	PK	
4	Planname	年金计划名称	X	60	是	
5	Planlicid	企业年金计划登记号	X	20	是	
6	StartDate	报告起始日期	X	8	PK	
7	EndDate	报告终止日期	X	8	PK	
8	Portfolioid	投资组合代码	X	20	PK	如为各投资组合累加信息，本字段为空
9	Portfolioname	投资组合名称	X	60	是	如为各投资组合累加信息，本字段为空
10	Investmantid	投资管理人代码	X	20	是	如为各投资组合累加信息，本字段为空
11	Currency	币种	X	3	是	参数 6.7
12	Totalfee	管理费计提金额	N	17,2	是	
13	Trustfee	受托管理费计提金额	N	17,2	是	
14	Trustfeerate	受托管理费费率	N	17,2	是	
15	Custodyfee	托管费计提金额	N	17,2	是	
16	Custodyfeerate	托管费费率	N	17,2	是	
17	Investfee	投资管理费计提金额	N	17,2	是	
18	Investfeerate	投资管理费费率	N	8,4	是	
19	Otherfee	其他费用金额	N	17,2	是	
20	Tradefee	其他费用金额－交易费用	N	17,2	是	
21	Paidintsum	其他费用金额－利息支出	N	17,2	是	
22	Auditfee	其他费用金额－审计费	N	17,2	是	
23	Otherfeeo	其他费用金额－其他费用	N	17,2	是	

5.2.4.11 账户管理费用明细(见表89、表90)

表89

定义	报告期末计提账户管理费信息
用途	向委托人报送计提账户管理费信息。当为保留账户的集合计划时,不发送委托人
约束	无
代码	0411
传送时点	约定的报告期末后
传送频率	季度
传输方向	账户管理人→受托人→委托人

信息内容:

表90

序号	数据项名	描述	类型	长度	是否必填	备注
1	Appseriono	交易序列号	X	24	是	发送日期+发送机构代码+数据集代码+序列号
2	Transtype	交易类别	X	2	是	参数6.1
3	Planid	受托人年金计划编码	X	30	PK	
4	Planname	年金计划名称	X	60	是	
5	Planlicid	企业年金计划登记号	X	20	是	
6	StartDate	报告起始日期	X	8	PK	
7	EndDate	报告终止日期	X	8	PK	
8	Enterpriseid	企业编码	X	20	PK	集合计划层信息,本字段为空
9	Enterprisename	企业名称	X	100	是	集合计划层信息,本字段为空
10	Institutionorgid	组织机构代码	X	9	PK	集合计划层信息,本字段为空
11	Currency	币种	X	3	是	参数6.7
12	Tafee	账户管理费计提金额(元)	N	17,2	是	
13	Tafeerate	账户管理费费率[元(户·月)]	N	8,4	是	

5.2.4.12 计划投资组合报告—组合资产净值和收益情况(见表91、表92)

表 91

定义	组合及计划层面的资产净值及收益信息
用途	向委托人报送组合及计划层面的资产净值及收益信息
约束	无
代码	0412
传送时点	约定的报告期末后
传送频率	季度
传输方向	计划层面:托管人→受托人→委托人 组合层面:托管人←→投资管理人→受托人→委托人

信息内容:

表 92

序号	数据项名	描述	类型	长度	是否必填	备注
1	Appseriono	交易序列号	X	24	是	发送日期+发送机构代码+数据集代码+序列号
2	Transtype	交易类别	X	2	是	参数 6.1
3	Planid	受托人年金计划编码	X	30	PK	
4	Planname	年金计划名称	X	60	是	
5	Planlicid	企业年金计划登记号	X	20	是	
6	StartDate	报告起始日期	X	8	PK	
7	EndDate	报告终止日期	X	8	PK	
8	Portfolioid	投资组合代码	X	20	PK	如为各投资组合累加信息,本字段为空
9	Portfolioname	投资组合名称	X	60	是	如为各投资组合累加信息,本字段为空
10	Currency	币种	X	3	是	参数 6.7
11	Begassetval	期初资产净值(元)	N	17,2	是	
12	Finalassetval	期末资产净值(元)	N	17,2	是	
13	BegVolume	期初资产份额(份)	N	17,2	是	合计行,本字段为空
14	FinalVolume	期末资产份额(份)	N	17,2	是	合计行,本字段为空
15	BegPrice	期初单位净值(元)	N	8,4	是	合计行,本字段为空

表 92（续）

序号	数据项名	描述	类型	长度	是否必填	备注
16	FinalPrice	期末单位净值(元)	N	8,4	是	合计行，本字段为空
17	Profitval	报告期内投资收益(元)	N	17,2	是	
18	Yieldp	报告期内投资收益率(%)	N	8,4	是	
19	Yieldy	本年以来投资收益率(%)	N	8,4	是	
20	Yieldt	组合成立以来累计收益率(%)	N	8,4	是	

5.2.4.13 计划投资组合报告—资产分布情况(见表 93、表 94)

表 93

定义	组合及计划层面投资资产的大类分布情况
用途	向委托人报送组合及计划层面投资资产的大类分布情况
约束	无
代码	0413
传送时点	约定的报告期末后
传送频率	季度
传输方向	计划层面：托管人→受托人→委托人 组合层面：托管人←→投资管理人→受托人→委托人

信息内容：

表 94

序号	数据项名	描述	类型	长度	是否必填	备注
1	Appseriono	交易序列号	X	24	是	发送日期＋发送机构代码＋数据集代码＋序列号
2	Transtype	交易类别	X	2	是	参数 6.1
3	Planid	受托人年金计划编码	X	30	PK	
4	Planname	年金计划名称	X	60	是	
5	Planlicid	企业年金计划登记号	X	20	是	
6	StartDate	报告起始日期	X	8	PK	
7	EndDate	报告终止日期	X	8	PK	
8	Portfolioid	投资组合代码	X	20	PK	
9	Portfolioname	投资组合名称	X	60	是	
10	Currency	币种	X	3	是	参数 6.7

表 94（续）

序号	数据项名	描述	类型	长度	是否必填	备注
11	Fundst	投资资产市值合计	N	17,2	是	
12	Fundpct	投资资产市值合计占净资产比例(%)	N	8,4	是	
13	Deposit	流动性资产—银行活期存款市值(元)	N	17,2	是	
14	Depositpct	流动性资产—银行活期存款占净资产比例(%)	N	8,4	是	
15	Centbanknotes	流动性资产—中央银行票据市值(元)	N	17,2	是	
16	Cbnotespct	流动性资产—中央银行票据占净资产比例(%)	N	8,4	是	
17	Bondsrepo	流动性资产—债券回购市值(元)	N	17,2	是	
18	Bondsrepopct	流动性资产—债券回购占净资产比例(%)	N	8,4	是	
19	Moneytaryf	流动性资产—货币基金市值(元)	N	17,2	是	
20	Mfpct	流动性资产—货币基金占净资产比例(%)	N	8,4	是	
21	Settlements	流动性资产—清算备付金市值(元)	N	17,2	是	
22	Setpct	流动性资产—清算备付金占净资产比例(%)	N	8,4	是	
23	Sliqreceivable	流动性资产—应收证券清算款市值(元)	N	17,2	是	
24	Sliqreceivablepct	流动性资产—应收证券清算款占净资产比例(%)	N	8,4	是	
25	Ocurrents	流动性资产—其他流动性资产市值(元)	N	17,2	是	
26	Ocurrentspct	流动性资产—其他流动性资产占净资产比例(%)	N	8,4	是	
27	Currentspct	流动性资产占净资产比例(%)	N	8,4	是	
28	Tdeposit	固定收益类资产—银行定期存款市值(元)	N	17,2	是	
29	Tdepositpct	固定收益类资产—银行定期存款占净资产比例(%)	N	8,4	是	
30	Cdeposit	固定收益类资产—协议存款市值(元)	N	17,2	是	

表 94（续）

序号	数据项名	描述	类型	长度	是否必填	备注
31	Cdepositpct	固定收益类资产—协议存款占净资产比例(%)	N	8,4	是	
32	Pubdebt	固定收益类资产—国债市值(元)	N	17,2	是	
33	Pubdebtpct	固定收益类资产—国债占净资产比例(%)	N	8,4	是	
34	Finbonds	固定收益类资产—金融债市值(元)	N	17,2	是	
35	Finbondspct	固定收益类资产—金融债占净资产比例(%)	N	8,4	是	
36	Combonds	固定收益类资产—企业(公司)债市值(元)	N	17,2	是	
37	Combondspct	固定收益类资产—企业(公司)债占净资产比例(%)	N	8,4	是	
38	Shtfinbonds	固定收益类资产—短期融资券市值(元)	N	17,2	是	
39	Shtfinbondspct	固定收益类资产—短期融资券占净资产比例(%)	N	8,4	是	
40	Medbills	固定收益类资产—中期票据市值(元)	N	17,2	是	
41	Medbillspct	固定收益类资产—中期票据占净资产比例(%)	N	8,4	是	
42	Universal	固定收益类资产—万能保险产品市值(元)	N	17,2	是	
43	Universalpct	固定收益类资产—万能保险产品占净资产比例(%)	N	8,4	是	
44	Convbonds	固定收益类资产—可转换债券(含分离交易可转换债)市值(元)	N	17,2	是	
45	Convbondspct	固定收益类资产—可转换债券(含分离交易可转换债)占净资产比例(%)	N	8,4	是	
46	Bonds	固定收益类资产—债券基金市值(元)	N	17,2	是	
47	Bondspct	固定收益类资产—债券基金占净资产比例(%)	N	8,4	是	

表 94（续）

序号	数据项名	描述	类型	长度	是否必填	备注
48	Unitlinked	固定收益类资产—投资连结保险产品(股票投资比例不高于30%)市值(元)	N	17,2	是	
49	Unitlinkedpct	固定收益类资产—投资连结保险产品(股票投资比例不高于30%)占净资产比例(%)	N	8,4	是	
50	Ofixed	固定收益类资产—其他固定收益类资产市值(元)	N	17,2	是	
51	Ofixedpct	固定收益类资产—其他固定收益类资产占净资产比例(%)	N	8,4	是	
52	Fixedpct	固定收益类资产占净资产比例(%)	N	8,4	是	
53	Stocks	权益类资产—股票市值	N	17,2	是	
54	Stockspct	权益类资产—股票占净资产比例	N	8,4	是	
55	Sfunds	权益类资产—股票基金、混合基金市值	N	17,2	是	
56	Sfundspct	权益类资产—股票基金、混合基金占净资产比例	N	8,4	是	
57	Ulinsurance	权益类资产—投资连结保险产品(股票投资比例高于或等于30%)市值	N	17,2	是	
58	Ulinspct	权益类资产—投资连结保险产品(股票投资比例高于或等于30%)占净资产比例	N	8,4	是	
59	Warrants	权益类资产—权证市值(元)	N	17,2	是	
60	Warrantspct	权益类资产—权证占净资产比例(%)	N	8,4	是	
61	Osecurity	权益类资产—其他权益类资产市值(元)	N	17,2	是	
62	Osecuritypct	权益类资产—其他权益类资产占净资产比例(%)	N	8,4	是	
63	Eecuritypct	权益类资产占净资产比例(%)	N	8,4	是	
64	Other	其他资产市值(元)	N	17,2	是	
65	Otherpct	其他资产占净资产比例(%)	N	8,4	是	

5.2.4.14 计划投资组合报告—风险准备金信息(见表 95、表 96)

表 95

定义	企业年金基金投资组合的风险准备金变动情况
用途	向受托人发送企业年金基金投资组合风险准备金变动情况
约束	无
代码	0414
传送时点	约定的报告期末后
传送频率	双方约定
传输方向	托管人←→投资管理人→受托人→委托人

信息内容：

表 96

序号	数据项名	描述	类型	长度	是否必填	备注
1	Appseriono	交易序列号	X	24	是	发送日期＋发送机构代码＋数据集代码＋序列号
2	Transtype	交易类别	X	2	是	参数 6.1
3	Planid	受托人年金计划编码	X	30	PK	
4	Planname	年金计划名称	X	60	是	
5	Planlicid	企业年金计划登记号	X	20	是	
6	Portfolioid	投资组合代码	X	20	PK	
7	Portfolioname	投资组合名称	X	60	是	
8	Date	报告日期	X	8	是	
9	StartDate	报告期起始日期	X	8	PK	
10	EndDate	报告期终止日期	X	8	PK	
11	Currency	币种	X	3		参数 6.7
12	StartReserveAmt	期初准备金金额	N	17,2	是	
13	ReserveAmt	期间新增准备金额	N	17,2	是	
14	Investincome	期间投资收益	N	17,2	是	
15	UsedReserveAmt	弥补合同期亏损情况	N	17,2	是	
16	EndReserveAmt	期末准备金金额	N	17,2	是	
17	Memo	摘要	X	60		

5.2.4.15 计划投资组合报告—投资组合风险控制分析(见表97、表98)

表 97

定义	投资组合的风险控制指标
用途	向受托人报送投资组合的风险控制指标
约束	无
代码	0415
传送时点	约定的报告期末后
传送频率	季度
传输方向	投资管理人→受托人

信息内容:

表 98

序号	数据项名	描述	类型	长度	是否必填	备注
1	Appseriono	交易序列号	X	24	是	发送日期+发送机构代码+数据集代码+序列号
2	Transtype	交易类别	X	2	是	参数6.1
3	Planid	受托人年金计划编码	X	30	PK	
4	Planname	年金计划名称	X	60	是	
5	Planlicid	企业年金计划登记号	X	20	是	
6	StartDate	报告起始日期	X	8	PK	
7	EndDate	报告终止日期	X	8	PK	
8	Portfolioid	投资组合代码	X	20	PK	
9	Portfolioname	投资组合名称	X	60	是	
10	Sharperatio	组合夏普比率	N	8,4	是	
11	Yieldvar	组合收益波动率	N	8,4	是	
12	Var	Var值	N	17,2	是	
13	Duration	债券久期	N	17,2	是	

5.2.4.16 受托管理业务报告—计划基本信息(见表99、表100)

表 99

定义	受托管理计划资产的基本信息
用途	向监管机构报送受托管理计划资产的基本信息
约束	无
代码	0416
传送时点	按法规规定
传送频率	按法规规定
传输方向	受托人→监管机构

信息内容：

表 100

序号	数据项名	描述	类型	长度	是否必填	备注
1	Appseriono	交易序列号	X	24	是	发送日期＋发送机构代码＋数据集代码＋序列号
2	Transtype	交易类别	X	2	是	参数 6.1
3	Planid	受托人年金计划编码	X	30	PK	小计和合计行为空
4	Planname	年金计划名称	X	60	是	小计和合计行为空
5	Planlicid	企业年金计划登记号	X	20	是	小计和合计行为空
6	StartDate	报告起始日期	X	8	PK	
7	EndDate	报告终止日期	X	8	PK	
8	Planatt	计划属性	X	2	是	参数 6.3 合计行为空
9	Currency	币种	X	3	是	参数 6.7
10	Begcomps	期初参加企业个数(个)	N	17,2	是	
11	Finalcomps	期末参加企业个数(个)	N	17,2	是	
12	Begpers	期初参加计划员工人数(个)	N	17,2	是	
13	Finalpers	期末参加计划员工人数(个)	N	17,2	是	
14	Begports	期初投资组合数(个)	N	17	是	
15	Finalports	期末投资组合数(个)	N	17	是	
16	Trustfee	受托管理费—实收金额(万元)	N	17,2	是	
17	Trustfeerate	受托管理费—费率(%)	N	8,4	是	小计和合计行为空

5.2.4.17 受托管理业务报告—基金资产信息(见表 101、表 102)

表 101

定义	受托管理计划的资产变动及收益信息
用途	向监管机构报送受托管理计划的资产变动及收益信息
约束	无
代码	0417
传送时点	按法规规定
传送频率	按法规规定
传输方向	受托人→监管机构

信息内容：

表 102

序号	数据项名	描述	类型	长度	是否必填	备注
1	Appseriono	交易序列号	X	24	是	发送日期＋发送机构代码＋数据集代码＋序列号
2	Transtype	交易类别	X	2	是	参数 6.1
3	Planid	受托人年金计划编码	X	30	PK	小计和合计行为空
4	Planname	年金计划名称	X	60	是	小计和合计行为空
5	Planlicid	企业年金计划登记号	X	20	是	小计和合计行为空
6	StartDate	报告起始日期	X	8	PK	
7	EndDate	报告终止日期	X	8	PK	
8	Planatt	计划属性	X	2	是	参数 6.3 合计行为空
9	Currency	币种	X	3	是	参数 6.7
10	Begassetval	期初资产净值(万元)	N	17,2	是	
11	Contrp	本期收入—缴费收入(万元)	N	17,2	是	
12	Transinp	本期收入—转移收入(万元)	N	17,2	是	
13	Returnp	本期收入—投资收益(万元)	N	17,2	是	
14	Oincomep	本期收入—其他收入(万元)	N	17,2	是	
15	Paymentsp	本期支出—企业年金待遇支付(万元)	N	17,2	是	
16	Transoutp	本期支出—转移支出(万元)	N	17,2	是	
17	Opayp	本期支出—其他支出(万元)	N	17,2	是	
18	Finalassetval	期末资产净值(万元)	N	17,2	是	
19	Yieldp	本期投资收益率(%)	N	8,4	是	小计和合计行为空
20	Yieldta	成立以来年化投资收益率(%)	N	8,4	是	小计和合计行为空

5.2.4.18 受托管理业务报告—集合计划基本信息(见表 103、表 104)

表 103

定义	集合计划的基本信息
用途	向监管机构报送参加集合计划的基本信息
约束	无
代码	0418
传送时点	按法规规定
传送频率	按法规规定
传输方向	受托人→监管机构

信息内容：

表 104

序号	数据项名	描述	类型	长度	是否必填	备注
1	Appseriono	交易序列号	X	24	是	发送日期＋发送机构代码＋数据集代码＋序列号
2	Transtype	交易类别	X	2	是	参数 6.1
3	Planid	受托人年金计划编码	X	30	PK	
4	Planname	年金计划名称	X	60	是	集合计划名称
5	Planlicid	企业年金计划登记号	X	20	是	集合计划备案登记号
6	Startdate	报告起始日期	X	8	PK	
7	Enddate	报告终止日期	X	8	PK	
8	Trusteeid	受托人代码	X	10	是	参数 6.30
9	Custodianid	托管人代码	X	10	是	参数 6.30
10	Accountmanid	账户管理人代码	X	10	是	参数 6.30
11	Investmantid1	投资管理人代码 1	X	10	是	参数 6.30 多个投资管理人时分别列出；超出 6 个时，字段可增加
12	Investmantid2	投资管理人代码 2	X	10	是	参数 6.30
13	Investmantid3	投资管理人代码 3	X	10	是	参数 6.30
14	Investmantid4	投资管理人代码 4	X	10	否	参数 6.30
15	Investmantid5	投资管理人代码 5	X	10	否	参数 6.30
16	Investmantid6	投资管理人代码 6	X	10	否	参数 6.30

5.2.4.19 受托管理业务报告—集合计划企业名单明细(见表 105、表 106)

表 105

定义	参加集合计划的企业名单及关键信息
用途	向监管机构报送参加集合计划的企业名单及关键信息
约束	无
代码	0419
传送时点	按法规规定
传送频率	按法规规定
传输方向	受托人→监管机构

信息内容：

表 106

序号	数据项名	描述	类型	长度	是否必填	备注
1	Appseriono	交易序列号	X	24	是	发送日期＋发送机构代码＋数据集代码＋序列号
2	Transtype	交易类别	X	2	是	参数 6.1
3	Planid	受托人年金计划编码	X	30	PK	
4	Planname	年金计划名称	X	60	是	
5	Planlicid	企业年金计划登记号	X	20	是	
6	Startdate	报告起始日期	X	8	PK	
7	Enddate	报告终止日期	X	8	PK	
8	Enterprisename	企业名称	X	100	是	集合计划层信息，本字段为空
9	Institutionorgid	组织机构代码	X	9	PK	集合计划层信息，本字段为空
10	Regplacecode	企业注册地代码	X	4	是	参数 6.13 集合计划层信息，本字段为空
11	Propertycode	企业类型	X	3	是	参数 6.11 集合计划层信息，本字段为空
12	Members	期末员工人数(人)	N	17	是	
13	Fundvolume	期末基金金额(元)	N	17,2	是	
14	Contsigndate	受托合同签订时间	X	8	是	集合计划层信息，本字段为空
15	Projectlicid	企业年金方案复函文号	X	30	是	集合计划层信息，本字段为空

5.2.4.20 受托管理业务报告—集合计划变动信息表—增加(见表 107、表 108)

表 107

定义	报告期内新参加集合计划的企业名单及关键信息
用途	向监管机构报送新参加集合计划的企业名单及关键信息
约束	无
代码	0420
传送时点	按法规规定
传送频率	按法规规定
传输方向	受托人→监管机构

信息内容：

表 108

序号	数据项名	描述	类型	长度	是否必填	备注
1	Appseriono	交易序列号	X	24	是	发送日期+发送机构代码+数据集代码+序列号
2	Transtype	交易类别	X	2	是	参数 6.1
3	Planid	受托人年金计划编码	X	30	PK	
4	Planname	年金计划名称	X	60	是	
5	Planlicid	企业年金计划登记号	X	20	是	
6	Startdate	报告起始日期	X	8	PK	
7	Enddate	报告终止日期	X	8	PK	
8	Enterprisename	企业名称	X	100	是	集合计划层信息，本字段为空
9	Institutionorgid	组织机构代码	X	9	PK	集合计划层信息，本字段为空
10	Regplacecode	企业注册地代码	X	4	是	参数 6.13 集合计划层信息，本字段为空
11	Propertycode	企业类型	X	3	是	参数 6.11 集合计划层信息，本字段为空
12	Members	加入时员工人数(人)	N	17	是	
13	Yearcontriamt	年度缴费金额(元)	N	17,2	是	
14	Contsigndate	受托合同签订时间	X	8	是	集合计划层信息，本字段为空
15	Projectlicid	企业年金方案复函文号	X	30	是	集合计划层信息，本字段为空

5.2.4.21 受托管理业务报告—集合计划变动信息表—退出(见表 109、表 110)

表 109

定义	报告期内退出集合计划的企业名单及关键信息
用途	向监管机构报送退出集合计划的企业名单及关键信息
约束	无
代码	0421
传送时点	按法规规定
传送频率	按法规规定
传输方向	受托人→监管机构

信息内容：

表 110

序号	数据项名	描述	类型	长度	是否必填	备注
1	Appseriono	交易序列号	X	24	是	发送日期＋发送机构代码＋数据集代码＋序列号
2	Transtype	交易类别	X	2	是	参数 6.1
3	Planid	受托人年金计划编码	X	30	PK	
4	Planname	年金计划名称	X	60	是	
5	Planlicid	企业年金计划登记号	X	20	是	
6	Startdate	报告起始日期	X	8	PK	
7	Enddate	报告终止日期	X	8	PK	
8	Enterprisename	企业名称	X	100	是	集合计划层信息，本字段为空
9	Institutionorgid	组织机构代码	X	9	PK	集合计划层信息，本字段为空
10	Regplacecode	企业注册地代码	X	4	是	参数 6.13 集合计划层信息，本字段为空
11	Propertycode	企业类型	X	3	是	参数 6.11 集合计划层信息，本字段为空
12	Members	退出时员工人数(人)	N	17	是	
13	Fundvolume	退出时基金金额(元)	N	17,2	是	
14	Contenddate	受托合同终止时间	X	8	是	集合计划层信息，本字段为空
15	Projectlicid	企业年金方案复函文号	X	30	是	集合计划层信息，本字段为空

5.2.4.22 账户管理业务报告—账户管理统计信息(见表 111、表 112)

表 111

定义	年金计划账户管理的关键信息
用途	向监管机构报送年金计划账户管理的关键信息
约束	无
代码	0422
传送时点	按法规规定
传送频率	按法规规定
传输方向	账户管理人→监管机构

信息内容：

表 112

序号	数据项名	描述	类型	长度	是否必填	备注
1	Appseriono	交易序列号	X	24	是	发送日期＋发送机构代码＋数据集代码＋序列号
2	Transtype	交易类别	X	2	是	参数 6.1
3	Planid	受托人年金计划编码	X	30	PK	小计和合计行为空
4	Planname	年金计划名称	X	60	是	小计和合计行为空
5	Planlicid	企业年金计划登记号	X	20	是	小计和合计行为空
6	StartDate	报告起始日期	X	8	PK	
7	EndDate	报告终止日期	X	8	PK	
8	Planatt	计划属性	X	2	是	参数 6.3 合计行为空
9	Comps	企业数(个)	N	17	是	
10	Accounts	期末个人账户数合计(个)	N	17	是	
11	Naccounts	期末个人账户数—正常账户数(个)	N	17	是	
12	Saccounts	期末个人账户数—保留账户数(个)	N	17	是	
13	Paccounts	期末个人账户数—分期支付中账户数(个)	N	17	是	
14	Oaccounts	期末个人账户数—其他账户数(个)	N	17	是	
15	Retirenums	本期一次性支付领取人数(人)	N	17	是	
16	Retirepayments	本期一次性支付领取金额(万元)	N	17,2	是	
17	Retirenumo	本期分期支付领取人数(人)	N	17,2	是	
18	Retirepaymento	本期分期支付领取金额(万元)	N	17	是	
19	Currency	币种	X	3	是	参数 6.7
20	Assetvalue	期末基金资产净值(万元)	N	17,2	是	
21	Tafee	本期账户管理费—实收金额(万元)	N	17,2	是	
22	Tafeerate	本期账户管理费—费率[元(户·月)]	N	8,4	是	小计和合计行为空

5.2.4.23 账户管理业务报告—企业类型信息(见表113、表114)

表 113

定义	年金计划账户管理的企业类型信息
用途	向监管机构报送年金计划账户管理的企业类型信息
约束	无
代码	0423
传送时点	按法规规定
传送频率	按法规规定
传输方向	账户管理人→监管机构

信息内容:

表 114

序号	数据项名	描述	类型	长度	是否必填	备注
1	Appseriono	交易序列号	X	24	是	发送日期+发送机构代码+数据集代码+序列号
2	Transtype	交易类别	X	2	是	参数6.1
3	StartDate	报告起始日期	X	8	PK	
4	EndDate	报告终止日期	X	8	PK	
5	Saccounts	企业类型代码	N	17	是	参数6.11 合计行,本字段为空
6	Paccounts	企业数(个)	N	17	是	
7	Oaccounts	员工人数(人)	N	17	是	
8	Opaccounts	基金金额(万元)	N	17,2	是	

5.2.4.24 托管业务报告—托管统计信息(见表115、表116)

表 115

定义	各托管年金计划的关键信息
用途	向监管机构报送托管年金计划的关键信息
约束	无
代码	0424
传送时点	按法规规定
传送频率	按法规规定
传输方向	托管人→监管机构

信息内容：

表 116

序号	数据项名	描述	类型	长度	是否必填	备注
1	Appseriono	交易序列号	X	24	是	发送日期＋发送机构代码＋数据集代码＋序列号
2	Transtype	交易类别	X	2	是	参数 6.1
3	Planid	受托人年金计划编码	X	30	PK	小计和合计行为空
4	Planname	年金计划名称	X	60	是	小计和合计行为空
5	Planlicid	企业年金计划登记号	X	20	是	小计和合计行为空
6	StartDate	报告起始日期	X	8	PK	
7	EndDate	报告终止日期	X	8	PK	
8	Planatt	计划属性	X	2	是	参数 6.3 合计行为空
9	Currency	币种	X	3	是	参数 6.7
10	Begfunds	期初托管基金金额(万元)	N	17,2	是	
11	Finalfunds	期末托管基金金额(万元)	N	17,2	是	
12	Finalifunds	期末委托投资资产净值(万元)	N	17,2	是	
13	Finalcfunds	期末受托财产托管账户余额(万元)	N	17,2	是	
14	Yieldp	本期投资收益率(%)	N	8,4	是	小计和合计行为空
15	Yieldta	成立以来年化投资收益率	N	8,4	是	小计和合计行为空
16	Custodyfee	托管管理费实收金额(万元)	N	17,2	是	
17	Custodyfeerate	托管管理费费率(%)	N	8,4	是	小计和合计行为空

5.2.4.25 投资管理业务报告—投资组合管理基本信息(见表 117、表 118)

表 117

定义	投资组合的资产规模信息及投管费收取信息
用途	向监管机构报送投资组合的资产规模信息及投管费收取信息
约束	无
代码	0425
传送时点	按法规规定
传送频率	按法规规定
传输方向	投资管理人→监管机构

信息内容：

表 118

序号	数据项名	描述	类型	长度	是否必填	备注
1	Appseriono	交易序列号	X	24	是	发送日期＋发送机构代码＋数据集代码＋序列号
2	Transtype	交易类别	X	2	是	参数 6.1
3	Planid	受托人年金计划编码	X	30	PK	合计行为空
4	Planname	年金计划名称	X	60	是	合计行为空
5	Planlicid	企业年金计划登记号	X	20	是	合计行为空
6	StartDate	报告起始日期	X	8	PK	
7	EndDate	报告终止日期	X	8	PK	
8	Portfolioid	投资组合代码	X	20	PK	合计行为空
9	Portfolioname	投资组合名称	X	60	是	合计行为空
10	Founddate	组合建立时间	X	8	是	合计行为空
11	Currency	币种	X	3	是	参数 6.7
12	Begassetval	期初组合资产净值(万元)	N	17,2	是	
13	Finalassetval	期末组合资产净值(万元)	N	17,2	是	
14	Yield	本期投资收益(万元)	N	17,2	是	
15	Yieldp	本期投资收益率(%)	N	8,4	是	
16	Yieldt	成立以来年化投资收益率(%)	N	8,4	是	
17	Investfee	投资管理费实收金额(万元)	N	17,2	是	
18	Investfeerate	投资管理费费率(%)	N	8,4	是	合计行为空
19	Begresamt	期初风险准备金(万元)	N	17,2	是	
20	Finalresamt	期末风险准备金(万元)	N	17,2	是	

5.2.4.26 投资管理业务报告—投资组合资产配置信息(见表 119、表 120)

表 119

定义	投资组合的分类资产配置信息
用途	向监管机构报送各投资组合的分类资产配置信息
约束	无
代码	0426
传送时点	按法规规定
传送频率	按法规规定
传输方向	投资管理人→监管机构

信息内容：

表 120

序号	数据项名	描述	类型	长度	是否必填	备注
1	Appseriono	交易序列号	X	24	是	发送日期＋发送机构代码＋数据集代码＋序列号
2	Transtype	交易类别	X	2	是	参数 6.1
3	Planid	受托人年金计划编码	X	30	PK	
4	Planname	年金计划名称	X	60	是	
5	Planlicid	企业年金计划登记号	X	20	是	
6	StartDate	报告起始日期	X	8	PK	
7	EndDate	报告终止日期	X	8	PK	
8	Portfolioid	投资组合代码	X	20	PK	
9	Portfolioname	投资组合名称	X	60	是	
10	Currency	币种	X	3	是	参数 6.7
11	Finalassetval	期末资产净值(万元)	N	17,2	是	
12	Volume	期末资产份额(份)	N	17,4	是	
13	Price	期末单位净值(元)	N	8,4	是	
14	Currencypct	流动性产品占净值比例(%)	N	8,2	是	
15	Fixedpct	固定收益类产品占净值比例(%)	N	8,2	是	
16	Securitypct	权益类产品占净值比例(%)	N	8,2	是	
17	Stockpct	股票占净值比例(%)	N	8,2	是	
18	Othassetpct	其他资产占净值比例(%)	N	8,2	是	
19	Liabpct	负债占净值比例(%)	N	8,2	是	
20	Memo	摘要	X	60		

5.2.4.27 个人账户余额及收益信息(见表 121、表 122)

表 121

定义	企业年金计划受益人的个人账户余额及收益信息
用途	发布权益报告中受益人的个人账户余额及收益信息
约束	无
代码	0427
传送时点	约定的报告期末后
传送频率	年度
传输方向	账户管理人→委托人 账户管理人→受托人

信息内容：

表 122

序号	数据项名	描述	类型	长度	是否必填	备注
1	Appseriono	交易序列号	X	24	是	发送日期＋发送机构代码＋数据集代码＋序列号
2	Transtype	交易类别	X	2	是	参数 6.1
3	Planid	受托人年金计划编码	X	30	PK	
4	Planname	年金计划名称	X	60	是	
5	Planlicid	企业年金计划登记号	X	20	是	
6	Enterpriseid	企业编码	X	20	PK	
7	Enterprisename	企业名称	X	100	是	个人所在企业
8	Institutionorgid	组织机构代码	X	9	PK	
9	Staffid	个人编码	X	20	PK	
10	Staffname	姓名	X	50	是	
11	Idtype	证件类型	X	2	是	参数 6.15
12	Idno	证件号码	X	20	是	
13	Ssid	社会保障号码	X	18	是	
14	Status	账户状态	X	2	是	参数 6.21
15	Plandate	参加计划日期	X	8	是	
16	StartDate	报告起始日期	X	8	PK	
17	EndDate	报告终止日期	X	8	PK	
18	Currency	币种	X	3		参数 6.7
19	Begamt	期初余额	N	17,2	是	
20	Entbegamt	期初余额—企业缴费部分	N	17,2	是	
21	Perbegamt	期初余额—个人缴费部分	N	17,2	是	
22	Contriamt	期间新增缴费	N	17,2	是	
23	Entcontriamt	期间新增缴费—企业缴费部分	N	17,2	是	
24	Percontriamt	期间新增缴费—个人缴费部分	N	17,2	是	
25	Appreciation	期间资产增值	N	17,2	是	
26	Entappreciation	期间资产增值—企业缴费部分	N	17,2	是	
27	Perappreciation	期间资产增值—个人缴费部分	N	17,2	是	
28	Endamt	期末余额	N	17,2	是	
29	Entendamt	期末余额—企业缴费部分	N	17,2	是	
30	Perentamt	期末余额—个人缴费部分	N	17,2	是	

5.2.4.28 个人账户资产变动明细(见表 123、表 124)

表 123

定义	个人账户资产变动明细信息
用途	发布权益报告中受益人个人账户资产的变动信息
约束	无
代码	0428
传送时点	约定的报告期末后
传送频率	年度
传输方向	账户管理人→委托人 账户管理人→受托人

信息内容：

表 124

序号	数据项名	描述	类型	长度	是否必填	备注
1	Appseriono	交易序列号	X	24	是	发送日期＋发送机构代码＋数据集代码＋序列号
2	Transtype	交易类别	X	2	是	参数 6.1
3	Planid	受托人年金计划编码	X	30	PK	
4	Planname	年金计划名称	X	60	是	
5	Planlicid	企业年金计划登记号	X	20	是	
6	Enterpriseid	企业编码	X	20	PK	
7	Enterprisename	企业名称	X	100	是	个人所在企业
8	Institutionorgid	组织机构代码	X	9	PK	
9	Staffid	个人编码	X	20	PK	
10	Staffname	姓名	X	50	是	
11	Idtype	证件类型	X	2	是	参数 6.15
12	Idno	证件号码	X	20	是	
13	Ssid	社会保障号码	X	18	是	
14	StartDate	报告起始日期	X	8	PK	
15	EndDate	报告终止日期	X	8	PK	
16	Currency	币种	X	3		参数 6.7
17	Type	变动类型	X	2	是	参数 6.33 缴费、支付或其他
18	Sum	变动金额	N	17,2	是	

表 124（续）

序号	数据项名	描述	类型	长度	是否必填	备注
19	Personsum	个人子账户变动金额	N	17,2	是	变动类型为缴费时，必填
20	Enterprisesum	企业子账户变动金额	N	17,2	是	变动类型为缴费时，必填
21	Acountdate	变动日期	X	8	是	
22	Memo	备注	X	60	是	

5.2.4.29 个人账户期末资产投资情况(见表 125、表 126)

表 125

定义	个人账户期末资产在每个投资组合的资产信息
用途	发送个人账户的资产情况
约束	无
代码	0429
传送时点	估值日后
传送频率	双方约定
传输方向	账户管理人→委托人 账户管理人→受托人

信息内容：

表 126

序号	数据项名	描述	类型	长度	是否必填	备注
1	Appseriono	交易序列号	X	24	是	发送日期＋发送机构代码＋数据集代码＋序列号
2	Transtype	交易类别	X	2	是	参数 6.1
3	Planid	受托人年金计划编码	X	30	PK	
4	Planname	年金计划名称	X	60	是	
5	Planlicid	企业年金计划登记号	X	20	是	
6	Enterpriseid	企业编码	X	20	PK	
7	Enterprisename	企业名称	X	100	是	个人所在企业
8	Institutionorgid	组织机构代码	X	9	PK	
9	Staffid	个人编码	X	20	PK	

表 126（续）

序号	数据项名	描述	类型	长度	是否必填	备注
10	Staffname	姓名	X	50	是	
11	Idtype	证件类型	X	2	是	参数 6.15
12	Idno	证件号码	X	20	是	
13	Ssid	社会保障号码	X	18	是	
14	StartDate	报告起始日期	X	8	PK	
15	EndDate	报告终止日期	X	8	PK	
16	Portfolioid	投资组合代码	X	20	PK	不以组合形态存在的，为“未参与投资”；合计行本字段为空
17	Portfolioname	投资组合名称	X	60	是	不以组合形态存在的，为“未参与投资”；合计行本字段为空
18	Volume	持有份额	N	17,4	是	不以组合形态存在及合计行为空
19	Price	期末单位净值(元)	N	8,4	是	不以组合形态存在及合计行为空
20	Assetval	持有金额(元)	N	17,2	是	
21	Currency	币种	X	3		参数 6.7

6 参数定义

6.1 交易类别

交易类别代码含义见表 127。

表 127

代　　码	描　　述	备　　注
01	新增	
02	修改	
03	删除	
04	指令发送	
05	指令反馈/确认	
06	指令撤销	撤销先前发出的交易指令(例如：撤销缴费收账指令等)
99	其他	

6.2 计划类别

计划类别代码含义见表128。

表128

代码	描述	备注
01	DB计划	
02	DC计划	
03	混合计划	
99	其他	

6.3 计划属性

计划属性代码含义见表129。

表129

代码	描述	备注
01	单一计划	
02	集合计划	
99	其他	

6.4 受益顺序

受益顺序代码含义见表130。

表130

代码	受益顺序	备注
01	第一	
02	第二	
03	第三	
04	第四	
99	其他	

6.5 资格类型

资格类型代码含义见表131。

表 131

代　　码	描　　述	备　　注
01	受托人	
02	账户管理人	
03	托管人	
04	投资管理人	

6.6　证监会行业分类

证监会行业分类代码含义见表 132。

表 132

代　　码	名　　称	备　　注
1	A 农、林、牧、渔业	
2	B 采掘业	
3	C 制造业	
4	C0 食品、饮料	
5	C1 纺织、服装、皮毛	
6	C2 木材、家具	
7	C3 造纸、印刷	
8	C4 石油、化学、塑胶、塑料	
9	C5 电子	
10	C6 金属、非金属	
11	C7 机械、设备、仪表	
12	C8 医药、生物制品	
13	C9 其他制造业	
14	D 电力、煤气及水的生产和供应业	
15	E 建筑业	
16	F 交通运输、仓储业	
17	G 信息技术业	
18	H 批发和零售贸易	
19	I 金融、保险业	
20	J 房地产业	
21	K 社会服务业	
22	L 传播与文化产业	
23	M 综合类	

6.7 币种

按 GB/T 12406 中的数字型代码执行。

6.8 尾数处理方式

尾数处理方式代码含义见表 133。

表 133

代　码	描　述	备　注
01	四舍五入	
02	舍尾	
03	进位	
99	其他	

6.9 交易周期

交易周期代码含义见表 134。

表 134

代　码	描　述	备　注
01	日	
02	周	
03	月	
04	季度	
05	半年	
06	年	
99	其他	

6.10 投资组合状态

投资组合状态代码含义见表 135。

表 135

代　码	描　述	备　注
01	有效	
02	保留	
03	无效	
99	其他	

6.11 企业类型

企业类型代码含义见表 136。

表 136

代　　码	描　　述	备　　注
100	内资企业	
110	国有企业	
120	集体企业	
130	股份合作企业	
140	联营企业	
141	国有联营企业	
142	集体联营企业	
143	国有与集体联营企业	
149	其他联营企业	
150	有限责任公司	
151	国有独资公司	
159	其他有限责任公司	
160	股份有限公司	
170	私营企业	
171	私营独资企业	
172	私营合伙企业	
173	私营有限责任公司	
174	私营股份有限公司	
190	其他企业	
200	港、澳、台商投资企业	
210	合资经营企业(港或澳、台资)	
220	合作经营企业(港或澳、台资)	
230	港、澳、台商独资经营企业	
240	港、澳、台商投资股份有限公司	
300	外商投资企业	
310	中外合资经营企业	
320	中外合作经营企业	
330	外资企业	
340	外商投资股份有限公司	

6.12 行业类别

按 GB/T 4754 细化到大类执行。

6.13 企业注册地

企业注册地的行政区划代码见表 137。

表 137

省市	代码	省市	代码	省市	代码
人力资源和社会保障部	9900	宁波市	3302	海南省	4600
北京市	1100	安徽省	3400	四川省	5100
天津市	1200	福建省	3500	重庆市	5102
河北省	1300	厦门市	3502	贵州省	5200
山西省	1400	江西省	3600	云南省	5300
内蒙古自治区	1500	山东省	3700	西藏自治区	5400
辽宁省	2100	青岛市	3702	陕西省	6100
大连市	2102	河南省	4100	甘肃省	6200
吉林省	2200	湖北省	4200	青海省	6300
黑龙江省	2300	湖南省	4300	宁夏回族自治区	6400
上海市	3100	广东省	4400	新疆维吾尔自治区	6500
江苏省	3200	深圳市	4403	新疆生产建设兵团	6600
浙江省	3300	广西壮族自治区	4500		

6.14 银行行号

按《支付系统银行行别、行号业务标准》[中国人民银行关于颁发支付系统银行行别、行号业务标准的通知(银发[2003]189 号)]执行。

6.15 证件类型

证件类型代码含义见表 138。

表 138

代　　码	证件类型	备　　注
01	居民身份证	
02	居民户口簿	
03	驾驶证	
04	军官证	
05	士兵证	
06	军官离退休证	

表 138（续）

代　　码	证件类型	备　　注
07	中国护照	
08	异常身份证	
09	港澳通行证	
10	台湾通行证	
11	回乡证	
51	外国护照	
52	旅行证	
53	居留证件	
71	组织机构代码证	
72	税务登记证	
73	营业执照	工商注册
80	企业年金受托人资格证	
81	企业年金账户管理人资格证	
82	企业年金托管人资格证	
83	企业年金投资管理人资格证	
99	其他证件	

6.16 资金划拨类型

资金划拨类型代码含义见表 139。

表 139

代　　码	划拨类型	备　　注
01	投资分配	
02	提取资金	
03	支付受托费	
04	支付托管费	
05	支付投资管理费	
06	支付账户管理费	保留账户或者退休账户
07	支付其他费用	
08	员工转入	
09	员工转出	
99	其他	

6.17 受益人与本人关系

受益人与本人关系代码含义见表 140。

表 140

代　码	关　系	备　注
01	本人	
02	配偶	
03	父母	
04	子女	
05	兄弟姐妹	
06	祖父母、外祖父母	
07	祖孙、外祖孙	
08	雇佣	
99	其他	

6.18 性别

按 GB/T 2261.1 执行。

6.19 学历

按 GB/T 4658 执行。

6.20 转移类型

转移类型代码含义见表 141。

表 141

代　码	转移类型	备　注
01	个人计划内转出	
02	个人计划外转出	
03	个人转保留账户	需要根据法规增加说明
04	企业公共账户计划外转出	企业公共账户在不同计划间转移
99	其他	

6.21 账户状态

账户状态代码含义见表 142。

表 142

代 码	取 值	描 述
10	正常	
30	分期支付	
31	暂停缴费	不能缴费、支付，但可以变更基本信息
32	账户封存	未转保留，但不能做任何缴费、支付、变更等任何账户操作的个人账户
40	死亡终止	
41	出国终止	
42	领取终止	
43	转出终止	
49	作废	
99	其他	

6.22 学位

按 GB/T 6864 执行。

6.23 缴费类型

缴费类型代码含义见表 143。

表 143

代 码	描 述	备 注
01	正常缴费	
02	特殊缴费	
99	其他	

6.24 支付类型

支付类型代码含义见表 144。

表 144

代 码	描 述	备 注
01	退休支付	
02	身故支付	
03	出国(境)支付	
04	离职支付	
99	其他	

6.25 损益标志

损益标志代码含义见表145。

表145

代码	描述	备注
01	收益	
02	损失	
99	其他	

6.26 支付方式

支付方式代码含义见表146。

表146

代码	描述	备注
01	一次性支付	
02	分期支付—定期不定额	
03	分期支付—定额不定期	
99	其他	

6.27 支付周期

支付周期代码含义见表147。

表147

代码	描述	备注
01	周	
02	月	
03	季	
04	半年	
05	年	
06	不定期	
99	其他	

6.28 合同类型

合同类型代码含义见表148。

表 148

代　码	描　述	备　注
01	受托合同	
02	托管合同	
03	账户管理合同	
04	投资管理合同	
99	其他	

6.29 费用类型

费用类型代码含义见表 149。

表 149

代　码	描　述	备　注
01	受托费	
02	投资管理费	
03	托管费	
04	受托费返还	
05	投资管理费返还	
06	托管费返还	
07	账户管理费	
08	浮动管理费	
31	投资风险准备金	
99	其他	

6.30 年金基金管理机构

年金基金管理机构代码含义见表 150。

表 150

代　码	资格类别	年金管理机构
T038	受托人	中国建设银行股份有限公司
T039	受托人	中国工商银行股份有限公司
T040	受托人	招商银行股份有限公司
T041	受托人	上海国际信托有限公司
T044	受托人	泰康养老保险股份有限公司
T070	受托人	华宝信托有限责任公司
T071	受托人	中信信托有限责任公司

表 150（续）

代　码	资格类别	年金管理机构
T072	受托人	平安养老保险股份有限公司
T073	受托人	太平养老保险股份有限公司
T099	受托人	中国人寿养老保险股份有限公司
T100	受托人	长江养老保险股份有限公司
A013	账户管理人	新华人寿保险股份有限公司
A038	账户管理人	中国建设银行股份有限公司
A044	账户管理人	泰康养老保险股份有限公司
A045	账户管理人	中国民生银行股份有限公司
A046	账户管理人	中国银行股份有限公司
A047	账户管理人	平安养老保险股份有限公司
A070	账户管理人	华宝信托有限责任公司
A071	账户管理人	中信信托有限责任公司
A074	账户管理人	中国工商银行股份有限公司
A075	账户管理人	交通银行股份有限公司
A076	账户管理人	上海浦东发展银行股份有限公司
A077	账户管理人	招商银行股份有限公司
A078	账户管理人	中国光大银行股份有限公司
A079	账户管理人	中国太平洋人寿保险股份有限公司
A095	账户管理人	中国人寿养老保险股份有限公司
A100	账户管理人	长江养老保险股份有限公司
C045	托管人	中国民生银行股份有限公司
C048	托管人	中信银行股份有限公司
C049	托管人	上海浦东发展银行股份有限公司
C050	托管人	中国农业银行
C080	托管人	中国建设银行股份有限公司
C081	托管人	中国银行股份有限公司
C095	托管人	中国工商银行股份有限公司
C096	托管人	交通银行股份有限公司
C097	托管人	招商银行股份有限公司
C098	托管人	中国光大银行股份有限公司
I051	投资管理人	国泰基金管理有限公司
I052	投资管理人	工银瑞信基金管理有限公司
I053	投资管理人	广发基金管理有限公司
I054	投资管理人	泰康资产管理有限责任公司

表 150（续）

代　　码	资格类别	年金管理机构
I055	投资管理人	中国人保资产管理股份有限公司
I072	投资管理人	平安养老保险股份有限公司
I073	投资管理人	太平养老保险股份有限公司
I082	投资管理人	海富通基金管理有限公司
I083	投资管理人	华夏基金管理有限公司
I084	投资管理人	南方基金管理有限公司
I085	投资管理人	易方达基金管理有限公司
I086	投资管理人	嘉实基金管理有限公司
I087	投资管理人	招商基金管理有限公司
I088	投资管理人	富国基金管理有限公司
I089	投资管理人	博时基金管理有限公司
I090	投资管理人	银华基金管理有限公司
I091	投资管理人	中国国际金融有限公司
I092	投资管理人	中信证券股份有限公司
I093	投资管理人	中国人寿养老保险股份有限公司
I094	投资管理人	华泰资产管理有限公司
I100	投资管理人	长江养老保险股份有限公司

6.31　账户类型

账户类型代码含义见表 151。

表 151

代码	账户类型	备注
01	个人账户下个人子账户	
02	个人账户下企业子账户	
03	留存账户	企业历史遗留的待分配的补充养老资产或者企业年金资产
04	未归属权益	
05	预缴账户	记录企业预先缴纳的缴费
99	其他	

6.32　短溢缴处理方式

短溢缴处理方式代码含义见表 152。

表 152

代码	处理方式	备注
01	划入公共账户	
02	退回	
03	公共账户抵缴费	
04	补缴	
05	修改缴费申请	
99	其他	

6.33 收支类型

收支类型代码含义见表 153。

表 153

代　码	收支类型	备　注
01	缴费	
02	收益	含结息
03	投资买入	
04	投资赎回	
05	支付	
06	费用支付	
99	其他	

6.34 民族

按 GB/T 3304—1991 执行。

7 数据交换格式定义

7.1 支持的文件类型

根据数据交换所使用文件类型，本标准中定义了 TXT、XML 和 XLS 三种处理方式。通常情况下，TXT 文件具有数据量小的优点；XML 文件具有自描述、结构化的优点；XLS 文件可以使用 Microsoft Excel 等常用软件打开和编辑，具有可读性强的优点。在具体使用中，可以由数据交换双方根据自身情况自行约定所使用的文件类型和物理格式的版本。例如：数据交换双方选择 XLS 文件类型，则可以使用 Microsoft Excel 2003 所支持的 BIFF8x 格式 XLS 文件。

7.2 数据包

同一批次的数据，以压缩的数据包形式统一提供，数据包内包含一个索引文件和多个数据文件。索引文件采用 TXT 文件类型，同一数据包中的各个数据文件均可以采用 TXT、XML 或者 XLS 的任一种文件类型。

数据包命名规则如下：

<发送机构代码>_<接收机构代码>_<发送日期>_<数据包流水号>.zip

其中：发送机构代码和接收机构代码为数据交换双方机构的代码，参见参数6.30；发送日期为YYYYMMDD格式；数据包流水号为两位整数型，两个机构之间根据发送时间每天从01开始顺序递增；“zip”表示了数据包的压缩格式。

示例：0099_0074_20091001_01.zip。

7.3 索引文件

索引文件固定文件名称为index.txt，其中对本次数据交换的总体信息进行描述。数据文件的文件结构见表154，每个元素单独一行，不能有空行。

表154 TXT索引文件

序号	数据项名	描述	类型	长度	是否必填	备注
1	PackageId	数据包流水号	N	2	必填	两个机构之间每天从01开始顺序递增
2	FileType	文件类型标识	X	3	必填	TXT
3	VersionCode	标准版本号	X	4	必填	例如：v1.0
4	SendCode	发送机构代码	X	4	必填	
5	ReceiveCode	接收机构代码	X	4	必填	
6	SendDate	发送日期	X	8	必填	YYYYMMDD格式
7	SenderName	发送人	X	50	可选	发送人员姓名
8	ReceiverName	接收人	X	50	可选	接收人员姓名
9	DataFileNumber	数据文件个数	N	2	必填	不包括索引文件本身。不足两位时在数字前补0
10	DataFileName1	数据文件名1	X	33	必填	包含文件后缀名
11	…					依上类推，顺序列出所有数据文件的名称
12	EndFlag	文件结束标识	X	3	必填	在此符号后不能有任何数据

7.4 数据文件

7.4.1 命名规则

数据文件中包含了详细的业务信息，数据文件的命名规则如下：

<发送机构代码>_<接收机构代码>_<主数据集代码>_<发送日期>_<数据包流水号>_<数据文件流水号>.<文件类型>

其中:发送机构代码和接收机构代码为数据交换双方机构的代码,参见参数6.30;主数据集代码为本数据文件中所包含主数据集的代码;发送日期为YYYYMMDD格式;数据文件流水号为两位整数型,每个数据包中从01开始顺序递增;文件类型为txt、xml或者xls(不区分大小写)。

示例:0099_0074_0101_20091001_01_01.txt。

7.4.2 TXT数据文件

TXT数据文件与数据集具有一一对应的关系。除非特别说明,每个数据项固定长度书写:数字型数据项不需要写小数点(位数定义中不包含小数点本身),左补零右对齐;字符型数据项右补空格左对齐,不区分大小写;日期数据格式统一为YYYYMMDD。

数据文件的文件结构见表155,每个元素单独一行,不能有空行,以(cr)回车符号加上(lf)换行符号作为行结束符。

表155 TXT数据文件

序号	数据项名	描述	类型	长度	是否必填	备注
1	DataFileId	数据文件流水号	N	2	必填	每个数据包中从01开始顺序递增
2	FileType	文件类型标识	X	3	必填	0TXT
3	Version	标准版本号	X	4	必填	例如:v1.0
4	SendCode	发送机构代码	X	4	必填	
5	ReceiveCode	接收机构代码	X	4	必填	
6	SendDate	发送日期	X	8	必填	
7	SenderName	发送人	X	50	可选	发送人员姓名
8	ReceiverName	接收人	X	50	可选	接收人员姓名
9	DataSetCode	数据集代码	X	4	必填	所对应的数据集代码
10	FieldNumber	数据项数目	N	3	必填	一条数据记录所包含的数据项数目
11	FieldName1	数据项名1	X	30	必填	不区分大小写
12		数据项名…				
13	FieldNameN	数据项名N	X	30	必填	
14	RecordNumber	记录数	N	6	必填	数据记录数,6位整数,一个数据文件中最多999999条
15	Record1	记录1	记录		必填	可包含多个数据项,各个数据项之间不进行分隔,固定长度书写
16	Record2	记录2	记录		必填	
17	Record3	记录3	记录		必填	

表 155（续）

序号	数据项名	描述	类型	长度	是否必填	备注
18		记录…	记录			
19	EndFlag	文件结束标识	X	3	必填	固定取值为“END”

7.4.3 XML 数据文件

根据数据集的约束关系，每个 XML 数据文件可以包含一个或者多个数据集。一个数据文件内的数据集之间必须具有主次依赖关系。

数据文件的文件结构见表 156，带有“< >”的为 XML 中的复杂元素，可以包含其他复杂元素或者简单元素。其他为 XML 中的简单元素。

表 156　XML 数据文件

元素名称	中文名	类型	长度	是否必填	说明
<PensionData>	根元素			必填	
DataFileId	数据文件流水号	N	2	必填	每个数据包中从 01 开始顺序递增
DataFileType	文件类型标识	X	3	必填	XML
Version	标准版本号	X	4	必填	例如：v1.0
SendCode	发送机构代码	X	4	必填	
ReceiveCode	接收机构代码	X	4	必填	
SendDate	发送日期	X	8	必填	
SenderName	发送人	X	50	可选	发送人员姓名
ReceiverName	接收人	X	50	可选	接收人员姓名
<DataSetType>	数据集类型			可选，可多选	本数据文件中所包含的数据集类型
TypeCode	数据集代码	X	4	必填	
TypeName	数据集名称	X	30	可选	
RecordNumber	记录数	N	6	必填	数据记录数，6 位整数，一个数据文件中最多 999999 条
MainFlag	是否主数据集	X	1	必填	Y 为是，N 为否
<PensionInfo>	企业年金业务数据			必填，可多选	包含一个或者具有关联关系的多个数据集。每个数据集作为 XML 的一个复杂元素，均可多选

7.4.4 XLS 数据文件

XLS 数据文件与数据集具有一一对应的关系。数据行数超过单个工作表最大行数时，在同一文件中新建数据页。数据页的命名规则如下：

<数据集名称>_<数据页流水号>

其中：数据页流水号为两位整数型，每个 XLS 文件中从 01 开始顺序递增。

示例：计划基本信息_01。

除非特别指明，数字型数据项采用千分位，根据数据类型定义小数点后长度，日期数据格式统一为 YYYYMMDD；对于参数类型数据项，统一填写中文参数描述。

数据文件的文件结构见表 157，每个元素单独一行，不能有空行。记录型元素所在行，每个数据项占用一个单元格；其他类型元素，第一个单元格填写元素名称，第二个单元格填写元素取值。

表 157 XLS 数据文件

序号	数据项名	描述	类型	长度	是否必填	备注
1	DataFileId	数据文件流水号	N	2	必填	每个数据包中从 01 开始顺序递增
2	FileType	文件类型标识	X	3	必填	XLS
3	Version	标准版本号	X	4	必填	例如：v1.0
4	SendCode	发送机构代码	X	4	必填	
5	ReceiveCode	接收机构代码	X	4	必填	
6	SendDate	发送日期	X	8	必填	
7	SenderName	发送人	X	50	可选	发送人员姓名
8	ReceiverName	接收人	X	50	可选	接收人员姓名
9	DataSetCode	数据集代码	X	4	必填	所对应的数据集代码
10	FieldNumber	数据项数目	N	3	必填	一条数据记录所包含的数据项数目
11	RecordNumber	记录数	N	6	必填	数据记录数，6 位整数，一个数据文件中最多 999999 条
12	FieldNameRow	数据项名称行	记录		必填	每个数据项名称单独一列。第一个数据页中固定位于 12 行；其他数据页的第一行固定为数据项名称行

表 157（续）

序号	数据项名	描述	类型	长度	是否必填	备注
13	Record1	记录 1	记录		必填	可包含多个数据项，各个数据项单独一列，与相应数据项名称对齐
14	Record2	记录 2	记录		必填	
15	Record3	记录 3	记录		必填	
16		记录…	记录			
17	EndFlag	文件结束标识	X	3	必填	固定取值为“END”

附　录　A
（资料性附录）
数据文件示例

A.1　示例：索引文件

文件名 index.txt，内容如下：
01
TXT
v1.0
0099
0074
20091001
发送人
接收人
01
0099_0074_0101_20091001_01_01.txt
END

示例解释：本示例文件所在数据包为在 2009 年 10 月 1 日，由 ABC 养老保险股份有限公司发送给 XYZ 银行股份有限公司，其中包含了一个名称为"0099_0074_0101_20091001_01_01.txt"的数据文件。

A.2　示例：TXT 数据文件

文件名 0099_0074_0101_20091001_01_01.txt，内容如下：
01
TXT
v1.0
0099
0074
20091001
发送人
接收人
0101
024
Appseriono
Transtype
Planid

Planname
Planlicid
Planlicdate
Planatt
Plantype
Taxtype
Trustconno
Trusteename
Trusteeid
Custodianid
Accountmanid
Planbegdate
Planenddate
Trusteefee
Custodianfee
Custodian
Custaccountbankid
Trustaccname
Trustaccno
Lastupddate
Memo
000001
00000000000000000000000101100120091100000000001 ××企业年金计划
110000888888 20091001010201110000999999 ××受托人
0099 0095 0074 20091001201209300000020000000200××银行
1014400000××账户名称 ××账号
20091001 企业年金基金数据交换规范示例
END

示例解释：本 TXT 数据文件为在 2009 年 10 月 1 日，由 ABC 养老保险股份有限公司发送给 XYZ 银行股份有限公司，其中为计划基本信息，总共有 1 条记录，每条记录包含了 24 个数据项。

A.3 示例：XML 数据文件

文件名 0099_0074_0101_20091001_01_01.xml，内容如下：

```
<? xml version="1.0"encoding="GBK"? >
<PensionData>
  <DataFileId>01</DataFileId>
  <DataFileType>XML</DataFileType>
  <Version>v1.0</Version>
  <SendCode>0099</SendCode>
```

```
  <ReceiveCode>0074</ReceiveCode>
  <SendDate>20091001</SendDate>
  <SenderName>发送人</SenderName>
  <ReceiverName>接收人</ReceiverName>
  <DataSetType>
    <TypeCode>0101</TypeCode>
    <TypeName>计划基本信息</TypeName>
    <RecordNumber>1</RecordNumber>
    <MainFlag>1</MainFlag>
  </DataSetType>
  <PensionInfo>
    <Planinfo>
      <Appseriono>000000000000000000000001</Appseriono>
      <Transtype>01</Transtype>
      <Planid>1001200911000000001</Planid>
      <Planname>××企业年金计划</Planname>
      <Planlicid>110000888888</Planlicid>
      <Planlicdate>20091001</Planlicdate>
      <Planatt>01</Planatt>
      <Plantype>02</Plantype>
      <Trustconno>110000999999</Trustconno>
      <Trusteeid>0099</Trusteeid>
      <Custodianid>0095</Custodianid>
      <Accountmanid>0074</Accountmanid>
      <Planbegdate>20091001</Planbegdate>
      <Planenddate>20120930</Planenddate>
      <Trusteefee>00000200</Trusteefee>
      <Custodianfee>00000200</Custodianfee>
      <Custodian>××银行</Custodian>
      <Custaccountbankid>1014400000</Custaccountbankid>
      <Trustaccname>××账户名称</Trustaccname>
      <Trustaccno>××账号</Trustaccno>
      <Lastupddate>20091001</Lastupddate>
      <Memo>企业年金基金数据交换规范示例</Memo>
    </Planinfo>
  </PensionInfo>
</PensionData>
```


示例解释:本 XML 数据文件为在 2009 年 10 月 1 日,由 ABC 养老保险股份有限公司发送给 XYZ 银行股份有限公司,其中为计划基本信息,总共有 1 条记录。每条记录中所包含的数据项由 XML 标签所标识。

A.4 示例：XLS数据文件

文件名 0099_0074_0101_20091001_01_01.xls，内容如下：

DataFileId	01																				
DataFileType	XLS																				
Version	v1.0																				
SendCode	ABC养老保险股份有限公司																				
ReceiveCode	XYZ银行股份有限公司																				
SendDate	2009-10-01																				
SenderName	发送人																				
ReceiverName	接收人																				
TypeCode	计划基本信息																				
FieldNumber	024																				
RecordNumber	1																				
Appseriono	Transtype	Planid	Plan name	Plan licid	Plan licdate	Plan att	Plan type	Trust conno	Trust eeid	Custo dianid	Account manid	Planbeg date	Plane nddate	Trust eefee	Custo dianfee	Custo dian	Custac count bankid	Trusta ccname	Trusta ccno	Lastup ddate	Memo
000000000000000000000001	新增	1001200911000000001	××企业年金计划	110000888888	2009-10-01	单一计划	DC计划	110000999999	ABC养老保险股份有限公司	XYZ银行股份有限公司	XYZ银行股份有限公司	2009-10-01	2012-09-30	0.020 0%	0.020 0%	××银行	1014400000	××账户名称	××账号	2009-10-01	企业年金数据交换规范示例
EndFlag	END																				

示例解释：本XLS数据文件为在2009年10月1日，由ABC养老保险股份有限公司发送给XYZ银行股份有限公司，其中为计划基本信息，总共有1条记录。在第12行列出所包含的数据项，在第13行为业务数据。

参 考 文 献

[1] 企业年金试行办法

[2] 企业年金基金管理办法

[3] 关于印发《企业年金基金管理运作流程》《企业年金基金账户管理信息系统规范》和《企业年金基金管理机构资格认定专家评审规则》的通知

[4] 关于企业年金基金银行账户管理等有关问题的通知

[5] 企业年金基金债券账户开销户细则

[6] 关于企业年金基金证券投资有关问题的通知

[7] 关于中央企业试行企业年金制度有关问题的通知

[8] 关于印发企业年金基金管理信息报告样表的通知

[9] Q/CUP 006.6—2007 银行卡联网联合技术规范 V2.0

[10] 中华人民共和国保险法(修正).2002年10月28日

[11] 保险公司养老保险业务管理办法

ICS 03.080
A 16

中华人民共和国国家标准

GB/T 29425—2012

自然灾害救助应急响应划分基本要求

Dividing principles of natural disaster emergency response and relief

2012-12-31 发布　　2013-07-01 实施

中华人民共和国国家质量监督检验检疫总局
中国国家标准化管理委员会　发布

前　言

本标准按照 GB/T 1.1—2009 给出的规则起草。

本标准由中华人民共和国民政部救灾司提出。

本标准由全国减灾救灾标准化技术委员会(SAC/TC 307)归口。

本标准由民政部国家减灾中心负责起草。

本标准主要起草人:袁艺、吴建安、马玉玲、周洪建、王丹丹、潘东华。

自然灾害救助应急响应划分基本要求

1 范围

本标准规定了自然灾害救助应急响应等级划分的要求、单元与要素、方法和等级要求。

本标准适用于对自然灾害救助应急响应条件和措施的划分。

2 规范性应用文件

下列文件对于本文件的应用是必不可少的。凡是注明日期的引用文件,仅注日期的版本适用于本文件。凡是不注日期的引用文件,其最新版本(包括所有的修改单)适用于本文件。

国办函[2011]120 号 国家自然灾害救助应急预案

3 术语和定义

下列术语和定义适用于本文件。

3.1

自然灾害救助 natural disaster relief

为保障受灾人员基本生活实施的一系列措施。

3.2

响应划分 response dividing

根据自然灾害影响程度,对预先设定的减轻灾害损失的紧急反应行动作出区分。

4 划分原则

4.1 因地制宜,科学规范

应依据本行政区域内往年自然灾害发生情况、自然灾害风险、人口数量等因素,按照当地自然灾害救助应急响应保障群众基本生活的实际需求,科学合理划分响应条件和措施,规范自然灾害救助应急响应工作。

4.2 协调一致,上下衔接

各级响应规定的启动条件、应对措施、岗位职责应有合理的递进关系,应与上一级行政单位应急响应的启动条件、应对措施和岗位职责相衔接。

4.3 指标合理,要素完整

各级响应设定的指标应合理,响应条件、响应措施、响应程序、终止条件等要素应系统完整。

5 划分单元与要素

5.1 单元

国家自然灾害应急响应划分以省级行政区域为基本单元,省(自治区、直辖市)(含)以下各级自然灾害应急响应划分，应以整个行政区域为基本单元。

5.2 要素

5.2.1 死亡和失踪人口数量

一次自然灾害过程造成死亡和失踪人口的数量。

5.2.2 紧急转移安置或需紧急生活救助人口数量

在一次自然灾害过程中，因受到自然灾害威胁、袭击，由危险区域转移到安全区域，需提供临时生活保障的人口数量，或因受自然灾害侵袭、被困，需就地提供紧急生活保障的人口数量。

5.2.3 倒塌和严重损坏房屋数量

自然灾害过程造成房屋整体结构塌落，或承重构件倾倒或严重损坏，必须进行重建的房屋数量。

5.2.4 其他要素

因区域灾害特点而设定的其他要素。

6 划分方法

6.1 灾害风险分析法

以本地区可能发生的自然灾害种类、频率、强度为依据，结合本地区受灾对象脆弱性，分析本地区自然灾害可能造成的损失，对损失大小进行分级，相应对救助响应条件和措施进行划分。

6.2 历史灾害案例分析法

以本地区历史灾害案例为依据，统计历次灾害过程的损失和应急响应资源投入数量，分析本地区自然灾害规模，并进行分级，相应对救助响应条件和措施进行划分。

6.3 应急响应能力评价法

以本地区应急组织能力、应急资源调动能力、群众基本生活保障需求为依据，参照本地区自然灾害风险，对本地区应急响应能力进行分级，相应对救助响应条件和措施进行划分。

6.4 综合分析法

以上三种方法，依照本地区预案制定时掌握的自然灾害风险要素、历史灾害案例和响应能力等信息，可单独使用，亦可综合分析应用，对本地区救助响应条件和措施进行划分。

7 划分等级

7.1 自然灾害救助应急响应划分，一般情况下分为Ⅰ级、Ⅱ级、Ⅲ级、Ⅳ级，Ⅰ级为最高响应等级，Ⅱ级、Ⅲ级、Ⅳ级等响应等级逐级降低，对应的灾害损失程度逐级降低。省级(含)以下应急响应划分，不宜超过四个等级。

7.2 一般情况下，对同一次自然灾害过程，本级政府响应级别应比上一级政府响应级别高一级，如国家减灾委、民政部针对某省启动Ⅳ级响应，则该省应启动Ⅲ级以上响应。

7.3　在自然灾害救助响应划分时，各要素应同时列出，对应的指标数值参照国家自然灾害救助应急预案的相应指标阈值。某一行政区域内，一次灾害过程出现响应划分指标条件之一的，即达到相应级别的应急响应。

ICS 03.080.99
A 12

中华人民共和国国家标准

GB/T 29426—2012

光荣院服务规范

Glory home service

2012-12-31 发布

2013-05-01 实施

中华人民共和国国家质量监督检验检疫总局
中国国家标准化管理委员会 发布

前言

本标准按 GB 1.1—2009 给出的规则起草。

本标准由民政部提出并归口。

本标准主要起草单位：民政部优抚安置局、山东省民政厅、庆云县民政局。

本标准主要起草人：邹铭、杨国英、马飞雄、李树峰、李桂广、王忠诚、邢志。

光荣院服务规范

1 范围

本标准规定了光荣院基本要求、服务内容、服务质量控制与评定办法。

本标准适用于光荣院提供的服务。

2 规范性引用文件

下列文件对于本文件的应用是必不可少的。凡是注日期的引用文件,仅注日期的版本适用于本文件。凡是不注日期的引用文件,其最新版本(包括所有的修改单)适用于本文件。

JGJ 122—1999 老年人建筑设计规范

MZ 008—2001 老年人社会福利机构基本规范

3 术语和定义

下列术语和定义适用于本文件。

3.1

光荣院 glory home

为国家集中供养孤老和生活不能自理的抚恤优待对象,并对其实行特殊保障的优抚事业单位。

3.2

院民 glory home's public

为老年、残疾或者未满16周岁的烈士遗属、因公牺牲军人遗属、病故军人遗属和进入老年的残疾军人、复员军人、退伍军人,无法定赡养人、扶养人、抚养人或者法定赡养人、扶养人、抚养人无赡养、扶养、抚养能力且享受国家定期抚恤补助待遇的在院供养对象。

4 基本要求

4.1 光荣院基本设施设备

光荣院基本设施设备按MZ 008—2001第5章执行,并根据JGJ 122—1999应提供无障碍设施。光荣院应对设施设备及时进行维护,确保设施设备处于完好有效状态。

4.2 人员资质

4.2.1 光荣院医疗人员应按行业要求具有相应专业技术资质并持证上岗,建立专业技术档案,定期参加继续教育。

4.2.2 提供院民生活照料服务、居家生活照料服务、购物服务、安全保护服务、环境卫生服务、洗衣服务、物业管理维修服务及其他服务人员,应由光荣院服务人员和具有专业技术资质的人员担任。

4.2.3 提供院民护理服务人员应由光荣院护理人员或光荣院服务人员担任。光荣院服务人员应在光荣院护理人员指导下担任院民护理服务中的基础护理工作。

4.2.4 提供精神关怀服务的人员应由社工、光荣院医疗人员或光荣院护理人员担任。

4.2.5 提供文化休闲娱乐人员应由社工、光荣院服务人员担任。

4.2.6 提供膳食服务的人员应由持有健康证的厨师及光荣院护理人员担任。

4.3 相关入住手续审批和办理

光荣院按照民政部门规定,为申请入住的院民办理入院手续。

4.4 编制比例

按照 MZ 008—2001 等相关规定,工休比例一般不超过 1∶4,卧床老人较多时,可适当增加临时性护理人员。

4.5 规模

地市办光荣院床位一般不低于 100 张,县办光荣院床位一般不低于 50 张,社会办光荣院不低于 30 张。

4.6 服务范围

家居生活照料服务、膳食服务、护理服务、医疗保健服务、精神关怀服务、安全保护服务、环境卫生服务、教育休闲娱乐服务、洗衣服务、物业管理维修服务、其他服务等。

5 服务内容与质量控制

5.1 生活照料服务

5.1.1 光荣院提供持续性照顾,舒适、清洁的生活照料服务。

5.1.2 个人生活照料服务的范围包括院民个人清洁卫生、穿衣、修饰、饮食起居、入厕、口腔清洁、皮肤清洁护理、褥疮预防、便溺护理。

5.1.3 院民个人清洁卫生包括洗脸、洗手、洗头(包括床上洗头)、洗脚、按摩、拍背、协助整理个人物品、清洁平整床铺、更换床单。

5.1.4 穿衣包括协助穿衣、帮助扣扣子、更换衣物、整理衣物。

5.1.5 修饰包括梳头、化妆、协助化妆、剪指甲、修面。

5.1.6 饮食起居包括协助用膳、饮水或喂饭、鼻管喂食。

5.1.7 入厕包括定时提醒入厕、使用便盆、尿壶,协助入厕排便、排尿。

5.1.8 口腔清洁包括刷牙、漱口、协助清洁口腔、假牙的处理。

5.1.9 皮肤清洁护理包括清洗会阴,擦洗胸背部、腿部,沐浴(包括人工和使用工具协助洗澡)。

5.1.10 褥疮预防包括保持床单的干燥,定时更换卧位、翻身、减轻皮肤受压状况,清洁皮肤、会阴部,清洁平整床铺,更换床单。

5.1.11 便溺护理包括协助大小便失禁,尿潴留或便秘,腹泻的院民排便、排尿、实施人工排便、清洗、更换尿布。

5.1.12 光荣院制定提供院民个人生活照料服务的服务流程或程序和操作规范(计划、制度、职责),并用文字或图片展示。

5.1.13 室内整齐清洁、空气新鲜、无异味,褥疮发生率为 0,个人干净整洁、精神状况良好。

5.1.14 对院民个人生活照料服务保留提供服务的文件或记录。

5.1.15 光荣院制定个人生活照料服务检查程序和要求,有定期检查评估记录,保证服务质量。

5.2 膳食服务

5.2.1 光荣院提供根据营养学、卫生学要求、地域特点、民族、宗教习惯，营养丰富，全面合理的膳食服务。

5.2.2 提供膳食服务的范围包括食物的采购、处理、储存、烹饪、供应过程，以及提供适宜的就餐环境和院民提供一日三餐及食品的卫生监控管理。

5.2.3 光荣院提供膳食服务应配备的必要设施设备，按 MZ 008—2001 第 3 章、第 5 章执行。

5.2.4 光荣院提供食品的卫生、加工食品用设备的卫生、食品卫生管理应按国家食品卫生相关法规执行。

5.2.5 光荣院提供膳食服务的要求按 MZ 008—2001 第 3 章、第 5 章执行。

5.2.6 光荣院应制定提供膳食服务不同环节的流程或程序，用文字或图片展示，有文字记录。

5.2.7 光荣院提供的膳食服务应做到清洁卫生，包括：

——原料无腐败、无毒、无致病菌、无寄生虫；

——生熟食、成品半成品、食品与杂物、食品与药品、仪器与天然冰“五隔离”；

——餐具清洁、定期消毒、不使用化学消毒剂消毒；

——厨师清洁卫生、每周换洗两次工作服、勤洗被褥衣物。

5.2.8 光荣院制定膳食服务检查程序和要求，有定期检查评估记录。

5.3 院民护理服务

5.3.1 光荣院提供满足院民健康和医疗照护的护理服务。

5.3.2 院民护理服务管理应根据光荣院的性质、院民整体评估结果，对其实行分类管理，根据院民的健康状况，开展护理服务，采取护理措施，达到护理目标。

5.3.3 院民护理服务范围包括：

——日常护理；

——基础护理；

——专科疾病护理；

——心理护理；

——康复指导；

——健康教育；

——健康咨询；

——护理技术操作；

——院内感染控制；

——临终护理等工作。

5.3.4 日常护理包括：

——健康管理；

——健康生活方式指导；

——自我防护；

——慢性病的防治。

5.3.5 基础护理包括：

——清洁护理；

——饮食护理；

——排泄护理；

——基础护理技术。

5.3.6 专科护理包括院民专科疾病护理及技术操作。

5.3.7 心理护理包括：

——院民的心理卫生教育；

——心理问题评估；

——实施老年心理护理干预措施。

5.3.8 康复指导包括：

——传授院民老年期自我护理技术；

——年病并发症康复预防；

——指导如何使用康复治疗技术。

5.3.9 老年期健康教育包括传播老年期健康知识及矫正不良健康行为。

5.3.10 健康咨询包括：

——老年病的预防、康复；

——老年期的营养；

——心理卫生和社会活动咨询服务。

5.3.11 院内感染控制包括：

——采取预防性措施；

——传染病监测；

——控制传染病的爆发流行。

5.3.12 护理技术操作包括：

——基础护理技术操作；

——老年专科护理技术操作；

——急救技术操作。

5.3.13 临终护理包括：

——帮助减轻临终期院民的疼痛和困难；

——提高临终期院民的生活质量；

——做好临终期院民的心理护理；

——家属的心理精神支持。

5.3.14 提供院民护理服务的光荣院应按国家医疗机构管理相关法规规定，配备必要的护理服务设备。

5.3.15 光荣院应制定院民护理服务的服务流程或程序及保障安全护理服务的防护措施，有国家制定或认可的护理技术操作规范，保障安全护理服务的防护设备。

5.3.16 光荣院向院民及监护人用文字或图片说明提供院民护理服务的须知。

5.3.17 光荣院与院民或监护人确认需要提供院民护理服务的内容，并按 MZ 008—2001 的相关规定执行，为院民提供护理服务。

5.3.18 光荣院护理人员应按国家护士管理相关规定开展养老护理工作，以保证生活照料服务质量。

5.3.19 光荣院护理人员对院民异常生命体征、病情变化、特殊心理变化、重要的社会家庭变化、服务范围的调整应按国家医药卫生档案管理相关规定执行，提供服务的文件及书写记录。

5.3.20 光荣院制定院民护理服务检查程序和要求，有定期检查评估记录，保证服务质量。

5.4 医疗保健服务

5.4.1 光荣院提供满足院民基本医疗需求的医疗保健服务。

5.4.2 提供医疗保健服务范围包括为院民提供健康管理、社区保健、健康咨询、康复指导、预防保健工作。

5.4.3 提供保健服务包括为院民建立健康档案，做好院民常见病、多见病预防，提供老年医疗保健。

5.4.4 提供医疗保健服务的执业医师按国家执业医师相关法规规定执行。

5.4.5 光荣院符合国家医疗机构管理规定，取得医疗机构执业许可证，配备医疗保健服务必要的设备，方可提供医疗保健服务。也可与社区医疗机构建立服务合同由社区医疗机构提供医疗保健服务。

5.4.6 光荣院制定并用方案或图片说明提供医疗保健服务的流程、安全保障措施及就医须知。

5.4.7 光荣院应在院民入住 48 h 内为其建立、填写健康档案，并按国家医药档案管理相关规定执行，院民个人健康档案包括以问题为中心的个人健康问题记录和以预防为导向的周期性健康记录，由基本资料、问题目录、问题描述、病情流程表、周期性健康检查记录组成，根据院民健康情况定期记录。

5.4.8 院民的体检要求按 MZ 008—2001 的 3.3.2 执行。

5.4.9 药品的安全使用、验收、储存等管理由执业医师负责，按国家医院药剂管理相关规定执行(此条款适用设医务室的光荣院)。

5.4.10 执业医师实施医疗保健服务按国家医药卫生档案管理相关规定执行，保留服务提供文件、处方及记录(此条款适用设医务室的光荣院)。

5.4.11 执业医师实施医疗保健服务前应得到院民或监护人的确认并定期与院民或监护人沟通。

5.4.12 光荣院应制定实施医疗保健服务的检查程序和要求，有定期检查评估记录，保证服务质量。

5.5 精神关怀服务

5.5.1 光荣院提供满足院民特殊心理需求的精神关怀服务。

5.5.2 精神关怀服务范围包括：

——谈话聊天；

——访视访谈；

——危机处理；

——专题心理咨询；

——临终关怀。

5.5.3 精神关怀服务应注意保护院民的隐私权，提供必要的服务场所。

5.5.4 光荣院有精神关怀服务的流程说明和文字记录。

5.5.5 光荣院有指定精神关怀服务的检查程序和要求。

5.6 安全保护服务

5.6.1 光荣院提供以预防为主，采取适当的安全措施，达到避免或减少对院民伤害的安全保护服务。

5.6.2 提供安全保护服务范围包括：

——提供安全设施；

——使用约束物品；

——改善院民生活环境；

——采取预防措施。

5.6.3 提供安全设施包括：

——提供床档；

——防护垫；

——安全标识；

——安全扶手紧急呼救系统。

按 JGJ 122—1999 第 7 章、MZ 008—2001 第 7 章执行。

5.6.4 使用约束物品包括使用约束带、约束衣和约束手套。

5.6.5 采取安全预防措施包括：

——评估院民不安全因素；

——制定意外灾害；

——制定常见意外的预防方案；

——定期检查安全程序落实情况。

5.6.6 光荣院应具备提供安全保护服务必要的服务设施，设备按JGJ 122—1999第4章、第7章执行。

5.6.7 只有在防止院民可能伤害自己或伤害他人，防止院民跌倒、坠床、防止院民除去尿袋、鼻饲管、尿布、衣服和其他危险因素情况下，才能使用约束物品。

5.6.8 光荣院制定有提供安全保护服务的流程或程序的方案或图片说明，并有服务文字记录。

5.6.9 使用约束物品前应得到执业医师或注册护士及监护人的局面认可，保留提供服务的文件或记录。

5.6.10 光荣院制定有安全保护服务的检查程序，在实施保护性服务的同时，检查确认安全保护服务的及时、准确、有效和无医源性损伤并记录。

5.7 环境卫生服务

5.7.1 光荣院为院民提供舒适、清洁、安全的环境卫生服务。

5.7.2 光荣院制定有环境卫生服务的流程或程序，按要求提供环境卫生服务，做到无积存垃圾、无卫生死角、无灰尘、无纸屑、物品摆放整齐。

5.7.3 服务应做到环境安静、安全、清洁，绿化面积达到40%以上。

5.7.4 光荣院制定有实施环境卫生服务的检查程序和要求，有定期检查评估记录，保证服务质量。

5.8 文化休闲娱乐及社会共建服务

5.8.1 光荣院提供满足院民的日常文化教育和休闲娱乐服务。

5.8.2 光荣院提供休闲娱乐服务配备必要的休闲娱乐设施设备应按MZ 008—2001的第3章、第5章执行。

5.8.3 光荣院制定有休闲娱乐服务流程或程序并提供文字或图片说明，有活动文字记录。

5.8.4 光荣院制定有休闲娱乐服务检查程序，有定期检查评估记录，保证服务质量。

5.9 洗衣服务

5.9.1 光荣院提供满足院民清洁衣物的洗衣服务。

5.9.2 洗衣服务包括签约提供送洗及送回服务的整个服务过程。

5.9.3 光荣院提供洗衣服务配备设施设备的要求按MZ 008—2001的第3章、第5章执行。

5.9.4 光荣院提供洗衣服务，完成衣物的分类、清洁、消毒、洗涤、整理过程按消毒技术规范相关规定执行。

5.9.5 提供洗衣服务时，院民的衣物应标识清楚，做到准确无误，清洁、折叠后送还给院民。

5.9.6 光荣院制定洗衣服务(机洗或手洗)流程或程序并提供图片或文字须知，有服务文字记录。

5.9.7 洗衣服务应达到地点清洁、通风良好；污染衣物先消毒、后清洗，洗后衣物无污渍、分类存放、折叠摆放整齐。

5.9.8 光荣院应制定洗衣服务检查程序和要求，有定期检查评估记录，保证服务质量。

5.10 物业管理维修服务

5.10.1 光荣院提供满足院民日常生活基本需求、为院民提供适合其生活特点、安全、合适、方便的生活环境的物业管理维修服务。

5.10.2 物业管理维修服务范围包括提供水、电、取暖、降温、排污、消防、通讯项目、房屋的维修，保养。保障生活设施完好，按时年检。

5.10.3 光荣院如自身不能提供物业管理维修服务，与社区物质业管理部门建立服务合同，保障光荣院生活服务设施随时处于完好状态。

5.10.4 光荣院设计规模配备必要的生活服务设施设备。

5.10.5 光荣院提供物业管理维修服务按 MZ 008—2001 的第 5 章执行。

5.10.6 光荣院提供物业管理维修服务制定服务流程或程序，具备国家制定或认可的物业管理维修服务技术操作规范。

5.10.7 光荣院向院民及监护人用文字或图片说明提供物业管理维修服务的须知和服务文字记录。

5.10.8 光荣院应做到冬季室内温度不低于 16 ℃，夏季不超过 28 ℃的保暖和降温措施；排污、消防设施完好率 90%以上。

5.10.9 光荣院制定物业管理维修服务检查程序和要求，有定期检查评估记录，保证服务质量。

5.11 其他服务

5.11.1 其他服务包括为院民提供及时可靠的通讯、交通、咨询、代办等服务。

5.11.2 有专人为院民提供及时可靠的通讯、交通、咨询、代办等服务。

5.11.3 有开展上述服务流程或程序、制度和人员职责，有图片或文字说明，有服务文字记录。

5.11.4 提供上述服务做到有约定，有记录，有核对，有签字，有检查。

5.11.5 定期根据检查程序对上述服务进行效果评估有记录。

6 服务质量评定与改进

6.1 服务质量的评定

6.1.1 开展自评

光荣院的工作人员每半年进行一次自评，自评的内容是：

——挂牌上岗，恪尽职守，规范服务；

——周到及时，操作严格，一丝不苟；

——规章落实，分类管理，方便老人；

——环境清洁，服务到位，老人舒心。

6.1.2 开展服务对象评定

为确保服务质量，各类光荣院应开展服务对象的评定活动，建立定期评定制度和措施来保证评定工作顺利开展，收集服务对象和群众对服务质量、服务方式、服务力度、服务时间等多角度的服务反馈的信息来掌握服务传递的效果，促进服务各方面的持续改进。

6.1.3 开展服务评定的方式

a) 定期召开院民座谈会；

b) 定期组织院民评选“最满意的工作人员”；

c) 填写“院民满意度调查表”；

d) 设立“征求意见箱”；

e) 建立院民管理委员会。

6.2 不规范服务的改进

6.2.1 持续改进

6.2.1.1 光荣院重视并不断提高质量管理的有效性，以贯彻优质服务和实现服务管理、质量管理目标。

6.2.1.2　通过纠正措施的控制，策划并实施日常的改进。

6.2.1.3　通过对质量方针和目标的策划及确定，提出预期目标和总体要求；通过检查结果、信息反馈和数据分析，明确改进的目标，确定改进的方案；通过预防措施及特定评审，实施改进并评价改进结果，从而促进质量管理体系的持续改进。

6.2.2　纠正措施

6.2.2.1　光荣院编制并保持不合格纠正措施的程序，以防止不规范服务的重复出现。

6.2.2.2　光荣院需采取纠正措施方面包括：

——导致服务对象投诉或不满意的不规范服务；

——服务设计缺陷或质量检查发现的不规范现象；

——提供的物品或设施的不规范。

6.2.2.3　采取纠正措施的程序包括：

——提出纠正措施，描述不规范事实；

——调查并分析导致不规范服务的原因；

——确定并采取消除不规范服务的纠正措施；

——验证纠正措施的有效性。

6.2.3　预防措施

6.2.3.1　光荣院编制并保持预防措施的程序，以消除潜在不规范服务的原因，防止不规范服务的发生。

6.2.3.2　采取预防措施的程序包括：

——定期统计分析信息，包括服务对象的反馈意见，服务过程记录，安全隐患；

——统计分析相关信息，提出潜在的不规范服务现象；

——调查和分析潜在的不规范服务的原因；

——确定并记录消除不规范服务的预防措施；

——验证预防措施的有效性并提交管理部门保存。

参 考 文 献

[1] MZ 009 残疾人社会福利机构基本规范
[2] MZ 010 儿童社会福利机构基本规范

ICS 03.080.99
A 12

中华人民共和国国家标准

GB/T 29427—2012

军用饮食供应站服务规范

Service for military catering supply station

2012-12-31 发布 2013-05-01 实施

中华人民共和国国家质量监督检验检疫总局
中国国家标准化管理委员会 发布

前　言

本标准按照 GB/T 1.1—2009 给出的规则起草。

本标准由民政部提出并归口。

本标准起草单位：民政部优抚安置局、山东省民政厅、山东省兖州军用饮食供应站。

本标准主要起草人：邹铭、杨国英、马飞雄、李树峰、孙军山、王忠诚、肖耀怀。

引　言

为强化军用饮食供应站的服务管理,规范军供服务行为,提高服务质量,全面提升我国军供站服务管理水平,促进军供工作正规化、制度化、规范化,根据民政部、总后勤部相关法规政策规定,结合我国军供事业发展的实际,制定本标准。

军用饮食供应站服务规范

1 范围

本标准规定了军用饮食供应站的资源配置及服务能力、服务流程与内容、安全卫生要求与服务质量控制。

本标准适用于不同等级的军用饮食供应站。

2 规范性引用文件

下列文件对于本文件的应用是必不可少的。凡是注日期的引用文件，仅注日期的版本适用于本文件。凡是不注日期的引用文件，其最新版本(包括所有的修改单)适用于本文件。

GB/T 5750(所有部分) 生活饮用水标准检验方法

GB/T 15624.1—2003 服务标准化工作指南 总则

3 术语和定义

下列术语和定义适用于本文件。

3.1

军用饮食供应站 military catering supply station

军供站

在铁路、公路、水路等附近专门设立的为执行作战、支前、抢险救灾、维护稳定、战备演习等过往部队、预备役人员、支前民兵和民工、入伍新兵、退伍老兵等提供饮食、住宿、休整等保障的组织机构和战备设施。

3.2

军供服务对象 military service object

包括过往部队、预备役人员、入伍新兵、退伍老兵、支前民兵和民工，及国家抢险救灾、应对突发性事件需供应的过往人员。

3.3

供应能力 supply ability

军供站一次同时保障或单位时间内持续保障就餐人员数量的多少。

3.4

供应通报 supply bulletin

记载一次任务需保障就餐人数、时限、标准、要求等事项的书面资料。

3.5

人员配置 personnel allocation

军供站能够承担一般军供任务所需的人员限额 。

3.6

军供保障人员 military security personnel

从事为军供服务对象提供服务的军供站工作人员。

3.7

军供保障值班室　military security duty room

负责接收和传递军供任务，做好电话记录和接待工作，处理有关保障工作的场所。

3.8

军用饮食物资采购　military catering supplies procurement

指完成军供任务所需用的各种佐料、主副食品、原材物料、包装材料等的购置。

3.9

人员召集　personnel convened

按照迅速、快捷的方式，将军供保障人员在一定时刻前，集合到指定地点。

3.10

平战结合　for both peacetime and wartime

在和平时期和战争时期，将军供站现有设施设备等资源充分利用，为社会服务，以减少资源闲置，提高资源使用效率。

4　资源配置及服务能力

4.1　设施设备

4.1.1　基本设施要求

4.1.1.1　军供站分一级站、二级站和三级站。各级站应设有能够满足其职能、任务基本需要的设施。

4.1.1.2　军供设施包括厨房、餐厅、仓库、锅炉房、办公室、军供保障值班室、化验室、部队集结、车船停泊的场地（库）和进出通道、厕所、盥洗、住宿、体能恢复等必要设施。

4.1.1.3　有进出通道，供水、供电、取暖、降温等各项服务设施。

4.1.1.4　占地面积：一级站不小于 6 000 m^2；二级站不小于 5 000 m^2；三级站不小于 1 800 m^2。

4.1.1.5　房屋建筑面积：一级站不小于 2 700 m^2；二级站不小于 2 300 m^2；三级站不小于 1 200 m^2。

4.1.1.6　食堂建筑面积（包括餐厅、厨房、主副食贮藏库及配属房间）：一级站不小于 1 700 m^2；二级站不小于 1 200 m^2；三级站不小于 500 m^2。

4.1.1.7　办公室建筑面积（包括站长、联办、军代表、管理、医务、值班、财务、会议室）不低于：一级站 280 m^2；二级站 200 m^2；三级站 140 m^2。

4.1.1.8　附属设施建筑面积（包括锅炉房、开水间、浴室、汽车库、军人服务部）不低于：一级站 380 m^2；二级站 305 m^2；三级站 260 m^2。

4.1.1.9　地坪硬化面积：一级站不小于 1 100 m^2；二级站不小于 800 m^2。

4.1.1.10　厕所为水冲式，坑位：一级站不少于 70 个；二级站不少于 50 个；三级站不少于 5 个。

4.1.1.11　盥洗台水嘴数：一级站不少于 80 个；二级站不少于 60 个。

4.1.1.12　应设有住宿接待室：一级站不少于 80 个床位；二级站不少于 40 个床位；三级站不少于 20 个床位。

4.1.1.13　宜在军供站内或站外附近安排军供保障人员宿舍，以保证迅速召集。

4.1.1.14　各种基本设施建设资料保存完好。

4.1.2　基本设备要求

4.1.2.1　应有履行职能、完成任务基本需要的军供设备。

4.1.2.2　基本设备包括办公、通信、化验、广播设备、灶具、炊事机械、餐厅用具、客房用具、锅炉、保温保鲜设备，物资采购及人员乘坐车辆，机动生产、送餐车辆，发电设备等。

4.1.2.3 通信设备配置,符合一级站3部;二级站2部;三级站1部的要求,以确保通迅畅通。
4.1.2.4 通信设备包括能够传输声音或图像的有线固定或无线移动电话、传真等。
4.1.2.5 军供设备配套齐全,饮食制作机械化、电气化,以实现快速保障。

4.1.3 设施设备维修保养与更新改造

4.1.3.1 制定有军供设施设备维修改造和添置更新计划。
4.1.3.2 各级财政应提供必要的设施设备维修、添置、更新、改造等所需经费。
4.1.3.3 设施设备因维修改造,不能正常受领军供任务时,应在此前72 h征得驻地军代表同意。
4.1.3.4 落实维修保养制度,确保各种设施、设备良好。
4.1.3.5 维修保养资料记录完整,保存完好。

4.2 人员配置

4.2.1 军供站应有固定编制人员,并应包括在地方行政编制总人数中。
4.2.2 固定编制人员人数:一级站不低于15人;二级站不低于10人;三级站不低于6人。
4.2.3 应有等级厨师1～2名、营养师1名、会计、化验员、锅炉工、水电工、餐厅服务员、技工等。
4.2.4 军供服务岗位一般有:值班员、管理员、会计、出纳、采购员、保管员、化验员、厨师、餐厅服务员、客房服务员、锅炉工、汽车驾驶员、保安员等,可以兼任,并合理安排各岗位服务内容。
4.2.5 从事会计、化验、锅炉、水电等专业性较强的人员,应取得相应的资格证书。
4.2.6 人员档案及相关培训、证件资料保存完好。

4.3 服务管理

4.3.1 应成立军用饮食供应工作领导小组,并由当地政府主要领导任组长。
4.3.2 应按照军供站现代化建设要求制定各项工作职责。
4.3.3 工作职责主要包括:军用饮食供应工作领导小组职责,民政部门在军用饮食供应工作方面职责,军事交通运输部门在军用饮食供应工作方面职责,军供站职责,军供站站长职责,军供站党委(支部)书记,军供站值班员、管理员、会计、出纳、采购员、保管员、化验员等职责。
4.3.4 应按照军供站现代化建设要求制定各项工作制度。
4.3.5 工作制度主要包括:军用饮食供应工作领导小组会议制度,民政部门、军事交通运输部门和军供站都应建立工作计划与总结制度、请示报告制度,信息交流制度、检查评比制度等,同时军供站还应建立教育训练、值班、劳动管理、安全保密、卫生防疫、财务管理、物资管理、厨房餐厅管理等制度。
4.3.6 应制定军用饮食日常供应和应急供应工作程序。
4.3.7 应制定常规保障、应急保障、持续保障、机动保障、社会保障、野外保障等供应保障方案,并分别演练,以总结经验,保证方案可行、高效。
4.3.8 各项工作职责、制度、程序、方案,揭挂整齐,人人熟知,认真履行。
4.3.9 应记录保障服务过程,并做到及时、准确、真实、完整。
4.3.10 应保留提供保障服务的文件和记录。
4.3.11 军用饮食保障服务过程,应有严格的保密措施。

4.4 供应能力

4.4.1 一级站:常年有军供任务,且一次供应能力为1 500人以上(站内就餐)。
4.4.2 二级站:间断有军供任务,且一次供应能力为1 000～1 500人(站内就餐)。
4.4.3 三级站:一次送餐供应能力为不低于500人。
4.4.4 在供应时限上,应达到军供站现代化建设规定的本级要求。

4.4.5 单次保障人数，应达到军供站现代化建设规定的本级要求。

5 服务流程与内容

5.1 任务受理

5.1.1 任务受理以安全、准确、及时地接收供应通报为目的，在保障条件允许的情况下受理。

5.1.2 主要接收驻当地军事代表办事处下达的供应通报。

5.1.3 中转部队报送供应通报时，向其提供当地军事代表办事处的联系电话。

5.1.4 供应通报宜由当日值班员或带班领导接收。

5.1.5 应实行每日 24 h 值班，所有外来电话，即时接答。

5.1.6 对方挂断电话之后，方为通话完毕，任何时候不得先挂断电话或用力掷听筒。

5.1.7 接收通报应执行复诵制度，一式两份，逐项抄写，以保证准确清晰。

5.1.8 特殊供应，应及时向上级领导汇报，必要时，请求召开联席会议，按分工组织实施。

5.1.9 供应通报统一规范，并进行专人保管，参见附录 A。

5.1.10 制定有保证任务受理的流程、程序和操作规范。

5.1.11 无拒绝、推诿执行军供任务。

5.2 食谱制定

5.2.1 食谱制定以提供与人体所需营养相适应的膳食为目的。

5.2.2 按照气候变化、生理特点，结合主副食品采购情况，实行科学配餐，突出特色。

5.2.3 制定有高温、寒冷、高原、陆勤、作战、重大节日等不同条件下的给养标准。

5.2.4 保证官兵吃到给养标准规定的食物定量。

5.2.5 尊重少数民族官兵的饮食习惯，重视伤、病员的饮食。

5.2.6 按照供餐份数和食谱标准及应急供应储备数量，编制《军供任务采购单》，参见附录 B。

5.2.7 保存好食谱、采购单等相应的资料。

5.3 军用饮食物资采购

5.3.1 物资采购是以及时购买到质优量足的饮食物品、原料为目的。

5.3.2 有与各供应网点签订的《购销协议书》，参见附录 C。

5.3.3 采购员按照《军供任务采购单》及时采购，应符合国家食品安全相关要求。

5.3.4 履行验收入库程序，完善签字手续，及时进行采购结算或会计核算。

5.3.5 可根据实际情况，储备、保管一定数量的军供物资和应急保障资金。

5.3.6 《购销协议书》、实际采购单、入库单证应按规定年限入档保管。

5.3.7 制定有保证饮食物品顺利采购的管理程序和操作规范。

5.4 人员召集

5.4.1 人员召集以按照一定的方式将军供保障人员快速集合到指定地点为目的。

5.4.2 制定有军供保障人员《召集方案》，应包括：军供保障人员姓名、电话、住址、到达时间、到达地点、到达方式等内容。

5.4.3 按照《召集方案》规定的程序，召集军供保障人员。

5.4.4 应根据军供保障人员信息变动情况，及时修订《召集方案》。

5.4.5 定期评估、优化《召集方案》，并予以记录。

5.5 饮食制作

5.5.1 物品领用

5.5.1.1 以为饮食制作做好充分准备为目的。
5.5.1.2 领取主副食品原料、佐料，应履行出库手续，并符合卫生标准。
5.5.1.3 主食品原料包括大米、面粉等。
5.5.1.4 副食品原料包括各种肉食、禽蛋、蔬菜等。
5.5.1.5 佐料包括食用油料、盐、酱、醋、花椒、大茴、味精、料酒等。
5.5.1.6 出库单及投料单资料，应及时保管。

5.5.2 饮食制作

5.5.2.1 以按照通报要求安全、卫生、准时地完成饮食制作为目的。
5.5.2.2 食品制作符合卫生要求，做到生熟案板、刀具、器皿、用具分开使用，荤素菜种分别加工存放，生熟隔离，成品与半成品隔离，食品与杂品隔离。
5.5.2.3 加工原料是对原料进行削、洗、摘、拣等处理。
5.5.2.4 切割配份是将已加工的洁净原料按照规格要求进行切割，并根据成肴原料进行主、配原料的合理搭配，以使成肴质嫩松软、方便进食和消化。
5.5.2.5 烹调熟制是根据做菜需要，运用烹调技法，减少对原料营养成分的破坏。
5.5.2.6 制作供应热饭、热菜，各种副食做到菜香汤鲜，味美适口以改善伙食。
5.5.2.7 首长、回民和病号饭菜有别于普食。
5.5.2.8 制作各种主副食，做到不夹生，不串烟。
5.5.2.9 准时烧好开水、汤，化验合格后供部队饮用。

5.5.3 提取化验

5.5.3.1 以提供饮食、饮水的安全卫生为目的。
5.5.3.2 应备有食品化验所必要的设备和药品试剂。
5.5.3.3 指定专人采集和留取主食、副食品、开水样品。
5.5.3.4 卫生防疫部门按照 GB/T 5750 的要求进行化验。
5.5.3.5 及时填制《检验报告书》，其内容参见附录 D。
5.5.3.6 制定有饮食、饮水检验的工作程序和操作规范。
5.5.3.7 对化验服务有定期检查评估记录，保证化验质量。
5.5.3.8 化验费用应由卫生防疫部门负责。

5.5.4 供前检查

5.5.4.1 以保证服务不漏项、按供应通报标准组织饮食供应为目的。
5.5.4.2 检查原料到位、饮食制作、食品分餐或打包外送等各环节进展情况。
5.5.4.3 检查内容应包括主副食品、份数、品种、化验单、餐具、用品、场地布置、环境卫生等。

5.6 饮食供应

5.6.1 供餐的一般要求

5.6.1.1 以保证为军供服务对象顺利供餐为目的。
5.6.1.2 军供保障人员宜统一着装，佩戴统一军供标识。

5.6.1.3 饭菜、开水、食品等须经化验合格后,供部队食用。
5.6.1.4 实行分类就餐,应安排好执勤人员、伤病员和少数民族官兵的就餐。
5.6.1.5 饮食供应不漏供、错供、晚供,热情周到。
5.6.1.6 设置《意见簿》,向就餐部队征求意见和建议。
5.6.1.7 适时做好饮食供应任务的总结、统计工作。
5.6.1.8 食品化验、供应等工作资料,应及时保管。

5.6.2 站内供餐

5.6.2.1 站内供应以保证安全、及时、顺利地在餐厅内就餐为目的。
5.6.2.2 布置餐厅,摆放餐具,量份准确,饭热菜热。
5.6.2.3 布置餐厅包括摆放餐桌、餐凳、桌布铺设、餐桌编号等。
5.6.2.4 摆放餐具包括碗、筷、食品夹等用品的摆放。
5.6.2.5 主副食品按标准量制作,均匀分餐,上桌时手指不能碰及主食和菜肴。
5.6.2.6 在就餐场所,有服务台、剩饭收集桶和就餐须知等设置。
5.6.2.7 列车到达后,主动与部队负责人联系,核对就餐部别、车次及人数。
5.6.2.8 介绍饮食准备情况,引导部队就餐。
5.6.2.9 就餐须知主要包括:服务台设置、备用餐具、开水供应处、剩饭收集处、餐具洗涮处、公厕、冲澡间位置。
5.6.2.10 其他服务主要包括:提供针线包、常用药品、信封、信纸、日常生活用品、充电插座以及代补衣服、理发等急需的服务。
5.6.2.11 关注进餐情况,如果就餐官兵提出问题或其他要求,应在予以回应。
5.6.2.12 就餐后,提醒官兵不要忘记随身携带的衣、物、用品等,并使用文明用语欢送部队。
5.6.2.13 就餐后,及时清理卫生,桌椅整齐,无残留餐具及垃圾。

5.6.3 站外送餐

5.6.3.1 站外送餐以安全、快捷、准时地将饮食送达到指定地点为目的。
5.6.3.2 送餐应使用保温送餐车辆,在没有保温送餐车的情况下,饮食应装在防尘、防雨、有盖的器皿中,天冷时有保温措施。
5.6.3.3 运输包装箱、盒、筐等符合食品安全卫生要求。
5.6.3.4 在交付给部队前,应包装完好,贮存在通风清洁处,并与化学腐蚀品、鲜活原料、半成品等物质隔离。
5.6.3.5 饮食及用具的准备,包括帐篷、餐桌、餐凳、碗、筷、勺、盆、纸巾等用具的准备,和设置临时服务台、开水供应处、洗漱处、垃圾收集箱、临时公厕等必要附助设施的准备。
5.6.3.6 保温送餐(水)车辆状况良好,并由政治素质高、经验丰富、有从业资格证书人员驾驶。
5.6.3.7 选定安全快捷的送餐路线。
5.6.3.8 就餐后,场地卫生及时清扫干净。

6 卫生安全要求

6.1 卫生要求

6.1.1 食品卫生

6.1.1.1 以提供安全卫生的饮食、饮水为目的。
6.1.1.2 符合国家食品安全法规规定。

6.1.1.3 提供采购、处理、储存、烹饪、供应等过程中的卫生监督管理。
6.1.1.4 提供卫生检测服务,应配备的必要设施设备,按食品卫生检疫的有关规定执行。
6.1.1.5 卫生检疫,应由政府出面协调卫生防疫部门实施。
6.1.1.6 厨房应当符合生进熟出操作流程的布局要求。
6.1.1.7 应制定提供饮食、饮水不同环节的化验服务流程或程序。
6.1.1.8 化验应做到准确、及时,出具《检验报告书》,并履行签字手续。
6.1.1.9 对饮食饮水化验保留提供服务的文件或记录。

6.1.2 炊具、餐具等器具卫生

6.1.2.1 以保持卫生清洁、无异味、无有害附着物,处于安全使用状态为目的。
6.1.2.2 器具卫生应符合国家食品卫生法规的有关规定。
6.1.2.3 炊具、餐具应完好、整洁、干净,无灰尘、无污迹。
6.1.2.4 餐具应清洁、消毒,无指纹、水渍、油渍、脏痕、污迹,无裂纹、缺口。
6.1.2.5 炊具、餐具使用后,流水冲洗,符合一洗、二刷、三消毒。
6.1.2.6 使用的洗涤剂、消毒剂,对人体安全无伤害。
6.1.2.7 按规定使用炊具、餐具,荤素菜类要分开加工、存放,生熟隔离,防止交叉感染。
6.1.2.8 根据实地情况,对炊具、餐具等定位摆放,分类管理,做好相关记录。

6.1.3 军供保障人员个人卫生

6.1.3.1 以保持良好的个人卫生、工作状态和服务形象为目的。
6.1.3.2 工作时穿工作服、戴工作帽,女性员工不可涂用深色指甲油。
6.1.3.3 饮食加工制作过程中,不抽烟、不饮酒、不吃零食,接触食品前必须洗手。
6.1.3.4 不随地吐痰,不应对着食品咳嗽、打喷嚏等。
6.1.3.5 做到勤洗澡、勤换衣、勤理发、勤剪指甲。
6.1.3.6 定期进行身体健康检查,持有《健康证明》、无行业禁忌症者方可上岗。
6.1.3.7 建有职工健康档案和个人卫生检查程序制度,有定期检查评比记录。

6.1.4 就餐环境卫生

6.1.4.1 环境卫生服务以为过往部队提供舒适、清洁、安全的就餐环境为目的。
6.1.4.2 环境卫生包括厨房、餐厅、库房、厕所、住宿场所等室内、外卫生清洁。
6.1.4.3 室内应有良好的通风系统,无油烟味,空气新鲜,地面清洁,无裸露垃圾、烟蒂、无蜘蛛,无积尘,及时消灭蚊蝇、蟑螂、老鼠。
6.1.4.4 各种标志醒目、明亮、清洁、整齐。
6.1.4.5 库中物品分类摆放,以便收、发和盘点。
6.1.4.6 消防器材,清洁光亮、无灰尘、有效正常。
6.1.4.7 定期清扫庭院、房舍,集结场地、道路平整,无积水,有定点的垃圾收容设施。
6.1.4.8 厕所应经常打扫,粪便定期处理,符合卫生要求。
6.1.4.9 制定有环境卫生服务的流程或程序。
6.1.4.10 环境应做到安全、优雅、舒适。服务热情、周到、快捷,服务工作完成率100%。

6.2 安全要求

6.2.1 饮食制作安全

6.2.1.1 军供保障人员应坚守岗位,防止意外发生。

6.2.1.2　制膳期间,非军供保障人员不得进入操作间。

6.2.1.3　按照规程操作各种炊事机具,正确使用水、电、暖和消防设备,确保使用安全。

6.2.2　饮食供应安全

6.2.2.1　搞好军供送餐车辆的维修和养护,遵守交通规则,车辆状况良好,确保军供应急措施的要求。

6.2.2.2　在就餐场所设有明显的安全通道,在可能危及人身安全的地方,设置防伤、防滑、防烫等提示性标志。

6.2.2.3　部队就餐时,应加强警卫,无关人员不得进入就餐场所。

6.2.3　消防安全

6.2.3.1　有健全的安全消防管理制度、消防责任制及安全消防预案。

6.2.3.2　建立有义务消防队,定期进行安全消防训练,保证掌握基本消防技能、程序。

6.2.3.3　各种安全、消防设备有明显标志,定期进行巡视、检查和维护,确保安全消防设备正常运行。

6.2.3.4　就餐场所需要保持畅通的安全门,防火通道要保证照明完好,畅通无阻。

6.2.3.5　做好安全消防设备的布局、检查、维护和人员培训记录。

6.3　保密要求

6.3.1　以安全秘密地完成饮食供应任务为目的。

6.3.2　经常进行安全、保密教育,定期对安全、保密制度进行修订。

6.3.3　军供保障人员应保守军事秘密,不向亲属和站外人员泄露军供情况。

6.3.4　对外来人员,应严格办理来访登记手续,采取与军供服务对象分开就餐、住宿等措施进行保密。

6.3.5　站外送餐时,送餐路线不应提前公布。

6.3.6　开展综合利用项目,不得危及军用饮食供应安全、保密和卫生。

6.3.7　未经批准,不得随意上传有关军供工作的影、像、文字资料。

6.3.8　秘密级以上文件由专人负责管理,有严格的文件办理、归档、档案利用手续和程序。

6.3.9　各种资料应入档管理,安全、规范、保密,专人保管,定期销毁。

6.4　平战结合

6.4.1　平战结合以平时服务、急时应急、战时应战为原则。

6.4.2　开展平战结合以保证完成军用饮食供应任务为前提。

6.4.3　利用现有设施、设备等,开展经营,为社会服务。

6.4.4　服务收入应全额用于添置改造设施设备、补贴部队伙食和职工工资发放及改善职工福利待遇。

7　服务质量控制

7.1　服务质量评定

7.1.1　以口头或书面方式向军供服务对象征求意见和建议,军供服务对象满意率达到100%。

7.1.2　与驻地军事代表座谈并征求意见。

7.1.3　每次军供任务完成后,应召开军供服务总结会,总结在准备、制作和供应各阶段的经验和不足,并予以记录。

7.1.4　军供保障人员开展自评:坚守岗位,制度职责落实,服务规范到位。

7.1.5　组织军供保障人员座谈,对《意见簿》等部队反馈信息进行分析、整理,找出差距和不足。

7.1.6　处理部队反馈信息和其他各方意见、建议,修订改进方案和措施,以便提高服务质量。

7.2 服务改进

7.2.1 形成持续改进的服务理念。

7.2.2 军供站有定期修订制度职责的管理行为。

7.2.3 有修订改进措施书面方案。

7.2.4 有抓好措施落实的书面记录。

7.3 服务拓展

7.3.1 以丰富过往部队的生活、鼓舞斗志、恢复体能为目的。

7.3.2 提供文艺休闲娱乐服务，包括收看电视、阅读报刊、书法、绘画等。

7.3.3 提供体育健身、体能恢复场所和器械。

7.3.4 设置文字或图形形式的提供文体娱乐服务须知。

7.3.5 定期检修文体娱乐设施，并做好检查评估记录。

附　录　A
（资料性附录）
供 应 通 报

A.1　供应通报样式见表A.1。

表 A.1　供应通报

编号：

军运号码	车次	预报站及发车时间		预定到前方供应站			人数			菜金（元）	馒头（面斤）	饭（米斤）	稀饭（米斤）	份数	
		站名	时间	站名	日	时	计	病	回					饭	菜
1	2	3	4	5	6	7	8	9	10	11	12	13	14	15	16

开水（担）	马匹			通报人	受报人			部队负责人	首长席	
	草（担）	料（担）	水（担）		单位	姓名	时间		桌	每桌加
17	18	19	20	21	22	23	24	25	26	27

说明	

附 录 B
（资料性附录）
军供任务采购单

B.1 军供任务采购单样式见表 B.1。

表 B.1 军供任务采购单

科目	品种	单价	采购数量	金额
经办人：		审批领导：		年 月 日

附 录 C
（资料性附录）
军供物品购销协议书

C.1 军供物品购销协议书样式见表C.1。

表C.1 军用物品购销协议书

采购方(甲方)： 供应方(乙方)： 为提高甲方快速军供保障能力，确保军用物资供应渠道畅通，进一步明确甲乙双方在购销过程中的权利和义务，经双方协商，签订本协议： 1. 甲方使用电话或传真准确、复诵地向乙方通知所需物品的品名、单位、数量、送达地点、送达时间等。 2. 乙方应在规定时间内，按照甲方要求，快速准确地准备好所列物品并送达到指定地点。乙方应对所供物品品种逐项对照，做到不漏项，不重项，不多项。如不能按照规定的时间及时供应到指定地点，甲方有权终止本协议。 3. 乙方所供物品，必须保证其卫生质量安全，杜绝霉烂、变质、超保质期物品的供应。否则，因质量问题发生事故，依法追究乙方责任。 4. 乙方所供物品，必须达到甲方所需足够的数量，不能随意增减。 5. 甲方保管员按照《饮食物品采购计划单》对所列物品品种、单价、数量和质量负责验收。乙方必须附送所供物品票据，甲方验收合格、数据无误后，由保管员和采购员共同签字，采购员据此向乙方进行货款结算，甲方不能积压、占用甚至拖欠乙方的货款。 6. 甲方应根据军供情况尽早通知乙方，以便乙方准备充足优质的物品。 7. 乙方应保持通讯畅通，接通知后不得对外宣传声张，并严守军供秘密，否则依法追究乙方泄密责任。 8. 本协议自签订之日起生效，有效期一年。 9. 本协议一式两份，甲乙双方各执一份。 10. 其他未尽事宜，由双方协商解决，解决不成由仲裁部门裁决。 采购方(甲方)：　　　　供应方(乙方)： 代　表：　　　　代　表： 电　话：　　　　电　话： 地　址：　　　　地　址： 年　月　日

附 录 D
（资料性附录）
检 验 报 告 书

D.1 检验报告书样式见表 D.1。

表 D.1 ××省××市预防控制疾病中心检验报告书

<table>
<tr><td colspan="10">报告书第 号</td></tr>
<tr><td rowspan="2">送验者</td><td>单位</td><td colspan="3"></td><td colspan="3">样品收到日期</td><td colspan="2">年 月 日</td></tr>
<tr><td>住址</td><td colspan="3"></td><td colspan="3">报告书发出日期</td><td colspan="2">年 月 日</td></tr>
<tr><td>样品名称</td><td></td><td>数量</td><td></td><td colspan="2">来源</td><td></td><td colspan="2">封装情形</td><td></td></tr>
<tr><td colspan="10">检验目的：</td></tr>
<tr><td colspan="10">检验结果

结　论
检验盖章：</td></tr>
<tr><td colspan="10">注：1. 本报告书系根据送检验品之检验结果所作之报告。
2. 本报告书不得作为宣传资料。　　检验者：</td></tr>
</table>

参 考 文 献

[1] 军用饮食供应站、供水站管理办法.民政部,总后勤部令[1989]第1号.
[2] 食品卫生法.国家主席令[1995]第59号.
[3] 铁路军运设施设计规定.铁基[1989]第56号.
[4] 军用饮食供应工作正规化建设规定.后交字[2004]第919号.
[5] 关于进一步加强军用饮食供应站建设管理工作的通知.民发[2009]第88号.
[6] 交通沿线军事交通运输现代化建设工作规定.后交[2010]第623号.

ICS 91.120.25
P 15

中华人民共和国国家标准

GB/T 29428.1—2012

地震灾害紧急救援队伍救援行动 第1部分:基本要求

Operation for earthquake search and rescue team—Part 1:Basic requirements of operation

2012-12-31 发布

2013-06-01 实施

中华人民共和国国家质量监督检验检疫总局
中国国家标准化管理委员会
发布

前　言

GB/T 29428《地震灾害紧急救援队伍救援行动》分为两个部分：

——第 1 部分：基本要求；

——第 2 部分：程序和方法。

本部分为 GB/T 29428 的第 1 部分。

本部分按照 GB/T 1.1—2009 给出的规则起草。

本部分由中国地震局提出。

本部分由全国地震标准化技术委员会(SAC/TC 225)归口。

本部分起草单位：中国地震局地球物理研究所、中国地震局地壳应力研究所、中国地震应急搜救中心、中国地震局工程力学研究所、河北省地震局。

本部分主要起草人：顾建华、陈虹、王志秋、吴新燕、韩炜、贾群林、宋富喜、余世舟、肖沛琪、卢杰、张勤。

引　言

国内外地震灾害紧急救援实践表明，地震灾情复杂，救援难度大，技术要求高；由于灾区范围广，参与救援的队伍多，且队伍能力、技术和方法、装备、信息和安全管理各异，往往导致救援行动协调难度大、效率低、安全风险高。GB/T 29428 旨在规范和协调地震灾害紧急救援队伍的救援行动，提高救援能力与效率、最大限度地减少人员伤亡。

地震灾害紧急救援行动的基本原则是以人为本，科学施救，安全第一，营救与医疗救援相结合。

地震灾害紧急救援队伍的主要任务是对因地震或其他突发事件造成建(构)筑物倒塌而被压埋的人员实施搜索和营救。

GB/T 29428 的本部分是在系统总结了汶川、玉树等一系列地震救援经验，研究了社会发展的需求，参考了国外相关标准的基础上制定的。

地震灾害紧急救援队伍救援行动
第1部分:基本要求

1 范围

GB/T 29428的本部分规定了地震灾害紧急救援队伍的行动准备、现场救援、安全管理、保障与支持方面的基本要求。

本部分适用于地震灾害紧急救援队伍的救援行动,其他专业救援队伍可参照使用。

2 规范性引用文件

下列文件对于本文件的应用是必不可少的。凡是注日期的引用文件,仅注日期的版本适用于本文件。凡是不注日期的引用文件,其最新版本(包括所有的修改单)适用于本文件。

GB 13690—2009 化学品分类和危险性公示 通则

3 术语和定义

下列术语和定义适用于本文件。

3.1

救援行动 rescue operation

救援队接受命令后,实施行动准备、现场救援和撤离的全过程。

3.2

工作场地 working site

开展搜索、营救和医疗救援的区域。

3.3

受困者 trapped person

被压埋在倒塌建(构)筑物或限制在其他狭小空间中的人员。

3.4

搜索 search

采用人工、犬和仪器等方式寻找受困者的过程。

注:改写GB/T 23648—2009,定义2.6。

3.5

营救 rescue

采用各种方法使受困者脱离险境的过程。

注:改写GB/T 23648—2009,定义2.7。

3.6

行动基地 operation base

救援队在救援现场建立的指挥、休整、医疗、装备存放和物资存放的场地。

3.7

行动计划 operation plan

在地震发生后,救援队机动到现场的过程中,根据灾区信息做出的人员、物资、路线等安排。

3.8

转场　reassignment

转移行动基地的过程。

3.9

结构评估　structure assessment

对受损建(构)筑物结构危险性进行判断的过程。

3.10

搜救标记　search and rescue mark

在工作场地表示搜救行动及其相关信息的简明文字、图形或符号。

4　行动准备

4.1　救援队在获得震情信息后，应设专人跟踪灾情。

4.2　救援队在接到出动命令后，应根据灾情完成下列行动前准备工作：

a)　确定组队、装备、物资配置方案；

b)　确认队员、搜救犬及装备状态；

c)　确定机动方式和行动路线；

d)　确定运输工具的种类、数量及运输先后顺序；

e)　为出队人员办理人身意外保险。

4.3　救援队到达现场之前，应根据灾区的各种信息，编制并适时修改救援行动计划，主要包括：

a)　现场形势评估；

b)　需求评估；

c)　一般情况应对措施；

d)　意外情况处置措施。

5　现场救援

5.1　协调与沟通

5.1.1　救援队抵达灾区后，应向地方人民政府抗震救灾指挥机构报到，参照附录A提交救援队概况表。

5.1.2　救援队应接受地方人民政府抗震救灾指挥机构的指挥。

5.1.3　救援队应设专人与地方人民政府抗震救灾指挥机构保持联系。

5.1.4　救援队应及时向地方人民政府抗震救灾指挥机构报告救援进展。

5.1.5　救援队可向地方人民政府抗震救灾指挥机构提出需要协调的事项。

5.2　行动基地

5.2.1　行动基地的选址应考虑交通、安全、基础设施等条件。

5.2.2　行动基地宜按指挥、生活、医疗、装备、搜救犬、卫生、洗消等功能分区，并设置明显标志。

5.2.3　遇有传染性疫情时，应在行动基地设置隔离区和明显标志。

5.2.4　救援队在转场与撤离前应及时拆除行动基地设施，并对废弃物进行清理。

5.3　工作场地评估

5.3.1　救援队进入工作场地前，应由相关技术人员对工作场地及其周边环境的危险性进行评估，主要内容包括：

a) 受损建(构)筑物对施救的可能影响；

b) 危险品及危险源；

c) 崩塌、滑坡、泥石流、洪水、台风等潜在危险因素。

5.3.2 救援队进入工作场地前，应对建(构)筑物进行结构评估，评估应当考虑以下内容：

a) 用途；

b) 估计人数；

c) 结构类型、层数；

d) 承重体系、基础类型；

e) 空间与通道分布；

f) 倒塌类型及主要破坏部位；

g) 二次倒塌风险；

h) 施救可能对结构稳定性产生的影响。

5.3.3 救援队应在工作场地评估结束后，参照附录 B 填写工作场地评估表，并绘制现场草图。

5.3.4 救援队应根据结构评估的结果，按附录 C 确定工作场地的优先等级。

5.4 搜索

5.4.1 搜索人员开展搜索行动时，应将人工搜索、犬搜索和仪器搜索等方式结合使用，顺序宜为人工、犬和仪器搜索。

5.4.2 人工搜索一般先询问知情者，了解相关信息，再利用看、听、喊、敲等方法寻找受困者。

5.4.3 犬搜索应采用多条犬进行确认。

5.4.4 仪器搜索应根据现场环境选择声波/振动、光学、热成像、电磁波等探测仪器。

5.4.5 搜索人员在确定受困者位置后应立即报告队长，参见附录 D 填写搜索情况表，移交营救组实施救援。

5.4.6 搜索人员对搜索过的工作场地应按附录 E 的方法做出标记。

5.5 营救

5.5.1 营救人员开展营救行动前，宜根据工作场地的优先等级制定营救方案，主要包括：

a) 接近受困者的通道和紧急撤离路线；

b) 结构稳定性评估和加固措施；

c) 拟采用的营救设备和技术方法；

d) 医疗救援措施；

e) 意外事件应对措施。

5.5.2 营救宜按工作场地的优先等级进行，等级相同的，宜按由易到难的顺序开展营救，也可视情况适当调整顺序。

5.5.3 营救人员应根据受困者的位置和状态以及倒塌建(构)筑物的特点，选用合适的方法和工具。

5.5.4 营救人员应记录营救过程，参照附录 F 填写营救情况表，并绘制现场草图。

5.5.5 营救人员应参照附录 G 和附录 H 分别填写受困者救出信息表和遇难人员处置信息表。

5.5.6 营救人员在完成营救行动后，应按附录 E 的方法绘制救援行动标记。

5.5.7 营救人员确认救援环境会对救援队员生命造成威胁时，应暂停作业并采取相应措施。

5.5.8 营救人员在发现文物、文件、财物、武器后，应记录并移交有关部门。

5.6 医疗救援

5.6.1 医疗救援人员应对受困者进行安抚以及紧急医疗处置，指导和配合营救人员将其安全救出。

5.6.2 医疗救援人员应对已救出的伤员进行检查和医疗处置,并按附录I填写现场医疗处置记录表。

5.6.3 医疗救援人员应将伤员和现场医疗处置记录表移交给接收部门。

5.7 转场与撤离

5.7.1 具备下述条件之一,可申请转场:

a) 救援队负责的工作场地中的受困者已经全部找到,其中幸存者已经救出,反复搜索确认未发现生命迹象;

b) 接到抗震救灾指挥机构命令。

5.7.2 救援队转场前应向地方人民政府抗震救灾指挥机构提出申请,并得到批准后方可转场,申请表可参照附录J的格式填写。

5.7.3 救援队在抗震救灾指挥机构宣布救援结束后,可向地方人民政府抗震救灾指挥机构提出申请,得到批准后方可撤离,申请表可参照附录J的格式填写。

5.7.4 救援队撤离时应向地方人民政府抗震救灾指挥机构提交任务总结报告,总结报告参照附录K的格式编写。

6 安全管理

6.1 救援队安全

6.1.1 救援队应开展安全教育,内容应包括:

a) 灾区的人口、民族、宗教、文化、风俗习惯、地形、气候及治安情况;

b) 灾区破坏情况和潜在危险;

c) 队伍行动期间安全要求及职责分工。

6.1.2 救援队应设专人管理工作场地和行动基地的安全事项。

6.1.3 救援队进入工作场地之前,应进行危险品侦检和探测,并按GB 13690—2009中第5章的要求进行危险性公示。

6.1.4 救援队应对工作场地设置警戒线。

6.1.5 救援队可在工作场地安装结构稳定性监测装置和余震报警装置。

6.1.6 救援队员在工作场地工作时应穿着防护服装并佩戴防护装备。

6.1.7 救援队应根据季节、气象、工作环境和工作岗位等情况确定轮班时间,一般为2 h～4 h,不宜超过6 h。

6.1.8 救援队应及时对队员和装备进行洗消。

6.1.9 救援队应及时关注队员的身体和心理状态。

6.1.10 救援队应建立救援行动安全记录文档,文档内容包括队员身心状态、受伤、疾病、死亡事故等记录。

6.2 搜救犬安全

6.2.1 搜救犬小组应携带搜救犬有效检疫证书。

6.2.2 搜救犬小组应避免搜救犬与当地犬接触。

6.2.3 搜救犬小组应适时对搜救犬进行检查和养护。

6.2.4 搜救犬单次工作时间不宜超过20 min。

6.2.5 搜救犬小组应对返回行动基地的搜救犬进行洗消。

7 保障与支持

7.1 生活物资

7.1.1 救援队最低自我保障能力应不少于3 d，宜达到5 d～7 d。

7.1.2 救援队应做好后续的补给工作。

7.1.3 救援队应设专人负责生活物资和财务的管理。

7.1.4 救援队接受或捐赠生活物资时应办理相关手续。

7.2 通讯

7.2.1 现场通讯系统应具备语音、数据、视频等信息在不同设备、不同信道、不同频率下互通的能力。

7.2.2 现场通信应具备工作场地之间、救援队之间、救援队与地方或后方指挥机构之间的通信能力。

7.3 装备管理与维护

7.3.1 救援队应设专人按照现场装备管理与维护制度进行管理与维护。

7.3.2 特殊装备应由经过专业培训并获得资质的人员操作。

7.3.3 装备在使用后应随时进行检修和保养。

7.3.4 借用与捐赠装备时应办理相关手续。

7.4 交通运输

7.4.1 机动运输驾驶员应具备相应车种的驾驶资格，避免疲劳驾驶。

7.4.2 救援车辆应遵守灾区的交通管制措施。

7.4.3 救援车辆应有明显的标识。

7.4.4 运输时应注意对特殊装备和血液的包装与保护。

7.5 信息管理

7.5.1 救援队应设专人负责救援行动信息的搜集与整理。

7.5.2 救援队应及时搜集与更新救援行动信息，并向相关部门报告和通报。

7.5.3 救援队应统一对外发布救援行动信息。

7.5.4 救援队应在行动结束后将救援行动信息归档。

附 录 A
（资料性附录）
救援队概况表

表 A.1 救援队概况表

救援队名称						
联络信息	联络人姓名	联络人手机		值班电话	电台频率	
队伍规模（人数）	1. 总数	2. 管理	3. 结构技术人员	4. 搜救	5. 医疗	6. 危险品技术人员
装备种类	1. 总量/t	2. 通讯/套	3. 搜索仪器/件	4. 搜救犬/条	5. 救援车/台	6. 照明/套
自我保障时间（划√）	3 d	4 d	5 d	6 d	7 d	7 d以上
特别事项（在□上划√）	1. 大型机械	2. 重型防化服	3. 其他			
	□有 □无	□有 □无				
资源需求	1. 向导	2. 运输车辆	3. 人力	4. 地图	5. 电力	6. 饮用水
	7. 汽油/L	8. 柴油/L	9. 医用氧气/L	10. 吊车/（台）	11. 铲车/台	推土机/辆
行动区域	（可附地图粘贴） 指挥部负责人： 救援队负责人： 年 月 日 时 分					

附 录 B
（资料性附录）
工作场地评估表

表 B.1 工作场地评估表

救援队名称				
工作场地名称及位置				
环境危险性评估 （在□上划√）	煤气泄漏	□有 □无	其他危化品泄漏	□有 □无
	易燃、易爆	□有 □无	台风	□有 □无
	崩塌	□有 □无	滑坡	□有 □无
	泥石流	□有 □无	洪水	□有 □无
	周边建(构)筑物稳定性	□稳定 □不稳定	周边受损建(构)筑物对施救的影响	□有 □无
	水管破裂	□有 □无	其他	
建筑物基本信息	建筑物名称			
	地址			
	用途			
	估计人数		受困者人数	
	结构类型			
	层数	地上		地下
	基础类型			
	承重体系			
	空间与通道分布			
结构评估	倒塌形成的空间类型			
	主要破坏部位			
	二次倒塌			
	施救可能对结构稳定性产生的影响			
行动建议	人员装备配置			
	特别注意事项			
	其他			
评估人：	填表人：	年 月 日 时 分		

表 B.2 现场草图

评估人： 绘图人： 年 月 日 时 分

附 录 C
（规范性附录）
工作场地优先等级划分方法

C.1 优先等级划分应考虑表C.1中的因素。

表C.1 优先等级划分因素

优先等级划分因素	特 征 描 述
小空间	指可容纳一个成年人的空间。在这种空间中受困者致伤几率小于狭小空间，生存概率较大
狭小空间	指很难容纳一个成年人的空间，在这种空间中受困者被限制在固定姿势，致伤几率较大，生存概率减小
稳 定	指受损建(构)筑物结构稳定，不需要额外的安全支撑
不稳定	指建(构)筑物结构不稳定，需要通过支撑和移除作业使结构稳定才能开展救援
极不稳定	指建(构)筑物严重受损，极易发生二次倒塌
可进入性	指接近受困者或狭小空间的困难程度

C.2 在完全倒塌或部分倒塌建(构)筑物中的工作场地优先等级划分见表C.2。

表C.2 工作场地优先等级

优先等级	受困者的生存状态	空间类型	结构稳定程度
1	受困者存活		稳定或不稳定
2	不能确定受困者状态	小空间	稳定
3	不能确定受困者状态	小空间	不稳定
4	不能确定受困者状态	狭小空间	稳定
5	不能确定受困者状态	狭小空间	不稳定
6	受困者存活		极不稳定
7	不能确定受困者的生存状态		极不稳定
8	没有受困者幸存		

C.3　在完全倒塌或部分倒塌建(构)筑物中的工作场地优先等级划分方法示意图见图 C.1。

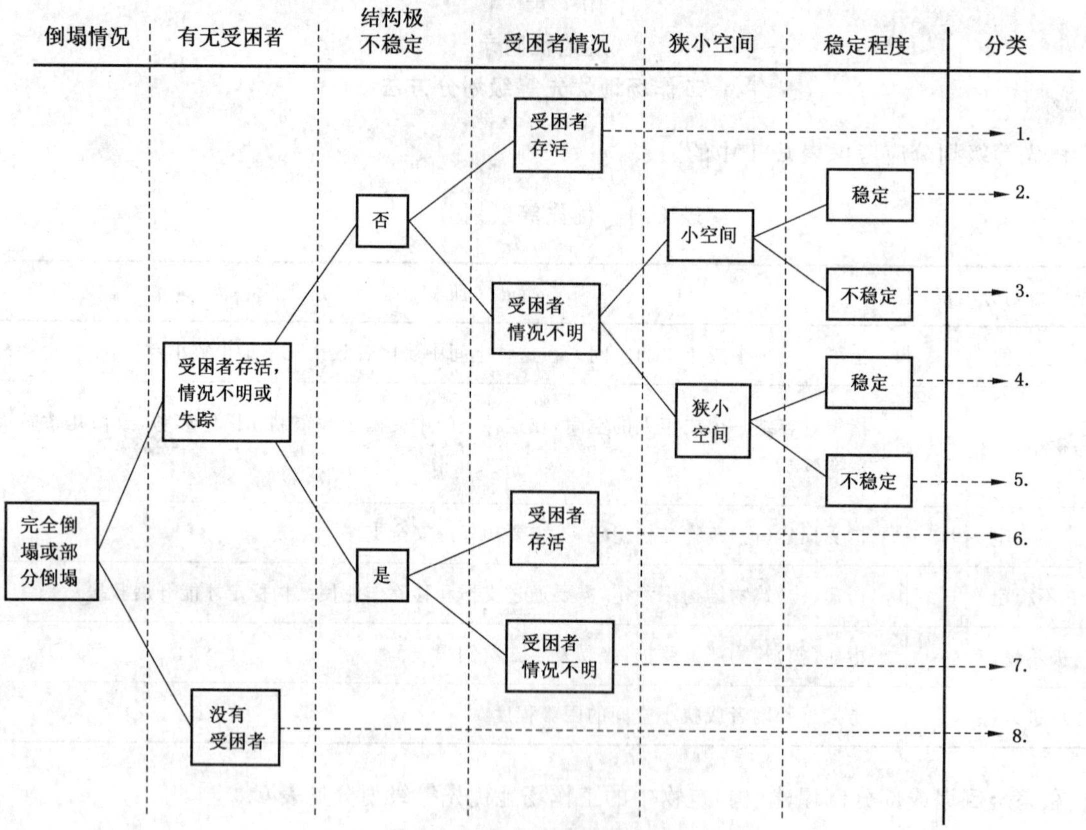

表 C.1　工作场地优先等级划分方法示意图

附　录　D
（资料性附录）
搜索情况表

表 D.1　搜索情况表

<table>
<tr><td>救援队名称</td><td colspan="10"></td></tr>
<tr><td>工作场地名称及位置</td><td colspan="10"></td></tr>
<tr><td>开始时间</td><td colspan="10">月　　日　　时　　分</td></tr>
<tr><td>结束时间</td><td colspan="10">月　　日　　时　　分</td></tr>
<tr><td rowspan="2">搜索方法</td><td colspan="2">人　工</td><td colspan="2">搜救犬</td><td colspan="2">仪器</td><td colspan="2">综合</td><td colspan="2">其他</td></tr>
<tr><td colspan="2"></td><td colspan="2"></td><td colspan="2"></td><td colspan="2"></td><td colspan="2"></td></tr>
<tr><td rowspan="9">搜索结果</td><td colspan="2" rowspan="6">受困者</td><td colspan="2">数量</td><td colspan="6"></td></tr>
<tr><td colspan="2">位置</td><td>表层</td><td></td><td>浅层</td><td></td><td>深层</td><td></td></tr>
<tr><td colspan="2" rowspan="4">状态描述</td><td colspan="6"></td></tr>
<tr><td colspan="6"></td></tr>
<tr><td colspan="6"></td></tr>
<tr><td colspan="6"></td></tr>
<tr><td colspan="2">遇难人员</td><td colspan="2">数量</td><td colspan="6"></td></tr>
<tr><td colspan="2">财/物</td><td colspan="2">数量</td><td colspan="6"></td></tr>
<tr><td colspan="2">其　他</td><td colspan="8"></td></tr>
<tr><td>标　记</td><td colspan="2">搜索标记</td><td colspan="2"></td><td colspan="2">明显标志物</td><td colspan="4"></td></tr>
<tr><td rowspan="4">行动建议</td><td colspan="4">营救通道建议</td><td colspan="6"></td></tr>
<tr><td colspan="4">人员/装备配置</td><td colspan="6"></td></tr>
<tr><td colspan="4">特别注意事项</td><td colspan="6"></td></tr>
<tr><td colspan="4">其　　他</td><td colspan="6"></td></tr>
<tr><td colspan="11">负责人：　　　　　　填表人：　　　　　　　　年　　月　　日　　时　　分</td></tr>
</table>

附　录　E
（规范性附录）
救援行动标记方法

E.1　救援队应在评估或搜索过的建(构)筑物的入口或附近的显著位置上做出明显的救援行动标记。

E.2　救援行动标记由不小于 1 m×1 m 的正方形、外围圆圈及水平线构成，如图 E.1 所示。

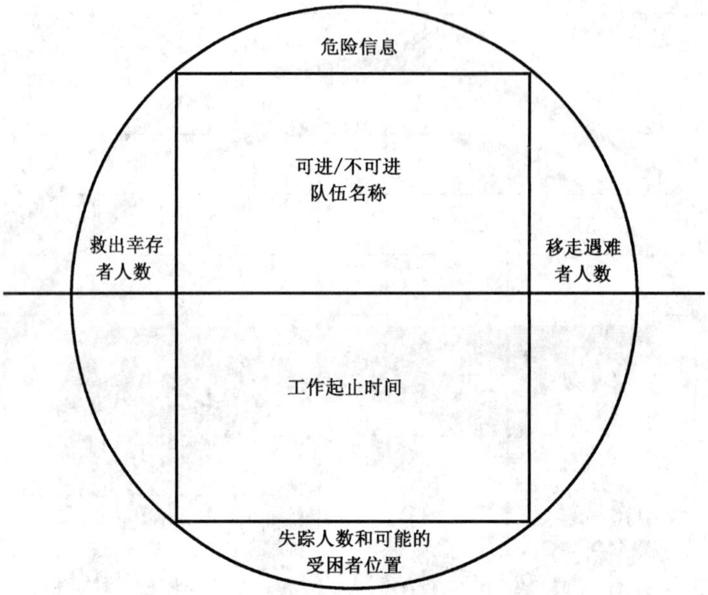

图 E.1　救援行动标记方法示意图

E.3　标记方法如下：

a）　正方形内部应标记：
- 如安全可进入，标记“可进”；
- 如不安全不能进入，标记“不可进”；
- 救援队的名称；
- 救援队在该建(构)筑物开始工作的日期和时间；
- 救援队在该建(构)筑物结束工作的日期和时间。

b）　正方形外部应标记：
- 建(构)筑物可能的危险信息(正方形顶部)；
- 失踪人数和可能的受困者位置(正方形底部)；
- 救出受困者人数(正方形左边)；
- 移走遇难者人数(正方形右边)。

c）　圆圈和水平线标记：
- 当救援队在该建(构)筑物完成救援工作后，在正方形标记外面画一个圆圈；
- 当救援队在该建(构)筑物完成救援工作，并确认没有受困者，不再需要救援时，在整个标记中间画一条水平线。

E.4　在与外国救援队协同工作时应采用国际救援行动标记，如图 E.2 所示。

图 E.2 国际救援行动标记方法示意图

附 录 F
（资料性附录）
营救情况表

表 F.1 营救情况表

救援队名称											
工作场地名称及位置											
开始时间	月 日 时 分										
结束时间	月 日 时 分										
营救方案	人 员	指挥		营救		专家		医疗		保障	
	装备配置	照明		机械		破拆		顶撑		支撑	
		绳索		移除		其他					
	轮班时间	班组				队伍				其他	
	安全措施										
营救过程	方案确定	日 时 分									
	打开通道	日 时 分									
	接近受困者	日 时 分									
	医疗处置	日 时 分									
	移出受困者	日 时 分									
特别事项											
行动启示											
负责人：	填表人：	年 月 日 时 分									

表 F.2　现场草图

评估人：	绘图人：	年　月　日　时　分

附 录 G
（资料性附录）
受困者救出信息表

表 G.1 受困者救出信息表

救援队名称								
工作场地 名称及位置								
序号	姓名	性别	年龄	救出时间	营救时限	救出状况	移交单位	接收人
1								
2								
3								
4								
5								
6								
7								
8								
9								
10								
11								
12								
13								
负责人：　　填表人：　　年　月　日　时　分								

附　录　H
（资料性附录）
遇难人员处置信息表

表 H.1　遇难人员处置信息表

救援队名称								
工作场地 名称及位置								
序号	姓名	性别	年龄	救出时间	营救时限	救出状况	移交单位	接收人
1								
2								
3								
4								
5								
6								
7								
8								
9								
10								
11								
12								
13								
负责人： 填表人： 年 月 日 时 分								

附　录　I
（规范性附录）
现场医疗处置记录表

表 I.1　现场医疗处置记录表

救援队名称							
姓　　名		年龄		性别		编　　号	
身份证号码（选填）						救出时间	
联系方式						送到时间	
初步诊断结果和伤情评估							
治疗措施							
后送治疗意见及建议							
主任(主治)医生签字：　　年　　月　　日　　时　　分							

附 录 J
（资料性附录）
转场/撤离申请表

表 J.1 转场/撤离申请表

救援队名称				
联络信息	联络人姓名	联络人手机	值班电话	电台频率
到达时间	年 月 日 时 分			
接受任务来源				
行动基地地点				
转场/撤离原因				
救援行动成果		工作场地 1	工作场地 2	工作场地 3
	搜索受困者数量			
	救出受困者数量			
	转移遇难者数量			
	医疗救援数量			
预计转场/撤离时间				
负责人：	年 月 日 时 分			

附 录 K
（资料性附录）
任务总结报告

任务总结报告宜按下列内容和顺序撰写：

一、任务概况

1. 事件发生时间、地点；

2. 事件类型；

3. 事件其他信息简述。

二、救援队基本情况

1. 出队规模；

2. 人员构成；

3. 组织结构。

三、救援行动物资投入

1. 救援装备；

2. 后勤保障物资；

3. 资金。

四、救援行动重要节点

1. 接到命令时间；

2. 启动时间；

3. 集结时间；

4. 出发及到达时间；

5. 现场灾情信息采集与评估时间；

6. 搭建营地时间；

7. 救援工作场地确定时间；

8. 开始救援时间；

9. 转场/撤离时间。

五、机动方式

1. 交通工具种类及数量；

2. 交通工具的调配及路线。

六、现场救援

1. 救援成果（包括人员搜救成果、重要物资抢救成果和其他任务的成果）；

2. 救援装备使用效果；

3. 后勤保障方式；

4. 救援队状况（包括：救援队在现场的工作状态以及事故、伤害、疾病、死亡等情况）；

5. 救援经典过程和案例分析（包括：救援队科学施救方法，攻克难关过程，典型案例分析）；

6. 行动基地勘选与效果。

七、经验、教训与建议

1. 任务特点；

2. 简要评述；

3. 经验教训（包括：救援工作管理，技术培训，启动方式，信息管理，装备配置，救援技术，救援作业组织形式及协作模式等方面取得的经验教训)；

4. 救援效能评价与建议；

5. 相关问题思考和建议。

参 考 文 献

［1］ GB/T 23648—2009 社区志愿者地震应急救援工作指南
［2］ 黄建发，陆鸣，陈虹，等. 国际搜索与救援指南和方法. 地震出版社，2007.

ICS 65.020.01
B 16

中华人民共和国国家标准

GB/T 29429—2012

草莓角斑病菌检疫鉴定方法

Detection and identification of *Xanthomonas fragariae* Kennedy & King

2012-12-31 发布　　　　2013-03-01 实施

中华人民共和国国家质量监督检验检疫总局
中国国家标准化管理委员会　发布

前言

本标准按照 GB/T 1.1—2009 给出的规则起草。

本标准由全国植物检疫标准化技术委员会(SAC/TC 271)提出并归口。

本标准起草单位:中华人民共和国江苏出入境检验检疫局、中华人民共和国山东出入境检验检疫局、中国检验检疫科学研究院。

本标准主要起草人:刘天鸿、邵秀玲、赵文军、杨万风、厉艳、魏厚德、沙天慧、孟祥龙。

草莓角斑病菌检疫鉴定方法

1 范围

本标准规定了草莓角斑病菌 *Xanthomonas fragariae* Kennedy & King 的检疫鉴定以形态学特征、生物学特征和 PCR 特异性反应为依据，明确了样品采集、病原菌分离、致病性测定、PCR 反应、样品保存的方法。

本标准适用于草莓种苗中草莓角斑病菌的检疫和鉴定。

2 规范性引用文件

下列文件对于本文件的应用是必不可少的。凡是注日期的引用文件，仅注日期的版本适用于本文件。凡是不注日期的引用文件，其最新版本(包括所有的修改单)适用于本文件。

GB/T 4789.28—2003 食品卫生微生物学检验 染色法、培养基和试剂

SN/T 1157 进出境植物苗木检疫规程

3 草莓角斑病菌基本信息

中文名：草莓角斑病菌。

学名：*Xanthomonas fragariae* Kennedy & King。

病害英文名：Angular leaf spot of strawberry。

属于原核生物界 Procaryote，薄壁细菌门 Gracilicutes，暗细菌纲 Scotobacteria，假单胞杆菌科 Pseudomonadaceae，黄单胞杆菌属 *Xanthomonas*。

该病菌可通过雨水和田间灌溉飞溅作局部传播、扩散，携带病菌的草莓苗以及夹杂在草莓苗中的病残体都可能随贸易作短距离和长距离的运输传播。

草莓角斑病菌的其他信息参见附录 A。

4 方法原理

根据草莓角斑病菌的危害症状采集样品，通过实验室分离、培养和致病性测定，以及分子生物学测定等方法，依据病害的症状、病原菌的形态特征、生物学特性、生化特性、致病性测定，以及分子生物学特征进行判定。

5 仪器和用具

生物显微镜、生化培养箱、高压灭菌器、电子天平(感量 0.01 mg)、恒温振荡培养箱、超净工作台、PCR 仪、电泳装置、恒温水浴锅、高速冷冻离心机、移液器、移液器枪头、研钵、量筒、烧杯、培养皿、PCR 管、离心管、接种针、玻璃棒、剪刀等。

6 主要试剂

蛋白胨、酵母膏、蔗糖、葡萄糖、琼脂粉、冰乙酸、乙醇、乙二胺四乙酸(EDTA)、十六烷基三乙基溴化

铵(CTAB)、三羟甲基氨基甲烷(Tris)、十二烷基磺酸钠(SDS)、液氮、酚、三氯甲烷、异戊醇、异丙醇、琼脂糖(电泳用)、溴化乙锭(EB)、*Taq* DNA 聚合酶、氯化钾(KCl)、磷酸氢二钾(K_2HPO_4)、氯化钠(NaCl)、磷酸氢二钠(Na_2HPO_4)、氯化镁($MgCl_2$)、硫酸镁($MgSO_4 \cdot 7H_2O$)、硝酸钠($NaNO_3$)、乙二胺四乙酸钠(Na_2EDTA)、溴酚蓝、蛋白酶 K、RNase A、10×PCR 缓冲液、dNTP(dATP、dTTP、dCTP、dGTP)。

7 检疫鉴定方法

7.1 现场检疫

抽样数按 SN/T 1157 中规定的方法进行。

在现场检疫时,应仔细检查草莓苗叶和茎有无病变症状,如在草莓叶面上发现水渍状红褐色不规则形病斑、叶背溢出菌脓、植株生长点变黑等可疑症状时,应取样作实验室鉴定。

在产地检疫和隔离试种期间,还要注意检查有无淡红褐色干枯病叶或生长点死亡的植株,当发现可疑症状应取样作实验室鉴定。

7.2 病原菌分离纯化

选取新发病的、带有水渍状病斑的病叶,用70%的乙醇进行表面消毒,切取病健交界处,无菌水冲洗后碾碎,置于 PBS 缓冲溶液(参见附录 B)中 10 min～15 min。在无菌操作条件下吸取稀释液均匀涂布于 WILBRINK-N 培养基(参见附录 B)平板上,置于 25 ℃培养 5 d～7 d,然后再进行三次的纯化,最后获得纯菌株。

7.3 病原菌形态观察及生理生化测定

7.3.1 形态观察

对分离纯化获得的纯菌株,经染色制成玻片,在显微镜下观察形状,测量大小。

7.3.2 菌落颜色

将菌株在 WILBRINK-N 或 YPGA 培养基(参见附录 B)上划线培养,置于 25 ℃培养 5 d～7 d,观察菌落的颜色和形状。

7.3.3 生理生化测定

该菌生理生化测定见附录 C。

7.4 致病性测定

将 WILBRINK-N 或 YPGA 培养液(参见附录 B)中培养 3 d～5 d 的菌株,用 PBS 缓冲溶液稀释到 10^9 CFU/mL,选取完全健康的草莓感病品种,用蘸取悬浮液的接种针小心地扎刺新生叶面,每片叶扎刺 5～10 次,最好不要扎穿叶子,设置五个重复,以 PBS 缓冲溶液为对照。接种后用塑料袋罩住植株,使植株置于 20 ℃～25 ℃、相对湿度≥80%的隔离温室里生长 4 周,每天观察并记录发病情况,出现症状后,用 7.2 方法进行病原菌再分离、纯化。

7.5 PCR 法检测

该检测方法见附录 D。

8 鉴定特征

8.1 症状特征

草莓角斑病菌初侵染时在叶片下表面出现 1 mm～4 mm 大小的水渍状红褐色不规则形病斑，病斑扩大时受细小叶脉所限呈角形叶斑。病斑在可见光下呈透明状，在反射光下呈暗绿色。病斑逐渐扩大后融合成一体，渐变淡红褐色而干枯。湿度大时叶背可见溢出菌脓，干燥条件下成一薄膜。病斑常在叶尖或叶缘处，严重时使植株生长点变黑枯死，叶片发病后常干缩破碎形成孔洞。在适宜的条件下，花萼也能受侵染。另外，该细菌还可导致维管束病变。

8.2 病原特征

无荚膜杆菌，单个、成双或成短链，具单根极鞭，革兰氏染色阴性，大小约为 0.4 μm×1.3 μm。病菌生长较慢，在培养基上 4 d～5 d 才能形成菌落。营养琼脂上，菌落圆屋顶形，边缘整齐规则，有光泽，黄色奶油状。好氧菌，氯化钠最大耐受力为 0.5%～1.0%，生长最适温度 25 ℃，超过 33 ℃不能生长。明胶液化、淀粉水解，不水解七叶苷，不从阿拉伯糖、半乳糖、海藻糖、纤维二糖溶液产酸，不能利用天冬酰胺作唯一碳源和氮源。

8.3 致病性特征

针刺接种后，在 7 d 左右应出现水渍状红褐色病斑，这些病斑逐渐扩大坏死，经病原菌再分离获得的纯菌株应具有与原菌株一致的病原特征。而所设的阴性对照并没有出现相应症状。

8.4 分子生物学特征

测试菌株经 PCR 反应后，如果 PCR 产物与阳性对照条带一致(537 bp)，且阴性对照和空白对照均没有相应条带，则能证明所测菌株为阳性。否则，则判断为阴性。

9 结果评定

根据草莓角斑病菌的鉴定特征(见第 8 章)进行综合判定，凡症状、病原特征、生理生化特性、致病性特征以及分子生物学特征与第 8 章描述相符，可以判定为草莓角斑病菌，否则结果判定为不是。

10 样品保存

经检疫鉴定后，应妥善保存样品及菌株，以备复验、谈判和仲裁。保存期满，需经灭菌后方可处理。

11 菌株保存

从检测样品中分离到并鉴定为草莓角斑病菌的菌株，应妥善保存。将菌株转接到 WILBRINK-N 或 YPGA 培养基斜面上，25 ℃恒温培养 5 d～7 d。然后置于 4 ℃冰箱中保存，定期(30 d～60 d)转接，防止病菌死亡；必要时将菌株用真空冷冻干燥机制成冻干粉，－80 ℃下长期保存。

附 录 A
（资料性附录）
草莓角斑病菌的相关资料

A.1 分布

以色列、中国台湾、比利时、法国、希腊、意大利、葡萄牙、罗马尼亚、西班牙、瑞士、埃塞俄比亚、留尼旺、澳大利亚、新西兰、美国(加利福尼亚州、佛罗里达州、肯塔基州、明尼苏达州、威斯康星州)、阿根廷、巴西、智利、厄瓜多尔、乌拉圭、委内瑞拉。

A.2 寄主范围

草莓(*Fragaria ananassa*)是该病原菌的主要寄主。病原菌对草莓属(*Fragaria*)的其他品种的致病性变化较大。人工接种情况下，弗州草莓(*F. virginiana*)、野草莓(*F. vesca*)、金露梅(*Potentilla fruticosa*)和委陵菜(*P. glandulosa*)均可被草莓角斑病菌侵染。草莓属植物中仅麝香草莓(*F. moschata*)对草莓角斑病菌免疫。

A.3 生物学特性

病叶残渣和带菌植株是发病的初次侵染源。在病残叶和土壤中，病菌能够存活到下茬作物；在实验室保存的干燥病叶片中，病原菌至少可存活两年半。在草莓开始生长时，病原菌由病残叶传播到幼叶上，细菌可从侵染区沿着幼叶基部叶脉扩散，在田间传播主要靠雨水、喷灌及风的作用传播。病原菌可通过气孔侵入，也可经过局部伤口或下方的病叶侵染，在整个生长期发生多个侵染循环，病菌可侵染植物的花，但不侵染果实。中等偏低的日温(大约 20 ℃)、夜间低温及较高的湿度更有利于该病菌的侵染。

附 录 B
（资料性附录）
草莓角斑病菌常用培养基、缓冲液配方

B.1 WILBRINK-N 培养基

蔗糖 10.0 g/L，蛋白胨 5.0 g/L，磷酸氢二钾 0.5 g/L，硫酸镁 0.25 g/L，硝酸钠 0.25 g/L，琼脂 15.0 g/L，pH 7.2。

B.2 WILBRINK-N 培养液

蔗糖 10.0 g/L，蛋白胨 5.0 g/L，磷酸氢二钾 0.5 g/L，硫酸镁 0.25 g/L，硝酸钠 0.25 g/L，pH7.2。

B.3 YPGA 培养基

葡萄糖 20.0 g/L，蛋白胨 10.0 g/L，酵母膏 5.0 g/L，琼脂 15.0 g/L，pH 7.2。

B.4 YPGA 培养液

葡萄糖 20.0 g/L，蛋白胨 10.0 g/L，酵母膏 5.0 g/L，pH 7.2。

B.5 PBS 缓冲液

氯化钠 8.0 g/L，氯化钾 0.2 g/L，磷酸氢二钠 2.9 g/L，磷酸氢二钾 0.2 g/L，pH 7.2。

附　录　C
（规范性附录）
生理生化测定

C.1　革兰氏染色法

按 GB/T 4789.28—2003 中 2.2 规定的方法进行。

C.2　鞭毛染色法

按 GB/T 4789.28—2003 中 2.7 规定的方法进行。

C.3　草莓角斑病菌与近似种的区别

草莓角斑病菌与近似种草莓细菌性叶斑病菌（*X. arboricola* pv. *fragariae*）及甘蓝黑腐病菌（*X. campestris*）的区别见表 C.1。

表 C.1　草莓角斑病菌与草莓细菌性叶斑病菌及甘蓝黑腐病菌的区别

测试项目	草莓角斑病菌	草莓细菌性叶斑病菌	甘蓝黑腐病菌
35 ℃生长	−	ND	+
2%NaCl 生长	−	+	+
水解七叶苷	−	+	+
明胶液化	+	+	±
蛋白消化	−	ND	+
淀粉水解	+	+	±
尿酶产生	−	−	−
阿拉伯糖产酸	−	ND	+
半乳糖产酸	−	+	+
海藻糖产酸	−	ND	+
纤维二糖产酸	−	+	+

注：ND 未测定；+90%以上菌株为阳性；−90%以上菌株为阴性；±11%～89%菌株为阳性。

附　录　D
（规范性附录）
PCR 法检测

D.1　病原细菌 DNA 的提取

取待测样品或分离培养菌株，利用 DNA 提取试剂盒方法提取 DNA，并测定 DNA 浓度，−20 ℃保存备用。也可直接用培养的菌株稀释悬浊液作为模板进行 PCR 反应。

D.2　引物序列

正向引物：XF9：5'-TGGGCCATGCCGGTGGAACTGTGTGG-3'；反向引物：XF11：5'-TACCCAGCCGTCGCAGACGACCGG-3'。

D.3　PCR 反应体系及参数

D.3.1　PCR 反应体系

见表 D.1。

表 D.1　PCR 反应体系

试剂名称	终浓度
10×PCR 反应缓冲液	1×
$MgCl_2$	2.5 mmol/L
dNTPs	0.2 mmol/L
正向引物	0.2 μmol/L
反向引物	0.2 μmol/L
Taq DNA 聚合酶	2.5 U
DNA 模板	1 μL
补 H_2O 至	50 μL

D.3.2　阴性对照、阳性对照和空白对照的设置

阴性对照：以待测健康的草莓叶片 DNA 为模板；阳性对照：采用草莓角斑病菌或含有待测基因序列的质粒；空白对照：设两个，一是提取 DNA 时设置的提取空白对照（以水代替样品），二是 PCR 反应的空白对照（以水代替 DNA 模板）。

D.3.3　PCR 的反应参数

95 ℃/2 min；94 ℃/30 s；65 ℃/30 s；72 ℃/1 min，35 个循环。72 ℃/5 min，最后 4 ℃保温。

注：不同仪器可根据仪器要求将反应参数作适当调整。

D.3.4 琼脂糖凝胶电泳

制备2%的琼脂糖凝胶，用DNA Marker作为相对分子质量标记，进行电泳分析，电泳结束后在凝胶成像仪的紫外透射光下观察并拍摄记录。

D.4 结果判断

若有537 bp大小的产物带出现，可判定为阳性。

ICS 65.020.01
B 16

中华人民共和国国家标准

GB/T 29430—2012

臭千里光检疫鉴定方法

Detection and Identification of *Senecio jacobaea* L.

2012-12-31 发布　　2013-06-01 实施

中华人民共和国国家质量监督检验检疫总局
中国国家标准化管理委员会　发布

前 言

本标准按照 GB/T 1.1—2009 给出的规则起草。

本标准由全国植物检疫标准化技术委员会(SAC/TC 271)提出并归口。

本标准起草单位:中华人民共和国福建出入境检验检疫局、中华人民共和国湖北出入境检验检疫局、中华人民共和国宁波出入境检验检疫局、中华人民共和国厦门出入境检验检疫局。

本标准主要起草人:郭琼霞、黄可辉、沈建国、王振华、徐瑛、林石明、姚向荣、虞赟、翁瑞泉、周卫川。

臭千里光检疫鉴定方法

1 范围

本标准规定了臭千里光(*Senecio jacobaea* L.)的实验室检测及其形态特征鉴定方法。

本标准适用于臭千里光的植株和瘦果的检疫鉴定。

2 术语和定义

下列术语和定义适用于本文件。

2.1

头状花序 capitulum

由密集成簇的无柄或近无柄花形成的花序。

2.2

舌状花 ray floret

头状花序外圈瓣状物,具舌状花冠。

2.3

管状花 tubular floret

头状花序中央的小花,具筒状花冠。

2.4

总苞 involucre

包围花或花簇基部的一轮苞片。

2.5

总苞片 phyllary

菊科植物总苞基部的一种叶状或鳞片状结构的苞片,或菊科总苞的一枚苞片。

2.6

瘦果 achene

由一个、两个或三个心皮组成的单室果实,不开裂,内含种子一粒,果皮与种皮分离,种子仅在一点与子房壁相连;菊科植物的果实大多数是由两个心皮组成的瘦果。

2.6.1

心花果 disc achene

头状花序的中间部分产生的瘦果,见于菊科植物。

2.6.2

边花果 ray achene

头状花序的边缘部分产生的瘦果,见于菊科植物。

2.7

果脐 hilum

果实成熟时,由果柄上脱落下来留下的一个痕迹。

2.8

衣领状环 collar

瘦果顶端一圈窄而直立的衣领状物,见于菊科的植物。

3 臭千里光基本信息

中文名称:臭千里光。
中文别名:新疆千里光。
学名:*Senecio jacobaea* L.,1753。
属菊科 Compositae,千里光属 *Senecio* L.。

4 方法原理

将现场采集和实验室检测中发现的疑似臭千里光的植株、籽实,通过肉眼、放大镜或体视显微镜观察,根据本标准描述的鉴定特征,按系统分类学方法进行判定。

5 仪器和器具

5.1 仪器

体视显微镜(带目镜测微尺或镜台测微尺)、电子天平、电动筛或套筛。

5.2 器具

放大镜、解剖刀、解剖针、镊子、指形管、培养皿、白瓷盘、棉花、样品袋、标本夹、标签、记录纸、标本瓶、标本盒、防虫剂、樟脑精、干燥剂。

6 实验室检疫鉴定

6.1 样品制备

将现场检疫抽取的送检样品充分混匀,制成平均样品。采用四分法,取平均样品的二分之一至四分之三(较少样品时)作为检验样品,其余的作为保存样品贴标签保存,称取并记录检验样品的质量。送检样品不足 1.0 kg 的全检。

6.2 过筛检验

根据检验样品个体的大小确定套筛的规格,按照孔径从大到小依次套上套筛并加上筛底,将检验样品倒入最上层的套筛内,盖上筛盖,以回旋法过筛,或用电动筛振荡,使样品充分分离。把过筛的筛上物和筛下物分别倒入白瓷盘内,用镊子挑捡杂草籽,并放置于培养皿内,于体视显微镜观察。检验样品个体大于臭千里光瘦果的主要检查筛下物,检验样品个体小于臭千里光瘦果的主要检查筛上物;臭千里光瘦果一般在套筛孔径为 0.6 mm～2.5 mm 的检验样品中获得。

6.3 鉴定方法

6.3.1 目测鉴定

用肉眼或借助放大镜将检出的杂草籽进行分类,挑出疑似臭千里光籽实。

6.3.2 镜检鉴定

6.3.2.1 直接观察

将疑似杂草籽置于体视显微镜下,观察其果实表面的形态特征,依据臭千里光的形态特征对疑似杂草进行种类鉴定。

6.3.2.2 解剖观察

从外观上难于鉴别时，可采用解剖法，将疑似臭千里光的杂草籽置于体视显微镜下，用解剖刀和解剖针，对其进行解剖，观察种子切面、种胚的形状、颜色及大小等特征并鉴定。

7 鉴定特征

7.1 千里光属

7.1.1 基本生物学特性

一年生或多年生，草本、亚灌木或灌木。

7.1.2 植株形态特征

7.1.2.1 根

具根状茎，或主根直立，须根多数。

7.1.2.2 茎

茎直立，稀具匍匐枝，平卧，或稀攀援，茎通常具叶，稀具葶状。

7.1.2.3 叶

基部叶通常具柄，无耳，三角形，提琴形，或羽状分裂；茎生叶通常无柄，大头羽状或羽状分裂，稀不分裂，边缘多少具齿，基部常具耳，羽状脉。

7.1.2.4 花

头状花序通常少数至多数，排列成顶生伞房或复伞房花序，或圆锥聚伞花序，稀单生于叶腋，通常具花序梗。总苞半球形，钟状或圆柱形，外层具有苞片；总苞片5～22枚，通常离生，草质或革质，边缘干膜质或膜质。花序托平；舌状花1～24朵，舌片黄色，通常明显，有时极小，具3～9脉，顶端通常具3细齿，有的种类无舌状花；管状花3至多数；花冠黄色，檐部漏斗状或网柱状，裂片5。花柱分枝截形或多少凸起，边缘具较钝的乳头状毛，中央有或无较长的乳头状毛。

7.1.2.5 果实

瘦果，圆柱形，常具纵棱，无毛或被柔毛；表面光滑或具乳头状毛。冠毛毛状，白色，或禾秆色，有时无冠毛。

7.2 臭千里光

7.2.1 基本生物学特性

为多年生草本。

7.2.2 植株形态特征(参见附录A中的图A.1)

7.2.2.1 根

根状茎，木质。

7.2.2.2 茎

茎单生，或2～3簇生，直立，高30.0 cm～100.0 cm，横切面圆形，具纵沟，茎近基部坚硬，红紫色，中部以上亮绿色，不分枝或有花序枝，初时被蛛丝状毛，脱毛至近无毛。

7.2.2.3 叶

基生叶莲座状，通常在花期已枯萎凋落；下部茎叶具柄，长圆状倒卵形，长达15.0 cm，宽3.0 cm～4.0 cm，具钝齿或大头羽状浅裂；顶生裂片大，卵形，具齿，侧生裂片较小，3～4对，长圆状披针形，纸质，上面无毛，下面被疏蛛丝状毛；中部茎叶无柄，较密集，羽状全裂，长8.0 cm～10.0 cm，宽1.0 cm～4.0 cm，顶生裂片不明显，侧裂片线形至线状披针形，稍斜上，钝，具齿或近全缘，基部有撕裂状耳；上部叶同形，但较小，侧裂片长圆形或线状长圆形，具疏齿或羽状浅裂。

7.2.2.4 花

头状花序湿著、大，花序托较平，在茎和枝端排列成复伞房状花序，花序梗长0.5 cm～1.5 cm，有疏蛛丝状毛，具苞片和2～3枚的线形小苞片。总苞半球形或宽钟状形，长5.0 mm～6.0 mm，宽5.0 mm～7.0 mm，具外层苞片2～6枚，长2.0 mm～3.0 mm，线状披针形，渐尖；总苞片约13枚，长圆状披针形，宽约1.5 mm，渐尖，草质，边缘膜质，具3脉，上端有短柔毛，背面近无毛。舌状花12～15朵，舌片黄色，长圆形，长8.0 mm～9.0 mm，宽2.0 mm～2.5 mm；管状花50～60朵，花冠长约6.0 mm，明黄色，管部长约2.0 mm，檐部漏斗状，裂片长约0.5 mm，三角状卵形。花柱分枝长约1.0 mm，顶端截形，有乳头状毛。

7.2.2.5 果实

果实为瘦果，圆柱状椭圆形，表面具纵脊棱7～8条；边花果较大，长2.1 mm～2.5 mm，宽及厚0.6 mm～0.7 mm，基部稍弯曲，棱间距较宽；心花果较小，长1.8 mm～2.1 mm，宽及厚约0.6 mm，棱间距较窄；瘦果黄褐色、灰黄色至灰黄褐色，脊棱较粗、宽圆；棱间有细纵沟，深褐色，粗糙，具细茸毛。两端平截，顶端稍窄、收缩，周边衣领状环薄，黄褐色，明显外突；中央花柱宿存，短小并外突，基部收缩。冠毛白色、丝状，4.0 mm～5.0 mm，易脱落。果脐位于果实的基端部，黄褐色，中间凹入，脐缘明显外突。臭千里光瘦果形态特征参见附录A中的图A.2。

7.2.2.6 种子

种子单生，与果实同形；横切面椭圆形；胚大而直生，黄褐色；无胚乳。

7.3 臭千里光与欧洲千里光的瘦果区别

欧洲千里光（*Senecio vulgaris* L.）的瘦果长2.0 mm～2.8 mm，宽0.2 mm～0.5 mm，其表面具纵脊棱10条，脊棱较细、窄平；衣领状物常大于或等于果宽。而臭千里光瘦果长1.8 mm～2.5 mm，宽0.6 mm～0.7 mm，其表面具纵棱7～8条，衣领状物经常小于果宽。欧洲千里光瘦果形态特征参见附录B中的图B.1。

8 结果判定

以完整植株或成熟瘦果的形态特征为检疫鉴定的依据，符合7.2.2描述的可鉴定为臭千里光 *Senecio jacobaea* L.。

9 标本和样品保存与处理

9.1 保存方法

9.1.1 标本保存

将鉴定检出的臭千里光植株压制成干标本，将鉴定检出的臭千里光种子装入指形管或标本瓶内，加以标识，注明编号、中文名称、学名、科别、产地、货物名称、进出境日期，经手人签字后妥善保存。

9.1.2 样品保存

保存样品按编号、中文名称、产地、货物名称、进出境日期分别存放，并由经手人标识确认和样品管理员登记后，妥善保存。

9.2 保存时间

含有臭千里光的样品，妥善保存至少 6 个月。

9.3 处理

保存期满后，含有臭千里光的样品应作灭活处理。

附 录 A
（资料性附录）
臭千里光的形态特征图

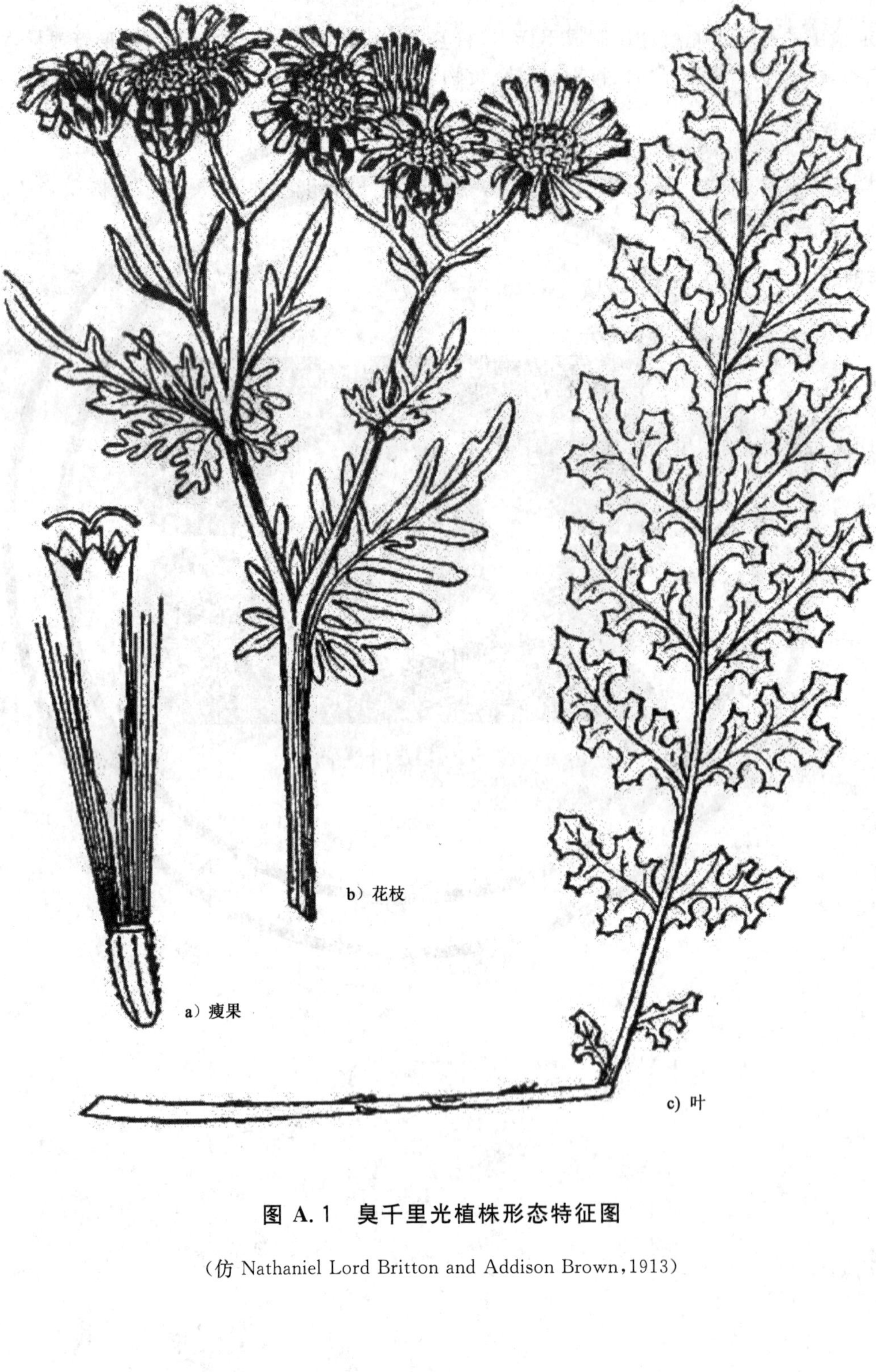

图 A.1 臭千里光植株形态特征图

（仿 Nathaniel Lord Britton and Addison Brown，1913）

a） 边花果

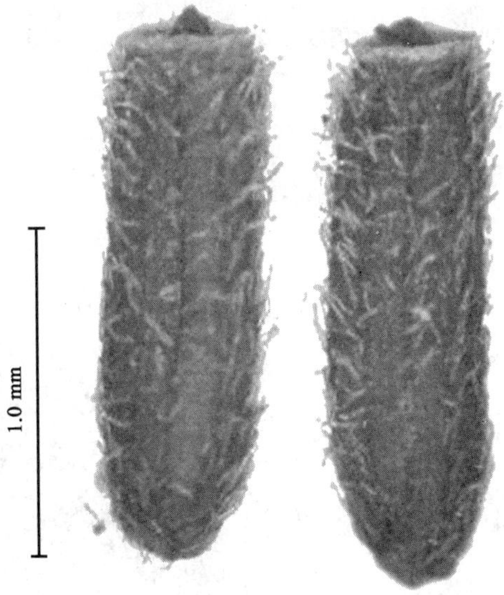

b） 心花果

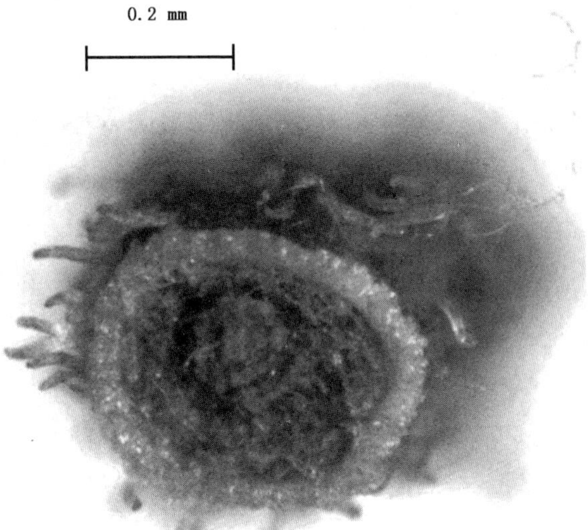

c） 瘦果衣领状环

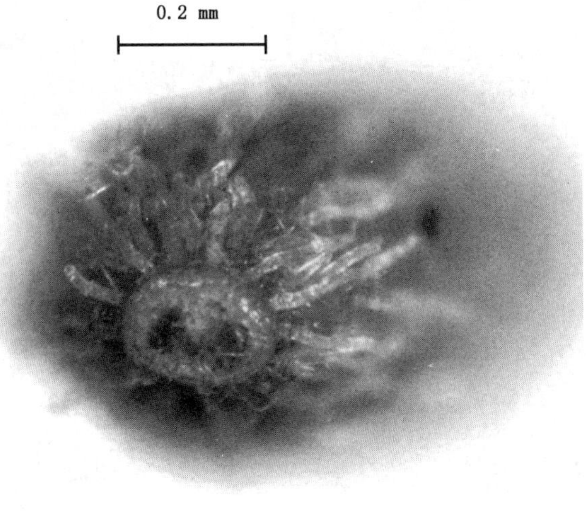

d） 瘦果果脐

图 A.2 臭千里光瘦果形态特征

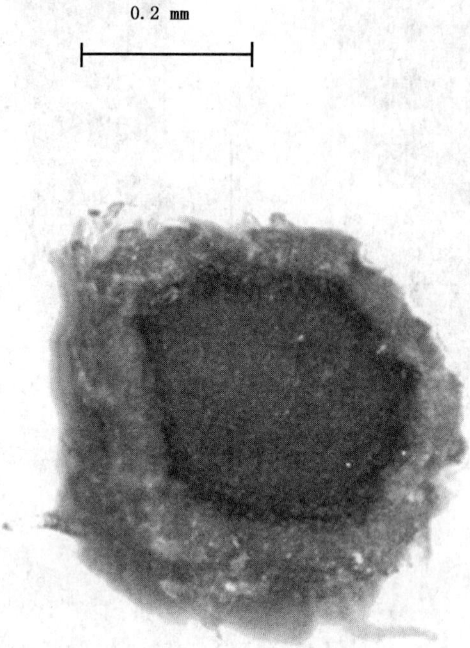

e） 瘦果横切面

图 A.2 （续）

附 录 B
（资料性附录）
欧洲千里光的形态特征图

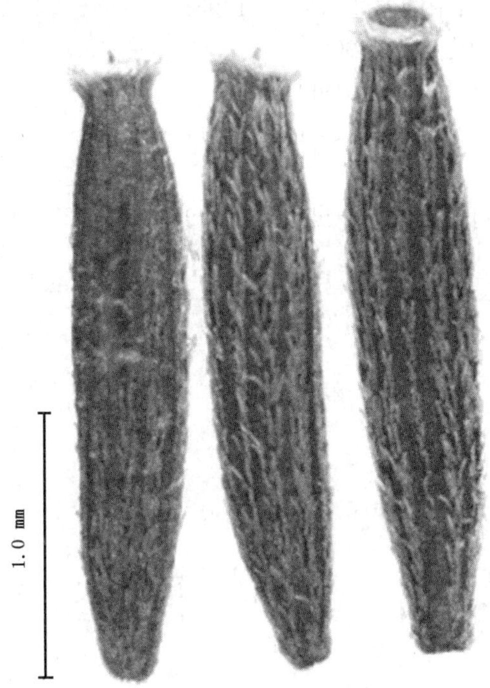

a） 瘦果

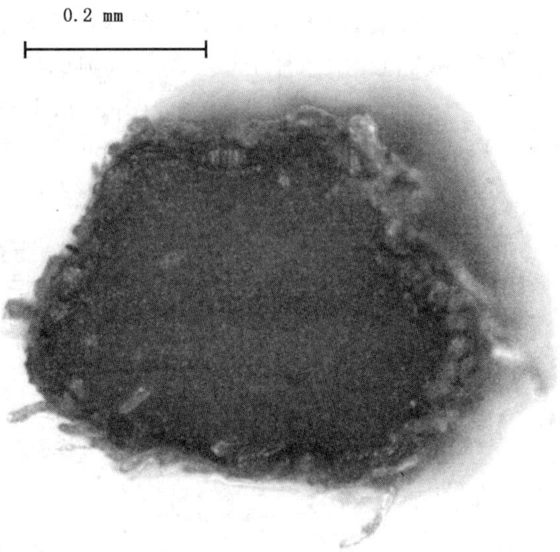

b） 瘦果横切面

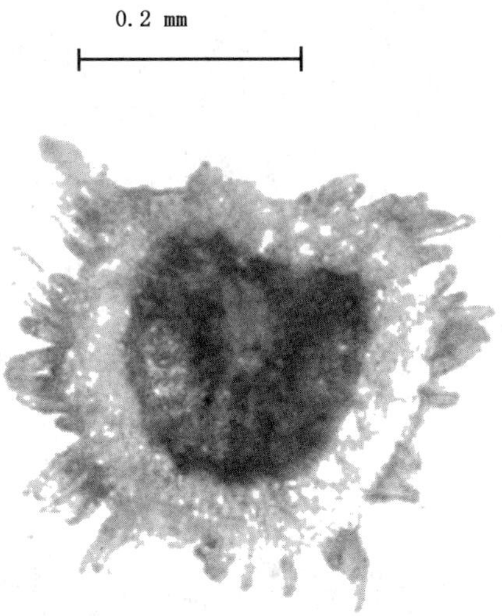

c） 瘦果衣领状环

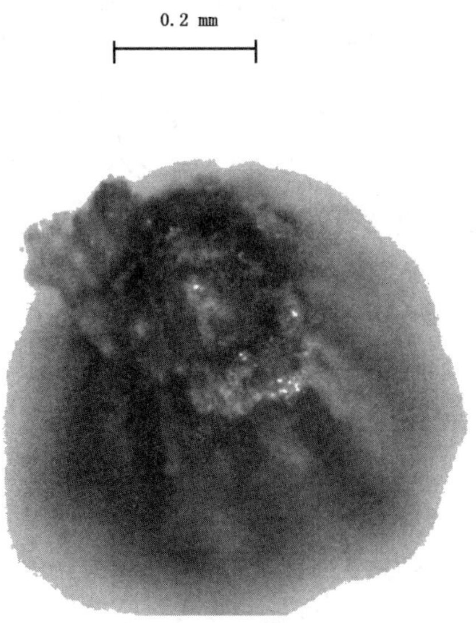

d） 瘦果果脐

图 B.1 欧洲千里光瘦果形态特征

参 考 文 献

［1］ 中华人民共和国进出境动植物检疫法.

［2］ 国家质量监督检验检疫总局.检验检疫工作手册植物检验检疫分册.2003.

［3］ 郭琼霞.杂草种子彩色鉴定图鉴.北京:中国农业出版社.1999.

［4］ 张则恭,郭琼霞.杂草种子鉴定图说(第一册).北京:中国农业出版社.1995.

［5］ 关广清,张玉茹,孙国友.杂草种子图鉴.北京:科学出版社.2000.

［6］ 侯宽昭.中国种子植物科属词典(第二版).北京:科学出版社.1998,445.

［7］ Nathaniel Lord Britton,Addison Brown.1913.An illustrated flora of the northern United States.Canada and the British Possessions.1913,3:542.

［8］ 中国科学院中国植物编辑委员会.中国植物志[M].北京:科学出版社,1999,77(1):225-304.

ICS 65.020.01
B 16

中华人民共和国国家标准

GB/T 29431—2012

番茄溃疡病菌检疫鉴定方法

Detection and identification of *Clavibacter michiganensis* subsp. *michiganensis* (Smith) Davis et al.

2012-12-31 发布　　2013-06-01 实施

中华人民共和国国家质量监督检验检疫总局
中国国家标准化管理委员会　发布

前　言

本标准按照 GB/T 1.1—2009 给出的规则起草。

本标准由全国植物检疫标准化技术委员会(SAC/TC 271)提出并归口。

本标准起草单位:中华人民共和国珠海出入境检验检疫局、华南农业大学、中国农业大学、中华人民共和国北京出入境检验检疫局。

本标准主要起草人:乐海洋、彭仁、刘琼光、罗来鑫、张建军、刘勇、冯欣、龚忠年、林友伟、张卫东、高文娜。

番茄溃疡病菌检疫鉴定方法

1 范围

本标准规定了番茄溃疡病菌的检疫鉴定方法。

本标准适用于番茄种子、苗木等相关茄科植物材料中番茄溃疡病菌的检疫和鉴定。

2 规范性引用文件

下列文件对于本文件的应用是必不可少的。凡是注日期的引用文件，仅注日期的版本适用于本文件。凡是不注日期的引用文件，其最新版本(包括所有的修改单)适用于本文件。

SN/T 2122 进出境植物及植物产品检疫抽样

3 番茄溃疡病菌基本信息

中文名：番茄溃疡病菌(密执安棒形杆菌密执安亚种)。

学名：*Clavibacter michiganensis* subsp. *michiganensis*(Smith，1910) Davis et al.，1984，简称 *Cmm*)。

异名：*Corynebacterium michiganense* pV. *michiganense*(Smith) Dye & Kemp；*Corynebacterium michiganense*(Smith)Jensen。

病害英文名：Bacterial canker of tomato。

属细菌域 Bacteria、放线菌门 Actinobacteria、放线菌纲 Actinobacteria、放线菌目 Actinomvcetales、微杆菌科 Microbacteriaceae、棒形杆菌属 *Clavibacter*。

该病原菌的远距离传播主要靠带菌种子，番茄种子内外层都可带菌。在田间和温室，该病菌由伤口、气孔和自然孔口侵入寄主组织，主要通过灌溉水、雨水、修枝剪、培养料等传播。该病菌在土壤和病残体组织中可存活 2 年～3 年。

番茄溃疡病菌的其他基本信息参见附录 A。

4 方法原理

根据番茄溃疡病菌的危害状，对检疫现场或田间病害调查中发现的疑似病害症状样品进行采集并带回实验室作进一步分离鉴定，依据病原菌的培养性状、致病性反应以及分子生物学特征对种类进行判定。

5 仪器和用具

生物显微镜、超净工作台、高压灭菌锅、光照恒温培养箱、恒温振荡培养箱、电子天平、低温冰箱、接种环、牙签、注射器、恒温水浴锅、高速冷冻离心机(12 000 r/min 以上)、匀浆机、PCR 仪、电泳装置(电泳仪和水平电泳槽)、凝胶成像分析仪、微量可调加样器等。

6 主要试剂

蔗糖、蛋白胨、酪蛋白水解物、酵母膏、葡萄糖、磷酸氢二钾(K_2HPO_4)、磷酸二氢钾(KH_2PO_4)、硫酸镁($MgSO_4 \cdot 7H_2O$)、琼脂、萘啶酮酸钠、硫酸多粘菌素、放线菌酮、硼酸(H_2BO_3)、甘油、磷酸氢二钠(Na_2HPO_4)、吐温-20(Tween-20)、硫代硫酸钠($Na_2S_2O_3$)、氯化铵(NH_4Cl)、Trizma 碱、烟酸、亚碲酸钾、甘露糖、碳酸钙($CaCO_3$)、乙二胺四乙酸(EDTA)、三羟甲基氨基甲烷(Tris)、十二烷基磺酸钠(SDS)、液氮、三氯甲烷、异戊醇、异丙醇、琼脂糖(电泳用)、*Taq* DNA 聚合酶、DNA Marker。

7 检测鉴定方法

7.1 现场检疫和抽样

番茄种植田间的病害调查或进出境番茄样品的现场检疫中,若番茄植株或果实病害症状表现与附录 A 中描述类似,取样带回实验室作进一步分离鉴定;对番茄种子可进行种植观察或样品分离鉴定。取样方法和步骤按照 SN/T 2122。

7.2 种植观察

将待测的番茄种子种植于温室或实验室的育苗钵(钵内土壤或基质应灭菌)中,每份种子样品种植 5 000 粒左右,最少不低于 3 000 粒种子,生长环境温度 24 ℃～34 ℃,相对湿度大于或等于 70%,种子出苗后 15 d 内观察幼苗发病情况。如果种植期间有发病幼苗,且表现出番茄溃疡病苗期的典型症状(参见附录 A),则进一步采集可疑病株进行分离鉴定。

7.3 分离培养

7.3.1 种子中病原细菌的分离培养

7.3.1.1 种子细菌浸提液制备

将 24 g 种子(至少 12 g)样品加入灭菌袋,加种子提取缓冲液(按 1 g 种子加 4 mL 提取缓冲液比例),4 ℃培养过夜(最少 14 h),在匀浆机上至少浸 7 min。分离培养番茄溃疡病菌所用的缓冲液、培养基配方见附录 B。

7.3.1.2 半选择性培养基平板分离

用三层消毒纱布(或过滤袋)过滤种子浸提液,至少取 2 mL 过滤提取液,8 000 *g* 离心 1 5 min,仔细除去上清液,沉淀用十分之一离心体积的无菌种子提取液悬浮,并用无菌种子提取液进行 10 倍梯度稀释(稀释到 100 倍),取 0.1 mL 每一稀释度分别涂布于 D2ANX 和 SCM 或 mSCM 半选择性培养基平板。同时,用无菌种子提取缓冲液制备 *Cmm* 标准菌株 10 倍系列稀释液,取 0.1 mL *Cmm* 标准菌株的每一个稀释浓度分别涂布于上述半选择性培养基平板上,以保证至少一个平板菌落数在 50～200 个范围内。将培养皿于 26 ℃～28 ℃培养,在 5 d、7 d、10 d 各检查平板菌落生长情况。检查 *Cmm* 标准菌株在两种培养基上生长情况和菌落形态特征。检查待测样品培养皿中是否有 *Cmm* 可疑菌落,与 *Cmm* 标准菌株比较。记录可疑菌落和其他菌落数。

在 D2ANX 上培养 5 d～7 d 后,*Cmm* 菌落黄色,黏液状,凸起。

在 SCM 上培养 10 d 后,*Cmm* 菌落灰白半透明,黏液状,最后为不规则型,中间内部有黑点(斑)。

在 mSCM 上培养 10 d 后,*Cmm* 菌落半透明米白,黏液状,最后为不规则型,中间内部带有黄色/橙色点(斑)。

菌落的大小和颜色在不同样品中可能存在差异。通常 *Cmm* 的形态和颜色在 SCM 和 mSCM 会发生变化。如果存在菌落形态和颜色的变化，每批样品每个皿至少挑取 5 个可疑菌落在 YDC 培养基上做进一步纯化培养观察。在 YDC 上，*Cmm* 菌落黄色，圆形，凸起，黏液状，挑取具有这些特征的菌落，做进一步的番茄致病性测定。注意在 YDC 上划线过程中，若菌落未分开，其菌落形态不一定总是圆形的，如果存在这种情况，可挑取这些可疑菌落先进行紫茉莉(*Mirabilis jalapa*)接种检测，若测定为阳性，则进一步在番茄上进行致病性测定，若测定为阴性，则表明为非 *Cmm* 细菌。

7.3.2 病组织中病原细菌的分离培养

用灭菌剪刀剪取病变组织(叶片、茎秆、果实)上的病斑，在 70%酒精或含有效氯 7%的次氯酸钠溶液中表面消毒 50 s～60 s，无菌水清洗 3 次，然后将其移至灭菌培养皿中，加 5～10 滴无菌水，用灭菌镊子和剪刀将病组织捣碎，静置 5 min～10 min，即制成组织液。用灭菌的接种环蘸一环组织液，在 SCM 或 mSCM 培养基上划线，每处理重复 3 次，25 ℃～28 ℃下培养。*Cmm* 在 SCM 或 mSCM 培养基上生长较慢，在 25 ℃～28 ℃下需培养 7 d～10 d 才可见典型浅黄色菌落；纯化或活化 *Cmm* 则用 YDC 培养基为好，24 h～48 h 内就可见典型金黄色菌落。挑取典型菌落，做进一步的番茄致病性测定。如果存在与典型菌落有相似特征的可疑菌落，可挑取这些可疑菌落先进行紫茉莉接种检测，如果测定为阳性，则进一步在番茄上进行致病性测定，如果测定为阴性，则表明为非 *Cmm* 细菌。

7.4 紫茉莉接种检测

供测试的菌株在 YDC 琼脂斜面上培养 48 h 后，用无菌水洗下，调整悬浮液中细菌的浓度为 1×10^{7} CFU/mL。用一次性注射器注射接种紫茉莉叶片，同时接种标准菌株做阳性对照，接种无菌水为阴性对照。接种后植株置于 18 ℃～36 ℃环境下 36 h～48 h，观察过敏性坏死现象。当用 *Cmm* 接种后，紫茉莉的叶片在 36 h～48 h 内就能出现典型的过敏性坏死斑。其他棒状杆菌及常见植物病原细菌均不能引起紫茉莉产生过敏性坏死反应。

7.5 番茄上致病性测定

感病番茄幼苗(如华南红宝石、佳粉 10 号、合作 908 等)在生长环境温度 25 ℃～32 ℃，相对湿度≥70%条件下生长到 2～3 片真叶(大约播种后 3 周～4 周)，用灭菌牙签蘸取 YDC 平板上可疑菌落，在番茄幼苗的子叶和第一片真叶之间茎的位置，穿刺法接种。同时接种标准菌株做阳性对照，无菌牙签蘸取无菌水接种做阴性对照。接种后植株置于 25 ℃～32 ℃条件至少 8 h 光照培养，并适时浇水保持苗床土壤湿润。接种后 2 周～3 周，观察植株的萎蔫症状，与阳性对照进行比较并做好相关记录。由 *Cmm* 引起的典型症状是在接种位置产生溃疡斑，变黄，边缘坏死，真叶萎蔫。

7.6 分子生物学检测

在上述检测和鉴定的基础上，可通过分子生物学检测进一步确定和验证。从分离培养的细菌菌株中提取 DNA(也可直接用菌液，浓度 1×10^{5} CFU/mL)，或从表现典型症状的病组织中提取 DNA，作为模板，进行 PCR 检测和电泳分析。用 *Cmm* 标准菌株 DNA 作为阳性对照，用非 *Cmm* 的植物病原细菌 DNA 作为阴性对照，用双蒸水作空白对照，进行 PCR 扩增。具体检测方法见附录 C。

8 结果判定

若经症状检验并分离的细菌菌株在半选择性培养基上的菌落特征与描述相符，致病性测定表现典型症状，且 PCR 检测结果为阳性，扩增的片段大小与描述相符，则可以判定为检出 *Cmm*。其余情况判定为未检出 *Cmm*。

9 样品保存

保存样品经登记和经手人签字后置于阴凉干燥、防虫防鼠处妥善保存3个月。对检出番茄溃疡病菌的样品应至少保存6个月，以备复检、谈判和仲裁，该类样品保存期满后，需经灭菌后方可处理。

10 菌株保存

从检测样品中分离并鉴定为番茄溃疡病菌的菌株，应妥善保存。将菌株接种于YDC或523斜面培养基上，然后置于4 ℃冰箱中保存，定期(30 d)转接；或将菌种接种于10%～20%(体积分数)灭菌甘油中－80 ℃下保存(1年～2年)；必要时可将菌株用真空冷冻干燥机冻干后－80 ℃下长期保存(5年～10年)。

附 录 A
（资料性附录）
番茄溃疡病菌（*Cmm*）其他信息

A.1 地理分布

亚洲：中国、印度、伊朗、以色列、日本、黎巴嫩；非洲：埃及、肯尼亚、摩洛哥、南非、多哥、突尼斯、乌干达、赞比亚、津巴布韦；欧洲：土耳其、奥地利、比利时、保加利亚、芬兰、法国、德国、希腊、匈牙利、爱尔兰、意大利、立陶宛、荷兰、挪威、波兰、葡萄牙、罗马尼亚、西班牙、瑞士、英国、乌克兰、俄罗斯；大洋洲：澳大利亚、新西兰；美洲：美国、墨西哥、加拿大、伯利兹、哥斯达黎加、古巴、巴拿马、多米尼加、巴西、哥伦比亚、阿根廷、智利、秘鲁等60多个国家。

A.2 寄主范围

番茄（*Lycopersicon esculentum*）、树番茄（*Cyphomandra betacea*）、心叶烟（*Nicotiana glutinosa*）、乳茄（*Solanum mammosum*）、马铃薯（*Solanum tuberosum*）、人参果（*solanum muricatum*）、龙葵（*Solanum nigrum*）、裂叶茄（*Solanum triflorum*）。人工接种可侵染小麦（*Triticum* spp.）、大麦（*Hordeum vulgare*）、黑麦（*Secale cereale*）、燕麦（*Avena* spp.）、向日葵（*Helianthus annuus*）、西瓜（*Citrullus lanatus*）、黄瓜（*Cucumis sativus*）、辣椒（*Capsicum annuum*）、茄子（*Solanum melongena*）等。

A.3 症状

番茄溃疡病是一种系统性病害，从番茄育苗到收获期均可发生。在温室条件下，最初的症状是叶片表现萎蔫，叶脉之间产生白色，后是褐色的坏死斑点，最后表现出永久性萎蔫，致使整株干枯死亡。在田间，最初的症状是低位叶片的边缘出现卷缩、下垂、凋萎，似缺水状。随病情发展，叶脉和叶柄上出现小白点，在茎和叶柄上出现褐色条斑、下陷、向上下扩展，并且爆裂，露出黄到红褐色的髓腔，出现溃疡症状。幼嫩果实发病后皱缩、滞育、畸形。果实感病后往往出现白色圆形小点，扩展后变为褐色，中心粗糙、略微突起，直径约3 mm左右，斑点边缘围绕着白色晕圈，呈典型的"鸟眼状"。鸟眼斑是诊断番茄溃疡病的典型症状。此外，不同的季节和栽培条件下溃疡病的发生症状不尽相同。

辣椒叶片病斑灰绿色，不规则、木栓质疱疹，中央褐色，疱疹往往崩溃，成不规则形褐斑，叶片脱落。果实上形成鸟眼状斑，与番茄果实上的症状类似。

A.4 生物学特性

病原细菌短杆状或棒杆状，革兰氏染色阳性，无芽孢，无鞭毛，严格好氧。大小为（0.3 μm～0.4 μm）×（0.6 μm～1.2 μm），在523培养基（见附录B）上28 ℃培养，菌落黄色、圆形、略突起、边缘整齐、光滑不透明、黏稠状，直径2 mm～3 mm。在YDC上，*Cmm*菌落黄色，凸起，黏液状。接种烟草和紫茉莉可产生过敏性坏死反应。硝酸盐还原阴性，尿酶阴性，明胶液化慢，水解七叶苷，水解淀粉能力很弱或不水解。生长需要氨基酸、生物素、烟酸和硫胺素。最高能忍耐4%的盐度，能利用葡萄糖、蔗糖、阿拉伯糖、甘露糖、麦芽糖和甘油，不能利用鼠李糖、棉子糖、松三糖、甘露醇、山梨醇。能利用苯甲酸、柠檬酸、延胡索酸、丁二酸和苹果酸，不能利用甲酸、丙二酸、草酸、酒石酸、丙酸及半乳糖酸。液化明胶，不产生吲哚，但产生H_2S，不还原硝酸盐，石蕊牛乳还原不产生氨。尿酶、苯丙酸脱氨酶、氧化酶、色氨酸脱氨酶阴性，过氧化氢酶为阳性。

附 录 B
（规范性附录）
番茄溃疡病菌（*Cmm*）常用培养基、缓冲液配方

B.1 种子提取缓冲液（pH 7.4）

Na_2HPO_4 7.75 g；KH_2PO_4 1.65 g；Tween-20 0.2 mL；$Na_2S_2O_3$ 0.5 g（当种子已经用次氯酸盐处理后推荐使用）；蒸馏水 1 000 mL，pH 值调至 7.4，121 ℃高压灭菌 15 min。

B.2 D2ANX 培养基

酵母膏 2.0 g；酪蛋白水解物 4.0 g；葡萄糖 10.0 g；$MgSO_4 \cdot 7H_2O$ 0.3 g；NH_4Cl 1.0 g；Trizma 碱 1.2 g；琼脂 18 g；蒸馏水 1 000 mL，121 ℃高压灭菌 15 min 后，冷却至 50 ℃时加入 2.8 mL 萘啶酮酸钠（10 mg/mL，溶解于 0.1 mol/L NaOH 中），0.5 mL 放线菌酮（200 mg/mL，溶解于纯甲醇中），1 mL 硫酸多粘菌素（10 mg/mL，溶解于蒸馏水中）。

B.3 SCM 培养基

酵母膏 0.1 g；蔗糖 10.0 g；H_3BO_3（硼酸）1.5 g；$MgSO_4 \cdot 7H_2O$ 0.25 g；K_2HPO_4 2.0 g；KH_2PO_4 1.5 g；琼脂 18 g；亚碲酸钾 10 mg；蒸馏水 1 000 mL，121 ℃高压灭菌 15 min 后，冷却至 50 ℃时加入 3 mL 萘啶酮酸钠（10 mg/mL，溶解于 0.1 mol/L NaOH 中），1 mL 放线菌酮（200 mg/mL，溶解于纯甲醇中），5 mL 烟酸（20 mg/mL，溶解于蒸馏水中）。

B.4 mSCM 培养基

酵母膏 0.1 g；甘露糖 10.0 g；H_3BO_3（硼酸）1.5 g；$MgSO_4 \cdot 7H_2O$ 0.25 g；K_2HPO_4 2.0 g；KH_2PO_4 1.5 g；琼脂 18 g；蒸馏水 1 000 mL，121 ℃高压灭菌 15 min 后，冷却至 50 ℃时加入 3 mL 萘啶酮酸钠（10 mg/mL，溶解于 0.1 mol/L NaOH 中），1 mL 放线菌酮（200 mg/mL，溶解于纯甲醇中），5 mL 烟酸（20 mg/mL，溶解于蒸馏水中）。

B.5 YDC（酵母浸膏-葡萄糖-碳酸钙）培养基

酵母浸膏 10.0 g；D-葡萄糖 20.0 g；$CaCO_3$ 超微粉（light powder）20.0 g；琼脂 18.0 g；蒸馏水 1 000 mL，121 ℃高压灭菌 15 min。

B.6 523 培养基（pH 7.0～pH 7.1）

蛋白胨 8 g；酵母粉 4 g；$MgSO_4 \cdot 7H_2O$ 0.3 g；蔗糖 10 g；磷酸氢二钾 2 g；琼脂 18 g；蒸馏水 1 000 mL，pH 值调至 7.0～7.1，121 ℃高压灭菌 15 min。

附　录　C
（规范性附录）
番茄溃疡病菌（*Cmm*）PCR 检测方法

C.1　试剂及配制

C.1.1　DNA 抽提液配方

100 mmol/L Tris-HCl，pH 8.0
100 mmol/L EDTA
250 mmol/L NaCl
100 μg/mL 蛋白酶 K

C.1.2　CTAB 沉淀液配方

1%CTAB（质量浓度）（十六烷基三乙基溴化铵）
50 mmol/L Tris-HCl，pH 8.0
10 mmol/L EDTA，pH 8.0

C.1.3　TE 缓冲液配方

10 mmol/L Tris-HCl，pH 8.0
1 mmol/L EDTA，pH 8.0

C.1.4　TAE 电泳缓冲液（pH 8.5）配方

Tris	242 g	冰乙酸	57.1 mL
$Na_2EDTA \cdot 2H_2O$	37.5 g	蒸馏水定溶至	1 000 mL

灭菌后常温保存，用时稀释 50 倍。

C.1.5　10×电泳上样缓冲液（pH 8.5）配方

20%（质量浓度）Ficoll 400
0.1 mol/L Na_2EDTA（pH 8.0）
1.9%（质量浓度）SDS
0.25%（质量浓度）溴酚蓝

C.2　样品 DNA 提取

C.2.1　病组织中总 DNA 提取

将待检测的新鲜病组织约 0.2 g 用剪刀剪碎，置于灭菌研钵中，加入适量液氮，迅速研磨，成粉状。然后将其转移至 1.5 mL 离心管中，加入 1.2 mL DNA 抽提缓冲液（含 2%β-巯基乙醇），充分混匀，65 ℃水浴中孵育 30 min。室温 12 000 r/min 离心 10 min，取上清液 700 μL 移至另一 1.5 mL 离心管中，加入 5 μL Rnase A（10 μg/mL），37 ℃水浴孵育 30 min。加入等体积的三氯甲烷-异戊醇（24∶1），颠倒混匀。室温 12 000 r/min 离心 10 min，取上清液 600 μL 移至另一 1.5 mL 离心管中，加入等体积 CTAB 沉淀液，混匀，室温 12 000 r/min 离心 10 min，弃上清液。加入 600 μL 氯化钠（1.2 mol/L）室温静置 5 min，加入等体积的三氯甲烷-异戊醇（24∶1），颠倒混匀。室温 12 000 r/min 离心 10 min，取上清液 600 μL 移至另一 1.5 mL 离心管中，加入 0.6 倍体积的异丙醇，混匀，室温静置 30 min。

12 000 r/min离心 10 min，弃上清液。用 70%冷乙醇洗涤沉淀两次，无水乙醇洗涤沉淀一次，晾干。加入 50 μL TE 缓冲液溶解 DNA 沉淀。−20 ℃长期保存。

C.2.2 病原细菌 DNA 的提取

将供试菌株在 523 斜面培养基上培养 48 h(28 ℃)。在每一试管中加入 0.1 mol/L 磷酸钠缓冲液 10 mL 洗下菌苔。将细菌悬浮液转移至一干净的 12 mL 离心管中，12 000 r/min 离心 15 min，弃上清液。在沉淀中加入 TE 缓冲液 5 mL，10%SDS 溶液 300 μL，20 mg/mL 蛋白酶 K 30 μL，混匀，37 ℃水浴孵育 1 h。加入等体积的三氯甲烷-异戊醇(24∶1)，混匀。10 000 r/min 离心 5 min，将上清液移至一个新管中。加入等体积的酚-三氯甲烷-异戊醇(25∶24∶1)，混匀，10 000 r/min 离心 5 min，将上清液移至一个新管中。加入 0.6 倍体积的异丙醇，轻轻混合至 DNA 沉淀，10 000 r/min 离心 5 min，弃上清液，用 70%乙醇洗涤沉淀，晾干，加入 50 μL TE 缓冲液溶解 DNA 沉淀，−20 ℃长期保存。

注：此步也可省略。可直接用培养的菌株稀释成≥10^5 CFU/mL 的菌悬液作模板进行 PCR 检测。

C.3 PCR 检测

C.3.1 PCR 反应体系

C.3.1.1 检测 *Cmm* 采用的 PCR 引物序列见表 C.1。

表 C.1 检测 *Cmm* 的 PCR 引物序列

引物名称	引物序列	PCR 产物大小 bp
Spm4f	正向引物：5'-TCAGGCGTCTGTTCTGGC-3'	223
Spm2r	反向引物：5'-CCCACCACCATCCACAAC-3'	

C.3.1.2 检测 *Cmm* 采用的 PCR 反应体系见表 C.2。

表 C.2 检测 *Cmm* 的 PCR 反应体系

组　成	加样体积 μL
10×PCR 缓冲液(含 $MgCl_2$ 浓度为 15 mmol/L)	2.5
dNTP(各 2.5 mmol/L)	2
Taq DNA 聚合酶(2.5 U/μL)	0.4
正向引物(10 pmol/μL)	1
反向引物(10 pmol/μL)	1
模板 DNA(1 ng/μL～10 ng/μL)	1
双蒸水	17.1
总体积	25

C.3.2 PCR 反应循环参数

检测 *Cmm* 采用的 PCR 反应条件为：

94 ℃预变性 5 min；随后 94 ℃，30 s，60 ℃，40 s，72 ℃，1 min，进行 35 个循环；最后 72 ℃ 延伸

7 min,并置于 4 ℃保温。

上述 PCR 反应用 *Cmm* 标准菌株 DNA 作为阳性对照,用非 *Cmm* 的植物病原细菌 DNA 作为阴性对照,用双蒸水作空白对照。

C.3.3 PCR 扩增产物的检测

用 TAE 电泳缓冲液制备 2%的琼脂糖凝胶,按比例混匀电泳上样缓冲液和 PCR 扩增产物,将混有上样缓冲液的 PCR 扩增产物加样品孔中,用 DNA Marker 做相对分子质量标记,进行电泳分析,电泳结束后,在凝胶成像分析仪下观察是否扩增出预期的特异性 DNA 电泳带,拍摄并记录实验结果。

ICS 07.040
A 44

中华人民共和国国家标准

GB 29432—2012

海底地名命名

Nomenclature of undersea feature names

2012-12-31 发布　　2013-07-01 实施

中华人民共和国国家质量监督检验检疫总局
中国国家标准化管理委员会　发布

前　言

本标准全部技术内容为强制性。

本标准按照 GB/T 1.1—2009 给出的规则起草。

本标准由中华人民共和国民政部提出。

本标准由全国地名标准化技术委员会(SAC/TC 233)归口。

本标准由民政部地名研究所负责起草，外交部边界与海洋事务司、全国科学技术名词审定委员会、全国术语语言内容资源标准化技术委员会、中国航海图书出版社、中国地质调查局、国家基础地理信息中心、国家海洋局第一海洋研究所、交通部国家海事局航标测绘处参加起草。

本标准主要起草人：许启大、刘连安、阮文斌、陈宏兵、邬江、周长青、贾建军、郭洪周、刘若梅、丰爱平、徐斌胜。

海底地名命名

1 范围

本标准规定了海底地名命名遵循的原则、专名的命名方法和通名的选择与使用。

本标准适用于对海底地理实体进行命名与更名。

2 术语与定义

下列术语和定义适用于本文件。

2.1

海底地理实体 undersea feature

海底可以测量并可划分界限的地貌单元。

2.2

海底地名 undersea feature names

海底地理实体的名称。

注：包括海底地名专名(2.3)和海底地名通名(2.4)两部分。

2.3

专名 special terms

地名中用来区分各个地理实体的词。

[GB/T 17693.1—2008,定义 2.2]

2.4

通名 generic terms

地名中用来区分地理实体类别的词。

[GB/T 17693.1—2008,定义 2.3]

3 命名总则

3.1 应由专名和通名两部分组成,专名在前,通名在后。

3.2 宜体现中国文化内涵。

示例 1:"郑和海山"以中国古代杰出人物命名。

示例 2:"玉佩海丘"以中国古代饰物命名。

3.3 不应使用带有侮辱、歧视性质和庸俗的词命名。

3.4 不应同名,应避免两个海底地名同音、近音。

示例 1:"双峰海山"与"双凤海山"同音,应避免。

示例 2:"双峰海山"与"双风海山"近音,应避免。

3.5 在一定范围内的地名,应体现整体性、关联性。

示例:"基隆陆架"与"基隆峡谷"地理位置相邻,采用关联性命名。

3.6 地名中的修饰、限定成分(如表示大小、方位、次序等)应反映地理实体的特征,并应放在专名之前。

示例 1:"大珍珠海山"和"小珍珠海山"中的"大"和"小"反映了两座海山的相对大小关系,如果命名为"珍珠大海山"和"珍珠小海山"则不合适。

示例2："南长龙海山"和"北长龙海山"中的"南"和"北"反映了两座海山的相对位置关系，如果命名为"长龙南海山"和"长龙北海山"则不合适。

示例3："一号凤凰海台"正确，而"凤凰海台一"不正确。

3.7 应使用规范汉字，避免使用生僻字或易产生歧义的字；不应使用自造字、方言字、繁体字、异体字。

3.8 应选用常用汉字命名。可以从《现代汉语常用字表》、《现代汉语通用字表》中选用。

4 专名

4.1 专名宜简短明确。

示例："江苏岸外辐射状沙脊群"，类似地名不宜使用。

4.2 依据海底地理实体级别区别命名，第一级是依据大地构造特征划分的大型海底地理实体，第二级是依据区域大地构造特征和地貌形态划分的海底地理实体，第三级是依据地貌形态划分的海底地理实体，第四级是构成第三级海底地理实体的小型海底地理实体。遵循以下具体要求：

a) 第一级海底地理实体应：

——以所在的海域名称命名；

示例："南海中央海盆"，以所在海域命名。

——以所依靠的岛屿名称命名；

示例："台湾岛架"，"台湾岛坡"，以台湾岛名称命名其周边岛架和岛坡。

——以邻近的陆地区域名称命名。

b) 第二级海底地理实体应：

——以靠近的陆地、海岛地名命名；

示例："南沙海槽"，位于南沙海域的海槽名称。

——以所在的海区名称命名；

示例："中太平洋海盆"，位于太平洋中部的深海海盆的名称。

——以邻近的陆地上规模较大的地名命名；

示例1："基隆峡谷"，位于我国台湾北部的海底峡谷名称。

示例2："恒春海脊"，靠近我国台湾恒春附近海域的海岭。

——以描述地理实体形态的词命名。

示例："长龙海山链"，位于南海中部的链状海山链，以描述性词汇命名。

c) 第三级、第四级地理实体命名：

——应结合该海域已有地名进行命名，以指示该海底地理实体的位置；

示例："台湾浅滩"，靠近台湾岛的浅滩。

——群组出现的海底地理实体，宜使用同类事物命名。例如神话故事、星座、动物、植物、宝石等；

示例："玛瑙海丘"、"翡翠海山"，都以宝石命名。

——发育在二级地理实体上的三级地理实体群体，宜根据二级地理实体名称进行团组化、序列化命名；

示例1："长龙海山链"为二级地理实体、其上发育的海山，命名为"龙珠海山"、"龙首海山"、"龙须海山"，形成以长龙海山链为核心的团组命名。

示例2："大珍珠海山"、"小珍珠海山"，紧邻的两座海山均以珍珠命名。

——可采用展现中国古代文化的纪念性命名。包括中国朝代名、古代杰出历史人物等；

示例1："郑和海谷"，以中国古代航海家名字命名。

示例2："宝船海山"，郑和下西洋时所用的大型船只被称为"宝船"，用来命名海山。

——可以描述该地理实体地貌形态的词命名。

示例："马蹄海山"，地貌形态如马蹄的海山。

4.3 形态特征比较明显的海底地理实体，专名宜使用描述性的词，并与其特征吻合。

示例:“笔架海山”,发育三座山峰,形似笔架的海山,故命名为笔架海山。

4.4 使用现有陆地地名为海底地理实体进行命名时,应使用其标准名称。

4.5 地名中的数词应使用汉字。

4.6 不应使用现代人名命名。

4.7 我国海域内的海底地理实体不应使用外国人名、地名命名。

4.8 不应使用公司名、产品名、商品名、商标名命名。

5 通名

5.1 通名应从附录A所列的通名表中进行选择,并正确反映所称海底地理实体的地理类别。

5.2 不应单独使用通名词组作地名。

示例:“峡谷海山”,由两个通名组成地名,是错误的。

5.3 不应使用重叠通名。

示例:“南沙海盆沙沟”,使用了重叠通名,是错误的。

附 录 A

（规范性附录）

海底地名分级与通名表

表 A.1 海底地名分级与通名表

类别	通名	说明
第一级		
大陆架	大陆架、陆架	大陆架:简称陆架。地形自海岸低潮线起向深海方向缓缓倾斜至坡度急剧转折变陡处,平均坡度一般小于 0.5°
大陆坡	大陆坡、陆坡	大陆坡:简称陆坡。大陆架外缘向深海倾斜延伸的过渡地带,坡度较陡,平均坡度一般 3°～6°
岛架	岛架	岛架:岛屿周围地形自海岸低潮线起向深海方向缓缓倾斜至坡度急剧转折变陡处,平均坡度一般为 0.5°左右
岛坡	岛坡	岛坡:岛架外缘向深海倾斜延伸的过渡地带,坡度较陡,平均坡度一般 2°～15°
大洋中脊	大洋中脊、洋中脊、中脊	大洋中脊:简称洋中脊、中脊。位于大洋中央,绵延于大洋海底的中央山脉
大洋盆地	大洋盆地、洋盆	大洋盆地:简称洋盆。大陆坡与大洋中脊之间的深海海底,水深一般达 4 000 m～6 000 m
大陆隆	大陆隆、陆隆	大陆隆:简称陆隆。位于大陆坡与大洋盆地之间,向大洋盆地倾斜的沉积物堆积地带,平均坡度 0.5°～1°,水深达 1 500 m～5 000 m
第二级		
陆架平原	陆架平原、平原	陆架平原:简称平原。大陆架上地形平坦、广阔的部分,为大陆架的主体,平均坡度一般小于 0.17°
岛架平原	岛架平原、平原	岛架平原:简称平原。岛架上地形平坦、广阔的部分,为岛架的主体,平均坡度一般小于 0.17°
海底斜坡	海底斜坡、斜坡	海底斜坡:简称斜坡。海底地形局部倾斜角度较大的单斜面,坡面相对宽阔连续,平均坡度一般 1°～6°
海底阶地	海底阶地	海底阶地:海底地形呈阶梯状连续分布的地理实体,由地形平缓的阶梯面及其之间的陡坡相间排列构成
深海扇	深海扇、海底扇	深海扇:亦称海底扇。位于海底峡谷前缘向外倾斜延伸的扇状堆积体,地形起伏小,表面多沟谷分布
深海盆地	深海海盆、海盆	深海盆地:简称海盆。海底规模巨大的底部地形相对平缓的凹地。四周常有海岭、海山群等围绕,水深一般达 3 000 m～5 000 m
深海平原	深海平原、平原	深海平原:简称平原。大洋盆地底部的宽阔的平坦区域,水深一般达3 000 m～5 000 m

表 A.1（续）

类 别	通 名	说 明
海底高原	海底高原、高原	海底高原：简称高原。深海盆地上广阔的隆起地形，边缘陡峭，顶部相对平坦，部分地区海山与沟谷相间，相对高差一般大于 500 m
海 隆	海 隆	海隆：海底平缓突起的高地，高出海底数百米，部分海隆上发育海山
海底丘陵	海底丘陵	海底丘陵：由众多海丘组合而成、分布面积较广的地理实体，整体地形高低起伏，峰谷相间
海 岭	海岭、海脊	海岭：亦称海脊。海底呈狭长状分布的凸起地形，其上峰谷相间排列、两侧陡峭
海底峡谷	海底峡谷、峡谷	海底峡谷：简称峡谷。位于大陆坡上两侧坡壁陡峭、狭长的谷地
海 沟	海 沟	海沟：位于深海盆地，多沿岛弧外侧延伸，两侧坡度较陡的巨型狭长凹地。相对高差一般大于 2 000 m
海 槽	海 槽	海槽：大陆坡或大洋盆地上长条状、地形凹陷的地理实体。底部地形相对平坦宽阔，两侧槽坡地形陡峭
海山群	海山群	海山群：由众多海山、海丘组成，成片分布的海山群体
海山链	海山链	海山链：由众多相对独立的海山、海丘组成，呈链状分布的海山群体
海底沙脊群	海底沙脊群、沙脊群	海底沙脊群：简称沙脊群。陆架上多个沙脊和沙沟相间排列而成的地理实体，其形态多呈线状或辐射状
水下三角洲	水下三角洲	水下三角洲：河口外的大陆架上形成的扇状泥沙堆积体，地形向海曼延倾斜，表面滩、沟相间
暗礁群	暗礁群、群礁、礁	暗礁群：亦称群礁，简称礁。由众多暗礁组成、成片分布的地理实体
海底断裂带	海底断裂带、断裂带	海底断裂带：简称断裂带。由一系列垂直于大洋中脊的陡峭谷壁或不对称山脊、沟槽、陡崖等地理实体构成、向外延伸呈线状排列的地带
中央裂谷	中央裂谷	中央裂谷：沿大洋中脊轴延伸的巨大裂谷，一般水深达 3 000 m～6 000 m，顶底高差达 1 000 m～2 000 m，宽 15 km～50 km
第 三 级		
浅 滩	浅 滩	浅滩：高出邻近海底而未露出海面的顶部较为平坦的松散沉积物堆积体
暗 礁	暗礁、暗沙	暗礁：低潮时仍不露出海面的水下礁石。其表面分布有松散沉积物的称为暗沙
海底沙脊	海底沙脊、沙脊	海底沙脊：简称沙脊。大陆架上长条状沙质堆积体。一般长可达数千米至数十千米，相对高差数米
海底沙沟	海底沙沟、沙沟	海底沙沟：简称沙沟。大陆架上发育的长条状沙质浅沟
海 丘	海 丘	海丘：深海平原或深海盆地底部发育的起伏较小的孤立海底隆起、相对高度小于 1 000 m
海 山	海 山	海山：孤立且坡度较陡的海底隆地，呈圆锥形，相对高差大于 1 000 m
海 台	海 台	海台：位于海底高原上顶部宽阔平坦，周边斜坡比较陡峭的海底高地

表 A.1（续）

类别	通名	说明
海底平顶山	海底平顶山、平顶海山	海底平顶山：亦称平顶海山。顶部地形平坦且面积较大，山体呈截圆锥状的孤立海山，山坡地形陡峭
海底火山	海底火山	海底火山：海面以下的火山，多呈圆锥状
海 幔	海 幔	海幔：位于陡峭陆坡、岛坡、海山基部的平缓的下沉表面，主要由堆积物组成
海 槛	海 槛	海槛：分隔相邻海盆的隆起地形
海 崖	海 崖	海崖：海底地形陡峭的崖壁
海底山间盆地	海底山间盆地、盆地	海底山间盆地：简称盆地。海岭或海山之间地形低洼，底部地形平坦的相对封闭区域
海底谷	海底谷、海谷	海底谷：简称海谷。发育在海底的规模和相对高差较小的狭长洼地
深海堤	深海堤、海堤	深海堤：简称海堤。位于海底峡谷、海底谷、海槽边沿处自然沉积形成的堤状堆积体
海底洼地	海底洼地、海釜、海穴、洼地	海底洼地：亦称海釜、海穴，简称洼地。小型的海底凹陷地形。边缘地形平缓的称为海釜，陡峭的称为海穴
第 四 级		
海 峰	海 峰	海峰：海岭或海山上凸出的陡峭山顶
海中岩峰	海中岩峰、岩峰	海中岩峰：简称岩峰。海底孤立的柱状岩石体
海底鞍部	海底鞍部、鞍部	海底鞍部：简称鞍部。海底山脊或相邻高地间类似马鞍形状的宽阔低洼地带
海底隘口	海底隘口、隘口	海底隘口：简称隘口。海岭或海隆上发育的狭长的断裂口
海底坡尖	海底坡尖、坡尖	海底坡尖：简称坡尖。大的地理实体上发育的次一级脊状延伸凸出部分
海底泉	海底泉	海底泉：海底地层中地下水的天然露头

注1：以地貌形态及其成因相结合为原则，按照地貌形态、规模大小和主从关系，先宏观后微观、先群体后个体进行分级与分类，确保海底地名分类的层次性和实用性。

注2：以地名学、地貌学、海洋地质学和制图学的学科分类为基础，尽可能的采用相关分类标准，体现分类的科学性、继承性和兼容性。

注3：充分反映我国及周边海域海底地理实体特点，同时考虑公海海底特征。

注4：以海底地理实体典型的地理属性特征为海底地名类别划分标准。

注5：海底地理实体类型分为四级类别，下级类别地理实体一般由上级类别地理实体派生而来。

注6：一个类别可以用多个通名，多个类别可以共用一个通名。

ICS 13.100
C 56

中华人民共和国国家标准

GB/T 29433—2012

学生心理健康教育指南

Guidelines for mental health education in school

2012-12-31 发布　　2013-05-01 实施

中华人民共和国卫生部
中国国家标准化管理委员会　发布

前　言

本标准按照 GB/T 1.1—2009 给出的规则起草。

本标准由中华人民共和国卫生部提出并归口。

本标准起草单位：安徽医科大学公共卫生学院儿少卫生与妇幼保健学系，安徽人口健康与优生省级实验室。

本标准主要起草人：陶芳标、孙莹、苏普玉、黄锟。

学生心理健康教育指南

1 范围

本标准规定了在大、中、小学校开展心理健康教育的目标、原则、实施途径、教育师资要求和教育内容。

本标准适用于普通大、中、小学在校学生，中等职业学校可参照使用。本标准不适用于学龄前儿童心理健康教育。

2 教育目标

提高学生心理健康素养，培养学生健全的心理素质，使其形成完善的人格和良好的社会适应能力，为促进学生整体素质的全面发展奠定基础。

3 教育原则

3.1 总体原则

根据不同年级学生生理、心理发展特点，实施心理健康教育的规范化操作，以保障教育总体目标的实现。

3.2 主体性原则

在心理健康教育中，充分尊重学生的主体地位，发挥学生主体作用，调动学生参与心理健康教育的积极性、主动性。

3.3 互动性原则

心理健康教育应通过创设互动式活动情境，促进学生将活动内容与心理体验相结合，激活或唤醒学生心理活动，诱发行动愿望，在学生与教师、学生与学生、学生与家长之间相互作用的心理环境中提升心理素质。

4 教育实施途径

4.1 心理健康教育课程

开设满足学生需要的心理健康教育课程，并纳入日常教学计划。

4.2 学科教学渗透

教师在进行常规的学科教学时，自觉地、有意识地运用心理学的理论、方法和技术，将学科知识的传播与心理品质的培养有机结合。

4.3 心理健康专题训练

4.3.1 识别

通过多种形式的心理检测和评估，让学生了解自己心理素质不同方面的发展状况，以此引起学生的认同感或者缺失感，唤起情感共鸣或者震撼，激活心理能量，思考问题根源，进而体会、感受该种心理素质对自己学习、生活、交往及成长的意义，激发接受训练的积极动机。识别的过程强调情境化、生活化，把学生置于具体、生动的情境之中，与学生的生活紧密联系。

4.3.2 训练

针对某一心理健康教育主题和在识别中所发现的问题，提出若干解决该问题的具体而有效的方法和技巧，通过组织学生参与讨论和操作活动来感受、理解，进而选择促进心理健康的行动。

4.3.3 感悟

对训练中的心理感受、情感体验、行为变化、活动过程及效果等进行反思，强化训练效果，促进自我认知与评价能力的提高。

4.4 其他途径

以"多渠道、多形式、多媒介"为中心，创建学生心理健康教育的社团组织，开展多种形式、内容丰富的心理健康宣传教育活动。

5 教育师资要求

5.1 师资来源

学校要逐步建立在校长的领导下，以班主任(辅导员)和专职或者兼职心理辅导教师为骨干，全体教师共同参与的心理健康教育工作体制。

5.2 师资培训

心理健康教育师资培训要有层次、有计划地进行，每年至少接受3学时心理健康教育理论基础和实践技能的专业培训。

6 教育内容

6.1 总体要求

按照学生心理发展特点和身心发育的规律，制定教育内容，体现各年级学生心理健康教育内容的层次性和阶段性。

6.2 小学生心理健康教育内容

6.2.1 总体要求

6.2.1.1 小学低年级心理健康教育内容主要包括：帮助学生适应新的环境、新的集体、新的学习生活，感受学习知识的乐趣；乐与老师、同学交往，在谦让、友善的交往中体验友情。

6.2.1.2 小学中、高年级心理健康教育内容主要包括：帮助学生在学习生活中体会解决困难的快乐，调整学习心态，提高学习兴趣与自信心，正确对待自己的学习成绩，克服厌学心理，体验学习成功的快乐；培养集体意识，在班级活动中，善于与更多的同学交往，主动参与集体活动；塑造开朗、合群、乐学、自立的健康人格。悦纳自己的性别，正确面对生理变化引起的心理反应，正确对待性意识，了解调节和控制情绪的方法。

6.2.2 自我认识教育

认识自己的基本特征，逐步发展主体与自主意识；了解关心自己身体的变化，能以自然、良好的心态适应和处理身体发生的变化；学会客观地评价自己和他人，认识到自己和他人优点、不足和独特性，悦纳自己，包容他人；逐步发现、了解和体验自己情绪、情感的变化，提高初步控制与调节情绪的能力；增强对行为的判断力，能初步约束自己的言行，有一定的自控力。

6.2.3 学习能力教育

明确学习的重要性，培养积极的学习态度，克服厌学心理；主动完成学习任务，养成自觉、认真的学习习惯，按计划初步安排自己的学习时间；掌握基本的学习方法，听课时能集中注意力，学会预习、复习，形成初步的自学能力；有探索事物的欲望，乐于表达与表现自己的想法、意见和观点；能正确地对待考试及学习成绩，培养对毕业升学的向往和进取态度。

6.2.4 人际交往教育

乐于与身边的同学、老师沟通、交往，不胆怯，不封闭，能倾听别人的谈话，能在活动中与人合作，尊重伙伴，初步掌握与人交往的基本规则；学会从他人角度想问题，能对他人同情、谅解；学会自己处理与同学交往中的矛盾与挫折；建立集体意识，有初步的集体归属感。

6.2.5 社会适应教育

能发现、了解自己身边学习、生活环境的主要与明显变化，关心自然环境的变化；能较快地熟悉周围的人和事，容易融入新的集体，熟悉新的生活；适应班级与学校环境，与同学、老师建立自然、正常的适应关系；懂得和遵守基本的社会生活规则，亲近社会生活；对自己解决不了的困难有向师长求助的意识，形成初步的自我保护能力。

6.2.6 性心理教育

了解其成长阶段性心理特点和自我调适方法；悦纳自己身体和心理的变化；了解男孩女孩两性的心理差异，加强男女生之间的理解、沟通、合作与互助的意识；认识本年龄阶段正确的性角色内容和性角色的行为规范；学习适合本年龄段与异性交往的方法与礼仪。初步理解性器官在人生中的意义；识别性骚扰与性侵犯行为，提高预防意识，初步掌握防范性骚扰及保护自己的方法。

6.3 中学生心理健康教育内容

6.3.1 总体要求

6.3.1.1 初中年级心理健康教育内容主要包括：正确认识青春期，培养自重、自爱、自尊、自信的独立人格；培养正确的学习观念，发展其学习能力，改善学习方法；学会调节和控制自己的情绪，抑制自己的冲动行为；提高情感自我调节和人际交往的能力，建立良好的人际关系；正确认识自我意识，逐步提高社会责任感；能以积极心态面对学习、生活压力和自我身心所出现的变化，提高应对挫折的能力。

6.3.1.2 高中年级心理健康教育内容主要包括：发展创造性思维，充分开发学习的潜能；了解自己的能力、特长、兴趣和社会就业条件的基础上，确立自己的职业志向，进行职业的选择和准备；认识自己的人际关系的状况，正确对待和异性伙伴的交往，建立对他人的积极情感反应和体验；提高承受挫折和应对挫折的能力，形成良好的意志品质。

6.3.2 坚强意志教育

培养良好的意志品质，提高学生耐受挫折的能力。

6.3.3 学习能力教育

了解学习心理特征，对自我的体力、智力、性格特长有所认识，掌握适合自身的学习方法和目标；养成有规律的学习习惯，科学地安排、组织学习时间。

6.3.4 人际交往教育

培养良好的自我意识，悦纳自己；认识到人际关系对人生的重要意义，了解成功的人际交往应遵循的基本原则，掌握建立和保持良好人际关系的途径与方法，排除社交恐惧等心理问题。

6.3.5 社会适应教育

正视现实，正确对待生活中的人和事；认识挫折的双重性；增强自制力；树立乐观向上，不断进取的积极人生态度。

6.3.6 青春期性心理健康教育

了解青春期性生理的变化过程，认识性成熟和性心理活动的生物学和社会学意义，掌握与异性交往的方式，理解性别角色和性别差异。初步了解性伦理、性道德。

6.3.7 健康情感教育

培养丰富多彩的生活情趣，形成稳定平衡的心境；了解情感活动产生、发展、形成、表达的规律，初步培养健康的高尚情感。

6.3.8 健全人格教育

认识自己的气质类型与性格倾向，培养自我发展的意识，增强自我发展的主动性；培养积极进取的人生观和世界观，能客观地认识和评价自己，客观地分析、评价社会，正确处理与社会和他人的关系；平衡自身与环境的关系。

6.4 大学生心理健康教育内容

6.4.1 总体要求

根据大学生的心理特点，有针对性地讲授心理健康知识，开展辅导或咨询活动，帮助大学生树立心理健康意识，优化心理品质，增强心理调适能力和社会生活的适应能力，预防心理问题。促进大学生学会适应环境、人际交往、交友恋爱、求职择业、人格发展和情绪调节等方面的技能，提高心理健康水平。

6.4.2 情绪管理教育

认识情绪的功能，了解情绪变化特点，学会体察自己和他人的情绪/情感，形成良好的情绪控制能力；能对自己的情绪进行检测、评估、调整；学会用积极的心态去面对困难和挫折，克服自卑、焦虑、抑郁、恐惧等不良情绪；掌握科学地调控情绪能力，合理疏泄消极情绪，避免心理失衡；培养积极的情绪状态，适应自身、环境及社会的各种变化。

6.4.3 学习能力教育

了解自己的学习潜能，改进学习方法，形成良好的学习习惯，掌握科学、有效的学习方法，提高自学能力；自觉地开发智力潜能，培养创新精神和实践能力。

6.4.4 人际交往教育

掌握人际交往的特点、基本规范和技巧;善于在群体中发挥自己的才干,达到自我价值的实现;能够正确认识自己,客观评价他人和社会。

6.4.5 择业与就业心理教育

全面客观分析就业形势,掌握职业生涯规划的方法;客观分析自身的优势和不足,选择适合社会需要及个人身心特点的职业;正确处理择业中的挫折。

6.4.6 恋爱心理教育

加强性道德、性审美教育,指导恋爱心理适应,掌握异性交往的有关知识与技巧,正确处理好异性矛盾与挫折。

ICS 77.120.10
H 61

中华人民共和国国家标准

GB/T 29434—2012

耐热高强韧铸件用铝合金锭

Aluminum alloy ingots for high strength and toughness castings with heat resisting

2012-12-31 发布　　　　2013-09-01 实施

中华人民共和国国家质量监督检验检疫总局
中国国家标准化管理委员会　发布

前　言

本标准按照 GB/T 1.1—2009 给出的规则起草。

本标准由全国有色金属标准化技术委员会(SAC/TC 243)归口。

本标准负责起草单位：贵州华科铝材料工程技术研究有限公司、贵州省理化测试分析研究中心、贵州省标准化院。

本标准参加起草单位：贵州铝厂、贵州科学院。

本标准主要起草人：车云、张继东、张中可、门三泉、曹跃清、李荣华、邵建平、曾萍、李祥、李家华、刘海林。

耐热高强韧铸件用铝合金锭

1 范围

本标准规定了耐热高强韧铸件用铝合金锭的要求、试验方法、检验规则和标志、包装、运输、贮存及订货单(或合同)内容。

本标准适用于耐热高强韧铸件用、牌号为211Z.1的铝合金铸锭(以下简称铸锭)。

2 规范性引用文件

下列文件对于本文件的应用是必不可少的。凡是注日期的引用文件,仅注日期的版本适用于本文件。凡是不注日期的引用文件,其最新版本(包括所有的修改单)适用于本文件。

GB/T 229 金属材料 夏比摆锤冲击试验方法

GB/T 231.1 金属材料 布氏硬度试验 第1部分:试验方法

GB/T 3190 变形铝及铝合金化学成分

GB/T 4338 金属材料 高温拉伸试验方法

GB/T 7999 铝及铝合金光电直读发射光谱分析方法

GB/T 8170 数值修约规则与极限数值的表示和判定

GB/T 16865 变形铝、镁及其合金加工制品拉伸试验用试样及方法

GB/T 17432 变形铝及铝合金化学成分分析取样方法

GB/T 20975(所有部分) 铝及铝合金化学分析方法

GB/T 25745 铸造铝合金热处理

JB/T 7946.3 铸造铝合金金相 铸造铝合金针孔

YB/T 025 包装用钢带

3 要求

3.1 化学成分

3.1.1 铸锭的化学成分应符合表1的规定。

表1

牌号	质量分数/%													
	Si	Fe	Cu	Mn	Ti	Zr	B[a]	C[a]	Cd	RE	Be	其他[b]		Al[c]
												单个	合计	
211Z.1	≤0.10	≤0.30	4.0~7.5	0.20~0.6	0.05~0.40	0.05~0.50	0.005~0.07	0.003~0.05	0.05~0.50	0.02~0.30	0.001~0.08	≤0.05	≤0.15	余量

[a] B、C两种元素可只添加其中一种。

[b] 其他杂质指表中未列出或未规定数值的元素。

[c] 铝的质量分数为100.00%与所有含量不小于0.010%的元素含量总和的差值,求和前各元素数值要表示到0.0X%。

3.1.2 需方对表1中未规定的其他杂质元素含量有特殊要求时，可在订货单(或合同)中注明。

3.2 力学性能

3.2.1 铸锭室温拉伸性能应符合表2的规定，高温拉伸性能、硬度、冲击吸收能量作为参考指标，可参见表2。

表2

试样状态	室温拉伸性能		高温(350 ℃)拉伸性能		硬度 HBW	冲击吸收能量 KU_2 J
	抗拉强度 R_m MPa	断后伸长率 A %	抗拉强度 R_m MPa	断后伸长率 A %		
	不小于					
T5	450	8	130	6	125	6.5
T6	490	2.5	130	6	140	3.0

3.2.2 对于其他的铸造方法和试样状态，其力学性能由供需双方协商确定，并在订货单(或合同)中注明。

3.3 针孔度

铸锭针孔度(不包括疏松和缩孔)应不大于JB/T 7946.3的三级。

3.4 断口组织

铸锭断口组织应致密，不得有熔渣及夹杂物。

3.5 外观质量

铸锭表面应整洁，不得有霉斑及外来夹杂物。但允许有轻微的夹渣及修整痕迹或因浇注收缩而引起的轻微裂纹存在。

3.6 其他

3.6.1 铸锭形状、规格应便于包装、运输及使用。

3.6.2 铸锭其他要求由供需双方具体商定，并在订货单(或合同)中注明。

4 试验方法

4.1 化学成分分析方法

4.1.1 化学成分分析方法应符合GB/T 20975或GB/T 7999的规定，仲裁分析应采用GB/T 20975规定的方法。“Al”含量按GB/T 3190规定的方法计算，计算“Al”含量时，取常规分析元素与怀疑超量的非常规分析元素分析数值的和作为“元素含量总和”。

4.1.2 分析数值的判定采用修约比较法，数值修约规则按GB/T 8170的有关规定进行，修约数位应与表1和有关协议所规定元素极限值数位一致。

4.1.3 当怀疑表1中未列出的某些“其他”元素的质量分数超出了本标准对其“单个”或“合计”的限定值时，供方应对这些元素进行分析。

4.2 力学性能检验方法

4.2.1 室温拉伸试验按 GB/T 16865 规定的方法进行。
4.2.2 高温拉伸试验按 GB/T 4338 规定的方法进行。
4.2.3 硬度试验按 GB/T 231.1 规定的方法进行。
4.2.4 冲击性能试验按 GB/T 229 规定的方法进行。
4.2.5 试样热处理状态参照 GB/T 25745 的规定进行。

4.3 针孔度检验方法

铸锭针孔度按 JB/T 7946.3 的规定进行检验。

4.4 断口组织检验方法

目视检验试样断口。

4.5 外观质量检验方法

目视检验外观质量。

5 检验规则

5.1 检查和验收

5.1.1 铸锭由供方技术(质量)监督部门进行检验,保证产品质量符合本标准订货单(或合同)的规定,并填写质量证明书。
5.1.2 需方应对收到的产品按本标准的规定进行检验(检验用试样由供方提供),如检验结果与本标准或订货单(或合同)的规定不符时,应以书面形式向供方提出,由供需双方协商解决。属于表面质量的异议,应在收到产品之日起十日内提出;属于化学成分及其他性能的异议,应在收到产品之日起两个月内提出。如需仲裁,供需双方在需方共同进行仲裁取样。

5.2 组批

铸锭应成批提交检验,每批应由同熔炼号的合金组成。批重应不大于 10 t。

5.3 检验项目

每批产品均应进行化学成分、室温拉伸性能、针孔度、断口组织、外观质量及订货单(或合同)中要求按批检验的项目的检验。

5.4 取样和制样

5.4.1 化学成分

应按 GB/T 17432 的规定进行。

5.4.2 力学性能

5.4.2.1 室温抗拉强度及断后伸长率检验用试样宜采用不经加工的金属型单铸试样,在铸造稳定阶段在流槽中用取样勺取出足够的铝液,浇铸到专用试样模中,试样应符合 3.3~3.5 的要求,每批取 2 个试样。其形状和尺寸如图 1。

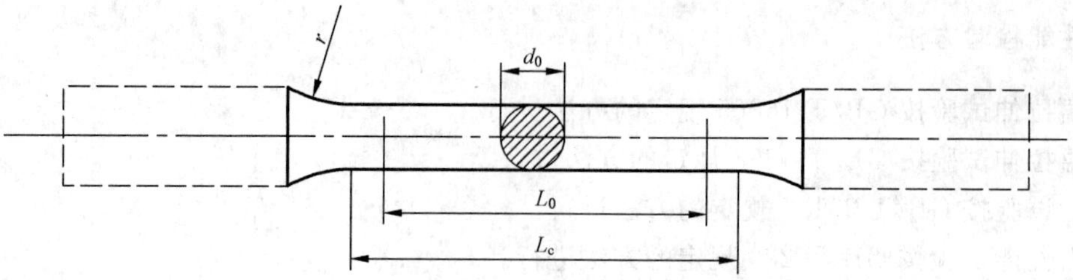

说明：

r——过渡圆弧半径，≥25 mm；

d_0——平行长度直径，12 mm±0.25 mm；

L_0——原始标距，$5d_0$；

L_c——平行长度，$\geq L_0+d_0$。

图 1 室温抗拉强度及断后伸长率检验用试样示意图

5.4.2.2 高温抗拉强度及断后伸长率检验用试样宜采用图 1 的金属型单铸试样，在铸造稳定阶段在流槽中用取样勺取出足够的铝液，浇铸到专用试样模中，试样应符合 3.3～3.5 的要求，每批取 4 个试样。经机加工后其形状和尺寸如图 2。

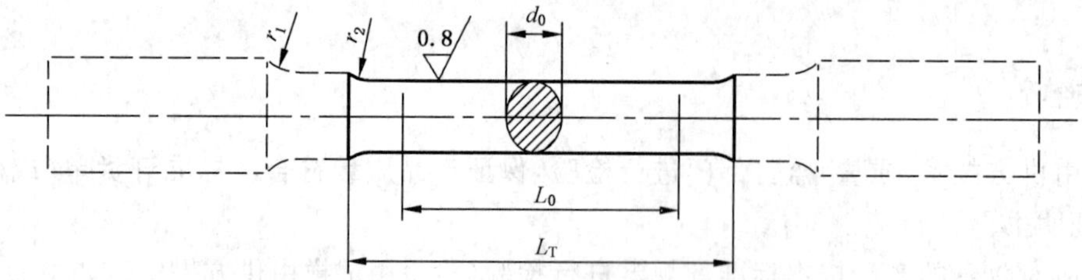

说明：

r_1、r_2——过渡圆弧半径，≥10 mm；

d_0——平行长度直径，10 mm±0.1 mm；

L_0——原始标距，$5d_0$；

L_T——台阶间距，$\geq L_0+2d_0$。

图 2 高温抗拉强度及断后伸长率检验用试样示意图

5.4.2.3 硬度检验用试样，每批取 2 个试样，可用未经拉伸试验的拉伸试样端头，并应符合 GB/T 231.1 的有关规定。

5.4.2.4 冲击性能检验用试样，每批取 3 个试样，采用 12 mm×12 mm×60 mm 的矩形试样，并应符合 GB/T 229 的有关规定。

5.5 针孔度检验用试样

从该批铸锭中任取一锭，在浇口对面锭长四分之一处，锯切厚度为 25 mm～30 mm 的针孔度检验用试样，将其断面加工至表面粗糙度 Ra 值不大于 1.6 μm，并用酒精、丙酮或汽油清洗干净。

5.6 断口组织检验用试样

应从该批(炉)铸锭中任取一锭，在浇口对面锭长四分之一处，由底部锯至不大于锭厚三分之一处，打断铸锭即制得试样。

5.7 外观质量检验取样

铸锭应逐块进行外观质量的检验。

5.8 检验结果的判定

5.8.1 任一试样的化学成分不合格时，判该批产品不合格。

5.8.2 任一试样的室温拉伸性能检验结果不合格时，在该批产品中取双倍数量的试样重复试验。重复试验结果全部合格，则判整批产品合格；如其中仍有不合格，判该批产品不合格。

5.8.3 任一试样的高温拉伸性能、硬度、冲击性能检验结果不合格时，应供需双方协商处理。

5.8.4 任一试样的针孔度检验结果不合格时，在该批产品中取双倍数量的试样进行重复试验。重复试验结果全部合格，则判该批产品合格；如其中仍有不合格，判该批产品不合格。

5.8.5 任一试样的断口组织检验结果不合格时，在该批产品中取双倍数量的试样进行重复试验。重复试验结果全部合格，则判该批产品合格；如其中仍有不合格，判该批产品不合格。

5.8.6 任一铸锭的外观质量不合格时，判该块铸锭不合格。

6 标志、包装、运输、贮存

6.1 标志

铸锭表面应清晰地标示出生产厂标志、合金牌号、熔炼号。

6.2 包装、运输、贮存

6.2.1 堆垛应整齐。

6.2.2 铸锭打捆形式采用“#”字形或其他形式。

6.2.3 铸锭打捆可采用钢带或其他材料，但应保证铸锭不散捆。

6.2.4 打捆材料应具有防锈性能，选用钢带时应符合 YB/T 025 的有关规定。

6.2.5 运输、贮存铸锭的场所应清洁。

6.3 质量证明书

每批产品应附有质量证明书，注明：

a） 供方名称、地址；

b） 产品名称和牌号；

c） 注册商标；

d） 批号；

e） 净重和件数；

f） 分析检验结果及供方技术（质量）监督部门检印；

g） 本标准编号；

h） 出厂日期。

7 订货单（或合同）内容

本标准所列铸锭牌号的订货单（或合同）应包括下列内容：

a） 产品名称；

b) 合金牌号；

c) 数量(重量)；

d) 本标准编号；

e) 其他。